高等学校教材

复 合 材 料

周曦亚 编

化学工业出版社
教材出版中心
·北京·

图书在版编目（CIP）数据

复合材料/周曦亚编. —北京：化学工业出版社，
2004.10（2024.1重印）
高等学校教材
ISBN 978-7-5025-5899-4

Ⅰ. 复… Ⅱ. 周… Ⅲ. 复合材料-高等学校-教材
Ⅳ. TB33

中国版本图书馆 CIP 数据核字（2004）第 103583 号

责任编辑：杨 菁　　　　　　　　　　　文字编辑：颜克俭
责任校对：李 林 靳 荣　　　　　　　　装帧设计：于 兵

出版发行：化学工业出版社　教材出版中心（北京市东城区青年湖南街 13 号　邮政编码 100011）
印　　装：北京科印技术咨询服务有限公司数码印刷分部
787mm×1092mm　1/16　印张 15　字数 362 千字　2024 年 1 月北京第 1 版第 16 次印刷

购书咨询：010-64518888　　　　　　　　售后服务：010-64518899
网　　址：http://www.cip.com.cn
凡购买本书，如有缺损质量问题，本社销售中心负责调换。

定　　价：40.00 元　　　　　　　　　　　　　　　版权所有　违者必究

前　言

　　材料是科学技术发展的基础，材料的发展推动科学技术的发展，导致时代的变迁，推动人类的物质文明发展和社会进步。在近代，新材料已与电子信息、生物技术和能源并列为科学技术的四大支柱。材料主要有金属材料、聚合物材料、无机非金属材料和复合材料四大类。其中复合材料是最新发展起来的一大类。复合材料对航空、航天事业的影响尤为显著，可以说，如果没有复合材料的诞生就没有今天的飞机、火箭和宇宙飞船。

　　近几十年来，复合材料的发展非常迅速。最早出现的是宏观复合材料，它复合的组元是肉眼可见的，如水泥与砂石、钢筋复合成坚固的混凝土。随后发展起来的是微观复合材料，它复合的组元是肉眼不可见的，该种材料的发展非常迅速。微观复合材料主要有颗粒-颗粒和纤维（晶须）-颗粒的复合，尤其是后者，纤维增强的复合材料具有优异的力学性能，得到了广泛的应用。微观复合材料按基体类型来分主要有：聚合物基、金属基和无机非金属材料基复合材料。研究得最早的是聚合物基复合材料，该材料目前也最成熟，应用也最广，尤其是比强小的特点使其在航空、航天有广泛的应用；随后是金属基复合材料，其研究目前较成熟，在航空、航天、汽车、轮船等方面也有较广泛的应用；无机非金属材料基复合材料的研究起步较晚，目前还处在发展过程中，该材料也有一些应用。总体来讲，复合材料正处在发展中，新型复合材料及其制备技术犹如雨后春笋不断涌现。为了进一步促进我国复合材料的发展，比较系统地介绍各种复合材料的发展全貌及其应用，编者编写了这本《复合材料》，既可作为大学本科生、研究生教材，还可作为从事复合材料的研究开发与管理的工程技术人员的参考书。

　　本书全面系统地介绍了复合材料的基础理论和发展概况；讲述了复合材料的增强、增韧机理，复合材料的种类、基本性能、制备工艺、加工方法和应用；介绍了复合材料的结构设计基础和复合材料的可靠性评价；还介绍了复合材料制备的最新技术和复合材料的最新发展动态。本书还引入了国内外复合材料的最新研究成果，如纳米材料、仿生材料、材料复合新技术及材料复合的新理论等。

　　参加本书的资料收集和图表的编辑工作有：凡波、郑睿、郑洁如和方培育，在此表示感谢！

　　鉴于复合材料的内容非常广泛，新型复合材料的发展日新月异，有关文献资料浩如烟海，难以收集完全。由于本人水平有限，本书难免有疏漏、不妥乃至错误之处，恳望大家多多指正和赐教。在这里，对本书中所引用参考资料的作者表示衷心的谢意！

编者

2004 年 7 月于广州

目　　录

第1章 绪 论

1.1 复合材料的发展概况

从人类发展的历史来看，材料是社会进步的物质基础。纵观人类使用材料的历史，可以清楚地看出，每一种重要材料的诞生和利用，都会把人类的生产力提高到一个新的水准，从而大大改善人类的生活水平。当前以电子信息、生命科学、新材料和能源四大学科为基础的新的科技革命正带动人类的文明向前蓬勃发展。新材料的发展对整个科学技术的发展起到尤为重要的作用，如新近材料的飞跃发展对电子信息、能源、航空航天、交通等行业的发展起到推动性的作用。

人类研究和制造材料的历史实际上是人类文明的发展史。人类制造材料最早可追溯到石器时代，那时人们就开始制造一些石器，如石刀、石制武器等与大自然搏斗。中国在春秋战国时期就开始制备砖瓦，到汉代时已开始使用陶器，如陶碗、盆、罐等。据考证古罗马的人用陶器作下水管道。可见人类制备材料的历史很悠久。

古代人类制备材料带有一定的经验型和盲目性，他们是在不懂现代的化学和物理的基础知识的情况下进行的。现代材料的研究是在物理化学等科学和技术的基础上进行的。如化学元素的测定技术、矿物晶体结构的测定技术、物质的显微结构的测定技术等对材料科学的发展起到重要的作用。材料科技工作者的工作主要在：①发现新的物质，测试新物质的结构和性能；②由已知的物质，通过新的制备工艺，改善其显微结构，改善材料的性能；③由已知的物质进行复合，制备出具有优良性能的复合材料。

20世纪60年代以来，科学技术的发展，特别是尖端科学技术的突飞猛进，对材料的性能要求越来越高，在许多方面，传统的单相材料的性能已不能满足实际的需求。这就促进人们研究制备出由多相组成的复合材料，以提高材料的性能。

根据国际标准化组织为复合材料所下的定义，复合材料是由两种或两种以上物理和化学性质不同的物质组合而成的一种多相固体材料。复合材料的组分材料虽然保持其相对独立性，但其性能却并不是组分材料性能的简单加合，而是有着较大的改进。在复合材料中，通常有一相为连续相，称为基体；另一相为分散相，称为增强材料。分散相是以独立的形态分布在整个连续相中，两相之间存在着相界面。分散相可以是增强纤维，也可以是颗粒或弥散的填料。但是，新近出现的复合材料也有的是由几种连续相组成的复合材料，在其中没有分散相。因此，复合材料可以是一个连续相与一个连续分散相的复合，也可以是多个连续相与一个或多个分散相的复合，或多个连续相的复合。复合后的产物必须为固体材料。复合材料既可以保持原材料的某些特点，又能发挥组合后的新特征，它可以根据需要进行设计，从而达到使用要求的性能。

由于复合材料各组分之间可取长补短、协同作用，弥补了单相材料的缺点，改进了单相材料的性能，甚至可产生单一材料所不具有的新性能。复合材料的诞生和发展，是现代科学技术不断进步的结果，也是材料设计方面的一个突破。它综合了各种材料如纤维（晶须）、树脂、橡胶、金属、陶瓷等的优点，按需要设计、复合成为综合性能优异的新材料。

纵观复合材料的发展过程，可以看到，早期出现的复合材料，由于其性能相对比较低、使用面广，因而被称为常规复合材料。后来随着高技术的发展，出现了性能高的先进复合材料。

20世纪40年代，玻璃纤维和合成树脂大量商业化生产之后，纤维增强树脂复合材料逐渐发展成为工程材料，到60年代其技术更加成熟，在很多领域得到应用，并开始取代金属材料和高聚合物等材料。

随着航空航天技术的发展，对结构材料的比强度、比模量、耐热性和加工性能要求都越来越高。针对不同的需求，开发出了高性能树脂基先进复合材料，以后又出现了金属基和陶瓷基先进复合材料。

经过20世纪60年代末期使用，树脂基高性能复合材料已用于飞机的承力结构，后又逐步进入其他工业领域。其增强体纤维有碳纤维、芳纶等。70年代末期发展出了用高强度、高模量的耐热碳纤维和陶瓷纤维与金属复合，特别是与轻金属复合，形成了金属基复合材料，克服了树脂基复合材料耐热性差、导热性低等缺点。该材料具有耐疲劳、耐磨损、高阻尼、不吸潮、热膨胀系数低等优点，已经广泛应用于航空航天等高科技领域。80年代开始，逐渐研制出陶瓷复合材料。该材料是用陶瓷纤维补强陶瓷基体以提高韧性，克服了陶瓷材料脆性高的缺点。主要应用目标是用于制造燃气涡轮叶片和其他耐热部件。复合材料因其具有可设计的特点受到各国的重视，因而发展很快，已使其与金属、陶瓷、聚合物等材料并列为重要材料。有人预言，21世纪是复合材料的时代。

1.2　复合材料的命名和分类

复合材料可根据增强材料与基体材料的名称来命名。将增强材料放在前面，基体材料的名称放在后面，再加上"复合材料"。例如，玻璃纤维和环氧树脂构成的复合材料称为"玻璃纤维环氧树脂复合材料"。为书写简便，也可仅写增强材料和基体材料的缩写名称，中间用一斜线隔开，后面再加"复合材料"。如上述玻璃纤维和环氧树脂构成的复合材料，可写作"玻璃/环氧树脂复合材料"。有时为突出增强材料和基体材料，根据强调的组分不同，也可简称为"玻璃纤维复合材料"或"环氧树脂复合材料"。碳纤维和金属基体构成的复合材料叫"金属基复合材料"，也可称为"碳/金属复合材料"。碳纤维和碳构成的复合材料叫"碳/碳复合材料"。

随着科技的迅猛发展，出现的复合材料的种类越来越多，因而需对复合材料进行分类。复合材料的分类方法很多，常见的分类方法有以下几种。

复合材料按性能高低分为常用复合材料和先进复合材料。先进复合材料主要是以碳、芳纶、陶瓷的纤维和晶须等高性能增强体与耐高温的高聚物、金属、陶瓷和石墨等构成的复合材料。这类材料往往用于各种高技术领域中用量少而性能高的场合，尤其是在航空航天领域。复合材料按用途可分为结构复合材料和功能复合材料。结构复合材料主要由于其具有高的力学性能而得到应用。本文主要介绍结构复合材料。结构复合材料基本上由增强体与基体组成。增强体主要承担结构使用中的各种载荷，基体则起到粘接增强体并传递应力的作用。复合材料根据复合方式的不同有宏观复合和微观复合。宏观复合指的是复合材料的组分中含有肉眼可见元素。如水泥混凝土是由水泥与肉眼可见的沙石和钢筋复合而成的。还有一些层状复合材料，如碳纤维/铝板复合材料、铝/塑料复合管、不锈钢/塑料复合管。微观复合指的是复合材料的复合组元是微观的。复合材料中大部分是微观复合的。一般的复合组元是微米级，现在已发展到纳米级。微观复合的种类包括：弥散复合（颗粒-颗粒）；纤维复合（纤维-颗粒）；层状复合。

按基体材料分类，复合材料包含如下几类。

a. 聚合物基复合材料　其中含有热固性树脂基复合材料、热塑性树脂基复合材料和橡胶基复合材料。

b. 金属基复合材料　其中含有轻金属基复合材料、高熔点金属基复合材料及金属间化合物基复合材料。

c. 无机非金属基复合材料　其中包括陶瓷基复合材料、碳基复合材料及水泥基复合材料。

按不同增强体形式分类，复合材料包含如下几类。

a. 纤维增强复合材料　其中包括连续纤维复合材料和不连续纤维复合材料。

b. 颗粒增强复合材料　其中包括微米颗粒增强和纳米颗粒增强复合材料。

c. 片材增强复合材料　其中包括人工晶片和天然片状物增强复合材料。

d. 叠层复合材料

1.3　复合材料的结构设计基础

随着近几十年来复合材料的迅速发展，复合材料的应用范围迅速扩大，特别是先进复合材料在高技术领域的应用，大大促进了复合材料力学的迅速发展，进一步增强了复合材料结构设计能力。

近几十年复合材料的应用，先进复合材料在高性能结构上，实现了从进行次承力构件设计，到目前根据复合材料特点进行主承力构件设计。

复合材料不仅是一种材料，而且可以认为是一种结构。可以用纤维增强的层合结构来进行说明。从固体力学的角度，将其分为3个"结构层次"：一次结构、二次结构、三次结构。"一次结构"是指由基体和增强材料复合而成的单层复合材料，其力学性能取决于组分材料的力学性能，各相材料的形态、分布和含量及界面的性能；"二次结构"是指由单层材料层合而成的层合体，其力学性能取决于单层材料的力学性能和铺层几何（各单层的厚度、铺设方向、铺层序列）；"三次结构"是指工程结构或产品结构，其力学性能取决于层合体的力学性能和结构几何。

复合材料力学是复合材料结构力学的基础，也是复合材料结构设计的基础。复合材料力学主要是在单层板和层合板这两个结构层次上展开的，其研究内容分为微观力学和宏观力学两大部分。微观力学主要研究增强体（如纤维）、基体组分性能与单相板性能的关系，宏观力学主要研究层合板的刚度与强度分析、温湿环境的影响等。

将单层复合材料作为结构来分析，必须承认材料的多相性，来研究各相材料之间的相互作用。这种研究方法称为"微观力学"方法。就像在显微镜中材料的微观是非均质的，运用非均质力学的方法尽可能地描述各相的真实应力场和应变场，来预测复合材料的宏观力学性能。微观力学总是在某些假定的基础上建立起模型来模拟复合材料，所以微观力学的分析结果，要用宏观试验来验证。微观力学因不能考虑到所有的影响因素而存在一定的局限性。但微观力学毕竟是在"一次结构"这个相当细微的层次上来分析复合材料的，所以它在解释机理、发掘材料本质等方面还是重要的。

在研究单层复合材料时，也可以假定材料是均质的，而将材料中各相物质的影响仅作为复合材料的平均表现性能来考虑，这种研究方法叫"宏观力学"方法。在宏观尺度上，即定义在各相特征尺寸大得多的尺度上。这样定义的应力和应变称为宏观应力和宏观应变，它们既不是基体相的应力和应变，也不是增强相的应力和应变，而是在宏观尺度上的某种平均值。材料的各类参数也定义在宏观尺度上，这样定义的参数称为"表观参数"。在宏观力学中，各类材料的参数是靠宏观实验来获取。表面上看，宏观力学方法比微观力学方法要粗糙一些，但由于宏观力学是以试验结果为根据，所以它的实用性和可靠性反而更好。

将层合复合材料作为结构来分析，需承认材料在垂直板平面方向的非均质性，也即认为层合板是由若干单层板所构成，由此发展的理论叫"层合理论"。该理论是以单层复合材料的宏观性能为根据，以非均质力学的手段来研究层合复合材料的性能，它属于宏观力学范围。

工程结构的分析属于复合材料的结构力学的范畴。目前复合材料结构力学主要以纤维增强复合材料层压结构为研究对象。复合材料结构力学的主要研究内容包括：层合板和层合壳结构的弯曲与振动问题，及耐久性、损伤容限、气动弹性剪裁、安全系数与许用值、验证试验和计算方法等问题。

复合材料设计也可分为3个层次：单层材料设计、铺层设计、结构设计。单层材料设计包括选择增强材料、基体材料及其配比，这决定了单板层的性能；铺层设计包括合理安排铺层材料，该层次决定层合板的性能；结构设计最后确定产品结构的形状尺寸。这3个层次互相影响、互相依赖。因此复合材料及其结构的设计是材料研究和结构研究的传统。设计人员须把材料性能和结构性能一起考虑，并将其统一在同一设计方案中。

1.4　复合材料的应用

目前应用的复合材料主要有金属基、无机非金属基和聚合物基3大类。前两类复合材料价格较昂贵，主要用于航空航天和军事领域，一般工业领域不多见。3类复合材料中，聚合物复合材料应用最广，在工业很多领域中得到应用。

第2章 复合材料的界面和优化设计

2.1 复合材料界面的概念

复合材料是由两种或两种以上不同物理、化学性质的物质以微观或宏观的形式复合而成的多相材料。复合材料中不同组元相接触的界面，是一层具有一定厚度（由数纳米到数微米），结构随组元相而异（界面层）。它是组元相之间相互连接的"纽带"，也是应力及其他信息传递的桥梁。界面是复合材料极为重要的"微结构"，其结构和性能对复合材料的性能有很大影响。复合材料的组元一般分为基体和增强体。复合材料中的增强体不论是纤维、晶须、颗粒还是晶片，与基体在材料制备过程中将会发生一定程度的相互作用和界面反应，形成各种结构的界面。界面的尺寸很小（约几个纳米到几个微米），是一个区域、一个带或一层，厚度不均匀，它包含了基体和增强体的部分原始接触面、基体与增强体相互作用形成的反应产物或固溶产物、此产物与基体及增强体的接触面、增强体上的表面涂层、基体和增强体表面的氧化物及它们的反应产物等。在化学成分上，界面除了含有基体、增强体及涂层中的元素外，还含有由环境带来的杂质。这些成分或以原始状态存在，或重新组合成新的化合物。因此，复合材料界面上的化学成分和相结构是很复杂的。

复合材料界面对其性能起很大影响，界面的机能可归纳为以下几种效应。

（1）传递效应

基体可通过界面将外力传递给增强物，起到基体与增强体之间的桥梁作用。

（2）阻断效应

适当的界面有阻止裂纹扩展、中断材料破坏、减缓应力集中的作用。

（3）不连续效应

在界面上产生物理性能的不连续性和界面摩擦出现的现象，如抗电性、电感应性、磁性、耐热性等。

（4）散热和吸收效应

光波、声波、热弹性波、冲击波等在界面产生散射和吸收，如透光性、隔热性、隔音性、耐机械冲击及耐热冲击等。

（5）诱导效应

复合材料中的一种组元（通常是增强体）的表面结构使另一种（如聚合物基体）与之接触的物质的结构由于诱导作用而发生变化，由此产生以下现象，如强的弹性、低的膨胀性、耐冲击性和耐热性等。

界面上产生的这些效应，是任何单相材料所不具有的特性，它对复合材料具有重要作用。例如颗粒弥散增强金属材料中颗粒可以阻止位错移动，从而提高其强度。在纤维增强复合材料中，纤维与基体的界面可以阻止裂纹的进一步扩展。因而对于复合材料，改善界面性能对提高材料性能起重要作用。

界面效应既与界面结合状态、形态和物理、化学性质等有关，也与界面两边组元材料的浸润性、相容性、扩散性等密切相关。复合材料的界面并不是一个单纯的几何面，而是一个多层的过渡区域，界面区是从增强体内部性质不同的某一点开始，直到与基体内整体性质相一致的点之间的区域。

基体和增强体通过界面结合在一起，构成复合材料。界面的结合状态和牢固程度对复合材料性能有重要影响。界面结合强度的影响因素主要有分子间力、溶解度指数、表面能等，此外还有其他因素影响界面结合强度，如表面的几何形状、分布状况，表面吸附气体和蒸气程度、表面吸水状况，杂质含量，在界面的溶解、浸透、扩散和化学反应，润湿速度等。

由于界面尺寸很小且不均匀，化学成分及结构复杂，对于界面的结合强度、界面应力状态没有直接的、准确的测试方法。对于界面结合状态、形态、结构须借助红外光谱、拉曼光谱、扫描电镜、X射线衍射等。对于成分和相结构也很难作出全面的分析。

2.2 复合材料的界面

2.2.1 聚合物基复合材料的界面

2.2.1.1 界面的形成

聚合物基复合材料是由增强体（纤维、颗粒或晶须等）与聚合物基体（热固性或热塑性树脂）复合而形成的材料。聚合物基复合材料分为热塑性聚合物基复合材料和热固性聚合物基复合材料。前者的成型有两个阶段：①热塑性聚合物基体的熔体和增强体之间的接触和润湿；②复合后体系冷却凝固成型。由于热塑性聚合物熔体的黏度很高，较难通过渗透使熔体填充所有增强体之间的空隙。

热固性聚合物基复合材料的成型方法与热塑性聚合物基不同，其基体树脂黏度较低，又可以溶解于溶剂中，有利于基体对增强体的浸润。

对于聚合物基复合材料，其界面的形成是在材料的成型过程中，可以分为两个阶段。

（1）基体与增强体的接触与浸润

由于增强体对基体分子中的不同基团，或基体中不同组分的吸附能力不同，增强体总是要优先吸附那些能降低其表面能的物质或基团。因此聚合物界面的结构与其本体是不同的。

（2）聚合物的固化

在该过程聚合物通过物理的或化学的变化而固化，形成稳定的界面层。固化阶段受第一阶段的影响，同时它直接决定形成界面层的结构。以热固性树脂的固化过程为例，树脂的固化反应可借助固化剂或靠本身基团的反应来实现。在由固化剂来固化的过程中，固化反应是以固化剂为中心的辐射状向周围扩展，最后形成中心密度大、边缘密度小的非均匀固态结构。密度大的部分叫胶粒，密度小的部分叫胶絮。由树脂本身基团反应的固化过程也出现类似现象。

界面层可以看作是一个单独的相，但是界面相又依赖于两边的相。界面与两边的相结合的状态，对复合材料的力学性能起重要作用。界面层的结构主要包括界面结合力的性质、界面层的厚度和界面层的组成和微观结构。界面结合力存在于两相之间，可分为宏观结合力和微观结合力。宏观结合力是由裂纹及表面的凹凸不平产生的机械咬合力，而微观结合力就包含有化学键和次价键，这两种键的相对比例取决于其组成成分和表面性质。化学键的结合力是最强的，对界面结合强度起重要作用。因此，在制备复合材料时，要尽可能多向界面引入反应基团，增强化学键合的比例，这样有利于提高复合材料的性能。例如，碳纤维增强的复合材料，用低温等离子体对纤维表面处理之后，可提高界面的反应性。

界面及其附近区域的性能、结构都不同于组分本身，因而构成界面层。或者说，界面层是由增强体与基体之间的界面以及增强体与基体的表面薄层构成的。聚合物基体表面层的厚度约为增强的无机纤维的数十倍，它在界面层中所占的比例对复合材料的力学性能有很大影响。

2.2.1.2 界面作用机理

复合材料是由基体与增强体组成的多相材料。复合材料的性能除与基体和增强体有密切关系外，其界面也起很重要作用。复合材料的性能并不是其组分材料的简单加合，而是产生了1+1＞2的协同效应。界面是复合材料产生协同效应的根本原因。界面层使增强体与基体形成一个整体，并通过它传递应力，若增强体与基体之间的相容性不好，界面不完整，则应力的传递面仅为增强体总面积的一部分。因此，要使复合材料内部能够均匀地传递应力，具有较高性能，要求复合材料具有完整的界面层。

界面对复合材料的性能尤是力学性能起着很重要的作用。考虑到复合材料的强度和刚度，界面结合越完善、越牢固就越好，它可以明显提高横向和层间的拉伸强度和剪切强度，也可提高横向和层间拉伸模量、剪切模量。陶瓷和玻璃纤维的韧性差，如果界面很脆、断裂应变很小而强度较大，则纤维的断裂可能引起裂纹沿垂直于纤维方向扩展，诱发相邻纤维相继断裂，因此，这种复合材料的断裂韧性很差。但是，如果界面结合强度较低，则纤维断裂引起的裂纹可以改变方向而沿界面扩展，遇到纤维缺陷或薄弱环节时裂纹再次穿过纤维，继续沿界面扩展，形成曲折的路径，这就需要较多的断裂功。因此，如果界面和基体的断裂应变都较低时，适当减弱界面强度可提高复合材料的断裂韧性。

界面作用机理是指界面发挥作用的微观机理，目前有多种理论，但还是不够完善。

（1）界面浸润性理论

浸润性理论是1963年由 Zisman 提出的。该理论认为填充剂被液态树脂良好浸润是非常重要的，若浸润不好会在界面上产生孔隙，易使应力集中而使复合材料开裂，如果两组组分完全浸润，则树脂与填充剂之间的黏结强度将超过基体的内聚强度。

首先，从热力学角度考虑两个表面结合与其表面能的关系。用表面张力来表征表面能，即

$$\gamma = (\partial F / \partial A)TV \tag{2-1}$$

此处 γ 为表面张力；F 为自由能；A 为面积；T 为温度；V 为体积。可以知道，表面张力实际就是在温度和体积不变的情况下，自由能随表面积增加的能量。若两个表面结合在一起，则体系由于减少了两个表面和增加了一个界面使自由能下降了。将这种自由能的下降定义为黏合功 W_A，也即指把单位黏附界面拉开所需的功，则

$$W_A = \gamma_S + \gamma_L - \gamma_{SL} \tag{2-2}$$

式中，下标 S，L 和 SL 分别表示为固体、液体和固液。严格地讲，γ_S、γ_L 应该用固气、液气界面张力用 γ_{SG}、γ_{LG} 来表示。但是由于其数值几乎无差别，所以可代用。从现象上来讲，任何物体都有减小其自身表面能的倾向。因此液体尽量收缩成球状，固体则使其接触的液体铺展开覆盖其表面。如果一滴液体滴在固体表面，则会形成如图 2-1（a）所示的情况。图（b）、（c）分别表示浸润不好和良好的现象。

此处 θ 为接触角。当 $\theta < 90°$，液体能润湿固体；当 $\theta = 0°$，这时液体完全润湿固体；当 $\theta > 90°$，液体不能润湿固体表面；当 $\theta = 180°$，液体完全不能润湿固体表面。如图 2-1

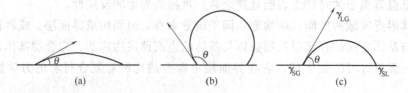

图 2-1　一滴液体在固体表面的润湿状态

（c），根据力的合成可写成

$$\gamma_L \cos\theta = \gamma_S - \gamma_{SL} \tag{2-3}$$

由式（2-2）、式（2-3）可知

$$W_A = \gamma_S + \gamma_L - \gamma_{SL} = \gamma_L(1+\cos\theta) \tag{2-4}$$

由式（2-4）可知，界面结合最好的情况即 W_A 达到最大值的条件为 $\cos\theta=1$，也即 $\theta=0$，这表明液体完全平铺在固体表面上，这时，$\gamma_S = \gamma_L$。

热力学可说明两个表面结合的内在因素，表示结合的可能性，这里没有时间概念；而动力学能反映实际产生界面结合的外界条件，如温度、压力等的影响，表明结合过程的速度问题。因此，实际上应该考虑热力学和动力学两个方面，1964 年 Zisman 提出了两个能产生界面良好结合的条件，即液体黏度应尽量低；γ_S 应略大于 γ_L。

长期以来，人们有一个模糊的概念，即认为复合材料中增强体表面粗糙度越大，界面结合越好。可以想像表面积随着粗糙度增加而增大，表面的机械咬合效果会更好。但是，实际上尽管测出的表面积很大，其中有相当多的孔穴，黏稠的聚合物液体无法流入。如下列经验公式

$$Z^2 = \frac{K\gamma t\delta\cos\theta}{\eta} \tag{2-5}$$

表明流入量 Z 是与液体表面张力、接触角、时间 t 和孔径 δ 成正比，而与黏度 η 成反比，K 为比例常数。一般常用纤维增强体表面上能被聚合物基体浸入的空隙占总孔隙的比例很小，多数孔是无效的。例如碳纤维表面有 80% 的孔径在 30nm 以下，而树脂基体分子尺寸约为 100nm，而且黏度也较大，浸渍固化的时间也不可能很长。因此这些不能被树脂填充的孔不仅成为界面脱黏的缺陷，而且也形成了应力集中的部位。

（2）化学键理论

化学键理论认为要使两相之间实现有效的结合，两相表面应含有能相互发生化学反应的活性官能团，通过它们的反应以化学键结合形成界面。如两相之间不能直接进行化学反应，也可以通过偶联剂的媒介作用以化学键互相结合，如图 2-2。

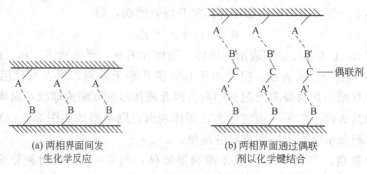

(a) 两相界面间发　　　　(b) 两相界面通过偶联
生化学反应　　　　　　剂以化学键结合

图 2-2　界面的化学反应

化学键理论应用最广，也最成功。硅烷偶联剂就是在化学键理论基础上发展起来的，用来提高基体与玻璃纤维间界面结合的有效试剂。硅烷偶联剂一端可与玻纤表面以硅氧键结合，另一端可与基体树脂发生固化反应。通过硅烷偶联剂的媒介作用，基体与增强体纤维实现了界面的化学键结合，有效地提高了复合材料的性能。

应用化学键理论，对碳纤维、有机纤维的表面进行等离子、辐照等处理，使纤维表面产生—COOH，—OH 等含氧活性基团，提高了与树脂基体的反应能力，使界面形成化学键，大大提高了界面的结合强度。

但是化学键理论也不是十全十美，有些现象难以用该理论来解释。例如，有些偶联剂不含有与基体树脂起反应的基团，却有较好的处理效果。按化学键理论，基体与增强体之间只需要单分子层的偶联剂就可以了，但实际上偶联剂在增强体表面不是单分子层，而是多层。

（3）物理吸附理论

该理论认为，增强体与基体之间结合属于机械咬合和基于次价键的物理吸附。偶联剂的作用主要是促进基体与增强体表面完全浸润。这种理论并不完全正确。某些实验显示，偶联剂未必一定改善树脂对增强体的浸润。这种理论可作为化学键理论的一种补充。

（4）过渡层理论

如果复合材料在成型时，基体和增强体的热膨胀系数相差较大，因此在固化过程中，增强体与基体界面上就会有残余应力，降低复合材料的性能。为了消除这种内应力，使基体和增强体之间的界面区存在一个过渡层，它可起到应力松弛的作用。增强体经表面处理后，在界面上形成一层塑性层，可以松弛并减小界面应力。这种理论叫变形层理论。但是难以解释的是，用传统的处理方法，界面上的偶联剂数量不足以满足应力松弛的要求，因此在此理论基础上又提出了"优先吸附"理论和"柔性层"理论，即认为塑性层不仅是由偶联剂，而且是由偶联剂和优先吸附形成的柔性层组成，柔性层厚度与偶联剂本身在界面区的数量有关。此理论对石墨纤维增强聚合物复合材料比较适应。

（5）拘束层理论

该理论认为界面区的弹性模量介于基体与增强体之间时，则可很均匀地传递应力。这时吸附在硬质增强体上的聚合物基体比其本体更聚集紧密。且聚集密度随着离界面区的距离增大而减小。这样在增强体和基体之间，形成了一个模量从高到低的梯度减小的过渡区。该理论因缺乏必要的实验依据，接受这一理论者并不多。

（6）扩散理论

该理论是 Borozncui 首先提出的。该理论认为聚合物的相互黏结是由表面上的大分子相互扩散形成的。两相的分子链相互扩散、渗透、缠结形成了界面层。扩散过程与分子链的分子量、柔性、温度、溶剂等因素有关。相互扩散实际上是界面中发生互溶，黏结的两相之间的界面消失，变成了一个过渡区，因此对其粘接强度有利。当两种聚合物的溶解度参数接近时，就容易发生互溶和扩散，得到较高的黏结强度。

该理论有很大的局限性，因聚合物与无机物之间不会发生界面扩散、互溶现象，扩散理论不能用来解释此类材料的黏结现象。

（7）减弱界面局部应力作用理论

该理论认为基体与增强体之间的处理剂提供了一种具有"自愈能力"的化学键。在载荷作用时，它处于不断形成与断裂的动态平衡状态。低分子物质（主要是水）的应力浸蚀使界面化学键断裂，而处理剂在应力作用下能沿增强体表面滑移，使已断裂的化学键重新结合。

而此时，应力得到松弛，也减缓了界面的应力集中。

2.2.2 金属基复合材料的界面

2.2.2.1 界面的类型

金属基复合材料的基体是金属，一般是合金。在金属基复合材料中，基体与增强体有的相互扩散形成扩散层；有的发生相互作用形成化合物；有的在增强物表面进行预处理。这使得界面的形状、尺寸、成分、结构等变得非常复杂。金属基复合材料的界面比聚合物基复合材料要复杂。金属基复合材料界面可分为 3 种类型。第一类：复合材料的界面平整，其厚度仅为数个分子层，界面很纯净，除原始组成成分外，基本不含其他物质；第二类：复合材料的界面不平直，它是由原固组成分构成的凸凹的溶解扩散型界面；第三类：该复合材料的界面含有尺寸在亚微米级左右的界面反应物质。表 2-1 为纤维增强金属基复合材料的界面情况。

表 2-1　纤维增强金属基复合材料界面类型

类　型　Ⅰ	类　型　Ⅱ	类　型　Ⅲ
纤维与基体互不反应亦不溶解	纤维与基体不反应但相互溶解	纤维与基体相互反应形成界面反应层
钨丝/铜		钨丝/铜-钛合金
Al_2O_3 纤维/铜		碳纤维/铝（>580℃）
Al_2O_3 纤维/银	镀铬的钨丝/铜	Al_2O_3 纤维/钛
硼纤维（表面涂 BN）/铝	碳纤维/镍	B 纤维/Ti
不锈钢丝/铝	钨丝/镍	B 纤维/Ti-Al
SiC 纤维（CVD）/铝	合金共晶体丝/同一合金	SiC 纤维/钛
硼纤维/铝		SiO_2 纤维/Al
硼纤维/镁		

金属基复合材料界面结合方式与聚合物基复合材料有所不同，其界面结合方式可分为 4 类：①化学结合，它是由金属基体与增强体两相之间发生界面反应形成化学键，由化学键提供结合力；②物理结合，它是以范德瓦耳斯力结合；③扩散结合，它是指基体与增强体虽无界面反应但发生原子的相互扩散作用，该作用也可提供一定的结合力；④机械结合，它是指某些增强体表面粗糙，当与熔融的金属基体浸润而凝固后，出现机械的咬合作用。总的来说，金属基复合材料的界面是以化学结合为主，有时也会几种界面结合方式并存。

2.2.2.2 影响界面稳定性的因素

与聚合物基复合材料相比，金属基复合材料可耐更高的温度。因此金属基复合材料能否在所允许的高温环境下长时间保持稳定是很重要的。影响界面稳定的因素包括物理和化学两个方面。

物理方面的不稳定因素主要指在高温条件下增强体与基体之间的熔融。例如，用粉末冶金法制成的钨丝增强镍合金材料，由于成型温度较低，钨丝基本未溶入基体，因此其强度基本不变，但如果在 1100℃左右使用 50h，则因钨丝溶入合金而使其直径变为原来的 60% 左右，强度明显降低。但是在某些场合，这种增强体与基团互溶现象并不一定会产生不良的效果。例如，钨铼合金丝增强铌合金时，钨也会溶入铌中，但由于形成强度很高的钨铌合金，对钨丝强度的损失起到补偿作用，强度不减还有所提高。对于碳纤维增强镍材料，在界面上还会出现先溶解再析出现象。例如，在 600℃以上该复合材料中碳纤维会溶入镍基体中，然后再析出石墨，由于碳变成石墨，其密度增大、体积减小而留下空隙，为镍溶入碳纤维扩散提供了空间，致使碳纤维强度下降。随着温度升高，镍溶入碳纤维含量增加，碳纤维强度进一步急剧下降。

化学方面的不稳定性主要与复合材料在加工使用过程中的界面化学反应有关。它包括连续式界面反应、交换式界面反应和暂稳态界面变化等现象。其中，连续式界面反应对复合材料力学性能的影响最大。界面反应生成的化合物中绝大多数比常用的复合材料的增强体更脆，在外加载荷作用下首先产生裂纹。此外，化合物的生成也可能对增强体的性能有所影响。基体与增强体的化学反应可能发生在化合物与增强体之间的接触面，即增强体一侧，也可能发生在基体-化合物之间的接触面上，即基体一侧，也可能同时发生在两个接触面上。一般发生在基体一侧比较多见。

交换式界面反应的不稳定因素主要出现在含有两种或两种以上元素的合金基体中。该过程可分为两步。第一步，增强体与合金基体生成化合物，此化合物中暂时包含了合金中的所有因素；第二步，根据热力学规律，增强体总是优先与合金中的某一元素起反应，因此原先生成的化合物中的其他元素将与邻近基体合金中的这一元素起交换反应直到达到平衡。交换反应的结果是最易与增强体元素起反应的合金元素将富集在界面层中，而不易或不能与增强物反应的基体的合金元素却在邻近界面的基体中富集。有人认为，基体中不易形成化合物的元素向基体中的扩散控制着整个过程的速度。因此，可以选择适当的基体成分来降低交换反应的速度。某些钛合金与硼的复合材料中存在这种不稳定因素。交换反应的不稳定因素不一定有害，有时还有益。如钛合金/硼复合材料，正是那些不易或不能与硼反应生成化合物的元素在界面附近富集，提供了硼向基体扩散的阻挡层，所以减低了反应速度。

暂稳态界面变化是由于增强体表面局部存在氧化膜。如硼纤维/铝复合材料，若采用固体扩散法的制备工艺，界面上将产生氧化膜，但因它的稳定性差，从而影响复合材料的性能。

界面结合状态对金属基复合材料的力学性能有很大影响，如沿纤维方向的拉伸强度、剪切强度和疲劳性能等。界面结合强度适中才能保证复合材料具有最佳的拉伸强度。一般情况下，界面结合强度越高，沿纤维方向的剪切强度越大。在交变载荷作用下，复合材料界面的松脱导致纤维与基体之间摩擦生热加剧破坏过程。因此，要改善复合材料的疲劳性能，界面强度应稍强一些为好。

2.2.2.3 残余应力

在金属基复合材料的结构设计中，除了要考虑化学方面的因素外，还应注意增强体与金属基体的物理相容性。物理相容性中最重要的是要求增强体与基体的热膨胀系数匹配。若基体的韧性较强，热膨胀系数也比较大，复合后容易产生拉伸残余应力，而增强体（尤其是纤维）多为脆性材料，其热膨胀系数也较小，复合后容易出现压缩残余应力。因而不能选用模量很低的基体与模量很高的纤维复合，否则纤维容易发生屈曲。在选择金属基复合材料的组分材料时，为避免过高的残余应力，要求增强体与基体的热膨胀系数不要相差太大。

2.2.3 陶瓷基复合材料的界面

2.2.3.1 界面的结合

陶瓷基复合材料是指基体为陶瓷材料的复合材料。它的增强材料包括金属和陶瓷材料。陶瓷基复合材料的界面结合方式与金属基复合材料基本相同。它包括化学结合、物理结合、机械结合和扩散结合，其中以化学结合为主，有时几种界面结合方式同时存在。

2.2.3.2 界面的稳定性

在制备和使用的过程中，复合材料的增强体与基体之间总存在相互作用，所以复合材料要达到理想的热力学平衡状态很困难。要得到性能优良的复合材料，必须控制增强体与基体之间的相互作用的数量和速率。在多数情况下，增强体与基体之间会发生不同程度的相互作用。由于界面是化学成分和结构的急剧变化区域，必然会产生原子扩散。增强体与基体材料之间可能发生化学反应形成化合物，也可能不反应形成化合物。

① 基体与增强体材料之间不生成化合物，只形成固溶体。在界面上生成的固溶体并不导致复合材料性能的降低，主要是增强体材料的消耗使强度降低。

② 若在界面形成化合物，当其达到一定的厚度时，复合材料的强度可能会大幅度降低。这是因为在界面生成的脆性化合物层在受力时破坏而造成增强体断裂。因此界面形成化合物的厚度对其性能的影响很大。

一般来讲，基体与增强体之间相互作用不足与过量都不利，反应不足时复合材料的强度低，过量时可以引起界面脆化。根据具体情况，有时需要促进反应以增进结合；有时则需要抑制反应。

2.2.3.3 界面的控制

由于在陶瓷基复合材料中存在人为的界面，而界面又起着很重要的作用，所以由界面的特性可以控制材料的性能。界面的控制方法，有以下几种。

(1) 改变增强体表面的性质

改变增强体的表面性质是用化学手段控制界面的方法。例如，有在 SiC 晶须表面形成富碳结构的方法，在纤维表面以 CVD 或 PVD 的方法进行 BN 或碳涂层的方法等。这些方法的目的都是防止增强体（纤维或晶须等）与基体之间的反应，从而获得最佳的界面力学特性。改变增强体表面的性质的另一个目的是改善纤维与基体之间的结合力。

(2) 向基体添加特定的元素

在用烧结法制造陶瓷基复合材料的过程中，为了有助于烧结，常常在基体中添加一些元素。有时为了使纤维与基体发生适度的反应以控制界面，也可以添加一些元素。如在 SiC 纤维强化玻璃陶瓷 (LAS) 中，若采用通常的 LAS 成分的基体，在晶化处理时，会在界面产生裂纹。而添加百分之几的 Nb 时，热处理过程中会发生反应，在界面形成 NbC 相，获得最佳界面，从而达到增韧的目的。

(3) 增强体的表面涂层

涂层技术的应用是实用的界面控制方法之一，可以分为化学气相沉积 (CVD)、物理气相沉积 (PVD)、喷镀和喷射等。在陶瓷、玻璃材料作为基体时，使用的涂层材料有 C、BN、Si、B 等。

化学气相沉积通常是将热的纤维穿过反应区。其过程是由热分解或其他气体反应形成的蒸发物质沉积在纤维上。此技术已经用于 SiC 和 B 纤维上。通常采用 CVD 方法，涂层厚度一般为 $0.1 \sim 0.5 \mu m$。涂层的主要目的是防止成型过程中纤维与基体的反应；调节界面剪切破坏能量以提高剪切强度。

物理气相沉积由类似于化学气相沉积的过程组成。不同的是，蒸气不是由化学反应的方法形成，而是用加热蒸发或通过高能离子溅射产生蒸气。

涂层的其他方法还有喷镀和喷射技术。这些技术的目标主要在于制备复合材料时促进它们的浸润，因而不大关心涂层的完整性和结构。涂层的目的还有形成阻碍扩散的覆盖层，以保护纤维不受化学侵蚀。

2.2.3.4　热残余应力

复合材料制成以后，当其经受温度变化时，由于基体与增强体之间的热膨胀系数不同，会在界面附近的增强体和基体中产生应力，称为热残余应力。当增强纤维轴向的热膨胀系数小于基体沿纤维轴向的热膨胀系数时，如果复合材料的当前温度低于其制备温度，例如从制备温度降至室温，复合材料中纤维的轴向应力为负值（压应力），而基体沿纤维的轴向的应力为正值（拉应力），说明纤维在界面处沿纤维轴向受到压缩作用，而基体在界面处沿纤维方向受到拉伸作用。

在陶瓷基复合材料中，往往出现纤维的热膨胀系数大于基体沿纤维轴向的热膨胀系数的情况。此时，纤维的轴向受到拉应力，而基体在界面处沿纤维轴向受到压应力。当复合材料受到轴向拉伸时，此种残余应力将使基体增加抵抗产生横向开裂的能力，因而基体在界面处的残余压缩应力是设计陶瓷基复合材料所追求的一种重要的增韧机制。

热残余应力在纤维/基体界面处引起的应力集中相当大，有时能造成较软的组元发生塑性变形，若两个组元均是脆性的，则可能导致产生裂纹。

2.3　复合材料界面的表征

为了认识复合材料界面的作用，了解界面对材料整体性能的影响，对复合材料界面形态、界面层结构以及界面残余应力的表征很重要。

2.3.1　界面形态的表征

复合材料的界面是具有一定厚度的界面层。界面层厚度和形态与增强体表面性质及基体材料的组成和性质有关，同时也受复合材料的制备工艺方法和工艺参数的影响。界面的形态反映了界面的微结构。通过对界面形态的研究能直观地了解复合材料界面性质与其宏观力学性能的关系。有人通过计算机图像处理技术研究了聚合物基复合材料的界面形态，又测出了界面层的厚度，并与复合材料界面性能建立了联系，见表 2-2 所列。通过对透射电子显微分析照片进行图像处理，界面更清晰，更能得到直观的界面信息。

表 2-2　界面层厚度与 CF/PMR-15 的界面剪切强度关系

碳纤维表面处理条件	界面层相对厚度/nm	界面剪切强度/MPa
未处理	2.0~3.0	41.4~42.7
空气等离子处理	4.1~5.0	91.0~94.2
接枝 NA 酸酐	6.0~8.0	100.5~101.7

2.3.2　界面层结构的表征

中国学者用 CF/PEEK 复合材料的模型体系，用 Raman 光谱表征了界面层结构。对涂有 5nm 厚 PEEK 的碳纤维的研究表明，该体系只有在熔融后才出现明显的 PEEK 谱带（如 $1167.0cm^{-1}$、$1225.9cm^{-1}$），并且碳纤维 Raman 频移在约 $1360cm^{-1}$ 附近的 Raman 谱，芳环伸缩振动信号（约 $1585cm^{-1}$ 附近）也有明显变化。进一步用 Raman 光谱考查 CF/PEEK 复合材料，例如增多扫描次数或改变激光波长等，可以研究碳纤维/线型聚合物界面近程结构这一长期未能解决的问题。

2.3.3　界面残余应力的表征

界面残余应力的表征是比较困难的，这是因为界面层很薄。目前测量复合材料中残余应力的方法主要有 X 射线衍射法和中子衍射法。这两种方法的测试原理相同，只是中子的穿透深度比 X 射线更深些，可用来测量深层应力。由于参与反射的区域较大，中子衍射法测得的结果是一较大区域的应力平均值。由于受中子源的限制，中子衍射法还不能普及。由于 X 射线穿透能力有限，X 射线衍射法仅能测定材料表面的残余应力。

鉴于上述两种方法的局限性，国内外学者采用了同步辐射连续 X 射线能量色散法和聚束电子衍射法来测定复合材料界面附近的应力和应变变化。前者的特点是：①X 射线的强度高，约为普通 X 射线的 10^5 倍左右；②X 射线的波长在 $1 \times 10^{-11} \sim 4 \times 10^{-8}$ m 的范围内连续。因此该方法既有较好的穿透性，又有对残余应变梯度的高空间分辨率，可测量界面附近急剧变化的残余应力。目前应用最广的还是传统的 X 射线衍射法。

2.4 复合材料的界面优化设计

由于复合材料的界面非常复杂和重要，因此对界面进行优化设计十分重要。界面涉及到原料、工艺过程，使用环境和条件等问题以及这些因素的相互影响。可以考虑采用系统工程的方法加以解决。图 2-3 为有关复合材料界面设计的系统工程图。从图中可以看出，首先要

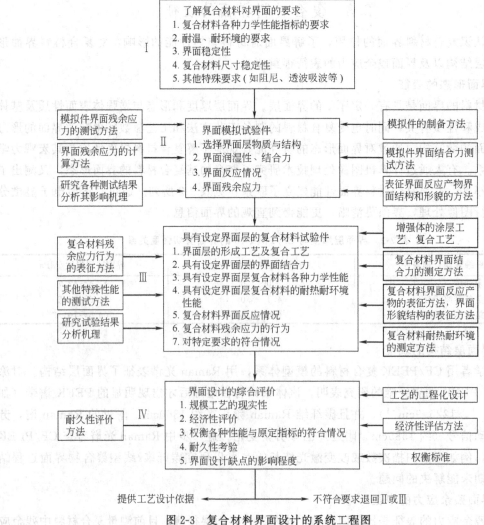

图 2-3 复合材料界面设计的系统工程图

充分了解复合材料中涉及界面的结构和对性能的要求，然后从模拟件入手进行各种界面行为的考察。在此基础上决定界面层应有的结构和性质，由此制备复合材料试件，测试有关性能并与原定要求进行对比，根据结果考虑进一步改善的措施。最后在进行实际构件制造时，还要针对其工艺现实性、经济性等方面进行综合评价，才能正式付诸实施。随着复合材料各种基础数据的积累和计算机技术的进步，可以预计在不远的将来能实现简便的计算机辅助复合材料界面优化设计。

第3章 复合材料的增强体

3.1 增强体的概念和分类

3.1.1 增强体的概念

增强体是复合材料中能提高基体材料力学性能的组元物质，是复合材料的重要组成部分，它可以起着提高基体的强度、韧性、模量、耐热、耐磨等性能的作用。随着复合材料的发展和新的增强体品种的不断出现，被用于复合材料的增强体的范围不断扩大，主要有高性能的纤维、晶须、金属丝、片状物和颗粒等。连续长纤维具有很高的强度、模量，是先进复合材料选用的主要增强物，如碳（石墨）纤维、硼纤维、碳化硅纤维等。其中发展最快、已大批量生产和应用的增强纤维是碳纤维，它的最高拉伸强度已达 7000MPa（日本东丽公司生产），密度只有 $1.8g/cm^3$，断裂伸长率 2%；碳纤维的最高模量已达 900GPa（美国杜邦公司生产的 P130 石墨纤维），密度为 $2.1g/cm^3$，导热性比铜高 3 倍，热膨胀系数为 $-1.5\times10^{-6}/℃$。这样优良的力学、物理性能将对复合材料的性能起重要作用。

作为复合材料的增强体应具有以下基本特性。

① 增强体应具有能明显提高基体某种所需特性的性能，如高的比强度、比模量、高热导率、耐热性、耐磨性、低热膨胀性等，以便赋予基体某种所需的特性和综合性能。

② 增强体应具有良好的化学稳定性。在复合材料制备和使用过程中其组织结构和性能不发生明显的变化和退化，与基体有良好的化学相容性，不发生严重的界面化学反应。

③ 与基体有良好的润湿性，或通过表面处理后能与基体良好地润湿，以保证增强体与基体良好地复合和分布均匀。

为了合理地选用增强物，设计制备高性能复合材料，这就要求对各种增强体的性能、结构、制备方法有一定的了解和认识。

3.1.2 增强体的分类

用于复合材料的增强体品种很多，根据复合材料的性能需要，主要分为以下几种。

3.1.2.1 纤维类增强体

纤维类增强体有连续长纤维和短纤维。连续长纤维的连续长度均超过数百米。纤维性能有方向性，一般沿轴向均有很高的强度和弹性模量。连续纤维中又分为单丝和束丝，碳（石墨）纤维、氧化铝纤维和碳化硅纤维（烧结法制）、氮化硅纤维等是以 500～12000 根直径为 5.6～14μm 的细纤维组成束丝作为增强体使用。而硼纤维、碳化硅纤维（CVD 法制）是以直径为 95～140μm 的单丝作为增强体使用。连续纤维制造成本高、性能高，主要用于高性能复合材料。

短纤维连续长度一般几十毫米，排列无方向性，一般采用生产成本低，生产效率高的喷射方法制造。其性能一般比长纤维低。在使用时可先将短纤维制成预制件，再用挤压铸造、压力浸渗、泥浆渗透等方法可制造出短纤维增强复合材料。主要的短纤维有硅酸铝纤维、氧化铝、碳纤维、氮化硼纤维等，制成的复合材料无明显的方向性。

增强体纤维主要包括无机纤维和有机纤维。无机纤维主要有碳纤维、氧化铝纤维、碳化硅纤维、硼纤维、氮化硼纤维、氮化硅纤维、硅酸铝纤维及玻璃纤维等。有机纤维分为刚性分子链和柔性分子链两种。前者包括对位芳酰胺、聚芳酯和聚苯并噁唑。后者包括聚乙烯和聚乙烯醇等。

3.1.2.2 颗粒类增强体

颗粒增强体主要是一些具有高强度、高模量、耐热、耐磨、耐高温的陶瓷等无机非金属颗粒,主要有碳化硅、氧化铝、氮化硅、碳化钛、碳化硼、石墨、细金刚石、高岭土、滑石、碳酸钙等。另外还有一些金属和聚合物颗粒增强体。后者主要有热塑性树脂粉末,主要包括聚乙烯、氟树脂、聚丙烯、聚酰胺、聚酰胺树脂等。颗粒增强体以很细的粉状($<50\mu m$)加到基体中起到提高强度、模量、增韧、耐磨、耐热等作用。主要用烧结法、热压、粉末冶金法、液体搅拌法、共喷法和压力浸渍法等制造颗粒增强复合材料。由于颗粒增强物的成本低,制成的复合材料各向同性,因此在复合材料中的应用发展非常迅速,尤其是在汽车工业中。

3.1.2.3 晶须类增强体

晶须是在人工条件下制造出的细小单晶,一般呈棒状,其直径为 $0.2\sim1\mu m$,长度约为几十微米,由于其具有细小组织结构、缺陷少,具有很高的强度和模量。常用的有 SiC、Al_2O_3、Si_3N_4 等陶瓷晶须。

晶须制造分选过程较复杂,成本比颗粒高很多,可通过热压烧结、常规烧结、粉末冶金、挤压铸造等方法来制造复合材料。晶须增强复合材料的性能基本上是各向同性的。

3.1.2.4 金属丝

用于复合材料的高强度、高模量金属丝增强物主要有铍丝、钢丝、不锈钢丝和钨丝等。金属丝一般用于金属基复合材料和水泥基复合材料的增强,但前者比较多见。由于在高温复合过程中金属之间易扩散、溶解、化合以及晶粒长大等,一般在铝基复合材料中选用铍丝和不锈钢丝作增强物,在镍基高温合金中加入钨丝提高其高温性能。

3.1.2.5 片状物增强体

用于复合材料的片状增强物主要是陶瓷薄片。将陶瓷薄片叠压起来形成的陶瓷复合材料具有很高的韧性。首先将这种思路引入到陶瓷基层状复合材料设计中的是剑桥大学的 Clegg。人们发现制备出的具有层状结构的 SiC/C、ZrO_2、Si_3N_4、Si_3N_4/BN 陶瓷复合材料比常规的陶瓷材料的韧性提高数倍到数十倍。

3.2 无机非金属纤维

3.2.1 碳纤维

3.2.1.1 概述

碳(石墨)纤维是由碳元素组成的一种高性能增强纤维。其最高强度已达 7000MPa,最高弹性模量达 900GPa,而其密度约为 $1.8\sim2.1g/cm^3$,并具有低热膨胀、高导热、耐磨、耐高温等优异性能,是一种很有发展前景的高性能纤维。

碳元素是一种非常轻的元素,碳有多种结构形态:有无定形态、金刚石、石墨等结构,其中石墨的结构是由碳原子以六方形式在层内排列。在石墨片层中,碳原子以较短的共价键排列,具有很强的结合力。在沿石墨片层方向具有很高的弹性模量,理论上可达 1000GPa,而片层与片层之间以范德瓦耳斯力相连接,层间距较长,约为 0.335nm,结合力弱,因此在垂直片层方向的弹性模量只有 35GPa。碳纤维由高度取向的石墨片层组成,并有明显的各向异性，沿纤维轴向、强度高、模量高，而横向性能差，其强度和模量都很低。因此在使用时，主要应用碳纤维在轴向的高性能。

碳纤维是以碳元素组成的各种碳、石墨纤维的总称。碳纤维有许多品种，有不同的分类方法，一般可以根据原丝的类型、碳纤维的性能和用途进行分类。碳纤维按石墨化程度可分为碳纤维和石墨纤维，一般将小于 1500℃ 碳化处理成的称为碳纤维，将碳化处理后再经高温石墨化处理（2500℃左右）的碳纤维称为石墨纤维。碳纤维强度高，而石墨纤维模量高。以制取碳纤维的原丝分类，碳纤维可分为聚丙烯腈基碳纤维、黏胶基碳纤维、沥青基碳纤维和木质素纤维基碳纤维。以其性能分类，碳纤维可分为高强度碳纤维、高模量碳纤维和中模量碳纤维等。后者有耐火纤维、碳质纤维和石墨纤维等。

根据其用途分类，碳纤维可分为受力结构用碳纤维、耐焰碳纤维、活性碳纤维、导电用碳纤维、润滑用碳纤维和耐磨用碳纤维。

3.2.1.2 碳纤维的制造

碳纤维是一种以碳为主要成分的纤维状材料。它不同于有机纤维或陶瓷纤维，不能用熔融法或溶液法直接纺丝，只能以有机物为原料，采用间接法制造。制造方法可分为两种类型，即气相法和有机纤维碳化法。

气相法是在惰性气氛中小分子有机物（如烃或芳烃等）在高温沉积而成纤维。用该法只能制取短纤维或晶须，不能制造连续长丝。

有机纤维碳化法是先将有机纤维经过稳定化处理变成耐焰纤维，然后再在惰性气氛中，在高温下进行煅烧碳化，使有机纤维失去部分碳和其他非碳原子，形成以碳为主要成分的纤维。用此法可制造连续长纤维。

天然纤维、再生纤维和合成纤维均可用来制备碳纤维。选择的条件是加热时不熔融，可牵引，且碳纤维产率高。

1961 年日本大阪工业技术研究所首先用聚丙烯腈（PAN）原丝制成高性能碳纤维。1963 年英国罗尔斯罗伊斯公司的研究人员又发明用牵引法提高纤维结构的取向，进一步提高了碳纤维的强度和弹性模量。到 20 世纪 60 年代末期，日本东丽公司又找到了进一步提高碳纤维性能和生产效率的有效办法，研制成高强度、超高强度、高模量和高强中模等高性能的碳纤维，并形成规模生产。这期间，世界各国也相继发展碳纤维的制造技术。中国在 70 年代初开始研制碳纤维。到 1987 年全球已形成 8000t 碳纤维的生产能力，其中美国、日本为主要生产国。

到目前为止，制作碳纤维的主要原材料有 3 种：人造丝（黏胶纤维）；聚丙烯腈（PAN）纤维；沥青。用这些原料生产的碳纤维各有其特点。制造高强度模量碳纤维多选聚丙烯腈为原料。

无论用何种原丝纤维来制造碳纤维，都要经过 5 个阶段：拉丝、牵引、稳定、碳化和石墨化。

无论采用什么原材料制备碳纤维，都需经过上述 5 个阶段，即原丝预氧化、碳化以及石墨化等，所产生的最终纤维，其基本成分为碳。

（1）聚丙烯腈（PAN）碳纤维

聚丙烯腈纤维是制造碳纤维最主要和最有发展前途的原丝，其优点是碳纤维成品率高，工艺简单、成本低。用聚丙烯腈原丝生产碳纤维的主要工艺流程由热稳定化处理（或叫预氧化处理）、碳化处理和石墨化处理组成。PAN 纤维在空气中进行预氧化处理，加热温度为

250℃左右。在处理过程中需在纤维上加张力，以防止纤维收缩和保持纤维结构的取向。在该预处理的过程中，PAN 纤维的线型分子结构逐步转变成耐高温不熔化的网络状刚性分子，PAN 线型分子加热到 200℃以上，其中的 —C≡N 基的三键打开，并与相邻的—CN 基聚合成—C≡N 共轭双键，主键发生脱氧反应形成—C＝C—共轭双键。

热稳定化处理后的刚性网络结构不容易在以后的高温处理时熔化，并保持高度的取向。此时，预氧化纤维中仍存在大量的 N、H、O 等非 C 原子。纤维的碳化过程是在高纯 N_2 的保护下逐渐加热到 1500℃左右的高温，将非碳原子以挥发物（如 HCN、CO、CO_2、H_2、N_2 等）方式除去，转变成碳纤维结构。预氧化纤维在 400～600℃快速裂解，裂解的挥发物冷凝后形成焦油，对碳纤维质量有影响，需较好地排除。此阶段纤维失重约 40%。在裂解的同时，链上的羟基起交联缩合反应，有利于梯形结构的重排，不稳定的线型链转变为环状结构。环状结构开始脱氢并倾向联合，随着温度的继续升高，石墨片层结构进一步长大和完善，碳纤维的强度不断提高，在 1500℃碳纤维的强度达到最高。

在碳化处理后碳原子主要以六方网络条带形式排列，称为湍流层状石墨结构。这些微小条带基本上与纤维的轴平行。

碳纤维石墨化处理是将碳纤维在 Ar 保护下经 2000～3000℃高温热处理，进一步完善石墨片层结构和取向，提高碳纤维的弹性模量。经石墨化处理后碳纤维的弹性模量可达 600GPa。

（2）黏胶碳纤维

黏胶纤维是一种纤维素纤维，最早用来生产脱黏纤维的原丝。黏胶（vayon）是一种热固性聚合物，将黏胶原丝转变为碳纤维的工艺过程与 PAN 转变为碳纤维的工艺过程相似，分为三步：①稳定化处理，在空气或富氧气氛中加热到 400℃；②在 1500℃以下 N_2 中对纤维进行碳化处理；③在 2500℃以上进行石墨化处理。在预氧化处理过程中黏胶丝发生分解，并生成 CO、CO_2、H_2O 等产物挥发。黏胶纤维制造碳纤维时其失重达 70%以上，所以其收得率低（约为 15%～30%）。黏胶纤维的力学性能比 PAN 碳纤维低，但其耐烧性和隔热性较好，碱金属含量较低，适于用来制造运载火箭的头部的耐烧性部件。

（3）沥青碳纤维

用沥青为原料制造碳纤维，比用聚丙烯腈和黏胶纤维制备碳纤维有更丰富的原料来源，且属于综合利用，可以降低成本。沥青是一种带有烷基支链的稠芳碳氢化合物的混合物，其含碳量高、价格低。沥青碳纤维的制备过程与 PAN 碳纤维相似，也是将纺成的沥青纤维经过稳定化处理、碳化处理及石墨化处理制成碳纤维。但是不同的是沥青必须经过调制处理，将其中不适合于纺丝的成分通过一定的方法除去，使经调制的沥青适于纺丝。制造碳纤维的沥青主要有石油沥青、煤焦沥青和聚氯乙烯沥青。上述沥青可分为两类：一类是各向同性沥青；另一类是含有液晶中间相的各向异性沥青。前者的相对分子质量为 200～400，芳构度低，易于纺丝，但用该原料制成的碳纤维力学性能较低，生产成本也低。后者经过 350℃以上热处理的沥青中间相是高取向、光学各向异性的液晶相，相对分子质量约为 400～600。用沥青中间相熔融纺丝，经不熔化处理、碳化处理和石墨化处理可以制出弹性模量很高的碳纤维。最高弹性模量可以达到 90GPa。其导热性高于铜 3 倍，热膨胀系数为负值。

3.2.1.3　碳纤维的结构

碳主要的结构形态包括无定形结构、金刚石结构和石墨结构。最稳定的结构形态是石墨结构。石墨中的碳原子构成六方网络片层，层内碳原子以短的共价键连接，键长为

0.142nm。层与层之间互相错开，六角形对角线一半叠合，层与层之间距离较大，约为0.335nm，由范德瓦耳斯力连接在一起。因此，石墨晶体中层内原子间结合力比层面间的结合力大得多。碳纤维的显微结构决定于其原料和制备工艺。对有机纤维进行预氧化、碳化等工艺处理，除去有机纤维中碳以外的元素。在碳纤维的形成过程中，随着原丝的不同，质量损失可达10%~80%，因而形成各种微小的缺陷。理想的石墨点阵结构，属六方晶系。但研究发现，真正的碳纤维结构，并不是理想的石墨点阵结构，而是属于乱层石墨结构。在乱层石墨结构中，石墨层片是最基本的结构单元，它是一层以六方网络连接的碳原子，碳原子之间是以共价键连接。由数张到数十张片层组成石墨微晶，这是碳纤维的二级结构单元。层片与层片之间的距离叫面间距 d。由石墨微晶再组成原纤维，其直径为 50nm 左右，长度约为数百纳米，这是碳纤维的三级结构单元。最后由原纤维组成碳纤维的单丝，直径一般为628nm。原纤维并不是笔直的，而是呈现弯曲、皱褶、彼此交叉的许多条带组成的结构。在这些条带状的结构之间，存在着针形孔隙，其宽度约为 1.6~1.8nm，长度可达数十纳米。这些孔隙大都沿纤维轴平行排列。在纤维结构中的石墨微晶，其 C 轴与纤维构成一定的夹角 φ。夹角 $\varphi = 90° - Z$，Z 叫结晶的取向度。这个角的大小影响着纤维模量的高低。如聚丙烯腈基碳纤维的 Z 为 8°。Z 越小，碳纤维的模量越高。实测碳纤维石墨层的面间距约为0.339~0.342nm，比石墨晶体的层面间距（0.335nm）略大，各平行层间的碳原子排列也不如石墨那样规整。

碳纤维的横截面结构存在三种不同的模型。主要是微晶层的取向分布不同。第一种是碳纤维外层区的微晶层面沿圆周向排列，有一定择优取向。内层是无规则排列。第二种是外层沿周向排列，而内层和中心区呈径向排列。第三种是纤维内外层都是沿周向排列。这些结构与原料和制备工艺有关，特别是预氧化过程影响很大。碳纤维的性能与微晶大小、取向及孔洞缺陷等有密切关系。微晶尺寸大，取向度高、缺陷少，则碳纤维的弹性模量、拉伸强度及导电、导热性明显提高。微晶大小和取向度通过热处理稳定和对纤维的牵伸来控制。

3.2.1.4 碳纤维的性能

碳纤维是黑色有光泽、柔软的细丝。单纤维直径为 5~10μm，一般以数百根至一万根碳纤维组成的束丝供使用。由于原料和热处理工艺不同，碳纤维的品种很多。高强度型碳纤维的密度约为 1.8g/cm^3，而高模量和超高模量碳纤维的密度约为 1.85~2.1g/cm^3。碳纤维具有优异的力学性能和物理化学性能。

（1）碳纤维的力学性能

根据实际研究知道，影响碳纤维弹性模量的直接因素是晶粒的取向度，而热处理条件的张力是影响这种取向的主要因素。碳纤维的拉伸强度（σ）、弹性模量（E）与材料的固有弹性模量（E_0）、纤维的轴向取向度（α），结晶厚度（d）、碳化处理的反应速度常数（K）之间的关系如下

$$E = E_0 (1-\alpha)^{-1} \tag{3-1}$$

$$\sigma = K \left[(1-\alpha)\sqrt{d} \right]^{-1} \tag{3-2}$$

根据阿累尼乌斯公式，反应速度常数 K 是温度 T 的函数。从式（3-1）可知，碳纤维的弹性模量 E 与材料固有属性 E_0 成正比，它还是微晶沿纤维轴取向度的函数。取向度越高，碳纤维的弹性模量越大。式（3-2）表明，影响碳纤维的强度，除取向度外，反应速度常数最重要，而该常数主要取决于反应温度。提高反应温度可以提高反应速率。在提高温度的同时提高牵引率，可提高碳纤维的强度。

碳纤维具有很高的强度和弹性模量。随着碳纤维的制造技术的提高，碳纤维的最高强度已达到 7000MPa，而弹性模量已达 900GPa，接近石墨单晶的理论计算模量，但其强度却远远低于理论强度。表 3-1 是各国生产碳纤维的力学性能。

表 3-1　各国碳纤维的力学性能

牌号	直径 /μm	每束根数 /根	拉伸强度 /MPa	拉伸模量 /GPa	延伸率 /%	密度 /(g/cm³)	热膨胀系数 /(10^{-6}/℃)	热导率 /[W/(m·K)]
Nicalon NL-201	15	500	2940	206	1.4	2.55	3.1	10
NL-221	12	500	3234	206	1.6	2.55	3.1	10
NL-401	15	500	2744	176	1.6	2.30	3.1	
NL-501	15	500	2940	206	1.4	2.50	3.1	

碳纤维的应力-应变曲线是一条曲线，纤维在断裂前是弹性体。断裂是瞬间开始和完成的。因此碳纤维的断裂是典型的脆性断裂。

碳纤维的力学性能除取决于纤维的结构之外，与纤维的直径、纤维性能测试试样的标距长短都有关系。一般用作结构材料的碳纤维，其直径约为 6～11μm。

（2）碳纤维的物理和化学性能

碳纤维的密度在 1.5～2.0g/cm³，这除与原丝结构有关外，主要决定于碳化处理的温度，一般经过高温（3000℃）石墨化处理后，密度可达 2.0g/cm³。碳纤维具有很好的导热、导电性能。在沿纤维轴向随着石墨化程度提高，弹性模量提高，碳纤维的导热性提高。碳纤维的比热容一般为 0.03～0.71kJ/(kg·℃)。碳纤维的导热率有方向性，平行于纤维轴方向热导率为 16.74W/(m·K)，而垂直于纤维轴方向为 0.837W/(m·K)。热导率随温度的升高而下降。碳纤维导电性好，它的比电阻与纤维类型有关。在 25℃时，高模量碳纤维的比电阻为 755$\mu\Omega$·cm，而高强度的碳纤维的比电阻为 1500$\mu\Omega$·cm。

碳纤维的另一特征是热膨胀系数小，其热膨胀系数与石墨片层取向和石墨化程度有密切关系。碳纤维的纵向热膨胀系数约为 （-1.5～-0.5）$\times 10^{-6}$/K，而横向热膨胀系数约为 (5.5～8.4)$\times 10^{-6}$/K。

碳纤维具有优异的耐热和耐腐蚀性能。在惰性气氛下碳纤维热稳定性好，在 2000℃的高温下仍能保持良好的力学性能；但在氧化气氛下超过 450℃时碳纤维将被氧化，使其力学性能明显下降。

碳纤维能耐一般的酸、碱腐蚀。在高温下与金属有不同程度的界面反应，严重损伤纤维，因此在用作金属基复合材料的增强物时，应采取有效的防止反应的措施。另外碳纤维还有良好的耐低温性能，如在液氮温度下也不脆化。

3.2.2　硼纤维

3.2.2.1　概述

硼纤维是一种新型的无机纤维。美国最早研制，并于 20 世纪 60 年代在航天工业获得应用。硼纤维是一种将硼通过高温化学气相沉积在钨丝或碳芯表面制成的高性能增强纤维，具有很高的比强度和比模量，也是制造金属基复合材料最早采用的高性能纤维。用硼纤维增强铝的复合材料制成的航天飞机主仓框架强度高、刚性好，代替铝合金骨架可节省 44% 的质量。美国、俄罗斯是硼纤维的主要生产国。中国 70 年代初开始研制硼纤维及其复合材料，但仍处于实验室阶段，离大规模生产应用仍有差距。

3.2.2.2 硼纤维的制造

硼纤维是用化学气相法在一根受热的纤芯（钨丝或碳丝）上沉积而成。所用做纤芯的钨丝的直径一般为 $10\sim13\mu m$，而碳丝的直径一般为 $30\mu m$ 左右。如在超细的钨丝上，用氢气在高温还原三氯化硼，生成无定形的硼，并沉积在芯材表面，形成直径约 $100\mu m$ 的硼纤维。其沉积的化学反应如下

$$2BCl_3 + 3H_2 \Longrightarrow 2B + 6HCl \uparrow$$

用做纤芯的钨丝需经过仔细清洗，除去表面油污和杂质。在氢气中加热到 $1200℃$ 左右，除去钨丝表面的氧化物，钨丝通过水银密封触夹通电，靠钨丝本身的电阻加热到 $1000℃$ 以上，化学气相沉积在丝的表面不断进行，硼原子不断地沉积在丝的表面形成直径 $100\mu m$ 左右的硼纤维。硼纤维的结构和性能与沉积温度密切相关，因此需分段加以控制。硼纤维最初形成阶段，硼原子与纤芯钨丝直接接触，易形成 W_2B、WB、W_2B_5 和 WB_4，为控制过多的生成硼化物，在此阶段温度应控制在 $1100\sim1200℃$，以控制硼的扩散，逐渐形成硼层。第二阶段温度较高，控制在 $1200\sim1300℃$ 以得到较快的沉积速度，形成硼纤维。

在 20 世纪 70 年代以后，硼纤维的制造技术有了大发展，主要集中在 3 个方面。

（1）采用新的芯材代替价格昂贵的钨丝

最有代表性的是采用涂钨（或碳）的石英玻璃纤维芯材。用此种纤维制备硼纤维，比直接使用钨丝和碳丝要便宜得多，比直接使用碳纤维时的高温膨胀性能要好些，还可降低硼纤维的表观密度，以及提高它的比弹性模量。

（2）改进化学气相沉积法及其有关设备

在沉积过程中，随着纤维直径的增加以及芯材与硼在高温下的化学反应，电阻值变化很大，甚至由于局部电阻增大出现"亮点"，造成硼的不均匀沉积，影响硼纤维的质量。因此，采取了辅助外部加热装置和射频加热装置，实现了反应温度的均匀分布。

（3）硼纤维的后处理

后处理技术，主要包括化学处理和表面涂层处理两个方面。一方面化学处理的目的是把影响纤维性能，如裂纹等表面缺陷处理掉，这类处理方法包括用某些化学溶剂对纤维进行浸蚀或抛光。而热处理法则以消除残余应力为目标，另一方面表面涂层处理目的是增加硼纤维的辅助保护层，使其在高温下不与基质材料（如金属）起反应。这些保护层有氧化铝、碳化物、硼化物或氧化物合成的各种渗滤障碍层。

3.2.2.3 硼纤维的性能

与其他增强纤维相比，硼纤维具有较低的密度、较高的强度、很高的弹性模量和熔点以及较高的高温强度，其性能见表 3-2 所列。

表 3-2　硼纤维的性能

性　能	典型值	性　能	典型值
拉伸强度/GPa	3.45	线膨胀系数/$(10^{-6}/K)$	1.5
弹性模量	400	密度/(g/cm^3)	$2.4\sim2.6$

随着科学技术的不断进步，硼纤维的性能得到不断的提高。弹性模量比玻璃纤维高出约 4 倍，而其强度超过了钢的强度。

3.2.2.4 硼纤维的应用

硼纤维除了在航天工业上用做结构材料外，在航空工业中也得到应用。例如，B-1 洲际

战略轰炸机、F-14 和 F-15 等军用飞机中，均使用硼纤维增强钛合金的部件。硼纤维还可以作为中子的减速剂，在原子能工业以及防中子弹等方面，也有潜在的应用前景。

3.2.3 碳化硅纤维

碳化硅纤维是以碳和硅为主要成分的一种陶瓷纤维。它具有高强度、高模量、高化学稳定性以及良好的高温性能，主要用于增强金属和陶瓷。碳化硅纤维的制备方法主要有两种：化学气相沉积法和先驱体法（烧结法）。前者生产的碳化硅纤维的直径为 95～140μm 的单丝，而后者生产的碳化硅纤维是直径为 10μm 的细纤维，一般由 500 根纤维组成的丝束为商品。

碳化硅纤维的主要生产国是美国和日本。美国的 Textron 公司是碳化硅单丝的主要生产厂家，其系列产品是 SCS$_2$、SCS$_6$ 等，并研究开发碳化硅纤维增强铝、钛基复合材料。日本碳公司是先驱体法制碳化硅纤维的主要生产厂，有系列产品，商品名为 Nicalon 纤维。20 世纪 80 年代末日本又研制出含钛的碳化硅纤维。

3.2.3.1 碳化硅纤维的制备

（1）气相沉积法制备碳化硅纤维

通过高温化学气相沉积将 SiC 沉积在钨丝上形成的。该方法是将钨丝连续通过管式反应器，加热到约 1300℃，在反应器中通入氢气和硅烷的混合气体，一般含 70%氢，含 30%硅烷。钨丝直接通电加热或高频加热到约 1300℃，混合气体在热钨丝上反应形成 SiC，最终形成以钨丝为纤芯的碳化硅单丝，其直径约为 100～140μm。也可以用碳丝作为纤芯制成碳芯碳化硅单丝，其反应为

$$CH_3SiCl_3 \longrightarrow SiC + 3HCl$$

在制备过程中只有少量的混合气体生成 SiC，约有 95%的原始混合气体和生成的 HCl 排出。因此废气回收处理很重要，它既影响碳化硅纤维的生产成本，同时又影响生态环境。

（2）先驱体法制备碳化硅纤维

先驱体法制碳化硅纤维是日本东北大学金属材料研究所关岛教授研究成功的，其主要工艺流程为：聚碳硅烷合成、聚碳硅烷纺丝、不熔化处理、烧结等阶段。

聚碳硅烷是具有 Si—C 骨架的高分子量化合物。二甲基二氯硅烷在氮气保护下，于二甲苯中由金属钠脱氯制得二甲基硅烷，再在高压和氩气保护下加热到 450～470℃裂解，得到低分子量的聚碳硅烷，将低分子量成分分离或通过脱氢缩聚反应，生成高分子量的聚碳硅烷。当其平均相对分子质量为 1500 左右时，其纺丝性最好。

调制好的聚碳硅烷在严格控制温度和流量条件下，纺成直径约为 10～15μm 的聚碳硅烷丝束，纺成的聚碳硅烷纤维很脆，需进一步处理后才能进行烧结制成 SiC 纤维。为了提高聚碳硅烷的强度和防止烧结过程中纤维之间相互粘连，需对聚碳硅烷进行不熔化处理，即在200℃加热氧化，经过不熔化处理的纤维在保护气氛下经 1200～1300℃烧结形成碳化硅纤维。烧结温度的高低对 SiC 纤维的性能影响很大，当烧结温度升到 800℃时，基本上完成了纤维由有机物向无机物的转变，但纤维内部仍处于非晶态；当温度升高到 1250℃左右时，SiC 微晶逐渐形成，SiC 纤维的强度达到最高值。若烧结温度再升高，晶粒长大，纤维强度下降。

通过电子显微镜和 X 射线衍射分析发现，碳化硅纤维中存在 β-SiC 微晶及少量石墨微晶和 α-石英微晶，这些微晶大小约为 5nm 左右。因此，可以认为碳化硅纤维是由 β-SiC、少量石墨和 α-石英微晶组成的均匀分散体。

3.2.3.2 碳化硅纤维的性能

由于碳化硅纤维是由均匀分散的微晶构成，凝聚力很大，应力能沿着致密的粒子界面分散，因此具有优异的力学性能。如日本的 Nicalon 碳化硅纤维，其直径为 $10\sim15\mu m$，拉伸强度为 $2500\sim3000MPa$，弹性模量为 $180\sim200GPa$，断裂伸长率为 1.5%，密度为 $2.55g/cm^3$，热膨胀系数（轴向）为 $3.1\times10^{-6}/℃$。

碳化硅纤维具有优异的耐热氧化性能，在 $1000℃$ 以下，其力学性能基本没有变化，因此可以长期使用。当在 $1300℃$ 以上，由于 β-SiC 微晶的增大，使力学性能下降。

碳化硅纤维具有良好的耐化学腐蚀性能，在 $80℃$ 以下耐强酸（HCl、H_2SO_4、HNO_3），用 30% 的 NaOH 浸蚀 20h 后，纤维仅失重 1% 以下，其力学性能基本不变。在 $1000℃$ 以下碳化硅纤维与金属几乎不发生反应，但有很好的浸润性，有益于与金属复合。

3.2.3.3 碳化硅纤维的应用

由于具有耐高温、耐腐蚀、耐辐射的性能，是一种理想的耐热材料。碳化硅纤维的双向和三向编织布、毡等织物，已经用于高温物质的传输带、金属熔体过滤材料、高温烟尘过滤器、汽车废气过滤器等方面，在冶金、化工、原子能工业以及环境保护部门，都有广阔的应用前景。碳化硅纤维增强的复合材料已应用于喷气发动机涡轮叶片、飞机螺旋桨等受力部件透平主动轴等。

在军事上，碳化硅纤维复合材料可用做大口径军用步枪枪筒套管、M-1 作战坦克履带、火箭推进剂传送系统、先进战斗机的垂直安定面、导弹尾部、火箭发动机外壳、鱼雷壳体等。

3.2.4 氧化铝纤维

以氧化铝为主要纤维组分的陶瓷纤维称为氧化铝纤维，一般将含氧化铝大于 70% 的纤维称为氧化铝纤维，而将氧化铝含量小于 70%，其余为二氧化硅和少量杂质的纤维称为硅酸铝纤维。用不同的方法可制成氧化铝的短纤维和长（连续）纤维。

3.2.4.1 氧化铝短纤维

氧化铝短纤维主要用熔喷法和离心甩丝法制造，可批量生产，成本低。

（1）熔喷法制氧化铝短纤维

该法主要用来大量生产硅酸铝纤维。该法是将一定配比的氧化铝和氧化硅在电炉中熔融（约 $2000℃$），然后用压缩空气或高温水蒸气将熔体喷吹成细纤维，冷却凝固后成为氧化铝短纤维。这种纤维主要用于加热炉保温和绝热耐火材料。它也可用于增强金属基复合材料，尤其是铝基复合材料，在汽车行业得到广泛应用。

（2）离心甩丝法制氧化铝短纤维

将熔融的氧化铝陶瓷熔体流落到高速旋转的离心辊上，甩成细纤维。

另外，由于氧化铝的熔点很高，因此人们研制用铝盐水溶液与纺丝性能好的聚乙烯醇混合成纺丝液，采用高速气流喷吹纺丝，得到的短纤维再在空气中高温烧结成含氧化铝 95% 的氧化铝短纤维。这种纤维可耐 $1600℃$ 的高温，适于增强铝基复合材料。

3.2.4.2 氧化铝连续纤维

氧化铝连续纤维的制备方法有烧结法、先驱体法和熔融纺丝法。

（1）烧结法

以 Al_2O_3 细粉（$<0.5\mu m$）与 Al(OH)$_3$ 及少量 Mg(OH)$_2$ 混合成一定黏度的纺丝料进行干法纺丝，纺成的丝在 $1000℃$ 以上高温烧结成 Al_2O_3 纤维，为减少表面缺陷，常在纤维

表面涂覆一层 $0.1\mu m$ 的 SiO_2 涂层，也可明显提高 Al_2O_3 纤维的强度。

（2）先驱体法

将烷基铝或烷氧基铝等与水进行水解缩合为聚铝氧烷，再与有机聚合物混合制成浆液，用干法纺丝后，在空气中逐步加热，形成 α-Al_2O_3 纤维。

（3）熔融法

将 Al_2O_3 在坩埚中加热熔化，一般加热到 $2400℃$ 左右，熔融的氧化铝通过喷丝板，以一定的速率拉出，冷却凝固形成直径为 $50\sim500\mu m$ 的氧化铝连续纤维。此法得到的纤维含 Al_2O_3 成分高，耐高温性能和力学性能好，但由于其直径较粗，应用受到限制。

3.2.4.3 氧化铝纤维的性能

氧化铝纤维是多晶 Al_2O_3 纤维，用做增强材料，具有优异的机械强度和耐热性能，直到 $1370℃$ 其强度仍下降不大。各种氧化铝纤维的成分和性能见表3-3所列。氧化铝纤维的强度和其他性能主要取决于它的微观结构，如纤维的气孔、瑕疵及晶粒的大小等对纤维的性能有显著的影响，而纤维的显微结构主要取决于纤维的制备方法和工艺过程。

表 3-3   氧化铝纤维的成分和性能

牌　　号	纤维直径/μm	密度/(g/cm³)	拉伸强度/MPa	拉伸模量/GPa
Nextel312	10～12	2.7～2.9	1750	157
Nextel440	10～12	3.5	2100	189
Nextel480	10～12	3.05	2275	224
FP	20	3.9	1373	382
PRD-166	20	4.2	2100～2450	385
TYCO	250	3.99	2400	460

3.2.4.4 氧化铝纤维的应用

氧化铝纤维的抗拉伸强度大，弹性模量高，化学性质稳定，耐高温，多用于高温结构材料，特别是在航空、宇航空间技术方面有广泛的应用前景，也可用做高温绝缘滤波器材料。

3.2.5 氮化硅纤维

氮化硅纤维也是一种陶瓷纤维。取二甲基二氯硅烷与甲基二氯硅烷，按一定比例混合进行氨解，再经提高分子量的途径，获得纺丝性能的聚氮硅烷，经纺丝，不熔化处理，再在 $1200℃$ 左右高温处理，得到性能优异的氮化硅纤维。其直径为 $10\sim15\mu m$，拉伸强度为 $1.5\sim3.0GPa$，弹性模量为 $120\sim260GPa$。

氮化硅纤维有类似于碳化硅纤维的力学性能，因而有相似的应用领域。氮化硅纤维耐化学腐蚀，其绝缘性能优异，是高性能复合材料的理想增强材料，是制造航空、航天、汽车发动机等高温部件最好的候选材料，有着广泛的应用前景。

3.2.6 玻璃纤维

3.2.6.1 概述

玻璃纤维是复合材料目前使用量最大的一种增强纤维。随着玻璃纤维增强塑料（玻璃钢）工业的发展，玻璃纤维工业也得到迅速发展。自20世纪70年代开始，国外玻璃纤维的特点是：普遍采用池窑拉丝新技术；大力发展多排多孔拉丝工艺；用于玻璃钢的纤维直径逐渐变粗，其直径为 $14\sim24\mu m$，重视纤维-树脂界面研究，发展多种偶联剂，加强玻璃纤维的前处理。

中国玻璃纤维工业起始于 1950 年，当时只能生产绝缘材料用的初级纤维。1958 年后，玻璃纤维工业迅速发展，现在全国有玻璃纤维厂家 200 多家；玻璃纤维年产量达 6 万吨，其中无碱纤维占 20%，中碱纤维占 80%；纤维直径大多为 628μm，正向粗纤维方向发展，正在推广池窑拉丝工艺。

3.2.6.2 玻璃纤维的分类

玻璃纤维的分类方法很多。一般可从玻璃原料成分、单丝直径、纤维外观及特性等方面进行分类。

（1）以玻璃原料成分分类

这种分类方法主要用于连续纤维的分类，一般以不同的碱含量来区分。

a. 无碱玻璃纤维（通称 E 玻纤） 是以钙铝硼硅酸盐组成的玻璃纤维，这种纤维强度较高，耐热性和电性能优良，能抗大气侵蚀，化学稳定性也好（但不耐酸），最大的特点是电性能好，因此也把它称为电气玻璃。国内外大多数都使用这种 E 玻璃纤维作为复合材料的原材料。

目前，国内规定其碱金属氧化物含量不大于 0.5%，国外一般为 1% 左右。

b. 中碱玻璃纤维 碱金属氧化物含量在 11.5%～12.5% 之间。国外没有这种玻璃纤维，它的主要特点是耐酸性好，但强度不如 E 玻璃纤维高。它主要用于耐腐蚀性领域，价格较便宜。

c. 有碱玻璃（A 玻璃）纤维 有碱玻璃称 A 玻璃，类似于窗玻璃及玻璃瓶的钠钙玻璃。此种玻璃由于含碱量高，强度低，对潮气侵蚀极为敏感，因而很少作为增强材料。

d. 特种玻璃纤维 如由纯镁铝硅三元组成的高强玻璃纤维、镁铝硅系高强高弹玻璃纤维、硅铝钙镁系耐化学介质腐蚀玻璃纤维、含铅纤维、高硅氧纤维、石英纤维等。

（2）以单丝直径分类

玻璃纤维单丝呈圆柱形，以其直径的不同可以分成几种（其直径值以 μm 为单位）。

粗纤维：30μm。初级纤维：20μm。中级纤维：10～20μm。高级纤维：3～10μm（亦称纺织纤维）。

对于单丝直径小于 4μm 的玻璃纤维称为超细纤维。

单丝直径不同，不仅使纤维的性能有差异，而且影响到纤维的生产工艺、产量和成本。一般 5～10μm 的纤维作为纺织制品使用，10～14μm 的纤维一般做无捻粗纱、无纺布、短切纤维毡等较为适宜。

（3）以纤维外观分类

有连续纤维，其中有无捻粗纱及有捻粗纱（用于纺织）、短切纤维、空心玻璃纤维、玻璃粉及磨细纤维等。

（4）以纤维特性分类

根据纤维本身具有的性能可分为：高强玻璃纤维、高模量玻璃纤维、耐高温玻璃纤维、耐碱玻璃纤维、耐酸玻璃纤维、普通玻璃纤维（指无碱及中碱玻璃纤维）。

3.2.6.3 玻璃纤维的结构及化学组成

（1）玻璃纤维的结构

玻璃纤维的拉伸强度比块状玻璃高许多倍，但经过研究表明，玻璃纤维的结构与玻璃相同。关于玻璃结构的假说到目前为止比较能够反映实际情况的是"微晶结构假说"和"网络结构假说"。

微晶结构假说认为，玻璃是由硅酸块或二氧化硅的"微晶子"组成，在"微晶子"之间由硅酸块过冷溶液所填充。

网络结构假说认为，玻璃是由二氧化硅的四面体、铝氧三面体或硼氧三面体相互连成不规则三维网络，网络间的空隙由 Na、K、Ca、Mg 等阳离子所填充。二氧化硅四面体的三维网状结构是决定玻璃性能的基础，填充的 Na、Ca 等阳离子称为网络改性物。

大量资料表明，玻璃结构是近似有序的。原因是玻璃结构中存在一定数量和大小比较规则排列的区域，这种规则性是由一定数目的多面体遵循类似晶体结构的规则排列造成的。但是有序区域不是像晶体结构那样有严格的周期性，微观上是不均匀的，宏观上却又是均匀的，反映到玻璃的性能上是各向同性的。

（2）玻璃纤维的化学组成

玻璃纤维的化学组成主要是二氧化硅、三氧化二硼、氧化钙、三氧化二铝等，它们对玻璃纤维的性质和生产工艺起决定性作用。以二氧化硅为主的称为硅酸盐玻璃，以三氧化二硼为主的称为硼酸盐玻璃。氧化钠、氧化钾等碱性氧化物为助熔氧化物，它们可以降低玻璃的熔化温度和黏度，使玻璃熔液中的气泡容易排除。它们主要通过破坏玻璃骨架，使结构疏松，从而达到助熔的目的，因此氧化钠和氧化钾的含量越高，玻璃纤维的强度、电绝缘性能和化学稳定性都会相应的降低。加入氧化钙、三氧化二铝等，能在一定条件下构成玻璃网络的一部分，改善玻璃的某些性质和工艺性能；用氧化钙取代二氧化硅，可降低拉丝温度。加入三氧化二铝可提高耐水性；总之，玻璃纤维化学成分的制定一方面要满足玻璃纤维物理和化学性能的要求，具有良好的化学稳定性，另一方面要满足制造工艺的要求，如适合的成型温度、硬化速度及黏度范围。

3.2.6.4　玻璃纤维的物理性能

玻璃纤维具有一系列优良性能，拉伸强度高，防火、防霉、防蛀、耐高温和电绝缘性能好等。它的缺点是具有脆性，不耐腐蚀，对人的皮肤有刺激性等。

（1）外观和相对密度

一般天然或人造的有机纤维，其表面都有较深的皱纹。而玻璃纤维表面呈光滑的圆柱，其横断面几乎都是完整的圆形。宏观看来，由于表面光滑，纤维之间的抱合力非常小，不利于和树脂黏结。又由于呈圆柱状，所以玻璃纤维彼此相靠近时，空隙填充得较为密实，这对于提高复合材料制品的玻璃含量是有利的。

玻璃纤维直径为 $1.5 \sim 25 \mu m$，大多数为 $4 \sim 14 \mu m$。

玻璃纤维的密度为 $2.16 \sim 4.30 \mathrm{g/cm^3}$，较有机纤维大很多，但比一般的金属密度要低，与铝相比几乎一样，所以在航空工业上用复合材料代替铝钛合金就成为可能。此外，一般无碱玻璃纤维比有碱纤维的相对密度要大。

（2）表面积大

由于玻璃纤维的表面积大，使得纤维表面处理的效果对性能的影响很大。

（3）玻璃纤维的力学性能

a. 玻璃纤维的拉伸强度　玻璃纤维的最大特点是拉伸强度高。一般玻璃制品的拉伸强度只有 $40 \sim 100 \mathrm{MPa}$，而直径 $3 \sim 9 \mu m$ 的玻璃纤维拉伸强度则高达 $1500 \sim 4000 \mathrm{MPa}$，较一般合成纤维高约 10 倍，比合金钢还高 2 倍。几种纤维材料和金属材料的强度见表 3-4 所列。

表 3-4　几种纤维材料和金属材料的强度

性能/材料	羊毛	亚麻	棉花	生丝	尼龙	高强合金钢	铝合金	玻璃	玻璃纤维
纤维直径/μm	15	16～50	10～20	18	块状	块状	块状	块状	块状
拉伸强度/MPa	100～300	350	300～700	440	200～600	1600	40～460	40～120	1000～3000

b. 玻璃纤维高强的原因　对玻璃纤维高强的原因，许多学者提出了不同的假说，其中比较有说服力的是微裂纹假说。微裂纹假说认为，玻璃的理论强度取决于分子或原子间的引力，其理论强度很高，可达到 2000～12000MPa。但实测强度很低，这是因为在玻璃或玻璃纤维中存在着数量不等、尺寸不同的微裂纹，因而大大降低了强度。微裂纹分布在玻璃或玻璃纤维的整个体积内，但以表面的微裂纹危害最大。由于微裂纹的存在，使玻璃在外力作用下受力不均，在危害最大的微裂纹处，产生应力集中，从而强度下降。

玻璃纤维比玻璃的强度高很多，这是因为玻璃纤维高温成型时减少了玻璃溶液的不均一性，使微裂纹产生的机会减少。此外，玻璃纤维的断面较小，随着表面积的减少，使微裂纹存在的概率也减少，从而使纤维强度增高。有人更明确地提出，直径小的玻璃纤维强度比直径大的纤维强度高的原因是由于表面微裂纹尺寸和数量较小，从而减少了应力集中，使纤维具有较高的强度。

c. 影响玻璃纤维强度的因素

ⓐ 一般情况，玻璃纤维的拉伸强度随直径变细而拉伸强度增加，见表 3-5 所列。

表 3-5　玻璃纤维拉伸强度与直径的关系

纤维直径/μm	拉伸强度/MPa	纤维直径/μm	拉伸强度/MPa
160	175	19.1	942
106.7	297	15.2	1300
70.6	356	9.7	1670
50.8	560	6.6	2330
33.5	700	4.2	3500
24.1	821	3.3	3450

ⓑ 拉伸强度也与纤维的长度有关，随着长度增加拉伸强度显著下降，见表 3-6 所列。

表 3-6　玻璃纤维拉伸强度与长度的关系

纤维长度/mm	纤维直径/μm	平均拉伸强度/MPa	纤维长度/mm	纤维直径/μm	平均拉伸强度/MPa
5	13.0	1500	90	12.7	860
20	12.5	1210	1560	13.0	720

纤维直径和长度对拉伸强度的影响，可用"微裂纹理论"给予解释，随着纤维直径的减小和长度的缩短，纤维中微裂纹的数量和大小就会相应地减少，这样强度就会相应地增加。

ⓒ 化学组成对强度的影响，纤维的强度与玻璃化学成分关系密切。对于同一系统（即基本组分）来说，部分改变氧化物的种类和数量，纤维强度改变不大（20%～30%）。而改变系统（即改变它的基本组分），强度产生大幅度变化。一般来说，含碱量越高，强度越低。高强玻璃纤维由于成型温度高、硬化速度快、结构键能大等原因，而具有很高的拉伸强度。

纤维的表面缺陷对强度影响巨大。各种纤维都有微裂纹时强度相近，只有当表面缺陷减少到一定程度时，纤维强度与化学组成的依赖关系才会表现出来，参见表 3-7 所列。

表 3-7　纤维强度与化学组成的关系

品　　种	A 玻纤	E 玻纤	铝硅酸盐玻纤	石英玻纤	表面缺陷状况
	80～150	80～150	80～150	80～150	表面有微裂纹
	500～700	600～800	80～1000	2000	表面有超细微裂纹
强度/MPa	2000	2100	2500	4000	表面有微裂纹
	—	3000	3300	5000～6000	无缺陷纤维
	7000	—	—	22500	理想均匀的玻璃结构

　　ⓓ 存放时间对纤维强度的影响——纤维的老化。当纤维存放一段时间后，会出现强度下降的现象，称为纤维的老化。这主要取决于纤维对大气水分的化学稳定性。例如，直径 6μm 的无碱玻璃纤维和含有 Na_2O 17% 的有碱纤维，在空气湿度为 60%～65% 的条件下存放。无碱玻璃纤维存放 2 年后强度基本不变，而有碱纤维强度不断下降，开始比较迅速，以后缓慢下来，存放 2 年后强度下降 33%。其原因在于两种纤维对大气水分的化学稳定性不同所致。

　　ⓔ 施加负荷时间对纤维强度的影响——纤维的疲劳。玻璃纤维的疲劳一般是指纤维强度随施加负荷时间的增加而降低的情况。纤维疲劳现象是普遍的，当相对湿度为 60%～65% 时，玻璃纤维在长期张力作用下，都会有很大程度的疲劳。

　　纤维强度受施加负荷时间的影响，即纤维的疲劳是普遍存在的。例如，在施加 60% 的断裂负荷的作用力下，2～6 昼夜，纤维会全部断裂。

　　玻璃纤维疲劳的原因，在于吸附作用的影响，即水分吸附并渗透到纤维微裂纹中，在外力的作用下，加速裂纹的扩展。纤维疲劳的程度取决于微裂纹扩展和范围。这与应力、尺寸、湿度、介质种类等方面有关。

　　ⓕ 玻璃纤维成型方法和成型条件对强度也有很大影响。如玻璃硬化速度越快，拉制的玻璃纤维强度也越高。

　　d. 玻璃纤维的弹性

　　ⓐ 玻璃　纤维的延伸率（又称断裂伸长率）是指纤维在外力作用下直至拉断时的伸长百分率。玻璃纤维的延伸率比其他有机纤维的延伸率低，一般为 3% 左右。

　　ⓑ 玻璃纤维的弹性模量　是指在弹性范围内应力和应变关系的比例常数。

　　玻璃纤维的弹性模量约为 $7×10^4$ MPa，与铝相当，只有普通钢的 1/3，致使复合材料的刚度较低。对玻璃纤维的弹性模量起主要作用的是其化学组成。实践证明，加入 BeO、MgO 能够提高玻璃纤维的弹性模量。含 BeO 的高弹玻璃纤维（M）其弹性模量比无碱玻璃纤维（E）提高 60%。它取决于玻璃纤维结构的本身，与直径大小、磨损程度等无关。不同直径的玻璃纤维弹性模量相同，也证明了它们具有近似的分子结构。各种纤维的弹性模量和延伸率见表 3-8 所列。

　　玻璃纤维是一种优良的弹性材料。应力-应变图基本上是一条直线，没有塑性变形阶段。玻璃纤维的延伸率小，这是由于纤维中硅氧键结合力较强，受力后不易发生错动。玻璃纤维的断裂延伸率与直径有关，直径 9～10μm 的纤维其最大延伸率为 2% 左右。5μm 的纤维，约为 3%。几种典型玻璃纤维的力学性能见表 3-9 所列。

表 3-8　各种纤维的弹性模量和延伸率

名　　称	弹性模量/×10³MPa	断裂延伸率/%	延伸率可逆部分/%
无碱玻璃纤维	72	3.0	0.05
有碱玻璃纤维	66	2.7	0.08
棉纤维	10～12	7.8	1.5
亚麻纤维	30～50	2～3	1.5
羊毛纤维	6	25～35	4～6
天然丝	13	18～24	2～3
普通黏胶纤维	8	20～30	1.5～1.7
卡普龙纤维	3	20～25	8
钢	2.1×10⁵MPa	5～14	
铝合金	0.47×10⁵MPa	6～16	
钛合金	0.96×10⁵MPa	8～12	

表 3-9　几种典型玻璃纤维的力学性能

纤维种类	相对密度	拉伸强度/(kg/mm²)	弹性模量/(kg/mm²)
E-玻璃纤维	2.54	350	7200
S-玻璃纤维	2.44	470	8700
M-玻璃纤维	2.89	370	11800

（4）玻璃纤维的耐磨性和耐折性

玻璃纤维的耐磨性是指纤维抵抗摩擦的能力，玻璃纤维的耐折性是指纤维抵抗折断的能力。玻璃纤维这两个性能都很差。经过揉搓摩擦容易受伤或断裂，这是玻璃纤维的严重缺点，使用时应当注意。

当纤维表面吸附水分后能加速微裂纹扩展，使纤维耐磨性和耐折性降低。为了提高玻璃纤维的柔性以满足纺织工艺的要求，可以采用适当的表面处理，如经 0.2％阳离子活性剂水溶液处理后，玻璃纤维的耐磨性比未处理的高 200 倍。

纤维的柔性一般以断裂前弯曲半径的大小来表示，弯曲半径小，柔性越好。如玻璃纤维直径为 $9\mu m$ 时，其弯曲半径为 0.094mm，而超细纤维直径为 $3.6\mu m$ 时，其弯曲半径为 0.038mm。

（5）玻璃纤维的热性能

a. 玻璃纤维的导热性　玻璃的热导率（即通过单位传热面积 $1m^2$，温度梯度为 $1℃/m$，时间为 1h 所通过的热量）为 0.697～1.278W/(m·K)，但拉制成玻璃纤维后，其热导率只有 0.035W/(m·K)。产生这种现象的原因，主要是纤维间的空隙较大，容重较小所致；容重越小，其热导率越小，主要是因为空气热导率低所致；热导率越小，隔热性能越好。使用温度的变化对玻璃纤维的热导率影响不大，例如，当玻璃纤维的使用温度升高到 200～300℃，其热导率只升高 10％，因此，玻璃纤维是一种优良的绝热材料。当玻璃纤维受潮时，热导率增大，隔热性能降低。

b. 玻璃纤维的耐热性　玻璃纤维耐热性较高，软化点为 550～580℃，其膨胀系数为 $4.8×10^{-6}/℃$。

　　玻璃纤维是一种无机纤维，不会引起燃烧。将玻璃纤维加温，直到某一强度界限以前，强度基本不变。玻璃纤维的耐热性是由化学成分决定的。一般钠钙玻璃纤维加热到470℃之前（不降温），强度变化不大，石英和高硅氧玻璃纤维的耐热性可达到1200℃以上。

　　如果将玻璃纤维加热至250℃以上后再冷却（通常称为热处理），则强度明显下降。温度越高，强度下降显著。例如：

300℃下经24h，强度下降20%；

400℃下经24h，强度下降50%；

500℃下经24h，强度下降70%；

600℃下经24h，强度下降80%；

　　强度降低与热处理后强度下降，可能是热处理使微裂纹增加所引起的。

　　(6) 玻璃纤维的电性能

　　玻璃纤维的导电性主要取决于化学组成、温度和湿度。无碱纤维的电绝缘性能比有碱纤维优越得多，这主要是因为无碱纤维中碱金属离子少的缘故。碱金属离子越多，电绝缘性能越差；玻璃纤维的电阻率随温度的升高而下降。虽然玻璃纤维的吸附能力较小，但空气湿度对玻璃纤维的电阻率影响很大，湿度增加电阻率下降，见表3-10所列。

表 3-10　空气湿度对玻璃纤维布电阻率影响

玻璃布种类	空气相对湿度下的不同电阻率/Ω·cm				
	20%	40%	60%	80%	100%
无碱玻璃布	2×10^{15}	6×10^{14}	7×10^{13}	9×10^{12}	3.4×10^{11}
有碱玻璃布	4×10^{12}	1.8×10^{12}	7.5×10^{11}	9.8×10^{10}	2.8×10^4

　　在玻璃纤维的化学组成中，加入大量的氧化铁、氧化铅、氧化铜、氧化铋或氧化钒，会使纤维具有半导体性能。在玻璃纤维上涂覆金属或石墨，能获得导电纤维。

　　(7) 玻璃纤维及制品的光学性能

　　玻璃是由优良的透光材料，但制成玻璃纤维制品后，其透光性远不如玻璃。玻璃纤维制品的光学性能以反射系数、透光系数和亮度系数来表示。

　　反射系数 P 是指玻璃布反射的光强度与入射到玻璃布上的光强度之比，即

$$P=\frac{I_P}{I_0}$$

　　式中，P 为反射系数；I_P 为反射光强度；I_0 为入射光强度。

　　在一般情况下，玻璃布的反射系数与布的织纹特点、密度及厚度有关，平均为40%~70%，如将透光性较弱的半透明材料垫在下边，玻璃布的反射系数可达87%。

　　透过系数是指透过玻璃布的光强度与入射光强度之比，即

$$\tau=\frac{I_\tau}{I_0}$$

　　式中，τ 为透光系数；I_τ 为透过光强度；I_0 为入射光强度。

　　玻璃布的透光系数与布的厚度及密度有关。密度小而薄的玻璃布，透过系数可达65%，而密度大而厚的玻璃布，透光系数只有18%~20%。

　　亮度系数是用试样的亮度与绝对白的表面亮度（标准器）之比来测得。不同织纹玻璃布的光学性能见表3-11所列。

表 3-11　不同织纹玻璃布的光学性能

织　纹	系　数/%		
	透　光	反　射	亮　度
平纹	54.0	45.0	1.66
缎纹	32.6	60.0	2.46
蔓草花纹	26.5	65.0	1.15

由于玻璃纤维具有优良的光学性能，因而可以制成透明玻璃钢以做各种采光材料，制成导光管以传送光束或光学物像。这在现代通信技术等方面也得到了广泛应用。

3.2.6.5　玻璃纤维的化学性能

玻璃纤维除对氢氟酸、浓碱、浓磷酸外，对所用化学药品和有机溶剂都有良好的化学稳定性。化学稳定性很大程度上决定于不同纤维的使用范围。

玻璃纤维的性能一般认为与水、湿度有关，实际上玻璃纤维在相对湿度 80% 以上环境中存放，强度就有下降；在 100% 相对湿度下，强度保持率在 50% 左右。但是，玻璃纤维单丝即使与水接触，强度也不发生变化，只有有碱玻璃纤维由于玻璃纤维中所含的碱分溶出，强度下降。

（1）侵蚀介质对玻璃纤维制品的腐蚀情况

根据网络结构假说可知，二氧化硅四面体相互连接构成玻璃纤维结构的骨架，它是很难与水、酸（H_3PO_3、HF 除外）起反应的；在玻璃纤维结构中还有 Na、Ca、K 等金属离子及 SiO_2 与金属离子结合的硅酸盐部分。当侵蚀介质与玻璃纤维制品作用时，多数是溶解玻璃纤维结构中的金属离子或破坏硅酸盐部分；对于浓碱溶液、氢氟酸、磷酸等，将使玻璃纤维结构全部溶解。

（2）影响玻璃纤维化学稳定性的因素

a. 玻璃纤维的化学成分　中碱玻璃纤维对酸的稳定性是较高的，但对水的稳定性是较差的；无碱玻璃纤维耐酸性较差，但耐水性较好；中碱玻璃纤维和无碱玻璃纤维，从弱碱液对玻璃纤维强度的影响看，两者的耐碱性相接近，见表 3-12 和表 3-13 所列。

表 3-12　无碱与中碱玻璃纤维性能对比

种　类	耐酸性	耐水性	机械强度	防老化性	电绝缘性	成本	浸润性	适用条件
无碱玻璃纤维	一般	好	高	较好	好	较高	树脂易浸透	用于强度高的场合
中碱玻璃纤维	好	差	较低	较差	低	低	树脂浸透性差	用于强度低的场合

表 3-13　经 NaOH 溶液（5%）浸润后方格布的变化

项　目	数　值							
浸蚀时间/h	0	2	8	24	72	120	240	480
无碱布强度/(kg/25×100mm)	203.7	178.9	165.2	133.4	138.7	152.4	157.4	153.3
有碱布强度/(kg/25×100mm)	176.1	180.7	151.5	160.6	146.1	136.6	142.6	142.3

中碱纤维含 Na_2O、K_2O 比无碱纤维高二十多倍，受酸作用后，首先从表面上，有较多的金属氧化物浸析出来，但主要是 Na_2O、K_2O 的离析、溶解；另外酸与玻璃纤维中硅酸盐作用生成硅酸，而硅酸迅速聚合并凝成胶体，结果在玻璃表面上会形成一层极薄的氧化硅保护膜，这层膜使酸的侵析与离子交换过程减缓，使强度下降也缓慢。实践证明 Na_2O、K_2O

有利于这层保护膜的形成。所以中碱纤维比无碱纤维的耐酸性好。

水与玻璃纤维作用，首先是侵蚀玻璃纤维表面的碱金属氧化物，主要是 Na_2O、K_2O 的溶解，使水呈现碱性。随着时间的增加，玻璃纤维与碱液继续作用，直至使二氧化硅骨架破坏。由于无碱玻璃纤维的碱金属氧化物含量较低，所以对水的稳定性较高。

无碱纤维与中碱纤维受到 NaOH 溶液侵蚀后，几乎所有玻璃成分，包括 SiO_2 在内，均匀溶解，使纤维变细，但随浸碱时间的增加，化学成分含量基本不发生变化，即内部结构并未被破坏，因而单位面积的强度基本不变。

总之，玻璃纤维的化学稳定性主要取决于其化学成分中二氧化硅及碱金属氧化物的含量。显然，二氧化硅含量多能提高玻璃纤维的化学稳定性，而碱金属氧化物则会使化学稳定性降低。在玻璃纤维成分中增加 SiO_2 或 Al_2O_3 含量，或加入 ZrO_2 及 TiO_2 都可以提高玻璃的耐酸性；增加 SiO_2 含量，或加入 CaO、ZrO_2 及 ZnO 能提高玻璃纤维的耐碱性；在玻璃纤维中加入 Al_2O_3、ZrO_2 及 TiO_2 等氧化物，可大大提高耐水性。

石英、高硅氧玻璃纤维对水、酸的化学稳定性较好，耐碱性远比普通纤维高。

b. 纤维表面情况对化学稳定性的影响　玻璃是一种非常好的耐腐蚀材料，但拉制成玻璃纤维后，其性能远不如玻璃。这主要是由于玻璃纤维的比表面积大所造成的。例如，1g 的 2mm 厚的玻璃，只有 $5.1cm^2$ 表面积，而 1g 玻璃纤维（直径 $5\mu m$）的表面积则有 $3100cm^2$，表面积增大了 608 倍。也就是说玻璃纤维受侵蚀介质作用的面积比玻璃大 608 倍，因此，玻璃纤维的耐腐蚀性能比块玻璃差很多。

表 3-14 中的结果说明，玻璃纤维直径对化学稳定性关系极大，随着纤维直径的减小，其化学稳定性也跟着降低。

表 3-14　在各种浸蚀介质中玻璃纤维的化学稳定性与直径的关系

纤维直径/μm	纤维受浸蚀后失重/%			
	水	2mol/L 的 HCl	0.5mol/L 的 NaOH	0.5mol/L 的 Na_2CO_3
6.0	3.75	1.54	60.3	24.8
8.0	2.73	1.16	55.8	16.1
19.0	1.26	0.39	30.0	7.6
57.0	0.44	—	10.5	2.2
881.0	0.02	—	0.7	0.2

c. 侵蚀介质体积和温度对玻璃纤维化学稳定性的影响　温度对玻璃纤维的化学稳定性有很大影响，在 100℃ 以下时，温度每升高 10℃，纤维在介质侵蚀下的破坏速度增加50%～100%；当温度升高到 100℃ 以上时，破坏作用将更剧烈。同样的玻璃纤维，受不同体积的侵蚀介质作用，其化学稳定性不同。表 3-15 说明，介质的体积越大，对纤维的侵蚀越严重。

d. 玻璃纤维纱的规格及性能　玻璃纤维纱可分无捻纱及有捻纱两种。无捻纱一般用增强型浸润剂，由原纱直接并股、络纱制成。有捻纱则多用纺织型浸润剂，原纱经过退绕、加捻、并股、络纱而制成。

由于生产玻璃纤维的直径、支数及股数不同，使无捻纱和有捻纱的规格有许多种。

纤维支数有两种表示方法，如下所述。

① 质量法是用1g 原纱的长度来表示。

$$纤维支数＝纤维长度/纤维质量$$

例如：40 支纱，就是指 1g 质量的原纱长 40m。

② 定长法是目前国际统一使用的方法，通称"tex"（公制称号），是指 1000m 长的原纱的质量。例如：4 "tex" 是指 1000m 原纱质量 4g。

表 3-15 不同直径玻璃纤维的化学稳定性和浸蚀介质体积的关系

纤维直径 /μm	称量 /g	纤维表面积 /cm²	水体积 /ml	干燥滤渣	
				/mg	/(mg/dm²)
6	1.8	5000	250	20.6	0.41
6	0.36	1000	50	2.6	6.26
100	30.0	5000	250	20.5	0.41
100	3.6	500	50	2.7	0.54
100	3.6	500	250	16.8	3.36

捻度是指单位长度内纤维与纤维之间所加的转数，以捻/m 为单位。有 Z 捻和 S 捻，Z 捻一般称为左捻，顺时针方向加捻；S 捻成为右捻，是逆时针方向加捻。通过加捻可提高纤维的合抱力，改善了单纤维的受力状况，有利于纺织工序的进行。捻度过大不易被树脂浸透。无捻粗纱中的纤维是平行排列的，拉伸强度很高，易被树脂浸透，故无捻粗纱多用于缠绕高压容器及管道等，同时也用于挤压成型、喷射成型的工艺中。

3.2.6.6 玻璃纤维织物的品种及性能

玻璃纤维织物的种类很多，主要有玻璃纤维布、玻璃纤维毡、玻璃纤维带等。玻璃纤维布又可分平纹布、斜纹布、缎纹布、无捻粗纱布（即方格布）、单向布、无纺布等。玻璃纤维又分成短切纤维毡、表面毡及连续纤维毡等。

（1）无捻粗纱布

它具有浸胶容易、铺覆性好、较厚实、强度高、气泡易排除、施工方便、价格较便宜等特点。它是手糊工艺中常使用的一种布。

（2）平纹布

平纹布是最普通的织法，通常叫平织，是由经纱和纬纱各一根上下相互交叉而织成。平纹布编织紧密、交织点多、强度较低、表面平整、气泡不易排除。它主要用在各个方向强度均要求一致的产品上，适用于制作形面简单或平坦的制品。

（3）斜纹布

这种布经向与纬向的交织点连续而成斜向的纹路。斜纹布与平纹布相比织点较少。斜纹布较致密、柔性好、铺覆性较好、强度较大，适于制作有曲面的和各方向都需要强度高的制品。

（4）缎纹布

它的一个方向上的各根纱从另一方向的几根纱（3 根、5 根、7 根）上面通过，而只压在一根纱下面，在布的表面上形成单独的、不连续的经纬向交织点。缎纹布质地柔软、铺覆性好、强度较大、与模具接触性好，适用于形面复杂的手糊玻璃钢制品。

（5）单向布

单向布的经纱用强纱，纬纱用弱纱织成。其特点是经纱方向强度较高，适用于定向强度要求高的制品。

（6）无纺布

它是由连续纤维（直径为 $12\sim15\mu m$）平行或交叉排列后，用黏结剂黏结而成的片状材料，这种布是在拔丝过程中直接成型的，易于保持纤维的新生态。具有强度高、刚性好、工艺简单等优点。无纺布的出现，给使用粗纤维制造玻璃钢创造了条件。近年来国外开始用直径为 $50\sim100\mu m$ 的纤维制造无纺布，其性能见表 3-16 所列。

表 3-16　不同纤维直径的无纺布性能

纤维直径/μm	纤维强度/MPa	黏结剂含量/%	无纺布强度/MPa	无纺布中纤维计算强度/MPa	原始强度利用率/%
10	3200	19.3	180	2700	84
15	3100	21.4	159	2520	81
22	3000	21.9	148	2360	79
50	2500	19.4	131	2040	81
100	1900	18.4	93	1420	75

（7）高模量织物

它是由两组粗和细的经纬纱织成，粗纱占玻璃织物的 90％左右。其特点是强度较大，铺覆性能好，纱线可以歪扭。

（8）短切纤维毡

这种毡的铺覆性好、各向异性、价格便宜、强度较低、树脂用量大，适用于手糊及喷射成型玻璃钢。

（9）连续纤维毡

这种毡铺覆性好、强度大、质量均匀、树脂用量大、价格比短切纤维毡贵 10％左右。适用于手糊及喷射成型玻璃钢和大型储罐玻璃钢的富树脂层。

（10）表面毡

这种毡是将定长玻璃纤维（细纤维）随机地均匀铺放而成。厚度约为 0.3～0.4mm。表面毡铺覆性好、强度低、价格较便宜，主要用于玻璃钢制品的表面，使制品表面光滑，树脂含量高，耐老化性能好。表面毡分 E 玻璃纤维和 C 玻璃纤维两种。

3.2.6.7　玻璃纤维的制造工艺

（1）制造原丝

连续（无碱）玻璃纤维及其制品的制造，一般由玻璃成分的混料制成球、拉丝和纺织 3 个部分组成。制球部分的主要设备是玻璃熔窑、喂料机和制球机。如无碱玻璃纤维按照成分要求，将砂岩、石灰石、蜡石等粉磨好的原料，以及硼酸、亚砷酸等化工原料按比例计算、调配、混合后送入熔窑内制成玻璃液。玻璃液自熔窑中缓慢流出，并经制球机制成直径约 1.8cm 的玻璃球。玻璃球经质量检查后，可作为拉丝的原料。

拉丝部分的主要设备是铂金坩埚和拉丝机以及温度控制系统。铂金坩埚是一个小型的用电加热的玻璃熔窑，用来将玻璃球熔化成玻璃液，然后从铂金坩埚底部漏板的小孔中流出，拉制成玻璃纤维。拉丝机的机头上套有卷筒，由马达带动作高速转动。将玻璃纤维端头缠在卷筒上后，由于卷筒的高速转动使玻璃液高速度地从铂金坩埚底部的小漏孔中拉出，并经速冷而成玻璃纤维。铂金坩埚底部有多少小漏孔，同时就会拉制出多少根玻璃纤维，这

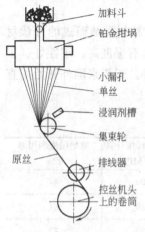

加料斗

铂金坩埚

小漏孔
单丝

浸润剂槽

集束轮

原丝

排线器

控丝机头
上的卷筒

图 3-1 拉丝玻璃
纤维的示意

些玻璃纤维集束成一股并浸上浸润剂，然后经排线器卷绕到拉丝机的卷筒上去。拉丝的情况如图 3-1 所示。

从卷筒上取得的玻璃纤维叫做原丝。原丝由若干根单丝（即单纤维）组成，单丝的多少是由铂金坩埚底部的小漏孔数决定。一般由 102、204 或 408 根单线组成原丝。原丝经质量检查合格后可送到纺织工段作进一步加工。

（2）浸润剂的作用

拉丝时为什么必须要用浸润剂？这是由于浸润剂有多方面作用。

① 原丝中的纤维不散乱而能相互黏附在一起。

② 防止纤维间的磨损。

③ 原丝相互间不黏结在一起。

④ 便于纺织加工等。

常用的浸润剂有石蜡乳剂和聚乙酸乙烯酯两种，前者属于纺织型，后者属于增强型。石蜡乳剂中主要含有石蜡、凡士林、硬脂酸等矿物脂类的组分，这些组分有利于纺织加工，但严重地阻碍树脂对玻璃布的浸润，影响树脂与纤维的结合。因此，用含石蜡乳剂的玻璃纤维及其制品，必须在浸胶前除去。聚乙酸乙烯酯对玻璃钢性能影响不大，浸胶前可不必除。但这种浸润剂在纺织时易使玻璃纤维起毛，一般用于生产无捻粗纱、无捻粗纱纺织物以及短切纤维和短切纤维毡。

除了上述两种浸润剂外，还有适合于聚酯树脂的 711 浸润剂，适合于酚醛、环氧树脂的 4114 浸润剂等。因此，在选用任何玻璃纤维制品的时候，必须了解它所用的浸润剂类型，然后再决定是否在浸润树脂以前把它除去。

（3）玻璃纤维纱的制造

玻璃纤维纱一般分为加捻纱和无捻纱两种，所谓加捻纱是通过退绕、加捻、并股、络纱而制成的玻璃纤维成品纱。无捻纱则不经退绕、加捻，直接并股、络纱而成。

国内生产的有捻纱一般是石蜡乳剂作为浸润剂。无捻纱一般用聚乙酸乙烯酯作为浸润剂，它除了纺织外，还适用于绕缠，其特点是对树脂的浸润性良好，强度较高，成本低，但是在成型过程中由于未经加捻而易磨损、起毛及断头。

（4）玻璃布的制造

玻璃布是经过纺织而成，纺织部分的主要设备是各种类型的纺织机和织布机。由拉丝车间取来的原丝经退绕、加捻、合股即可制成各种规格的有捻纱，或经合股、络纱即可制成各种规格的无捻纱。采用纱经纺织加工，织成各种不同规格的玻璃布和玻璃布带（条布为带）以及其他类型的织物。织布和织带的原理基本相同，首先是将整经好经纱穿扣后与卷好纬纱分别装在织布的经轴托架上和梭箱上。在织布过程中，需要按织纹组织要求使经纱形成织口，梭子则往复运动于经纱梭箱中。这样，经纱和纬纱按照一定的规律交织成布。

除了上述的通用织布机外，现在已推广应用箭竿织机、箭袋织机和喷气织机等新工艺。

（5）玻璃纤维制品的制造

除了上述玻璃纤维、纱、毡、布（带）以外，玻璃纤维还可制成其他制品，如滤布、防虫网等。

3.3 金属丝（纤维）

用作复合材料的增强物的金属丝主要有高强钢丝、不锈钢丝和难熔金属丝等。高强钢丝、不锈钢丝可用来增强铝基复合材料，而钨钍丝等难熔金属丝则可用来增强镍基耐热合金，提高耐热合金的高温性能。也可用钢丝来增强水泥基复合材料。

金属丝的制备工艺流程如下

$$合金熔炼 \xrightarrow{铸造} 盘条 \xrightarrow{热拔} 粗丝 \xrightarrow{冷拔、退火} 金属丝$$

金属丝一般易于与金属基体发生作用，在高温易于发生相变，较少用它作为金属基复合材料的增强物。随着制备技术的发展，高强钢丝、不锈钢丝增强铝基复合材料正逐渐用于汽车工业。表 3-17 为各种金属丝的性能。

表 3-17　各种金属丝的性能

金属丝	直径 /μm	密度 /(g/cm³)	弹性模量 /GPa	拉伸强度 /MPa	熔点 /K
W	13	19.4	407	4020	3673
Mo	25	10.2	329	2160	2895
钢	13	7.74	196	4120	1673
不锈钢 304	80	7.8	196	3430	1673
Be	127	1.83	245	1270	1553
Ti		4.51	132	1670	

钨丝和钍钨丝增强镍基耐热合金是较成功的金属基复合材料。用 W-Th、W 丝增强镍基合金可以使高温持久强度提高 1 倍以上，高温抗蠕变性能也明显提高。日本开发了一种低碳高强钢丝，其强度超过 5000MPa，可用于增强铝基复合材料，用于制备汽车发动机零件。

3.4　有机纤维（芳纶纤维）

3.4.1　概述

芳纶纤维是芳香族聚酰胺类纤维的通称，国外商品牌号叫凯芙拉（Kevlar）纤维，我国命名为芳纶纤维，有时也称有机纤维。

芳纶纤维的历史很短，但发展很快。1968 年美国杜邦公司开始研究，1973 年研究成功一类全对位芳香族聚酰胺纤维，开始命名为 ARAMID 纤维，后改名为凯芙拉（Kevlar）纤维。它共有 3 个品种：Kevlar、Kevlar-29（简称 K-29）、Kevlar-49（简称 K-49）。

凯芙拉纤维是一种高强度、高模量、耐高温、耐腐蚀、低密度的有机纤维。由于它具有很多优异性能，在很多工业领域得到广泛的应用。

近 20 年来，除美国外，日本、俄罗斯及中国，都相继开展了芳纶纤维的研制工作，已研制出高性能的芳纶纤维。

3.4.2　芳纶纤维的性能

（1）力学性能

芳纶纤维的拉伸强度高，其单丝强度可达 3773MPa，它的抗冲击性能好，约为石墨纤维的 6 倍，为硼纤维的 3 倍。芳纶纤维的弹性模量高，可达 127～158GPa；它的断裂伸长率为 3%，接近玻璃纤维，高于其他纤维。芳纶纤维的密度小，约为 1.44～1.45g/cm³，只有铝的一半，因此它有很高的比强度和比模量。表 3-18 为芳纶纤维的基本性能。

表 3-18　芳纶纤维的基本性能

性　　能	芳纶-29	芳纶-49
密度/(g/cm³)	1.44	1.44
纤维直径/μm	12	14.62
吸湿率/%	3.9	4.6
拉伸强度/(kg/cm²)	33405	30947
断裂延伸率/%	3.9	2.3
初始模量/(×10³kg/cm²)	704	1265
最大模量/(×10³kg/cm²)	979	1407
弯曲模量/(×10³kg/cm²)	541	1076
轴向压缩模量/(kg/cm²)	415	773
动态模量/(×10³kg/cm²)	984	1470

（2）芳纶纤维的热稳定性

芳纶纤维有良好的热稳定性，耐火而不熔，当温度达 487℃时尚不熔化，但开始碳化。所以高温作用下，它直至分解不发生变形，能长期在 180℃下使用，在 150℃下用一周后强度、模量不会下降，即使在 200℃下，一周后强度降低 15%，模量降低 4%，另外在低温（−60℃）不发生脆化亦不降解。

芳纶纤维的热膨胀系数和碳纤维一样具有各向异性的特点。纵向热膨胀系数在 0～100℃时为 $-2\times10^{-6}/℃$；在 100～200℃时为 $-4\times10^{-6}/℃$。横向热膨胀系数为 $59\times10^{-6}/℃$。

（3）芳纶纤维的化学性能

芳纶纤维具有良好的耐介质性能，对中性化学药品的抵抗力一般是很强的，但易受各种酸碱的侵蚀，尤其是强酸的侵蚀；它的耐水性也不好，这是由于在分子结构中存在着极性酰氨基；湿度对纤维的影响，类似于尼龙或聚酯。在低湿度（20%相对湿度）下芳纶纤维的吸湿率为 1%，但在高湿度（85%相对湿度）下，可达到 7%。耐介质性能见表 3-19 所列。

3.4.3　芳纶纤维的结构

芳纶纤维是对苯二甲酰对苯二胺的聚合体，经溶解转为液晶纺丝而成。它的化学结构如下

从上述化学结构可知，纤维材料的基体结构是长链状聚酰胺，即结构中含有酰胺键，其中至少 85%的酰胺直接键合在芳香环上，这种刚硬的直线状分子键在纤维轴向是高度定向的，各聚合物链是由氢键作横向联结。这种在沿纤维方向的强共价键和横向弱的氢键，将是造成芳纶纤维力学性能各向异性的原因，即纤维的纵向强度高，而横向强度低。

芳纶纤维的化学链主要由芳环组成。这种芳环结构具有高的刚性，并使聚合物链呈伸展

表 3-19 芳纶在各种化学试剂中耐介质的性能

化学试剂	浓度/%	温度/℃	时间/h	强度损失/% 芳纶-29	芳纶-49
乙酸	99.7	21	24	—	0
盐酸	37	21	100	72	63
盐酸	37	21	1000	88	81
氢氟酸	10	21	100	10	6
硝酸	10	21	100	79	77
硫酸	10	21	100	9	12
硫酸	10	21	1000	59	31
氢氧化铵	28	21	1000	74	53
氢氧化铵	28	21	1000	9	7
丙酮	100	21	1000	3	1
乙醇	100	21	1000	1	0
三氯乙烯	100	21	24	—	1.5
甲乙酮	100	21	24	—	0
变压油	100	21	500	4.6	0
煤油	100	21	500	9.9	0
自来水	100	100	100	0	2
海水	100	—	1年	1.5	1.5
过热水	100	138	40	9.3	—
饱和蒸汽	100	150	48	28	—
氟里昂22	100	60	500	0	3.6

状态而不是折叠状态，形成棒状结构，因而纤维具有高的模量。芳纶纤维分子链是线性结构，这又使纤维能有效地利用空间而具有高的填充效率的能力，在单位体积内可容纳很多聚合物。这种高密度的聚合物具有较高的强度。

从其规整的晶体结构可以说明芳纶纤维的化学稳定性、高温尺寸稳定性、不发生高温分解以及在很高温度下不致热塑化等特点。通过电镜对纤维观察表明，芳纶是一种沿轴向排列的有规则的褶叠层结构。这种模型可以很好地解释横向强度低、压缩和剪切性能差及易劈裂的现象。

3.4.4 芳纶纤维的用途

目前，芳纶纤维的总产量 43％用于轮胎的帘子线（芳纶-29），31％用于复合材料，17.5％用于绳索类和防弹衣类，8.5％用于其他。

芳纶纤维作为增强材料，树脂作为基体的增强塑料（复合材料），简称 KFRP，它在航空航天方面的应用，仅次于碳纤维，成为必不可少的材料。

① 航空方面，各种整流罩、窗框、天花板、隔板、地板、舱壁、舱门、行李架、座椅、机翼前缘、方向舵、安定面翼尖、尾锥和应急出口系统构件等。采用 KFRP 比 CFRP 可减重 30％，在民用飞机和直升机上应用既可减重又能提高经济效益。例如 1-1011 三星式客机已采用 KFRP135 千克减重 365 千克。

② 航天方面，火箭发动机壳体、压力容器、宇宙飞船的驾驶舱以及通风管道等，如"三叉戟"、"MX"的三级发动机壳体全部采用 KFRP（环氧树脂基的），比同一尺寸"海神"的 GFRP 壳体减重 50%。法国的潜地导弹 M-4 的第二、三级固体发动机壳体也采用 KFRP。

③ 其他军事应用，KFRP 作为保护材料，制成飞机、坦克、装甲车、舰艇的防弹构件、头盔和防弹衣等。

④ 民用，如造船业采用 KFRP，船体质量可减轻 28%～40%（将 KFRP 和 Al 相比），可节省燃料 35%，延长航程 35%。如用 KFRP 制成的钓船，与同样大小的 GFRP 相比可节约燃料 53.7%，行驶速度快 10%。在汽车上的应用也有同样的效果。在体育器具方面的应用已相当成功，如曲棍球棒、高尔夫球棒、网球拍、标枪、弓、钓鱼竿、滑雪橇等。

最突出的是它在绳索方面的应用，它比涤纶绳索强度高一倍，比钢绳索高 50%，而且质量减轻 4～5 倍。如作为深海作业用的电缆 6000m，钢丝电缆自重为 1.36 万千克，而 KFRP 电缆只有 0.2 万千克。用芳纶作为轮胎帘子线，具有承载高、质量轻、使用舒适、噪声低、高速性能好、滚动阻力小、磨耗低、产生热量少等优点，特别适用于高速轮胎。此外，由于芳纶纤维轻质高强，在混杂纤维复合材料的制品中应用也日益广泛。

3.5 晶须及颗粒增强物

3.5.1 概述

晶须和颗粒是复合材料的重要增强物。作为增强物用的晶须和颗粒主要是陶瓷，如 SiC、Al_2O_3、B_4C 和 TiC 等，尤其是陶瓷颗粒，其性能稳定、成本低，可用来增强金属基、陶瓷基和聚合物基复合材料。

用于金属基和陶瓷基复合材料的晶须有碳化硅、氧化铝、硼酸铝等，但碳化钛、氮化钛、氮化硅等晶须，因制备成本高、价格昂贵，其应用受到限制。

晶须是在人工控制条件下生长的细小单晶，直径为 0.2～1μm，长度为数十微米。这样细小的单晶缺陷小，强度高，生长良好的晶须的强度接近晶体的理论值。用晶须增强金属、聚合物、陶瓷基体均可明显提高材料的强度、韧性、模量及高温性能。

3.5.2 晶须增强物

晶须的制备方法有气相法、液相法和固相法等。陶瓷晶须像 SiC、Si_3N_4、TiN、TiC、TiB_2、AlN 等通常采用化学气相法制造，气体原料在一定温度下经催化剂作用，生长成晶须。制造晶须的气体原料通过催化剂液滴与气体的界面进入液滴成为含有晶须气体原料的熔体，当熔体达到一定饱和度时晶体析出，随着高温下气源的连续供给，逐渐生长成细小的晶须。

在众多种类的晶须中，SiC 晶须具有强度和模量高、导热性好的优点，并可以批量生产，价格较低，是目前用于金属基和陶瓷基复合材料的主要增强晶须。另外还有硼酸铝和钛酸钾晶须也可批量生产，价格也低，但由于它们与金属和陶瓷有一定反应，限制了它们的应用。

工业生产 SiC 晶须的工艺流程如图 3-2 所示。主要生成反应为 $SiO_2 + 3C \Longrightarrow SiC + 2CO \uparrow$。

图 3-2　SiC 晶须生产的工艺流程

　　SiC 晶须的制造方法有几种，其中以 SiO$_2$ 加炭黑催化剂加热反应生成 SiC 晶须和稻壳制备 SiC 晶须比较成熟，并已作为工业生产 SiC 晶须的主要方法，现有的晶须性能列于表 3-20 中。

表 3-20　现有晶须的性能

晶须材料	密度/(g/cm³)	熔点/℃	拉伸强度/MPa	弹性模量/GPa
Al$_2$O$_3$	3.9	2082	13800～27600	482.3～1033
AlN	3.3	2199	13800～20700	344
BeO	1.8	2549	13800～19300	689
B$_4$C	2.5	2449	6900	448
C(石墨)	2.25	3593	2000	980
SiC(α)	315	2316	6900～34000	482
SiC(β)	315	2316	6900～34000	550～820
Si$_3$N$_4$	3.2	1899	3400～10000	379

　　硼酸铝晶须有两种：9Al$_2$O$_3$·2B$_2$O$_3$ 和 2Al$_2$O$_3$·B$_2$O$_3$，前者已成为商品。硼酸铝晶须性能优异，其强度和弹性模量可与 SiC 晶须媲美，而其热膨胀系数更小，耐磨性更好，尤其是价格低廉（仅为 SiC 晶须的 1/20～1/10），可以用它来增强铝基复合材料。但是它有容易发生界面反应的缺点，特别是在合金基体中含 Mg 时更为严重。

　　硼酸铝晶须属斜方晶系，密度为 2.93g/cm³，熔点大于 1950℃，晶须的平均直径为 0.5～5μm，长度为 10～100μm，其拉伸强度为 8GPa，弹性模量为 400GPa，热膨胀系数为 1.9×10^{-6}/K（轴向）。

　　硼酸铝晶须的制备方法有 4 种。

　　① 熔融法，即将 Al$_2$O$_3$ 与 B$_2$O$_3$ 在 2100℃熔化，再缓冷析出晶须。

　　② 气相法，即将 B$_2$O$_3$ 在 1000～1400℃气态的氟化铝气氛中通入水蒸气，使之起反应生成硼酸铝晶须。

　　③ 内熔剂法，即用 B$_2$O$_3$ 和高硼酸钠作熔剂与 Al$_2$O$_3$ 在 1200～1400℃下反应形成。

　　④ 外熔剂法，即在 Al$_2$O$_3$ 与 B$_2$O$_3$ 中加入仅作熔剂的金属氧化物、碳酸盐或硫酸盐，加热到 800～1000℃可得到 2Al$_2$O$_3$·B$_2$O$_3$，进一步加热到 1000～1200℃则得到 9Al$_2$O$_3$·2B$_2$O$_3$。中国于 20 世纪 90 年代初已研制出该种晶须。

3.5.3　颗粒增强物

　　近年来颗粒增强复合材料得到迅速发展，用于金属基、聚合物基和陶瓷基复合材料的增强颗粒主要是陶瓷颗粒，如 Al$_2$O$_3$、SiC、Si$_3$N$_4$、TiC、B$_4$C、石墨和 CaCO$_3$ 等。Al$_2$O$_3$、SiC 和 Si$_3$N$_4$ 等常用于金属基和陶瓷基复合材料，而石墨和 CaCO$_3$ 则常用于增强聚合物基复合材料。如 Al$_2$O$_3$、SiC、B$_4$C 和石墨等颗粒已用于增强铝基、镁基复合材料，而 TiC、

TiB_2 等颗粒已用于增强钛基复合材料。常用的颗粒增强物的性能见表 3-21 所列。

表 3-21　常用颗粒增强物的性能

颗粒名称	密度 /(g/cm³)	熔点 /℃	热膨胀系数 /(×10⁻⁶/℃)	热导率 /[kW/(m·K)]	硬度 /(kg/mm²)	弯曲强度 /MPa	弹性模量 /GPa
碳化硅(SiC)	3.21	2700	4.0	75.31	2700	400～500	
碳化硼(B_4C)	2.52	2450	5.73		3000	300～500	260～460
碳化钛(TiC)	4.92	3200	7.4		2600	500	
氧化铝(Al_2O_3)		2050	9.0				
氮化硅(Si_3N_4)	3.2～3.35	2100 分解	2.5～3.2	12.55～29.29	HRA 89～93	900	330
莫来石($3Al_2O_3·2SiO_2$)	3.17	1850	4.2		3250	约1200	
硼化钛(TiB_2)	4.5	2980					

第4章 聚合物基复合材料

4.1 概　　述

凡是以聚合物为基体的复合材料统称为聚合物基复合材料，因此聚合物基复合材料是一个很大的材料体系。聚合物基复合材料体系的分类具有多种不同的划分标准，如按增强纤维的种类可分为：玻璃纤维增强聚合物基复合材料、碳纤维增强聚合物基复合材料、硼纤维增强聚合物基复合材料、芳纶纤维增强聚合物基复合材料及其他纤维增强聚合物基复合材料。如按基体材料的性能可分成通用型聚合物基复合材料、耐化学介质腐蚀型聚合物基复合材料、耐高温型聚合物基复合材料、阻燃型聚合物基复合材料。但最能反映聚合物基复合材料本质的则是按聚合物基体的结构形式来分类，聚合物基复合材料可分为热固性树脂基复合材料、热塑性树脂基复合材料及橡胶基复合材料。

聚合物基复合材料是最重要的高分子结构材料之一，它具有以下几个特点。

① 比强度大，比模量大。例如高模量碳纤维/环氧树脂的比强度是钢的 5 倍，为铝合金的 4 倍，其比模量为铝、铜的 4 倍。

② 耐疲劳性能好。金属材料的疲劳破坏常常是没有明显预兆的突发性破坏。而聚合物基复合材料中，纤维与基体的界面能有效阻止裂纹的扩展，破坏是逐渐发展的，破坏前有明显的预兆。大多数金属材料的疲劳极限是其拉伸强度的 30%～50%，而聚合物基复合材料的，其疲劳极限可达其拉伸强度的 70%～80%。

③ 减振性好。复合材料中基体界面有吸震能力，因而振动阻尼高。

④ 耐烧蚀性能好。因聚合物基复合材料的比热容大，熔化热和汽化热也大，高温下能吸收大量热能，是良好的耐烧蚀材料。

⑤ 工艺性好。制造工艺简单，过载时安全性好。

4.2　聚合物基体

聚合物基复合材料主要包括热固性树脂基复合材料、热塑性树脂基复合材料及橡胶基复合材料。

4.2.1　热固性树脂

热固性树脂基体是以热固性树脂为基本成分，此外还含有交联剂、固化剂以及其他一些添加剂。常用的热固性树脂有不饱和聚酯、环氧树脂、酚醛树脂、呋喃树脂等。不饱和树脂主要用于玻璃纤维复合材料，而环氧树脂常用于碳纤维复合材料。

4.2.1.1　不饱和聚酯

不饱和聚酯通常由不饱和二元酸混以一定量的饱和酸与饱和的二元醇缩聚获得线型初聚物，再在引发剂作用下固化交联形成具有三维网状分体型大分子。根据不饱和聚酯树脂的组成和结构，可分为以下 5 类：顺丁烯二酸酐型、丙烯酸型、丙烯酯型、二酚基丙烷型和乙烯基酯型。不饱和聚酯在固化过程中没有挥发物逸出，能在常温常压下成型，具有很高的固化反应能力，加工方便，固化后的不饱和聚酯很硬，呈褐色半透明状，易燃，不耐氧化和腐蚀。主要用途是制作玻璃钢材料。

4.2.1.2 环氧树脂

分子中含有环氧基团的聚合物称为环氧树脂。环氧树脂有很多种，根据其分子结构，应用于复合材料的品种可分为 5 大类：缩水甘油醚$\left(R-O-CH-CH_2 \atop O \right)$、缩水甘油酯

$\left(R-\overset{O}{\overset{\|}{C}}-O-CH_2-CH-CH_2 \atop O \right)$、缩水甘油胺$\left({R \atop R'} N-CH_2-CH-CH_2 \atop O \right)$、线型脂肪族$\left(R-CH-CH-R'-CH-CH-R' \atop O \quad\quad O \right)$

和脂环族$\left(O \overset{CH-CH}{\underset{CH-CH}{R}} O \right)$。

4.2.1.3 酚醛树脂

以酚类化合物与醛类化合物缩聚而成的树脂称为酚醛树脂，其中主要是苯酚和甲醛的缩聚物。这种树脂在加热条件下，可转变成不溶不熔的三维网状结构。复合材料中常用的热固性酚醛树脂按其化学结构可分为：氨、钡催化酚醛树脂、改性酚醛树脂。后者主要包括聚乙烯醇缩醛改性酚醛树脂、有机硅改性酚醛树脂、二甲基改性酚醛树脂等。

4.2.1.4 呋喃树脂

呋喃树脂是分子链中含有呋喃环结构$\left(CH-CH \atop CH \quad CH \atop O \right)$的聚合物。它主要包括由糠醇自缩聚而成的糠醇树脂，糠醛与丙酮缩聚而成的糠醛-丙酮树脂以及由糠醛、甲醛和丙酮共缩聚而成的糠醛-丙酮-甲醛树脂。呋喃塑料的主要特色是能耐强酸、强碱且耐热性好，耐温可达180~200℃，可用于制取火箭液体燃料。

4.2.1.5 其他热固性树脂

（1）聚酰亚胺树脂

主链中含有酰亚胺基团$\left(\overset{O}{\overset{\|}{C}}-N-\overset{O}{\overset{\|}{C}} \right)$的聚合物叫作聚酰亚胺。它可分为 3 类，不熔性、可熔性和改性聚酰亚胺。应用较广泛的聚酰亚胺是芳杂环类聚合物，也是目前惟一工业化生产的耐高温芳杂环聚合物。

（2）有机硅树脂

有机硅树脂也叫聚有机硅氧烷，其主链由硅氧键（—Si—O—Si—）构成，侧基为有机基团，如—CH$_3$、—C$_6$H$_5$、CH$_2$＝CH—等。由于组成与相对分子质量的大小不同，有机硅聚合物可分为液态（硅油）、半固态（硅酯），两者均为线型低聚物。树脂状流体（硅树脂）具有反应活性，它受热可交联固化，因此它是热固性塑料。有机硅塑料不燃，介电性能好，耐高温，可在 300℃ 以下长期使用。

4.2.2 热塑性树脂

热塑性树脂一般为线型高分子化合物。它们可溶于某些溶剂，或受热可熔化、软化，而冷却后又可固化为原来的状态。热塑性树脂断裂韧性好，耐冲击性强，成型加工简单，成本低。常用的热塑性树脂包括聚烯烃、聚酰胺、聚碳酸酯、聚甲醛、聚苯醚、聚砜、聚苯硫醚、聚醚醚酮等。

4.2.2.1 聚烯烃

聚烯烃树脂主要包括聚乙烯、聚丙烯、聚苯乙烯及聚丁烯等，其中聚乙烯产量最大。

4.2.2.2 聚酰胺

聚酰胺俗称尼龙，是一种主链上含有酰胺基团 $\left[\begin{matrix}-NH-C-C\\ \hspace{1em}\|\\ \hspace{1em}O\end{matrix}\right]$ 的聚合物，可由二元酸与二元胺缩聚而得，也可以由丙酰胺自聚而成。尼龙首先是作为最重要的合成纤维的原料，而后发展成为工程塑料，是开发最早的塑料，产量居于前位。

尼龙是结晶性聚合物，酰胺基团之间由牢固的氢键连接，因而具有良好的力学性能。与金属材料相比，尼龙的刚性稍逊，但其比拉伸强度高于金属，比抗压强度与金属相当，因而可用来代替金属材料。

由于尼龙具有优良的力学性能，尤其是耐磨性能好，且在100℃左右使用时，有较好的耐腐蚀性，因此广泛地应用于各种机械、电气部件，如轴承、齿轮、辊轴等。

为改善尼龙的强度和刚性，研制出了玻璃纤维、石棉纤维、碳纤维、钛晶须等增强的复合材料，使尼龙的力学性能、耐疲劳性能、耐热性等有了明显提高。

4.2.2.3 聚碳酸酯（PC）

聚碳酸酯是分子主链中含有 $\left(\begin{matrix}\hspace{1em}O\\ \hspace{1em}\|\\ -ORO-C-\end{matrix}\right)$ 基团的线型聚合物。根据 R 基种类的不同，可分为脂肪族、脂环族、芳香族及脂肪-芳香族聚碳酸酯等多种类型。目前用作工程塑料的聚碳酸酯只有双酚 A 型的芳香族聚碳酸酯。

PC 呈微黄色，既硬又韧，具有良好的耐蠕变性、耐热性及电绝缘性。缺点是制品易产生应力开裂、耐溶剂、耐碱性差，高温易水解。PC 在电气、机械、光学、医药等工业部门有广泛的应用。

4.2.2.4 聚甲醛

聚甲醛是分子链中含有（—CH$_2$—O—）基团的聚合物，它是一种高熔点、高结晶的热塑性塑料。它分为共聚甲醛和均聚甲醛。共聚甲醛是三聚甲醛与少量二氧五环的共聚物。均聚甲醛力学性能稍好，但其热稳定性不如共聚甲醛。聚甲醛具有优异的力学性能，是塑料中力学性能最接近金属材料的品种之一。其比强度与金属材料相近，达 50.5MPa，比刚度达到 2650MPa，可在许多场合代替钢、铜、铝、锌及铸铁。

4.2.2.5 氟树脂

氟树脂是含氟单体的均聚物或共聚物，主要包括：聚四氟乙烯、聚偏氟乙烯、聚三氟氯乙烯和聚氟乙烯，其中最重要、应用最多的是聚四氟乙烯，产量约占氟塑料的 90%。

聚四氟乙烯是四氟乙烯的均聚体，分子式为 $\{CF_2-CF_2\}_n$。聚四氟乙烯是高度结晶的聚合物，分解温度为 400℃，可在 260℃ 以下长期使用，力学性能优异。它的最突出特点是耐化学腐蚀性极强，能耐王水及沸腾的氢氟酸，因而有"塑料王"之称。

4.2.3 橡胶

常用的橡胶基体有天然橡胶、丁苯胶、氯丁胶、丁基胶、丁腈胶、乙丙橡胶、聚丁二烯橡胶、聚氨酯橡胶等。

橡胶基复合材料所用的增强材料有纤维晶须和颗粒。纤维增强橡胶用的主要是长纤维，常用的有天然纤维、人造纤维、合成纤维、玻璃纤维、金属纤维等。近年来已有晶须增强橡胶做的轮胎用于航空工业。颗粒增强橡胶主要有炭黑和白炭黑（SiO$_2$），它们主要用做汽轮胎。

橡胶基复合材料与树脂基复合材料不同，它除了要具有轻质高强外，还需具有柔性和较大的弹性。纤维增强橡胶的主要制品有轮胎、皮带、增强胶管等。纤维增强橡胶的力学性能介于橡胶和塑料之间，近似于皮革。

4.3 纤维增强聚合物复合材料

4.3.1 玻璃纤维增强热塑性塑料

玻璃纤维增强热塑性塑料是指玻璃纤维（包括长纤维和短纤维）作为增强材料，热塑性塑料为基体的纤维增强塑料。

玻璃纤维增强热塑性塑料与玻璃纤维增强热固性塑料相比，其突出的特点是具有更小的相对密度，一般在 1.1～1.6 之间，是钢材的 1/6～1/5；比强度高，例如：合金结构钢 50CrVA 的比强度为 162.5MPa，而玻璃纤维增强尼龙（聚酰胺）610 的比强度为 179.9MPa。各种金属与玻璃纤维增强热塑性塑料的比强度见表 4-1 所列。

表 4-1　各种金属与玻璃纤维增强热塑性塑料的比强度

材 料 名 称	相对密度	拉伸强度/MPa	比强度/MPa
普通钢 A_3	7.85	400	50
不锈钢 1Cr18Ni9Ti	8	550	68.8
合金钢结构钢 50CrVA	8	150	162.5
灰口铸铁 HT25-47	7.4	250	34
硬铝合金 LY_{12}	2.3	470	167.3
普通黄铜 H59	3.4	390	46.4
增强尼龙 610	1.45	250	179.9
增强尼龙 1010	1.23	130	146.3
增强聚碳酸酯	1.42	140	98.3
增强聚丙烯	1.12	90	80.4

4.3.1.1 玻璃纤维增强聚丙烯

玻璃纤维增强聚丙烯（代号 FR-PP）的强度比纯聚丙烯大大提高，当玻璃短纤维含量为 30%～40% 时，其强度达到顶峰，拉伸强度达到 100MPa，大大高于工程塑料聚酰胺、聚碳酸酯等，尤其是使聚丙烯的低温脆性大大改善，而且随着玻璃纤维含量的提高，其抗冲击强度也有所提高。FR-PP 的吸水率很小，是聚甲醛和聚碳酸酯的 1/10。聚丙烯为结晶型聚合物，当加入 30% 的玻璃纤维复合后，其热变形温度显著提高，达到 153℃（1.86MPa），已接近纯聚丙烯的熔点，但是必须在复合时加入硅烷偶联剂。

4.3.1.2 玻璃纤维增强聚酰胺

聚酰胺也叫尼龙，它是一种热塑性工程塑料。它的强度比一般通用塑料要高，耐磨性也好。但它的吸水率较大，影响了它的尺寸稳定性，而且它的耐热性也较低，用玻璃纤维增强聚酰胺（代号 FR-PA），这些性能可大大改善。玻璃纤维增强聚酰胺的品种很多，有玻璃纤维增强尼龙 6（FR-PA6）、玻璃纤维增强尼龙 66（FR-PA66）、玻璃纤维增强尼龙 1010（FR-PA1010）等。一般玻璃纤维增强聚酰胺中，其玻璃纤维含量达到 30%～35% 时，其增强效果最佳，它的抗拉强度可提高 2～3 倍。抗压强度提高 1.5 倍，其耐热性提高也很大。

例如尼龙 6 的使用温度为 120℃，而用玻璃纤维增强后，其使用温度可达 170～180℃。为防止高温老化现象，应加入一些热稳定剂。FR-PA 的线膨胀系数比 PA 降低了 1/5～1/4，含 30％玻璃纤维的 FR-PA6 的线膨胀系数为 $0.22×10^{-4}/℃$，接近铝的线膨胀系数（$0.17～0.19$）$×10^{-4}/℃$。FR-PA 的电绝缘性也比纯 PA 好，可以制成耐高温的电绝缘零件。

在聚酰胺中加入玻璃纤维后，惟一的缺点是降低其耐磨性。因为聚酰胺制品表面光滑，光滑度越高越耐磨，而加入玻璃纤维后，如果制品被磨损时，玻璃纤维会暴露于表面，这时材料的摩擦系数和磨损量就会增大。

4.3.1.3 玻璃纤维增强聚苯乙烯类塑料

聚苯乙烯类树脂已有系列产品，多为橡胶改性树脂，例如：丁二烯-苯乙烯共聚物（BS）、丙烯腈-苯乙烯共聚物（AS）、丙烯腈-丁二烯-苯乙烯共聚物（ABS）等。这些共聚物改善了纯聚苯乙烯的性能。其耐冲击性和耐热性都提高了。这些聚合物经玻璃纤维增强后，其强度及耐高温、耐低温、尺寸稳定性都有提高。如 AS 的拉伸强度为 66.8～84.4MPa，掺有 20％的玻璃纤维后，其拉伸强度为 135MPa，且弹性模量也提高了几倍。此外，随着玻璃纤维的增加，其线膨胀系数减小，含有 20％玻璃纤维的 FR-AS 的线膨胀系数为 $2.9×10^{-5}/℃$，与铝（$2.41×10^{-5}/℃$）相接近。

对于脆性较大的 PS、AS 来说，加入玻璃纤维后，材料的韧性提高了，而对于韧性较好的 ABS 来说，加入玻璃纤维之后，其韧性降低，抗冲击性能下降，直到玻璃纤维含量达到 30％，抗冲击强度才不再下降，而达到稳定阶段。

玻璃纤维与聚苯乙烯类塑料复合时需加入偶联剂，否则聚苯乙烯类塑料与玻璃结合不牢固，影响强度。

4.3.1.4 玻璃纤维增强聚碳酸酯（代号 FR-PC）

聚碳酸酯是一种透明度较高的工程塑料，其优点是刚柔并济，其缺点是易产生应力开裂、耐疲劳性能差。加入玻璃纤维后，FR-PC 的耐疲劳强度比 PC 提高 2～3 倍，耐应力开裂性能可提高 6～8 倍，耐热性比 PC 提高 10～20℃，线膨胀系数缩小为（1.6～2.4）$×10^{-6}/℃$，因而可制成耐热机械零件。

4.3.1.5 玻璃纤维增强聚酯

聚酯作为复合材料的基体有两种，一种是聚苯二甲酸乙二醇酯（代号 PET）；另一种是聚苯二甲酸丁二醇酯（PBT）。

纯聚酯结晶性高，成型时收缩率大，尺寸稳定性差，且较脆。经玻璃纤维增强后，其机械强度比其他玻璃纤维增强热塑性塑料均高，其拉伸强度为 135～145MPa，抗弯强度为 209～245MPa，耐疲劳强度达 52MPa。经玻璃纤维增强后，材料的耐热性提高很大，PET 的热变形温度为 85℃，而 FR-PET 为 240℃，而且在这么高的温度仍然保持它的机械强度，是玻璃纤维增强热塑性塑料中耐热温度最高的一种。它的耐低温性能也很好，超过了 PR-PA6；它的电绝缘性能也很好，因此可用它制造耐高温电器元件。此外，它在高温下耐老化性能好，胜过玻璃钢。惟一的缺点是它在高温下易水解，使机械强度下降，因而不适于在高温水蒸气下使用。

4.3.1.6 玻璃纤维增强聚甲醛（代号 FR-POM）

聚甲醛是一种性能较好的工程塑料，当加入玻璃纤维后，不但它的强度有大幅度提高，而且其耐疲劳性和抗蠕变形有很大提高。含 25％玻璃纤维的 FR-POM 的拉伸强度比纯 POM 提高 1 倍，而弹性模量为纯 POM 的 3 倍，耐疲劳性能为纯 POM 的 2 倍，在高温下具有良好的耐蠕变性，也具有很好的耐老化性。该材料的缺点是加入玻璃纤维后其摩擦系数和磨损量提高了，即耐磨性降低了。为了改善其耐磨性，可用聚四氟乙烯粉末作为填料加入聚甲醛中。

4.3.1.7 玻璃纤维增强聚苯醚（代号 FR-PPO）

聚苯醚是一种性能优异的工程塑料，但存在熔融后黏度大，流动性差，加工困难和易发生应力开裂现象，成本高的缺点。为改善以上缺点，可加入其他树脂共混或共聚使其改性。这种方法虽克服了上述缺点，但又使其力学性能和耐热性有所下降，因此用玻璃纤维增强，有很好的效果。加入 20％玻璃纤维的 FR-PPO，其抗弯强度比纯 PPO 提高 2 倍，含 30％玻璃纤维的 FR-PPO，则其强度提高 3 倍。

FR-PPO 的蠕变性很小，它的抗疲劳强度高，含 20％玻璃纤维的 FR-PPO 的弯曲疲劳极限强度达 28MPa，如果玻璃纤维的含量为 30％时，其弯曲疲劳极限强度可达 34MPa。FR-PPO 的热膨胀系数非常小，是 FR-TP 中最小的一种，接近金属的热膨胀系数，因此与金属配合制成零件，不易因应力导致开裂。它的电绝缘性也是工程塑料中最好的，它的耐热性能很好，因此用它可制造耐热性的电绝缘零件。各种塑料与玻璃纤维增强后的性能对比见表 4-2 所列。

表 4-2　各种塑料与玻璃纤维增强后的性能对比

品　　种		密度/(kg/m³)	拉伸强度/MPa	抗弯强度/MPa	压缩强度/MPa	弯曲模量/×10⁴MPa	冲击强度/MPa	热变形温度/℃	成型收缩率/%
聚丙烯	原	910	35	35	45	0.12	0.4	63	1.3～1.6
	增强	1140	85	80	60	0.58	0.8	155	0.2～0.8
高密度聚乙烯	原	960	30	21	20	0.09	0.6	50	1.5～2.5
	增强	1170	80	90	35	0.55	0.8	127	0.3～1.0
聚苯乙烯	原	1040	50	70	100	0.30	0.2	80	0.3～0.6
	增强	1280	95	110	130	0.84	0.4	96	0.1～0.3
聚碳酸酯	原	1200	67	95	88	0.24	0.14	140	0.5～0.7
	增强	1430	110	200	150	0.84	0.20	149	0.1～0.3
聚酯	原	1370	74	130	130	0.35	0.4	85	0.8～2.0
	增强	1630	140	200	150	1.00	0.10	240	0.3～0.6
尼龙 66	原	1130	83	110	34	0.29	0.4	70	0.7～1.4
	增强	1350	180	260	170	0.81	0.10	250	0.4～0.6
ABS 树脂	原	1050	45	67	80	0.25	0.10	83	0.4～0.6
	增强	1280	100	130	100	0.77	0.6	100	0.1～0.3

4.3.2　玻璃纤维增强热固性塑料

玻璃纤维增强热固性塑料（代号 GFRP）是指玻璃纤维作为增强材料，热固性塑料作为基体的纤维增强塑料，俗称玻璃钢。根据基体种类不同，可将玻璃钢分为 3 类，即玻璃纤维增强环氧树脂、玻璃纤维增强酚醛树脂、玻璃纤维增强聚酯树脂。

GFRP 的相对密度为 1.6～2.0，比最轻的金属铝还轻，因而其比强度高，比高级合金钢还高。"玻璃钢"的名称就由此而来。

GFRP 具有良好的耐腐蚀性，在酸、碱、有机溶剂、海水等介质中很稳定，其中环氧树脂基玻璃钢的耐腐蚀性最佳，其他的 GFRP 虽稍差，但也都比不锈钢好。

GFRP 的电绝缘性良好，它的电阻率和介电强度两项指标均达到电绝缘材料的标准。一般电阻率小于 1Ω·cm 的物质为导体，大于 10^6 Ω·cm 的物质为绝缘体。GFRP 的电阻率为 10^{11} Ω·cm，有的甚至达 10^{18} Ω·cm，而介电强度达 20kV/mm，因此它可用做耐高压的电器元件。

　　此外 GFRP 不受电磁作用的影响，它不反射无线电波，微波透过性好，所以可用来制造扫雷艇和雷达罩。GFRP 还有保温、隔热、隔音、减振等性能。

　　GFRP 的最大缺点是刚性差，它的弯曲弹性模量为 $0.2 \times 10^3 GPa$，而钢材为 $2 \times 10^4 GPa$，它的钢度比木材大 2 倍，而比钢材小 10 倍。玻璃钢的耐热性虽然比塑料高，但远低于金属和陶瓷。玻璃纤维增强聚酯树脂长期使用温度低于 280℃，而其他的 GFRP 在 350℃ 以下。GFRP 的导热性很差，摩擦产生的热量不易导出。此外，GFRP 的基体材料是易老化的塑料，所以它也会因日光照射、空气的氧化作用、有机溶剂的作用而老化，但比塑料缓慢些。尽管 GFRP 有上述缺点，但它仍然是一种较好的结构材料。

　　玻璃钢除具有上述共有的性能特点之外，各种不同基体的玻璃钢又有其各自特殊的性能。

　　玻璃纤维增强环氧树脂是 GFRP 中综合性能最好的一种，这是因为环氧树脂的黏结能力最强，与玻璃纤维复合时，界面剪切强度最高。它的机械强度高于其他的 GFRP。由于环氧树脂固化时无小分子放出，因而玻璃纤维增强环氧树脂的尺寸稳定性最好，它固化时的收缩率只有 1%～2%。环氧树脂的固化过程是一种放热反应，一般容易产生气泡，但因树脂中添加剂少，所以很少发生鼓泡现象。因环氧树脂的黏度大，加工不太方便，而且成型时需要加热，如在室温下成型会导致环氧树脂固化反应不完全。因此不能制造大型部件，使用范围受到一定的限制。

　　玻璃纤维增强酚醛树脂是各种 GFRP 中耐热性最好的一种，它在 200℃ 以下可长期使用，甚至在 1000℃ 以上的高温下，也可以短期使用。它是一种耐烧蚀材料，因此可用它做宇宙飞船的外壳。由于它的耐电弧性，可用它制作耐电弧的绝缘材料。该材料的价格比较便宜，其原料来源丰富。它的缺点是脆性较大，机械强度不如环氧树脂基 GFRP。由于酚醛树脂固化时有小分子副产物放出，因而其尺寸不稳定、收缩率较大。

　　玻璃纤维增强聚酯树脂的优点是加工性能好，在树脂中加入引发剂和促进剂后，它可以在室温下固化成型。由于树脂中的交联剂（苯乙烯）也起着稀释剂的作用，所以树脂的黏度大大降低了，可采用各种成型方法进行加工成型，因而制造大型构件，应用范围广。

　　此外，它的透光性好，透光率可达 60%～80%，因而可用来制作采光瓦。它的加工较便宜。它的不足之处是固化时收缩率大，可达 4%～8%。它的耐酸碱性能较差。不宜用来制作耐酸碱的设备和管件。

　　各种玻璃钢与金属的性能比较见表 4-3 所列。

表 4-3　各种玻璃钢与金属性能的比较

材料名称 性能	聚酯玻璃钢	环氧玻璃钢	酚醛玻璃钢	钢	铝	高级合金
相对密度	1.7～1.9	1.8～2.0	1.6～1.85	7.8	2.7	8.0
拉伸强度/MPa	180～350	70.3～298.5	70～280	700～840	70～250	12.8
压缩强度/MPa	210～250	180～300	100～270	350～420	30～100	
弯曲强度/MPa	210～350	70.3～470	1100	420～460	70～110	
吸水率/%	0.2～0.5	0.05～0.2	1.5～5	—	—	
热导率/[W/(m·K)]	1.206	0.732～1.751		0.157～0.869	0.844～0.962	
线膨胀系数/(×10⁻⁶/℃)		1.1～3.5	0.35～1.07	0.012	0.023	
比强度/MPa	1600	2800	1150	500	—	1600

4.3.3 高强度、高模量纤维增强塑料

高强度、高模量纤维增强塑料主要是指以环氧树脂为基体，以各种高强度、高模量的纤维（包括碳纤维、硼纤维、芳香族聚酰胺纤维和各种晶须等）作为增强材料的高强度、高模量纤维增强塑料。

该材料由于其增强纤维高强度、高模量性能的影响，它具有以下共同的特点（见表4-4）。

表 4-4   各种高强度纤维增强环氧树脂的性能比较

性 能 ＼ 材料种类	碳纤维/环氧树脂	芳香族聚酰胺纤维 (Kevlar)/环氧树脂	硼纤维/环氧树脂
相对密度	1.6	1.4	2.0
拉伸强度/MPa	1500	1400	1750
拉伸弹性模量/MPa	12000	76000	120000

① 相对密度小、强度高、模量高和低的热膨胀系数。

从表4-4中的数据可知，它们的拉伸强度及模量都超过了高级合金钢及玻璃钢（高级合金钢的抗拉强度为1280MPa，玻璃纤维增强环氧树脂的拉伸强度为500MPa），是目前力学性能最好的聚合物复合材料。

② 加工工艺简单。该种增强塑料可采用 GFRP 的各种成型方法，如模压法、缠绕法和手糊法等。

③ 价格昂贵。该材料的惟一缺点是价格很贵。除芳香族聚酰胺纤维之外，其他纤维由于制造工艺复杂、原料价格昂贵，致使其增强塑料价格昂贵，从而限制了它的应用范围。

4.3.3.1 碳纤维增强塑料

碳纤维增强环氧树脂是一种强度、刚度、耐热性均好的复合材料。它的相对密度小，约为1.6，因而比强度高，它的比强度是钢材的3～4倍。它的抗冲击强度也很好，若用手枪在十步远的地方射向一块不到1cm厚的碳纤维增强塑料板时，竟不能将其射穿。它的耐疲劳强度大，而摩擦系数却很小，这方面性能均比钢材强。

碳纤维增强塑料不但机械性能好，其耐热性也特别好，它可以在12000℃的高温能经受10秒钟，保持不变，即使是耐高温的陶瓷都做不到。

碳纤维的不足之处是碳纤维与塑料的黏结性差，而且各向异性，这方面不如金属材料。但可以让碳纤维氧化和晶须化来提高其黏结性。用碳纤维编织可以解决各向异性的问题。该材料还有一个缺点是价格昂贵，因而尽管它有上述许多的优良性能，但目前还只是应用在航空航天领域。

4.3.3.2 芳香族聚酰胺纤维增强塑料

芳香族聚酰胺纤维增强塑料的基体材料首先是环氧树脂，其次是热塑性塑料中的聚乙烯、聚碳酸酯、聚酯等。

芳香族聚酰胺纤维增强环氧树脂的拉伸强度大于玻璃钢，而与碳纤维增强环氧树脂相当。它的最突出的特点是有压延性，与金属相似。它的耐冲击性很好，超过了碳纤维增强塑料。它的耐疲劳性也很好，比玻璃钢和金属铝还好。

4.3.3.3 硼纤维增强塑料

硼纤维增强塑料主要有硼纤维增强环氧树脂。该材料的突出特点是刚度好，且它的强度和弹性模量均高于碳纤维增强环氧树脂，是高强度、高模量纤维增强塑料中性能最好的一

种，但它也是最昂贵的一种。

4.3.3.4 碳化硅纤维增强塑料

碳化硅纤维增强塑料主要是指碳化硅纤维增强环氧树脂。环氧树脂与碳化硅纤维的黏结力很强，它们复合时不需要对碳化硅纤维进行表面处理。该材料的抗弯强度和抗冲击强度是碳纤维增强环氧树脂的 2 倍。如果让碳化硅纤维与碳纤维混合叠层再与环氧树脂复合时，会弥补碳纤维的缺点。

4.3.4 其他纤维增强塑料

其他纤维增强塑料是指以石棉纤维、矿棉纤维、棉纤维、麻纤维、木质纤维、合成纤维等为增强材料，以各种热塑性塑料和热固性塑料为基体的复合材料。

这方面的复合材料发展较早，应用也较广。其中热固性酚醛塑料与石棉、木片、布等纤维的复合材料，在电器工业方面用作绝缘材料，在机械工业中被制成机械零件等。这里主要介绍两种比较新型的增强塑料，即石棉纤维增强聚丙烯和矿物纤维增强塑料。

4.3.4.1 石棉纤维增强聚丙烯复合材料

在聚丙烯中加入石棉纤维后，聚丙烯的性能大大改善。其断裂伸长率由原来纯聚丙烯的 200% 变成 10%，从而是拉伸弹性模量大大提高，是纯聚丙烯的 3 倍；其次是耐热性有较大提高，纯聚丙烯的热变形温度为 110℃，而增强后为 140℃；此外其线膨胀系数由 $11.3 \times 10^{-5}/℃$ 缩小到 $4.3 \times 10^{-5}/℃$，因此其成型加工时尺寸稳定性更好。其性能见表 4-5 所列。

表 4-5 石棉纤维增强聚丙烯的性能

性　　能	单　位	石棉增强 PP	纯 PP
相对密度	g/cm³	1.24	0.90
成型线收缩率	%	0.81~2.0	1.0~2.0
吸水率	%	0.02	<0.01
拉伸强度	MPa	35	35
伸长率	%	10	200
拉伸弹性模量	MPa	4.5×10³	1.3×10³
洛氏硬度		R105	R100
悬梁冲击强度(缺口)	MPa/m	20	30
维卡软化点(1kg)	℃	157	153
热变形温度(4.6kgf/cm²)	℃	140	110
线膨胀系数(-20~70℃)	×10⁻⁵cm/(cm·℃)	4.2	11.3
体积电阻	Ω·m	1×10⁴	1×10⁴
绝缘性	kV/mm	40	40
介电常数	Hz	2.6	2.3
介电损耗	Hz	3×10⁻³	2×10⁻⁴
耐电弧性	s	140	130

4.3.4.2 矿物纤维增强塑料

矿物纤维增强塑料主要有矿物纤维增强聚丙烯和增强聚酯。由于矿物纤维的直径小，一般为 1~10μm，其长径比平均为 (40~60):1，当它与塑料复合时，它与树脂的接触面大，其强度介于填料与玻璃纤维之间。在聚丙烯中加入 50% 矿物纤维，可使其抗冲击强度提高

50%，热变形温度提高 14%，抗弯曲强度提高 53%。

4.4 聚合物基复合材料的制备和加工

4.4.1 聚合物基复合材料的制备工艺特点

聚合物基复合材料的性能有许多独到之处，其制备、成型工艺与其他材料相比也有其特点。

首先，聚合物基复合材料的合成与制品的成型是同时完成的，该材料的制备过程也就是其制品的生产过程。在复合材料的成型过程中，增强体的形状变化不大，但基体的形状有较大变化。复合材料的工艺过程对材料和制品的性能有较大的影响。如复合材料的制备中纤维与基体树脂之间的界面黏结是影响纤维力学性能发挥的重要因素。它除与纤维的表面性质有关外，还与材料中气孔率有关，它们都直接影响到材料的层间剪切强度，因为该材料的薄弱环节是其层间的结合强度。例如，当复合材料的气孔率低于 4% 时，气孔率每增加 1%，层间剪切强度就降低 7%，而气孔率与工艺过程关系密切。又如对于热固性复合材料中的固化工序（包括固化温度、压力、保温时间等工艺参数）直接影响到材料的性能。成型过程中纤维的预处理，纤维的排布方式，排除气泡的程度，温度、压力、时间等都影响材料的性能。应该根据制品结构和使用时受力状况来选择成型工艺。例如，单向受力杆件和梁应采用拉挤法，因为拉挤成型可保证制品在顺着纤维的方向具有最大的强度和刚度；薄壳构件可采用连续纤维缠绕工艺，以满足各个方向具有不同的强度和刚度的要求。利用树脂基复合材料的形成和制品的成型是同时进行的特点，可以使大型的制品一次整体成型，从而简化制品结构，减少了组成零件和连接件的数量，这对减轻制品质量，降低工艺消耗和提高结构使用性能十分有利。

其次，树脂基复合材料的成型比较方便。因为树脂在固化前具有一定的流动性，纤维又很柔软，依靠模具容易形成要求的形状和尺寸。有些材料可以使用廉价简易设备和模具，不需加压和加热，由原材料直接成型制出大尺寸的制品。这对制造单件和小批量产品很方便，也是金属制品的生产工艺无法比拟的。一种复合材料可以用多种方法成型，在选择成型方法时，应根据制品结构、用途、产量、成本以及生产条件综合考虑，选择最简单和最经济的成型方法。

4.4.2 聚合物基复合材料的制造技术

聚合物基复合材料的制造大体包括如下的过程：预浸料的制造、制件的铺层、固化及制件的后处理与机械加工等。复合材料制品有几十种成型方法，它们之间既存在着共性又有着不同点，从原材料到形成制品的过程，如图 4-1 所示。

（1）预浸料及其制造方法

预浸料是将树脂体系浸涂到纤维或纤维织物上，通过一定的处理过程后储存备用的半成品。根据实际需要，按照增强材料的纺织形式预浸料可分为预浸带、预浸布、无纺布等；按照纤维的排布方式有单向预浸料和织物预浸料之分；按纤维类型则可分为玻璃纤维预浸料、碳纤维预浸料和有机纤维预浸料等。一般预浸料在 18℃ 下存储以保证使用时具有合适的黏度、铺覆性和凝胶时间等工艺性能，复合材料制品的力学及化学性质在很大程度上取决于预浸料的质量。

a. 热固性预浸料的制备　按照浸渍设备或制造方式的不同，热固性纤维增强树脂预浸料的制备分轮鼓缠绕法和陈列排铺法；按浸渍树脂状态分湿法（溶液预浸法）和干法（热熔预浸法）。

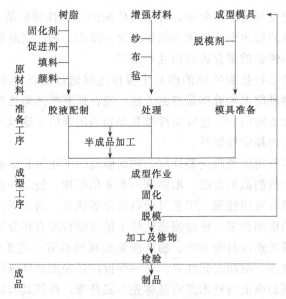

图 4-1 复合材料制品的生产流程

轮鼓缠绕法是一种间歇式的预浸料制造工艺，其浸渍用树脂系统通常要加稀释剂以保证黏度足够低，因而它是一种湿法工艺，其原理如图 4-2 所示。从纱团引出的连续纤维束，经导向轮进入胶槽浸渍树脂，经挤胶器除去多余树脂后由喂纱嘴将纤维依次整齐排列在衬有脱模纸的轮鼓上，待大部分溶剂挥发后，沿轮鼓母线将纤维切断，就可得到一定长度和宽度的单向预浸料。该法特别适用于实验室的研究工作或小批量生产。

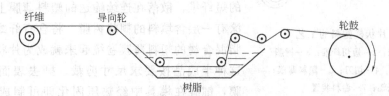

图 4-2 轮鼓缠绕法工艺示意

陈列排铺法是一种连续生产单向或织物预浸料的制造工艺，有湿法和干法两种。具有生产效率高、质量稳定性好、适于大规模生产等特点。湿法原理是许多平行排列的纤维束或织物同时进入胶槽，浸渍树脂后由挤胶器除去多余胶液，经烘干炉除去溶剂后，加隔离纸并经辊压整平，最后收卷。干法浸渍工艺也称热熔预浸法，是在热熔预浸机上进行的。熔融态树脂从漏槽流到隔离纸上，通过刮刀后在隔离纸上形成一层厚度均匀的胶膜，经导向辊与经过整经后平行排列的纤维或织物叠合，通过热鼓时树脂熔融并浸渍纤维，再经辊压使树脂充分浸渍纤维，冷却后收卷。

b. 热塑性预浸料制造　热塑性纤维增强复合材料预浸料的制造，按照树脂状态的不同，可分为预浸渍技术和后浸渍技术两大类。预浸渍技术包括溶液预浸和熔融预浸两种，其特点是预浸料中树脂完全浸渍纤维。后预浸技术包括膜层叠、粉末浸渍、纤维混杂、纤维混编等，其特点是预浸料中树脂以粉末、纤维成包层等形式存在，对纤维的完全浸渍要在复合材料成型过程中完成。

溶液浸渍是将热塑性高分子树脂溶于适当的溶剂中，使其可以采用类似于热固性树脂的湿法浸渍技术进行浸渍，将溶剂除去后即得到浸渍良好的预浸料。该工艺的优点是可使纤维完全被树脂浸渍并获得良好的纤维分布，可采用传统的热固性树脂的设备和类似浸渍工艺。缺点是成本较高并造成环境污染，残留溶剂很难完全除去，影响制品性能，只适用于可溶性聚合物，对于其他溶解性差的聚合物应用受到限制。

将熔融态树脂由挤出机挤到特殊的模具中浸渍连续通过的纤维束或织物，叫作熔融预浸。原理上，这是一种最简单和效率最高的方法，适合所有的热塑性树脂，但是，要使高黏度的熔融态树脂在较短的时间内完全浸渍纤维却是相当困难的。这就要求树脂的熔体黏度要足够低，且高温长时间内稳定性要好。

膜层叠是将增强剂与树脂薄膜交替铺层，在高温高压下使树脂熔融并浸渍纤维，制成平板或其他一些形状简单的制品的方法。增强剂一般采用织物，使之在高温、高压浸渍过程中不易变形。这一工艺具有适用性强、工艺及设备简单等优点。粉末浸渍是将热塑性树脂制成粒度与纤维直径相当的微细粉末，通过流态化技术使树脂粉末直接分散到纤维束中，经热压熔融即可制成充分浸渍的预浸料的方法。粉末浸渍的预浸料有一定柔软性、铺层工艺性好，比膜层叠技术浸渍质量高、成型工艺性好，是一种被广泛采用的纤维增强热塑性树脂复合材料的制造技术。纤维混编或混纺技术是将基体先纺成纤维，再使其与增强纤维共同纺成混杂纱线或编织成适当形式的织物，在物品成型过程中，树脂纤维受热熔化并浸渍增强纤维。该技术工艺简单，预浸料有柔性，易于铺层操作，但与膜层叠技术一样，在制品成型阶段，需要足够高的温度、压力及足够的时间，且浸渍难以完全。

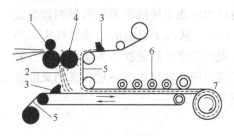

图 4-3　片状模塑料的工艺
1—连续纤维；2—短切纤维；3—树脂/
填料糊状物；4—切刀；5—塑料薄膜；
6—压辊；7—卷料装置

图 4-3 是以片状模塑料为代表的短切纤维增强复合材料预浸料的工艺示意。连续纤维被切成一定长度的短纤维，散落在连续输送的塑料薄膜上，在薄膜上涂有一层含填料的糊状树脂。将含有纤维、填料和树脂混合物的塑料薄膜卷绕起来就成为片状模塑料。把这种半成品按要求尺寸剪裁、撕去表面保护塑料薄膜，铺叠在模具中经热压固化即可制成复合材料成品。玻璃纤维毡增强热塑性树脂片材是法国 Arjomair 公司研制成功的一种片状复合材料半成品。它是将玻璃短切纤维或连续纤维与粉状热塑性树脂如聚丙烯等配制成悬浮液，搅拌均匀后沉积制成网状坯料，再经层合、烘干制成片状半成品，剪裁后通过模压或冲压成型可制成各种复合材料制品。

（2）手糊成型工艺

手糊成型工艺（Hand Lay-up）是聚合物基复合材料中最早采用和最简单的方法。其工艺过程是先在模具上涂刷含有固化剂的树脂混合物，再在其上铺贴一层按要求剪裁好的纤维织物，用刷子、压辊或刮刀挤压织物，使其均匀浸胶并排除气泡后，再涂刷树脂混合物和铺贴第二层纤维织物，反复上述过程直至达到所需厚度为止。然后热压或冷压成型，最后得到复合材料制品。为便于在树脂固化前排除多余的树脂和从模具上取下制品，预先应在模具上涂覆脱模剂。脱模剂的种类很多，包括石蜡、黄油、甲基硅油、聚乙烯醇水溶液、聚氯乙烯薄膜等。手糊工艺使用的模具主要有木模、石膏模、树脂模、玻璃模、金属模等，最常用的树脂是能在室温固化的不饱和聚酯和环氧树脂。手糊成型是一种劳动密集型工艺，通常用于性能和质量要求一般的玻璃钢制品。该工艺具有操作简单、设备投资少、产品尺寸不受限制、制品可设计性好等优点，适于多品种和小批量生产。同时也存在着生产效率低、产品质量不易控制、操作条件差、生产周期长、制品性能较低等缺点。

(3) 喷射成型工艺

用喷枪将纤维和雾化树脂同时喷到模具表面，经辊压、固化制备复合材料的方法叫喷射成型工艺（Spray-up）。它是从聚合物基复合材料手糊成型开发出的一种半机械化成型技术，主要革新是使用一台喷射设备。

世界上许多厂家生产的各种型号和性能的喷射设备各具特点，根据使用喷射压力分为高压和低压机；根据树脂和固化剂的混合方式以及树脂和纤维的混合方式，分为枪内和枪外混合。一般认为，采用低压、树脂和固化剂枪内混合，而短切纤维和树脂在空间混合较好，并称为低压无气喷射成型。

喷射成型对所用的原材料有一定的要求，例如树脂体系的黏度应适中，容易喷射雾化、脱除气泡和润湿纤维以及不带静电等。最常用的树脂是在室温或稍高温度下即可固化的不饱和聚酯等。喷射法使用的模具与手糊法类似，而生产效率却可以提高数倍，劳动强度降低，能够制作大尺寸制品。用该方法虽然可以成型形状比较复杂的制品，但其厚度和纤维含量都较难精确控制，树脂含量一般在 60% 以上，孔隙率较高，制品强度较低，施工现场污染和浪费较大。利用喷射法可以制作浴盆、汽车壳体、船身、舞台道具、储藏箱、建筑构件、机器外罩、容器、安全帽等。

(4) 袋压成型工艺

袋压成型（bag-molding）是最早及最广泛用于预浸料成型的工艺之一。将纤维预制件铺放在模具中，盖上柔软的隔离膜，在热压下固化，经过所需的固化周期后，材料形成具有一定结构的构件。

袋压成型可分为 3 种：真空袋压成型、压力袋压成型和热压罐成型。

真空袋压法是在纤维预制件上铺覆柔性橡胶或塑料薄膜，并使其与模具之间形成密闭空间，将组合体放入热压罐或热箱中，在加热的同时对密闭空间抽真空形成负压，进行固化。大气压力的作用可以消除树脂中的空气，减少气泡，排除多余的树脂，使制品表面更加致密。由于真空袋压法产生的压力小，只适于强度和密度受压力影响小的树脂体系如环氧树脂等。对于酚醛树脂等，固化时有低分子物逸出，利用此方法难以获得结构致密的制品。如果向真空袋内通入压缩空气或氮气等对预制件进行加压固化，则真空袋压法就成为压力袋压法。

热压罐法相当于将真空袋压法的抽气、加热及加压固化放在压力罐中进行。一般热压罐是圆筒形的压力容器，可以产生几个大气压。采用热压罐成型工艺时，加热和加压通常要持续整个固化工艺的全过程，而抽真空是为了除去多余树脂及挥发性物质，只是在某一段时间内才需要。用热压罐法制成的纤维复合材料制品，具有孔隙率低，增强纤维填充量大，致密性好，尺寸稳定、准确、性能优异，适应性强等优点，但该方法也存在着生产周期长、效率低、袋材料昂贵、制件尺寸受热压罐体积限制等缺点。因而该法主要用于制造航空、航天领域的高性能复合材料构件。

(5) 模压成型工艺

模压成型工艺（compression molding）是在封闭的模腔内，借助加热和压力固化成型复合材料制品的方法；具体地讲，是将定量的模塑料或颗粒状树脂与短纤维的混合物放入敞开的金属模中，闭模后加热使其熔化，并在压力作用下充满模腔，形成与模腔相同形状的模制品，再经加热使树脂进一步发生交联反应而固化，或者冷却使热塑性树脂硬化，脱模后得到复合材料制品。模压成型是对热固性树脂和热塑性树脂都适用的纤维增强复合材料的成型方法。

用模塑料成型制品时，装入模内的模塑料由于与模具表面接触加热，黏度迅速减小，在3～7MPa 成型压力下就可以平滑地流到模具的各个角落。模塑料遇热之后迅速凝胶和固化。依据制品的尺寸和厚度，成型时间从几秒钟到几分钟。模压工艺特别适用于制造大批量以及精度和重复性要求比较高的制品，广泛用于生产家用制品、机壳、电子设备和办公设备的外壳、卡车门和轿车仪表板等汽车部件，也可用于制造连续纤维增强制品，但是纤维阻止了预浸料在模内的流动。除上述热模压成型工艺外，还有其他一些模压成型方法，如树脂迁移成型工艺（resin transfer molding）是将纤维增强材料预先放在模腔内，合模后注入聚合物，经固化成型的复合材料制品的一种工艺方法，又称树脂传递成型。该工艺到 20 世纪 90 年代已成为先进复合材料制备工艺。所用基体材料主要是各种液态的黏度低于 1Pa·s 的热固性树脂。树脂迁移法成型过程为：首先在模具中铺放增强材料，然后用泵注入树脂基体，经固化、脱模、检修即可得到复合材料制品。树脂迁移法成型工艺的优点是，复合材料制品厚度与增强材料含量准确，两面光滑，材料浪费少，能成型尺寸大、形状复杂的制品，其经济性在各种复合材料工艺中仅次于拉挤工艺。可用于制作椅子、船、汽车部件、飞机机身、机翼等结构复合材料。

（6）缠绕成型工艺

缠绕成型（filament winding）是一种将浸渍了树脂的纱或丝束缠绕在回转芯模上、常压下在室温或较高温度下固化成型的一种复合材料制造工艺，是一种制备各种尺寸回转体的简单方法。具体工艺流程如图 4-4 所示。缠绕机类似一部机床，纤维通过树脂槽后，用轧辊除去纤维中多余的树脂。为改善工艺性能和避免损伤纤维，可预先在纤维表面涂覆一层半固化的基体树脂，或者直接使用预浸料。纤维缠绕方式和角度可以通过计算机控制。缠绕达到要求厚度后，根据所选用的树脂类型，在室温或加热箱内固化、脱模便得到复合材料制品。

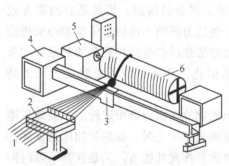

图 4-4　纤维缠绕成型示意
1—连续纤维；2—树脂槽；3—纤维输送架；
4—输送架驱动器；5—芯模驱动器；6—芯模

按基体浸渍状态，缠绕工艺分为湿法和干法两种。湿法缠绕是将增强材料浸渍液态基体和缠绕成型相继连续进行；干法缠绕又称预浸带缠绕，为浸渍工艺和缠绕成型分别进行。近年来出现湿干法工艺，是干法工艺的发展，不同之处仅在于树脂基体不存在凝胶化的阶段，仍处于"湿"状态。增强材料在芯模表面上的铺放形式称为缠绕线型。主要有螺旋缠绕、平面缠绕（极缠绕）和环向缠绕 3 种线型。所用的主要工艺设备是纤维缠绕机，有卧式螺旋缠绕机、立式平面缠绕机和球形容器缠绕机等。基本型卧式缠绕机主要由芯模旋转系统和带动绕丝头平行于芯模轴线往复运动的"小车"两部分组成。三轴以上称为多轴机。目前轴数最多的是九轴缠绕机。卧式缠绕机常用于湿法工艺、螺旋缠绕线型和环向缠绕线型。湿法工艺对各类制品的适用性强，应用广泛。采用热熔预浸工艺制备的预浸材料，基体含量、均匀性和纱带宽度均能实现精确控制，这种干法工艺多用于航空、航天和重要的工业和民用制品。

纤维缠绕成型的主要特点是能按性能要求配置增强材料，结构效率高；自动化成型，产品质量稳定，生产效率高。主要用于固体火箭发动机及其他航空、航天结构，压力容器、管道及管状结构、电绝缘制品、汽车、飞机、轮船和机床传动轴、储罐及风力发电机叶片等。近年来发展了异性缠绕，可以实现断面为矩形、方形或不规则形状容器的回转体成型。

（7）拉挤成型工艺

拉挤成型（pultrusion）是将浸渍过树脂胶液的连续纤维束或带状织物在牵引装置作用下通过成型模定型，在模中或固化炉中固化，制成具有特定横截面形状和长度不受限制的复合材料型材的方法。一般情况下，只将预制品在成型模中加热到预固化的程度，最后固化在加热箱中完成。图 4-5 为拉挤成型工艺示意。

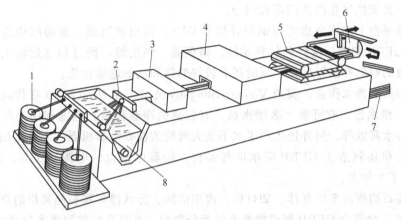

图 4-5 拉挤成型工艺示意

1—纤维；2—挤胶器；3—预成型；4—热模；5—拉拢；6—切割；7—制品；8—树脂槽

按工艺过程的连续性，分为间断拉挤成型和连续拉挤成型两种。早期主要是间断拉挤成型。在直线形等截面复合材料型材生产领域，它很快被连续拉挤成型所取代。现代拉挤成型复合材料有 95％以上是采用连续拉挤成型。20 世纪 80 年代，间断拉挤成型演变成拉模成型（pulforming）。它实际上是拉挤和模压的结合，主要用于制造汽车板簧、工具手柄之类截面积不变、截面形状改变的直的或弯曲形状的制品。主要增强材料是玻璃纤维无捻粗纱、连续纤维毡及聚酯纤维毡、碳纤维和芳纶及其混杂纤维。热固性基体和热塑性基体均可用于拉挤成型。热固性树脂，首先是聚酯树脂和乙烯基树脂应用最广泛，其次是环氧树脂和改性丙烯酸树脂。酚醛树脂由于发烟量特别低，近年来得到重视。热塑性复合材料的拉挤也已进入实用阶段，主要基体有 ABS、PA、PC、PES、PPS 及 PEEK 等。拉挤设备种类很多，但基本原理和组成大致相同，都是由基体浸渍装置、预成型模、加热主成型模、牵引装置和切断装置 5 部分组成。设备能力基本上以型材横断面尺寸和牵引力表示。拉挤速度与基体材料、制品壁厚、加热方法等多种因素有关。拉挤工艺参数还与增强材料种类有关。采用玻璃纤维和芳纶时，可以采用射频加热，而采用碳纤维时则只能采用感应加热。

拉挤成型的最大特点是连续成型，制品长度不受限制，力学性能尤其是纵向力学性能突出，结构效率高，制造成本较低，自动化程度高，制品性能稳定。主要用作工字型、角型、槽型、异型截面管材，实芯棒以及上述断面构成的组合截面型材。主要用于电气、电子、化工防腐、文体用品、土木工程和陆上运输等领域。

4.5 聚合物复合材料的应用

聚合物复合材料范围广，产品多，在国防工业和国民经济各部门中都有广泛的应用。例如在汽车、船舶、宇航、飞机、通讯、建筑、电子电气、机械设备、石油化工、体育用品等各个方面都有应用。

4.5.1 玻璃纤维增强热固性塑料（GFRP）的应用

（1）GFRP 在石油化工工业中的应用

石油化工工业利用玻璃钢（GFRP）的特点，解决了许多工业生产过程中的关键问题，尤其是耐腐蚀性和降低设备维修费等方面。

GFRP 管道和罐车是原油陆上运输的主要设备。聚酯和环氧的 GFRP 均可做输油管和储油设备，以及天然气和汽油罐车和储槽。

海上采油平台上的配电房可用钢制骨架和 GFRP 板组装而成。板的结构是硬质聚氨酯泡沫塑料加 GFRP 蒙面。这样的材料质轻、强度高、刚度好，而且包装运输也很方便。能合理利用平台的空间并减轻载荷，同时还有较好的热和电的绝缘性能。

海上油田需要潜水作业，英国 Vickers-Slingsby 公司，在 20 世纪 70 年代就已经设计和生产了 GFRP 潜水器，它可载 3 名潜水员，有较高的净载荷量，电池利用率高，使用寿命长，并且耐海水腐蚀等。另外还生产了水下无人驾驶的检查维修机器；主要是用聚酯 GFRP 制造的。该公司还制造了 GFRP 潜水电气部件，如蓄电池盒、电源插头等，均已在水下 120m 处工作了 9 年多。

开采海底石油所需要的浮体。如灯标、停泊信标、标状浮标和驳船离岸的信标等，都可用 GFRP 制作。全部由 GFRP 制成的海上油污分离器，具有良好的耐海水和耐油性。

海上油田用的救生船、勘测船等其船身、甲板和上层结构都是玻璃纤维方格布和间苯二甲酸聚酯成型的。海上油田不可缺少的海水淡化及污水处理装置可用玻璃钢制造管道。

化学工业生产也是离不开 GFRP 的。在化工生产过程中，经常产生各种强腐蚀性的物质。所以一般不能采用普通钢制造设备或管道，而需要耐腐蚀的环氧 GFRP 和酚醛 GFRP 来制造。其他还有如：GFRP 冷却塔、大型冷却塔的导风机叶片以及各种耐腐蚀性的储槽、储罐、反应设备、管道、阀门、泵、管件等。

用 GFRP 制成的风机叶片，不仅延长了使用的寿命，而且还大大地降低了电耗量。如发电厂锅炉送风机、轴流式风机，装 GFRP 叶片的比装金属叶片的离心式风机，平均每台每天节电 255kW·h，一年可节电 9.1×10^5 kW·h。中国每年生产各类风机 10 万台，如果全部换上玻璃钢叶片，节约能量相当可观。

（2）GFRP 在建筑业中的应用

目前世界各国对房屋建筑的美观舒适、保温节能、防震抗震的要求越来越高。在此情况下，GFRP 成为人们比较注意的新型建筑材料。在工业发达国家，消耗 GFRP 最多的部门是建筑行业，其原因是建筑构件大，使用 GFRP 多，用途也比较广泛。世界上消耗量最大的是美国，其次是日本。

建筑业使用 GFRP，主要是代替钢筋、树木、水泥、砖等，并已占有相当的地位。其中应用最多的是 GFRP 透明瓦，这是一种聚酯树脂浸渍玻璃布压制而成的。波形瓦主要用于工厂采光，其次是用作街道、植物园、温泉、商亭等的顶棚，GFRP 板应用于货栈的屋顶、建筑物的墙板、天花板、太阳能集水器等，还可用 GFRP 制成饰面板、回屋顶、卫生间、浴室、建筑模板、门窗框、洗衣机的洗衣缸、储水槽、管内衬、收集储罐和管道减阻器等。

（3）GFRP 在造船业中的应用

用 GFRP 可制造各种船舶，如赛艇、警艇、游艇、碰碰船、交通艇、救生艇、帆船、渔轮、扫雷艇等。

用 GFRP 制造渔船在中国已广泛采用，GFRP 渔船与木船比较有以下几个优点。

玻璃钢渔船稳定性好。木船在六级风时就不能出海，而 GFRP 船可经受八级风浪的考验。

GFRP 渔船速度快。全 GFRP 船的时速为 7 节，比同马力的木船快 1~1.5 节。因而不但节省燃料油而且在突遇天气变化时，回港也快。

GFRP 船维修简便、费用低。木船使用 2 年后就需要维修，每 4 年要大修或中修，而 GFRP 船耐腐蚀性好。维修费只为木船的 20%~30%。

GFRP 船使用寿命长，可达 20 年，为木船的 2 倍。而且经济效益高。该种船适应能力强，捕鱼量比木船多一倍。虽然一次投资比木船高，但综合效益高于木船。

世界上用 GFRP 制造船舶发展的速度很快。在大轮船和舰艇上，GFRP 主要用来制成各种部件，如甲板、驾驶室、通风管、窗门和推进器等。

（4）GFRP 在铁路运输上的应用

GFRP 在铁路上主要是用在造车生产中，铁路车辆有许多部件可以用 GFRP 制造，如内燃机车的驾驶室、车门、车窗、框、行李架、座椅、车上的盥洗设备、整体厕所等。其中在中国应用最多的是用聚酯 GFRP 制造的窗框。原来采用的钢窗，每一年半就要进厂维修一次，每年窗框的维修费平均每一辆车要花费 1400 元，6 年就报废了；改用 GFRP 窗框，不再需要维修，寿命可达 10 年以上，质量可减轻 20%。同时更有效地解决了钢窗在使用过程中，由于受温度变化的影响而变形所造成的开关不便的问题。因 GFRP 窗不易变形，开关很方便。

此外，在铁路客车中的一些易被腐蚀的部位，均可采用 GFRP，如厕所、盥洗室的地板。经常浸泡在水中，很容易腐蚀烂掉，经常需要维修，采用 GFRP 地板则可延长使用寿命，减少维修费用。国外已采用了 GFRP 地板、墙板、卫生装置，如整体厕所、盥洗室、水箱、垃圾箱等。还有卧铺车厢内的卧铺支柱、冷藏箱、绝缘板等。在货车制造中，可采用 GFRP 活动顶棚，以方便起重机装卸货物，为集装箱运输提供了必要的条件。

（5）GFRP 在汽车制造业中的应用

1953 年美国首先用 GFRP 制成汽车的外壳，此后，意大利、法国等许多著名的汽车公司也相继制造 GFRP 外壳的汽车。尤其是运输具有腐蚀性的石油产品或其他液体的罐车，发展得更快。GFRP 除制造汽车的外壳外还可制造汽车上的许多零件和部件，如汽车底盘、车门、车窗、车座、发动机罩以及驾驶室。从 1958 年开始中国就开始研制 GFRP 汽车外壳，近年来，中国许多城市已经使用了 GFRP 制成的汽车外壳及其零部件，这种汽车制造方法简单、方便、省工时、省劳力，可降低造价，同时汽车自身质量轻，外观设计美观，保温隔热效果好。也可以用 GFRP 制造卡车的驾驶室的顶盖、风窗、发动机罩、门框、仪表盘等。

（6）GFRP 在冶金工业中的应用

在冶金工业中，经常接触一些具有腐蚀性的介质，因而需要用耐腐蚀性的容器、管道。泵、阀门等设备，这些均可用聚酯 GFRP、环氧 GFRP 制造。此外，在有色金属的冶炼生产中的高温烟气等有害气体要通过烟囱排放，其腐蚀极为严重。近年来采用钢材或钢筋混凝土作外壳。内衬 GFRP，或者以钢材或钢筋混凝土做骨架的整体 GFRP 烟囱。这种 GFRP 烟囱耐温、耐腐蚀，而且易于安装检修。

（7）GFRP 在宇航工业中的应用

玻璃钢用于宇航工业方面是比较早的。20 世纪 40 年代初，英国首先利用 GFRP 透波性好的特点，用它来制造飞机上的雷达罩。后来有更多的金属部件被 GFRP 所代替，如飞机的机身、机翼、螺旋桨、起落架、尾舵、门、窗等。经过了二十多年的努力，于 1967 年美国第一架乘载 4 人的全塑飞机飞上了蔚蓝色的天空。它的造价只相当于一辆高级汽车的价格。这架飞机大部分部件是由 GFRP 制成的美国波音 747 喷气式客机，有一万多个零部件是由 GFRP 制成的，它使飞机的自身质量减轻了 454kg，相应地可以使飞机飞得高、飞得快、装载能力更大。

（8）GFRP 在其他部门的应用

GFRP 在机械工业中也得到广泛的应用，主要用于制造各种机器的防护罩，机器的底座、导轨、齿轮、轴承、手柄等，还可制造玻璃钢氧气瓶、液化气罐等。

GFRP 在电气工业中可用于制成电子仪器的各种线路底板；电机、变压器等各种机电设备的绝缘板；还可制成 GFRP 电线杆、高压线架子、天线棒、配电盘外壳、线圈骨架以及各种电器零件等。

在采矿作业中可用于制成 GFRP 支柱，其质量还可减小到坑木或钢支柱的一半，抗压强度比坑木高一倍，比钢支柱高 60%，而且不生锈、不腐蚀，使用寿命长。同时，由于 GFRP 支柱轻，大大地减轻了工人的劳动强度。

在农业生产方面 GFRP 的应用也不少。GFRP 透明瓦有一定的透明度，又有保温隔热的作用，因此可用来制造温室和大棚的建筑材料。GFRP 还可制作各种农机的零部件，例如拖拉机的外壳，此外，农药喷洒装置是很容易腐蚀的，以前均用特殊钢制造，如果采用环氧 GFRP 制造，不仅比特殊钢耐腐蚀性更强，而且质量减轻一半，节省了优质钢材。

GFRP 在常规武器制造方面也有所应用，它可制成步枪的枪托、火箭发射器的手柄、坦克车的轮子、火焰喷射器的筒体、头盔、防弹装甲车外壳、活动指挥所等。除此以外，GFRP 还可制成体育用品。体育器材往往在使用时变形较大，并反复承受无规则交变振动和冲击作用。以往主要采用竹、木等材料，材料利用率低，使用寿命短。使用 GFRP 制造体育用具，可充分发挥其高强度、耐疲劳和高弹性等特点。GFRP 已用做滑雪板、撑杆、弓、高尔夫球棒、网球拍、钓鱼竿和体育赛艇等。

4.5.2 玻璃纤维增强热塑性塑料（FR-TP）的应用

4.5.2.1 玻璃纤维增强聚丙烯

玻璃纤维增强聚丙烯（代号 FR-PF）的电绝缘性良好，用它可以制作高温电气零件。由于它的各方面性能均超过了一般的工程塑料，而且价格低廉，因而它不但进入了工程塑料的行列，而且在某些领域中还可代替金属使用。主要应用于汽车、电风扇、洗衣机零部件，油泵阀门、管件、泵件、叶轮，油箱、电话机齿轮、农用喷雾器筒身、气室等。

4.5.2.2 玻璃纤维聚酰胺

玻璃纤维聚酰胺（代号 FR-PA）可用来代替有色金属，制造原为有色金属的轴承、轴承架、齿轮、精密机器零件、电器零件、汽车零件等。在船舶制造中，可代替金属制成螺旋桨。还可制造洗衣机的壳体及零部件。

4.5.2.3 玻璃纤维增强聚苯乙烯类塑料

该类塑料主要用于制造汽车内部的零部件、家用电器的零部件。线圈骨架、矿用蓄电池壳和照相机、放映机、电视机、录音机、空调等机壳和底盘等。

4.5.2.4 玻璃纤维增强聚碳酸酯

玻璃纤维增强聚碳酸酯（代号 FR-PC）主要应用于机械工业和电器工业方面，近年来在航空工业方面也有所发展。

4.5.2.5 玻璃纤维增强聚酯

玻璃纤维增强聚酯主要用于制造电器零件，特别是那些在高温、高机械强度条件下使用的部件，例如印刷线路板、各种线圈骨架、电视机的高压变压器、硒整流器、配电盘、集成电路罩壳等。

4.5.2.6 玻璃纤维增强聚甲醛

玻璃纤维增强聚甲醛（代号 RF-POM）可用来代替有色金属及其合金，制造要求耐磨性好的机械零件，例如传动零件、轴承、轴承支架、齿轮、凸轮等。用碳纤维增强的聚甲醛可制成导电性材料、磁带录音机的飞轮轴承、精密仪器零件等。

4.5.2.7 玻璃纤维增强聚苯醚

玻璃纤维增强聚苯醚（代号 FR-PPO）的电绝缘性也是工程塑料中居第一位的，其电绝缘性可不受温度、湿度、频率等条件的影响。因此用它可制造耐热性的电绝缘零件。例如电视机零件、家用电器零件、电子仪器仪表零件、精密仪器零件中的线圈骨架、插座、罩壳等。此外它还可制成供热水系统的装置，如管道、阀门、泵、储罐、紧固件、连接件等，还可制造医疗方面的高温消毒用具。

4.5.3 高强度、高模量纤维增强塑料的应用

（1）碳纤维增强塑料 碳纤维增强塑料主要是火箭和人造卫星最好的结构材料。因为它不但强度高，而且具有良好的减振性，用它制造火箭和人造卫星的机架、壳体、无线构架是非常理想的一种材料。用它制成的人造卫星和火箭的飞行器，不仅机械强度高，而且质量比金属轻一半，这意味着可以节省大量的燃料。用它制造火箭和导弹的发动机的壳体，可比金属制的质量减轻 45%，射程由原来的 1600km 增加到 4000km。用它制造宇宙飞船的助推器推力结构时，可比金属制造的飞船减轻 26%，还可用它制飞行器上的仪器设备的台架、齿轮等。也可制造飞行器的外壳，因它有防宇宙射线的作用。飞行器穿过大气层时，由于与空气摩擦，产生了大量的热，使飞行器外表面的温度高达 4000~6000℃，因此飞行器的外表面必须加防热层，这种材料就是采用最好的合金或陶瓷也无法承担。目前还没有一种材料的熔点达到 4000℃以上，而采用碳纤维增强的酚醛塑料由于其高耐烧蚀性而能够胜任。

碳纤维增强塑料也是制造飞机的最理想的材料。用它可以制造飞机发动机的零件，如叶轮、定子叶片、压气机机匣、轴承、风扇叶片等。近年来大型客机采用该种材料制造的部件越来越多了，如"波音747"型飞机的机身上许多部件都采用了该种材料。据报道，美国洛克希德公司生产的飞机，应用该种材料制造主翼、机身、垂直尾翼、水平尾翼等，这样将使飞机的质量减轻 69%。不仅是减轻质量、提高飞行速度，同时因为它耐疲劳强度高，可大大延长其使用寿命。

碳纤维增强塑料在其他领域也同样得到了应有的重视，但由于价格昂贵，因而只在某些必要的地方应用，例如化学工业中取代不锈钢和玻璃等材料，制作对耐腐蚀性和强度要求极高的设备。

在机械工业中，利用碳纤维增强塑料耐磨性好的特性，制造磨床上的磨头和各种零件。还可代替青铜和巴比特合金，制造重型轧钢机及其他机器上的轴承，利用碳纤维是非磁性材料的性能，取代金属制造要求强度极高并易毁坏的发电机端部线圈的护环，不但强度能满足

要求，而且质量也大大减轻了，若用金属材料时，要一千多千克，而现在用碳纤维增强塑料只有二百多千克。

（2）开芙拉-49 增强塑料的应用　在飞机上已有相当数量的开芙拉增强塑料被用于内部装修、外部整形等方面。洛克希德公司在一架 L-1011 三星运输机中使用了 1t 以上的开芙拉复合材料，从而减轻了 350kg 质量。船舶领域内，开芙拉复合材料正在被越来越多的应用。例如，用开芙拉-49 织物制造的"兽皮船"质量仅 8.2kg。此外，在汽车零件、外装饰板等上的应用，不仅大幅度减轻了质量，而且提高了耐冲击性、振动衰减性和耐久性。

（3）开芙拉-29 增强塑料的应用　开芙拉-29 在要求非常高的拉伸强度、低延伸率、电气绝缘性、耐反复疲劳性、耐蠕变性及高的强韧性等领域，可代替拉伸机构和电缆类。此外安全手套、防护衣、耐热衣等劳动保护服也是开芙拉-29 的重要用途之一。

（4）芳香族聚酰胺纤维增强塑料　它主要的应用是制造飞机上的板材、门、流线型外壳、坐席、机身外壳、天线罩和火箭发动机、马达的外壳。其次由于它的综合性能超过了玻璃钢，尤其是它具有减振耐损伤的特点，适合用于船舶制造方面。

（5）硼纤维增强塑料　硼纤维增强塑料主要用于制造飞机上的方向舵、安定面、翼端、起落架门、襟翼、机缓箱、襟翼前缘等。由于它的价格比碳纤维增强塑料还要昂贵，目前还仅限于在上述的飞机制造业中应用。

（6）碳化硅纤维增强塑料　它可用来制造飞机的门、降落传动装置箱、机翼等。

4.5.4　其他纤维增强塑料的应用

（1）石棉纤维增强聚丙烯　由于石棉纤维和聚丙烯的电绝缘性都好，所以复合以后电绝缘性仍然很好，因此主要用做制造电器绝缘件的材料。

（2）矿物纤维增强塑料　该种材料主要用于制造耐磨材料。

第5章 金属基复合材料

5.1 金属基复合材料的种类和性能

金属基复合材料科学是一门相对较新的材料科学，仅有40余年的发展历史。金属基复合材料的发展与现代科学技术和高技术产业的发展密切相关，特别是航天、航空、电子、汽车以及先进武器系统的迅速发展对材料提出了日益增高的性能要求，除了要求材料具有一些特殊的性能外，还要具有优良的综合性能，有力地促进了先进复合材料的迅速发展。如航天技术和先进武器系统的迅速发展，对轻质高强结构材料的需求十分强烈。由于航天装置越来越大，结构材料的结构效率变得更为重要。宇航构件的结构强度、刚度随构件线性尺寸的平方增加，而构件的质量随线性尺寸的立方增加。为了保持构件的强度和刚度就必须采用高比强度、高比刚度和轻质高性能结构材料。

单一的金属、陶瓷、高分子等工程材料均难以满足这些迅速增长的性能要求。为了克服单一材料性能上的局限性，充分发挥各种材料特性，弥补其不足，人们已越来越多地根据零构件的功能要求和工况条件，设计和选择两种或两种以上化学、物理性能不同的材料按一定的方式、比例、分布结合成复合材料，充分发挥各组成材料的优良特性，弥补其短处，使复合材料具有单一材料所无法达到的特殊和综合性能，以满足各种特殊和综合性能需求，也可以更经济地使用材料。

金属基复合材料正是为了满足上述要求而诞生的。与传统的金属材料相比，它具有较高的比强度与比刚度，而与树脂基复合材料相比，它又具有优良的导电性与耐热性，与陶瓷材料相比，它又具有较高的韧性和较高的抗冲击性能。这些优良的性能决定了它从诞生之日起就成了新材料家族中的重要一员。它已经在一些领域里得到应用并且其应用领域正在逐步扩大。

5.1.1 金属基复合材料的分类

金属基复合材料是以金属或合金为基体，以高性能的第二相为增强体的复合材料。金属基复合材料品种繁多，有各种分类方式，归纳为以下3种。

5.1.1.1 按增强体类型分

（1）颗粒增强复合材料

颗粒增强复合材料是指弥散的增强相以颗粒的形式存在，其颗粒直径和颗粒间距较大，一般大于$1\mu m$。在这种复合材料中，增强相是主要的承载相，而基体的作用则在于传递载荷。硬质增强相造成的对基体的束缚作用能起到一些阻止基体屈服的作用。

颗粒复合材料的强度通常取决于增强颗粒的直径、间距和体积比，但基体性能也很重要。除此以外，这种材料的性能还对界面性能及颗粒排列的几何形状十分敏感。

（2）层状复合材料

这种复合材料是指在韧性和成型性较好的金属基体材料中含有重复排列的高强度、高模量片层状增强物的复合材料。片层的间距是微观的，所以在正常的比例下，材料按其结构组元看，可以认为是各向异性的和均匀的。

层状复合材料的强度和大尺寸增强物的性能比较接近，而与晶须或纤维类小尺寸增强物的性能差别较大。因为增强薄片在二维方向上的尺寸相当于结构件的大小，因此增强物中的缺陷可以成为长度和构件相同的裂纹的核心。

由于薄片增强的强度不如纤维增强相高，因此层状结构复合材料的强度受到了限制。然而，在增强平面的各个方向上，薄片增强物对强度和模量都有增强，这与纤维单向增强的复合材料相比具有明显的优越性。

（3）纤维增强复合材料

金属基复合材料中的一维增强体根据其长度的不同可分为长纤维、短纤维和晶须。长纤维又叫连续纤维，它对金属基体的增强方式可以以单向纤维、二维织物和三维织物存在，前者增强的复合材料表现出明显的各向异性特征，第二种材料在织物平面方向的力学性能与垂直该平面的方向不同，而后者的性能基本是各向同性的。连续纤维增强金属基复合材料是指以高性能的纤维为增强体，金属或它们的合金为基体制成的复合材料。纤维是承受载荷的主要组元，纤维的加入不但大大改善了材料的力学性能，而且也提高了耐温性能。

短纤维和晶须是比较随机均匀地分散在金属基体中，因而其性能在宏观上是各向同性的；在特殊条件下，短纤维也可定向排列，如对材料进行二次加工（挤压）就可达到。

当韧性金属基体用高强度脆性纤维增强时，基体的屈服和塑性流动是复合材料性能的主要特征，但纤维对复合材料弹性模量的增强具有相当大的作用。

5.1.1.2 按基体类型分

主要有铝基、镁基、锌基、铜基、钛基、镍基、耐热金属基、金属间化合物基等复合材料。目前以铝基、镁基、镍基、钛基复合材料发展较为成熟，已在航天、航空、电子、汽车等工业中应用。在这里主要介绍这几种材料。

（1）铝基复合材料

这是在金属基复合材料中应用得最广的一种。由于铝合金基体为面心立方结构，因此具有良好的塑性和韧性，再加之它所具有的易加工性、工程可靠性及价格低廉等优点，为其在工程上应用创造了有利的条件。在制造铝基复合材料时通常并不是使用纯铝而是铝合金。这主要是由于铝合金具有更好的综合性能。

（2）镍基复合材料

这种复合材料是以镍及镍合金为基体制造的。由于镍的高温性能优良，因此这种复合材料主要是用于制造高温下工作的零部件。人们研制镍基复合材料的一个重要目的是希望用它来制造燃汽轮机的叶片，从而进一步提高燃汽轮机的工作温度。但目前由于制造工艺及可靠性等问题尚未解决，所以还未能取得满意的结果。

（3）钛基复合材料

钛比任何其他的结构材料具有更高的比强度。此外，钛在中温时比铝合金能更好地保持其强度。因此，对飞机结构来说，当速度从亚音速提高到超音速时，钛比铝合金显示出了更大的优越性。随着速度的进一步加快，还需要改变飞机的结构设计，采用更细长的机翼和其他翼型，为此需要高刚度的材料。而纤维增强钛恰好可以满足这种对材料刚度的要求。钛基复合材料中最常用的增强体是硼纤维，这是由于钛与硼的热膨胀系数比较接近。

（4）镁基复合材料

以陶瓷颗粒、纤维或晶须作为增强体，可制成镁基复合材料，集超轻、高比刚度、高比强度于一身，该类材料比铝基复合材料更轻，具有更高的比强度和比刚度将是航空航天方面的优选材料。比如美国海军部和斯坦福大学用箔冶金扩散焊接方法制备了 $Mg-Li/B_4C_p$ 复合材料，其比刚度较工业铁合金高 22%，屈服强度也有所提高，并具有良好的延展性。一些研究者预测，粉末法制造的 B 颗粒 3.0%（体积）/Mg-6Li 复合材料在 250℃时的比强度高于实验室快速凝固工艺制备的 Al-Fe-V-Si 合金。英国剑桥大学用挤压铸造的方法制备了 Mg-12Li/SiC、Al_2O_3 等增强的复合材料。又如以碳化硅颗粒增强的镁基复合材料，其弹性模量提高了 40%，而其密度只有 $2.0g/cm^3$。

5.1.1.3 按用途分

（1）结构复合材料

主要用做承力结构，它基本上由增强体和基体组成，它具有高比强度、高比模量、尺寸稳定、耐热等特点。用于制造各种航天、航空、电子、汽车、先进武器系统等高性能构件。

（2）功能复合材料

是指除力学性能外还有其他物理性能的复合材料，这些性能包括电、磁、热、声、力学（指阻尼、摩擦）等。该材料可用于电子、仪器、汽车、航空、航天、武器等。

5.1.2 金属基复合材料的性能特征

金属基复合材料的增强体主要有纤维、晶须和颗粒，这些增强体主要是无机物（陶瓷）和金属。无机纤维主要有碳纤维、硼纤维、碳化硅纤维、氧化铝纤维、氮化硅纤维等。金属纤维主要有铍、钢、不锈钢和钨纤维等。用于增强金属复合材料的颗粒主要是无机非金属颗粒，主要包括石墨、碳化硅、氧化铝、氮化硅、碳化钛、碳化硼等。这些增强物的性能前面已经讲过，这里不再叙述。

金属基复合材料的性能取决于所选用金属或合金基体和增强物的特性、含量、分布等。通过优化组合可以既具有金属特性，又具有高比强度、高比模量、耐热、耐磨等综合性能。综合归纳金属基复合材料有以下性能特点。

5.1.2.1 高比强度、比模量

由于在金属基体中加入了适量的高强度、高模量、低密度的纤维、晶须、颗粒等增强物，明显提高了复合材料的比强度和比模量，特别是高性能连续纤维—硼纤维、碳（石墨）纤维、碳化硅纤维等增强物，具有很高的强度和模量。密度只有 $1.85g/cm^3$ 的碳纤维的最高强度可达到 7000MPa，比铝合金强度高出 10 倍以上，碳纤维的最高模量可达 91GPa，硼纤维、碳化硅纤维密度为 $2.4\sim3.4g/cm^3$，强度为 $3500\sim4500MPa$，模量为 $350\sim450GPa$。在金属基体中加入 30%～50%的高性能纤维作为复合材料的主要承载体，复合材料的比强度、比模量成倍地提高。图 5-1 所示为典型的金属基复合材料与基体合金性能的比较。

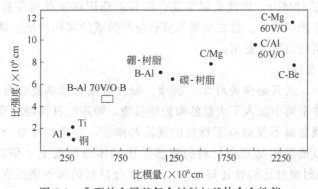

图 5-1　典型的金属基复合材料与基体合金性能

用高比强度、比模量金属基复合材料制成的构件相对密度轻、刚性好、强度高，是航空、航天技术领域中理想的结构材料。

5.1.2.2 导热、导电性能

金属基复合材料中金属基体占有很高的体积百分数，一般在 60％以上，因此仍保持金属所具有的良好导热和导电性。良好的导热性可以有效地传热，减少构件受热后产生的温度梯度和迅速散热，这对尺寸稳定性要求高的构件和高集成度的电子器件尤为重要。良好的导电性可以防止飞行器构件产生静电聚集的问题。

在金属基复合材料中采用高导热性的增强物还可以进一步提高金属基复合材料的热导率，使复合材料的热导率比纯金属基体还高。为了解决高集成度电子器件的散热问题，现已研究成功的超高模量石墨纤维、金刚石纤维、金刚石颗粒增强铝基、铜基复合材料的热导率比纯铝、铜还高，用它们制成的集成电路底板和封装件可有效迅速地把热量散去，提高了集成电路的可靠性。

5.1.2.3 热膨胀系数小、尺寸稳定性好

金属基复合材料中所用的增强物碳纤维、碳化硅纤维、晶须、颗粒、硼纤维等均具有很小的热膨胀系数，又具有很高的模量，特别是高模量、超高模量的石墨纤维具有负的热膨胀系数。加入相当含量的增强物不仅大幅度提高材料的强度和模量，也使其热膨胀系数明显下降，并可通过调整增强物的含量获得不同的热膨胀系数，以满足各种应用的要求。例如，石墨纤维增强镁基复合材料，当石墨纤维含量达到 48％时，复合材料的热膨胀系数为零，即在温度变化时使用这种复合材料做成的零件不发生变形。

通过选择不同的基体金属和增强物，以一定的比例复合在一起，可得到导热性好、热膨胀系数小、尺寸稳定性好的金属基复合材料。石墨/镁复合材料具有很高的尺寸稳定性和比模量。

5.1.2.4 良好的高温性能

由于金属基体的高温性能比聚合物高很多，增强纤维、晶须、颗粒主要是无机物（如石墨、碳化硅、氧化铝、氮化硅等）在高温下又都具有很高的高温强度和模量，因此金属基复合材料比基体金属具有更高的高温性能，特别是连续纤维增强金属基复合材料，纤维在复合材料中起着主要承载作用，纤维强度在高温下基本不下降，纤维增强金属基复合材料的高温性能可保持到接近金属熔点，并比金属基体的高温性能高许多。如石墨纤维增强铝基复合材料在 500℃高温下，仍具有 600MPa 的高温强度，而铝基体在 300℃强度已下降到 100MPa以下。又如钨纤维增强耐热合金，在 1100℃、100h 高温持久强度为 207MPa，而基体合金的高温持久强度只有 48MPa。因此金属基复合材料被选用在发动机等高温零部件上，可大幅度提高发动机的性能和效率。总之金属基复合材料做成的零构件比金属材料、聚合物基复合材料零件能在更高的温度下使用。

5.1.2.5 良好的耐磨性

金属基复合材料，尤其是陶瓷纤维、晶须、颗粒增强金属基复合材料具有很好的耐磨性。这是因为在基体金属中加入了大量的陶瓷增强物，而陶瓷材料硬度高、耐磨、化学性质稳定，用它们来增强金属不仅提高了材料的强度和刚度，也提高了复合材料的硬度和耐磨性。比如碳化硅颗粒增强铝基复合材料的耐磨性比基体金属高出 2 倍以上；与铸铁比较，SiC_p/Al 复合材料的耐磨性比铸铁还好。SiC_p/Al 复合材料的高耐磨性在汽车、机械工业中具有重要应用前景，可用于汽车发动机、刹车盘、活塞等重要零件，能明显提高零件的性能

和使用寿命。

5.1.2.6 良好的断裂韧性和抗疲劳性能

金属基复合材料的断裂韧性和抗疲劳性能取决于纤维等增强物与金属基体的界面结合状态，增强物在金属基体中的分布以及金属基体、增强物本身的特性，特别是界面状态，适中的界面结合强度既可有效地传递载荷，又能阻止裂纹的扩展，提高材料的断裂韧性。据美国宇航公司报道，C_f/Al 复合材料的疲劳强度与拉伸强度比约为 0.7。

5.1.2.7 不吸潮、不老化、气密性好

与聚合物相比金属性质稳定、组织致密，不会老化、分解、吸潮等，也不会发生性能的自然退化，这比聚合物基复合材料好，在太空使用不会分解出低分子物质污染仪器和环境，有明显的优越性。

总之，金属基复合材料具有高比强度、比模量，良好的导热、导电性、耐磨性、高温性能，较低的热膨胀系数，高的尺寸稳定性等优点，它在航空、航天、电子、汽车、轮船、先进武器等方面均具有广泛的应用前景。

5.2 金属基复合材料的制造工艺

金属基复合材料品种繁多。多数制造过程是将复合过程与成型过程合为一体，同时完成复合和成型。由于基体金属的熔点、物理和化学性质不同，增强物的几何形状、化学、物理性质不同，应选用不同的制造工艺。现有的制造工艺有：粉末冶金法、热压法、热等静压法、挤压铸造法、共喷沉积法、液态金属浸渗法、液态金属搅拌法、反应自生法等。归纳起来可分成以下几大类：固态法、液态法和自生成法及其他制备法。

5.2.1 固态法

将金属粉末或金属箔与增强物（纤维、晶须、颗粒等）按设计要求以一定的含量、分布、方向混合或排布在一起，再经加热、加压，将金属基体与增强物复合在一起，形成复合材料。整个工艺过程处于较低的温度，金属基体和增强物都处于固态。金属基体与增强物之间的界面反应不严重。粉末冶金法、热压法、热等静压法、轧制法、拉拔法等均属于固态复合成型方法。

5.2.2 液态金属法

液态金属法是金属基体处于熔融状态下与固体增强物复合成材料的方法。金属在熔融态流动性好，在一定的外界条件下容易进入增强物间隙。为了克服液态金属基体与增强物浸润性差的问题，可用加压浸渗。金属液在超过某一临界压力时，能渗入增强物的微小间隙，而形成复合材料。也可通过在增强物表面涂层处理使金属液与增强物自发浸润。如在制备 C_f/Al 复合材料时用 Ti-B 涂层。液态法制造金属基复合材料时，制备温度高，易发生严重的界面反应，有效控制界面反应是液态法的关键。液态法可用来直接制造复合材料零件，也可用来制造复合丝、复合带、锭坯等作为二次加工成零件的原料。挤压铸造法、真空吸铸、液态金属浸渍法、真空压力浸渍法、搅拌复合法等属于液态法。

5.2.3 自生成法及其他制备法

在基体金属内部通过加入反应物质，或通入反应气体在液态金属内部反应，产生微小的固态增强相，如金属化合物 TiC、TiB_2、Al_2O_3 等微粒起增强作用。通过控制工艺参数获得所需的增强物含量和分布。

其他方法还有复合涂（镀）法，将增强物（主要是细颗粒）悬浮于镀液中，通过电镀或

化学镀将金属与颗粒同时沉积在基板或零件表面，形成复合材料层。也可用等离子、热喷镀法将金属与增强物同时喷镀在底板上形成复合材料。复合涂（镀）法一般用来在零件表面形成一层复合涂层，起提高耐磨性、耐热性等作用。

金属基复合材料的主要制备方法和适用的范围简要地归纳于表 5-1 中。

表 5-1　金属基复合材料的主要制备方法和适用的范围

类别	制造方法	适用金属基复合材料体系		典型的复合材料及产品
		增强物	金属基体	
固态法	粉末冶金法	SiC_p, Al_2O_3, SiC_w, B_4C_p 等颗粒、晶须及短纤维	Al,Cu,Ti 等金属	SiC_p/Al, SiC_w/Al, Al_2O_3/Al, TiB_2/Ti 等金属基复合材料零件板、锭坯等
	热压固结法	B,SiC,C(Gr),W 等连续或短纤维	Al,Ti,Cu,耐热合金	B/Al,SiC/Al,SiC/Ti,C/Al,C/Mg 等零件、管、板等
	热等静压法	B,SiC,W 等连续纤维及颗粒、晶须	Al,Ti,超合金	B/Al,SiC/Ti 管
	挤压、拉拔轧制法	C(Gr), Al_2O_3 等纤维, SiC_p, Al_2O_{3p}	Al	C/Al, Al_2O_3/Al 棒、管
液态法	挤压铸造法	各种类型增强物，纤维、晶须、短纤维,C, Al_2O_3, SiC_p, Al_2O_3, SiO_2	Al,Zn,Mg,Cu 等	SiC_p/Al, SiC_w/Al, C/Al, C/Mg, Al_2O_3/Al, $Al_2O_3 \cdot SiO_2$/Al 等零件、板、锭、坯等
	真空压力浸渍法	各种纤维、晶须、颗粒增强物,C(Gr)纤维 Al_2O_3, SiC_p, SiC_w, B_4C_p	Al,Mg,Cu,Ni 基合金等	C/Al,C/Cu,C/Mg, SiC_p/Al, SiC_w + SiC_p/Al 管、棒、锭坯等
	搅拌法	颗粒、短纤维 Al_2O_{3p}, SiC_p, B_4C_p	Al,Mg,Zn	铸件,锭坯
	共喷沉积法	SiC_p, Al_2O_3, B_4C, TiC 等颗粒	Al,Ni,Fe,等金属	SiC_p/Al, Al_2O_3/Al 等板坯、管坯、锭坯零件
	真空铸造法	C、Al_2O_3 连续纤维	Mg,Al	零件
	反应自生成法	Al,Ti		铸件
	电镀化学镀法	SiC_p, B_4C, Al_2O_3 颗粒,C 纤维	Ni,Cu 等	表面复合层
	热喷镀法	颗粒增强物, SiC_p, TiC	Ni,Fe	管、棒等

5.3　铝基复合材料

航空航天工业中需要大型的、质量轻的结构材料，尤其是需要比强度和比模量高的材料。铝合金复合材料是综合性能比较优异的材料，它既具有很高的强度、又具有质量轻，因此它被广泛地应用在飞机上，尤其是碳纤维增强铝合金复合材料。铝基复合材料主要有颗粒（晶须）增强铝基复合材料和纤维增强铝基复合材料。

5.3.1　颗粒（晶须）增强铝基复合材料

颗粒（晶须）增强铝基复合材料的制备方法既可用固态法也可用液态法。用固态法制备颗粒（晶须）增强铝基复合材料的有：粉末冶金法制备 SiC 颗粒和晶须增强铝基复合材料、热等静压法制备 SiC 颗粒和晶须增强铝基复合材料、挤压法制备 SiC 和 Al_2O_3 颗粒增强铝基复合材料。由于铝的熔点低，因而用液态法比较多。用液态法的有：挤压铸造法制 SiC、Al_2O_3、SiO_2 颗粒（晶须）增强铝基复合材料，真空压力浸渍法和搅拌法制 SiC、Al_2O_3、

BC_4 颗粒（晶须）增强铝基复合材料，共喷沉积法制 SiC、Al_2O_3、BC_4、TiC 颗粒（晶须）增强铝基复合材料。

颗粒（晶须）增强铝基复合材料的性能优异，可用常规方法制造和加工。增强用的颗粒价格低廉，某些晶须（如 SiC）由于找到了便宜的原料和较为简单的生产方法，成本大幅度下降。因此，这些复合材料具有广阔的应用前景。目前主要使用的有 SiC、Al_2O_3 颗粒（晶须）增强铝基复合材料。

SiC 颗粒（晶须）增强铝基复合材料具有良好的力学性能和耐磨性能。随着 SiC 含量的增加，其热膨胀系数降低，并低于基体。这些复合材料的韧性低于基体，但高于连续纤维增强铝基复合材料，而且其刚度比基体提高很多。由于 SiC 的硬度很高，使得这种复合材料的硬度大大提高，其耐磨性也相应大大提高。

表 5-2 是 SiC 晶须增强铝基复合材料的力学性能，从该表可知：复合材料的拉伸强度和弹性模量比基体高，且随着 SiC 晶须含量的增加，其拉伸强度和弹性模量均有较大升高。

表 5-2　SiC 晶须增强铝基复合材料的力学性能

V_w /%	室温			250℃		300℃		350℃	
	拉伸强度 /MPa	屈服强度 /MPa	弹性模量 /GPa	拉伸强度 /MPa	屈服强度 /MPa	拉伸强度 /MPa	屈服强度 /MPa	拉伸强度 /MPa	屈服强度 /MPa
0	297	210	71.9	115	70	70	—	55	35
12	359	266.5	95.3	226	197	180	153	124	94
16	374	264.5	90.0	—	—	—	—	147	120
20	383.6	298	111.0	284	268	235	207	184	163

颗粒增强铝基复合材料的拉伸强度和弹性模量也比基体高，且随着 SiC 颗粒含量的增加，其拉伸强度和弹性模量均有较大升高，见表 5-3 所列。一般来说，增强颗粒越小，复合材料的强度越高。相同含量的颗粒增强铝基复合材料的强度比同含量的晶须增强铝基复合材料要高，见表 5-4 所列。从表 5-5 可知，在铝合金中加入脆性的 SiC 颗粒或晶须，其断裂韧性下降很多。表 5-6 显示，在铝合金中加入脆性的 SiC 颗粒，其耐磨性增加很多，甚至比铸铁还高。

表 5-3　SiC 颗粒增强铝基复合材料的力学性能

合金和颗粒含量/%	弹性模量/GPa	屈服强度/MPa	拉伸强度/MPa	断裂伸长/%
6061				
锻压	68.9	275.8	310.3	12
15	96.5	400.0	455.1	7.5
20	103.4	413.7	496.4	5.5
25	113.8	427.5	517.1	4.5
30	120.7	434.3	551.6	3.0
35	134.5	455.1	551.6	2.7
40	144.8	448.2	586.1	2.0
2124				
锻压	71.0	420.6	455.1	9
20	103.4	400.0	551.6	7.0
25	113.8	413.7	565.4	5.6
30	120.7	441.3	593.0	4.5
40	151.7	517.1	689.5	1.1

表 5-4 SiC 颗粒和晶须增强铝合金基体复合材料的力学性能

基 体	增强物	体积含量/%	热处理状态	弹性模量/GPa	屈服强度/MPa	拉伸强度/MPa	断裂伸长/%
PM 5456	—	—	淬火态	71	259	433	23
5456	SiC$_w$	8	淬火态	88	275	503	7
5456	SiC$_w$	20	淬火态	119	380	635	2
5456	SiC$_p$	8	淬火态	81	253	459	15
5456	SiC$_p$	20	淬火态	106	324	552	7
PM 2124	—	—	固溶处理自然时效(T4)	73	—	587	18
2124	SiC$_w$	8	T4	97	—	669	9
2124	SiC$_w$	20	T4	130	—	890	3
2124	SiC$_p$	8	T4	91	368	—	—
2124	SiC$_p$	20	T4	110	435	—	—

表 5-5 材料的断裂韧性

材 料	K_{IC}/MN·m$^{-3/2}$	材 料	K_{IC}/MN·m$^{-3/2}$
20%SiC$_w$/6061(T6)	7.1	15%SiC$_w$/2024(T6)压延方向	64
25%SiC$_p$/6061(T6)	15.8	垂直压延方向	59
Al6061(T6)	37.0	15%SiC$_p$/2014(铸造法)	18.8

表 5-6 材料的耐磨性比较

磨痕宽度/mm \ 材料	稀土铝硅合金 66-12	Al$_2$O$_3$ 纤维-铝	SiC 颗粒-铝	高镍奥氏体铸铁
最大	1.9475	1.500	0.9425	1.1670
最小	1.8476	1.325	0.865	1.1275
平均	1.897	1.412	0.9037	1.1472

5.3.2 纤维增强铝基复合材料

纤维增强铝基复合材料包括长纤维增强铝基复合材料和短纤维增强铝基复合材料。长纤维又叫连续纤维。一般情况下，短纤维增强铝基复合材料的力学性能不如连续纤维增强铝基复合材料，但其价格便宜。纤维增强铝基复合材料既可用固态法，也可用液态法来制备。固态法中主要用热压法和热等静压法。液态法中可用挤压铸造、真空铸造、液态金属浸渍法、真空压力浸渍等方法。

5.3.2.1 长纤维增强铝基复合材料

长纤维对铝基体的增强方式可以以单向纤维、二维织物和三维织物存在。长纤维增强铝基复合材料主要有：B$_f$/Al、C$_f$/Al、SiC$_f$/Al、Al$_2$O$_{3f}$/Al 和不锈钢丝/Al 等。

（1）B$_f$/Al 复合材料

硼纤维是在钨或碳丝化学气相沉积而形成的单丝，直径较粗（100~140μm），因而在工艺上较易制造。硼纤维增强铝基复合材料是长纤维复合材料中最早研究成功和应用的金属基复合材料。

表 5-7 为硼-铝复合材料的室温拉伸性能，表 5-8 为硼-铝复合材料的纵向拉伸性能与温度的关系。由表可见，硼-铝复合材料的拉伸强度和弹性模量均明显高于基体，且纤维含量越高，其拉伸强度越大。该复合材料性能的优越性在高温时尤其突出，在高达 500℃ 的高温，其纵向拉伸强度还有 500MPa，这是铝合金材料不可想像的。硼-铝复合材料中纤维直径、纤维方向和铺层方式对材料的性能有很大影响。硼-铝复合材料的热膨胀系数主要取决

于硼纤维的热膨胀性。由于纤维的纵向热膨胀系数与基体的热膨胀系数差别较大，因此在界面会产生较高的残余应力，见表 5-9 所列。

表 5-7　硼-铝复合材料的室温拉伸性能

基　体	纤维体积分数/%	纵　向		横　向	
		拉伸强度/MPa	弹性模量/GPa	拉伸强度/MPa	弹性模量/GPa
1100 铝合金	20	540	136.7	117	77.9
	25	837	146.9	117	83.7
	30	890	163.4	117	94.8
	35	1020	191.5	117	118.8
	40	1130	199.3	108	127.6
	47	1230	226.6	108	134.5
	54	1270	245.0	79	139.1

表 5-8　硼-铝复合材料的纵向拉伸性能与温度的关系（基体为 1100，纤维体积占 40%）

温度/℃	拉伸强度/MPa	弹性模量/GPa	温度/℃	拉伸强度/MPa	弹性模量/GPa
20	100～1200	250	400	700	228
300	900	235	500	500	220

表 5-9　硼-铝复合材料纤维中与基体中的残余应力

复合材料的状态	20℃时的残余应力/MPa	
	基体中	纤维中
热变形后	+86～+103	-200～-240
加热到 550℃后	+66～+90	-153～-210
液氮中冷却后	-90～-117	+210～+272
施加 600MPa 的拉伸应力后	-134～-150	+313～+350
进行弹性拉伸(600MPa)和加热到 150℃后	+76～+82	-178～-191

（2）C_f/Al 复合材料

碳纤维密度小，具有非常优异的力学性能，是目前可作金属基复合材料增强物的高性能纤维中价格最便宜的一种，因此引起了人们广泛的注意，它们与很多种金属基体复合，制成了高性能的金属基复合材料，其中工作做得最多的便是铝基体。但是由于碳（石墨）纤维与液态铝的浸润性差，高温下相互之间又容易发生化学反应，生成严重影响复合材料性能的化合物。人们采取了多种纤维表面处理方法来解决这个问题，比如在碳纤维表面镀铬、铜或镍等。

碳纤维增强铝合金的制造方法主要有 3 种。

a. 扩散结合，热压法（固相法）　在扩散结合法中，通过纤维前处理首先制作中间原料，中间原料有两种，一种是排列好的长纤维上充分黏附基体金属，制成箔状的预浸料；另一种是使长纤维束连续浸透熔融基体金属，成为一根线，将这些中间原料重叠起来，在真空中热压，可得纤维增强金属。该方法利用了金属的塑性变形和自身扩散作用，可得质量较好的碳纤维增强铝合金复合材料。

b. 挤压铸造　在挤压铸造时，将纤维的预成型体放入金属模中，适当加热、加压浸入熔化的基体金属，在加高压下令其凝固，从而得到形状复杂的复合材料。此法周期短，能制造纤维增强金属的机械零件，生产效率很高。在此法中，金属熔化，如工艺温度选择不妥，熔化的基体铝合金有时会损伤纤维。

c. 液态金属浸渍法　该法先需将碳纤维预制成型，再将铝合金加热熔化，再将碳纤维预制体浸入铝液，再凝固，从而得到复合材料。该法如工艺温度过高，熔化的基体铝合金也会损伤碳纤维，从而降低材料的性能。

在目前所采用的制造方法中，由于制造工艺复杂，成本昂贵，影响了纤维增强金属基复合材料的应用。但压力铸造在一定意义上是一种最具有发展潜力的工艺方法，这种方法工艺简单、成本低、通用性强。

碳纤维对复合材料的力学性能影响很大。不同来源的碳纤维，其性能有所不同，表5-10是液态金属浸渍法制备的碳纤维增强铝合金的拉伸强度，最后一项是碳与铝反应产物的数量。表中前4种纤维都是经高温石墨化处理的石墨纤维，它们与铝的反应产物 Al_4C_3 的量较少，拉伸强度较高。最后一种纤维是未经高温石墨化处理的碳纤维，它与铝的反应产物 Al_4C_3 的量很高，其拉伸强度大大下降。因此，未经高温石墨化处理的碳纤维是不适宜作铝基体的增强物，除非经过表面处理。

表 5-10　液态金属浸渍法制备的碳纤维增强铝合金的拉伸强度

纤维类型	纤维体积含量/%	拉伸强度		Al_4C_3 含量
		/MPa	%ROM	/ppm
人造丝基 Thornel 50	32	798	91	250
人造丝基 Thornel 75	27	812	94	—
沥青基	35	406	78	100
聚丙烯腈基Ⅰ	43	805	82	123
聚丙烯腈基Ⅱ	29	245	28	>6000

注：1ppm＝10^{-6}。

（3）SiC_f/Al 复合材料

碳化硅纤维除了具有优异的力学性能外，在高温具有良好的抗氧化性能；与硼纤维和碳纤维相比，在较高温度下与铝的相容性较好。因此，它成为铝或铝合金的比较好的增强物。目前碳化硅纤维分有芯和无芯两种。有芯碳化硅纤维以钨丝或碳丝作芯经化学气相沉积制得，是直径较粗的单丝，纤维上残留的游离碳少、含氧量低，与铝不易反应，在工艺上制造复合材料相对较容易，是铝基复合材料较好的一种增强物。无芯碳化硅纤维由聚碳硅烷有机物热处理而得，一束多丝，单丝直径细，且纤维中残留有较多的游离碳和氧，因此与化学气相沉积法得到的碳化硅纤维相比，较易与铝反应，生成有害的反应产物，制作复合材料较直径粗的单丝困难。碳化硅纤维/铝复合材料是发展较快的金属基复合材料，具有高的抗拉强度、抗弯强度和优异的耐磨性。碳化硅纤维/铝复合材料通常采用熔融浸润法、加压铸造法和

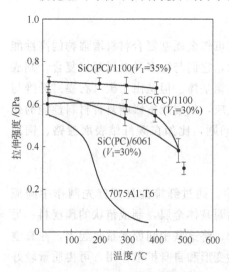

图 5-2　Nicalon SiC 纤维增强铝基复合材料的强度与温度关系

热压扩散粘接法制造。基体铝经碳化硅纤维增强后，纤维方向抗拉强度非常高，弹性模量也显著提高，在400℃以下随温度升高强度降低不太大，如图5-2所示。碳化硅纤维/铝复合材料中碳化硅纤维含量（质量分数）即使只有30%，其抗弯强度和抗拉强度也比特超硬铝高80%和30%。

5.3.2.2 短纤维增强铝基复合材料

与长纤维相比，短纤维增强铝基复合材料具有增强体来源广、价格低、成形性好等优点，可采用传统的金属成形工艺如铸、锻、挤、轧等，而且材料的性能是各向同性的。可用做铝基复合材料增强物的短纤维有氧化铝、硅酸铝和碳化硅等。氧化铝纤维是晶态的，成分为 Al_2O_3，并可根据需要添加其他氧化物。硅酸铝纤维有晶态和非晶态两种。莫来石纤维属晶态硅酸铝纤维，其中 Al_2O_3 和 SiO_2 按化学计量，分子式为 $3Al_2O_3 \cdot 2SiO_2$。非晶态硅酸铝纤维中 SiO_2 的含量超过化学计量。

氧化铝和硅酸铝短纤维增强铝基复合材料的室温拉伸强度并不比基体合金高，但它们的高温强度明显优于基体，弹性模量在室温和高温都有较大的提高，热膨胀系数减小，耐磨性能得到改善。表5-11为氧化铝短纤维增强铝基复合材料的性能。表5-12为硅酸铝短纤维增强6061铝复合材料的性能。

表 5-11 氧化铝短纤维增强铝基复合材料的性能

V_f /%	屈 服 强 度/MPa				拉 伸 强 度/MPa				弹性模量(室温) /GPa
	室温	250℃	300℃	350℃	室温	250℃	300℃	350℃	
0	210	70	—	35	297	115	70	55	71.9
5	232	112	79	54	282	134	88	63	78.4
12	251.5	—	—	68	273	—	—	74	83.0
20	282.5	186	154	110	312	198	155	112	95.2

表 5-12 硅酸铝短纤维增强 6061 铝复合材料的性能

V_f/%	拉 伸 强 度/MPa		屈 服 强 度/MPa	
	22℃	260℃	22℃	260℃
0	221	104	173	62
18	250	184	228	120
23	223	174		124

5.3.3 铝基复合材料的应用

纤维增强铝基复合材料具有比强度和比模量高、尺寸稳定性好等一系列优异性能，但价格昂贵，目前主要用于航天领域作为航天飞机、人造卫星、空间站等的结构材料。

硼纤维增强铝基复合材料是实际应用最早的金属基复合材料，美国和原苏联的航天飞机中机身框架及支柱和起落架拉杆等都用该材料制成。硼-铝复合材料还用做多层半导体芯片的支座的散热冷却板材料，硼-铝复合材料的导热好，热膨胀系数与半导体芯片非常接近，能大大减少接头处的疲劳。硼-铝复合材料的应用前景宽广，可用作中子屏蔽材料，还可用来制造废核燃料的运输容器和储存容器、可移动防护罩、控制杆、喷气发动机风扇叶片、飞机机翼蒙皮、结构支承件、飞机垂直尾翼、导弹构件、飞机起落架部件、自行车架、高尔夫球杆等。

碳（石墨）纤维增强铝基复合材料具有比强度高和比刚度高，导电、导热性好，密度低和尺寸稳定等特点。用这种材料制成的卫星抛物面天线骨架，热膨胀系效低，导热性好，可在较大温度范围内保持尺寸稳定。石墨纤维增强铝基复合材料还被制成卫星上的波导管，其波导管不但轴向刚度高、膨胀系数小、导电性能好，而且质量轻。碳纤维增强铝基复合材料用在飞机上，如它使用在 F-15 战斗机上，使其质量减轻 20％～30％。用碳纤维增强铝合金管材还可制作网球拍架。

碳化硅-铝复合材料主要用做飞机、导弹、发动机的高性能结构件，如飞机的 Z 形加强板、喷气战斗机垂直尾翼平衡器和尾翼梁、导弹弹体及垂直尾翼和汽车空调器箱。

氧化铝纤维增强铝基复合材料最成功的应用是用来制造柴油发动机的活塞。

非连续增强铝基复合材料有碳化硅晶须和颗粒、氧化铝短纤维以及硅酸铝纤维增强铝基复合材料。碳化硅晶须增强铝基复合材料用于制造导弹平衡翼和制导元件，航天器的结构部件和发动机部件，战术坦克反射镜部件，轻型坦克履带，汽车零件，如活塞、连杆、汽缸、气门挺杆、推杆、活塞销、凸轮随动机等，飞机的机身地板和新型战斗机尾翼平衡器，星光敏感光学系统的反射镜基板，超轻高性能太空望远镜的管、棒桁架。

碳化硅颗粒增强铝基复合材料可用来制造卫星及航天用结构材料，如卫星支架、结构连接件、管材，各种型材，导弹翼、遥控飞机翼、制导元件，飞机零部件，如起落架支柱龙骨、纵梁管、液压歧管、直升机阀零件。它还可用做汽车零部件，如驱动轴、刹车盘、发动机缸套、衬套和活塞、连杆、活塞镶圈等，此外还可用来制造微波电路插件、惯性导航系统的精密零件、涡轮增压推进器、自行车框架接头等。

氧化铝短纤维和硅酸铝纤维增强铝复合材料目前主要用于制造汽车发动机零件，如活塞镶圈、传动齿轮。

铝基复合材料性能优异，可以用于多种部门，只要价格能够接受，将有广阔的应用前景。

5.4　钛基复合材料

众所周知，钛及其合金以其优良的耐高温性能及耐蚀性能、低的密度已成为高性能结构件的首选材料，并且具有极为广阔的应用前景。但就其性能而言，仍不能满足迅速发展起来的航空、航天、电子及汽车制造等高新技术领域的需要。近二十年来，钛基复合材料（TMC_s）以更优异的性能脱颖而出。钛基复合材料具有比钛合金更高的比强度和比模量、极佳的耐疲劳和抗蠕变性能以及优异的高温性能和耐蚀性能，它克服了原钛合金耐磨性和弹性模量低等缺点；它可成型形状复杂的零部件，减少了废料和机加工损耗。它可用做高温、高压、酸、碱、盐等条件下的结构材料，并降低了成本，故被认为是一种很有希望的新材料。近年来，人们对钛基复合材料的制备与成型工艺，组织与性能等方面进行了大量的研究，有些产品已开始产业化生产，并已应用到航空、航天、电子及运输等高新技术领域，应用效果很好。

钛基复合材料主要分为颗粒增强钛基复合材料和连续纤维增强钛基复合材料两大类。

TMC_s 的力学性能主要取决于钛基体、增强剂的性能及增强剂与基体界面的特性。一般强化剂在 TMC_s 中的体积分数对连续纤维增强 TMC_s 为 30％～40％，而对颗粒增强剂为 5％～20％。因此按混合定律计算基材对 TMC_s 力学性能的贡献仍然不容忽视。钛及钛合金在 900℃下抗氧化性最好的是 $TiAl(\gamma)$ 基合金，随后依次为 α 钛合金（MI834），$Ti_3Al(\alpha2)$，工业纯钛，因此要制备耐高温的 TMC_s，就需要选择前面这几种钛合金作基体。此外，具有良好塑性抗氧化性的 Ti_2NbAl 基合金也是纤维增强 TMC_s 基材的最佳选材。适于颗粒增强 TMC$_s$ 的基材比纤维增强 TMC$_s$ 基材有更广泛的选择，这主要取决于颗粒增强 TMC$_s$ 性能和制造工艺的要求。此外，TMC$_s$ 基体成分对界面反应产物有很大影响，以致影响 TMC$_s$ 最终的性能。一般来说，工业纯 Ti 不宜作纤维增强 TMC$_s$ 的基体，因为它与增强剂特别是 SiC 纤维有强烈的反应，如在 Ti-Ni-X 三元系中，随着合金中 Ti 浓度的增加，钛基体与 SiC 纤维的反应愈加强烈。含 Cr、V 两相 γ 基合金与 SiC 纤维的反应比含 Ta、Nb 合金两相 γ 基合金要严重得多，因此后者比前者热稳定性更好。而在某些颗粒增强的 TMC$_s$ 中，增强剂与基体之间的反应对基体的化学成分十分敏感。TMC$_s$ 基材化学成分的设计对于保持强化剂与基体间界面的稳定性和复合材料力学性能的优化至关重要。

按照 Metcalfe 的分类方法，几乎所有的强化剂与钛基体的界面都可认为是属于第 3 类不稳定界面，即所有的强化剂与活性的 Ti 基体都发生界面反应而形成一种或多种化合物。因为所有 TMC$_s$ 在制造和热机械加工过程中，都要经历 800～1200℃的高温暴露，因此所有 TMC$_s$ 都不可避免地要发生界面反应。这就使 TMC$_s$ 在制造和热机械加工过程中要尽量避免界面发生反应而引起力学性能的"退化"。对于纤维增强钛基复合材料，要预先对增强纤维涂层以避免在材料的制备过程对纤维造成损伤。如何获得具有清洁表面无污染的颗粒增强剂对改善颗粒增强钛基复合材料性能十分关键。一般在重熔铸造和粉末冶金工艺过程中采用原位反应技术在 Ti 基体中原位生成具有清洁界面、均匀分布及化学成分和尺寸得到控制的颗粒增强剂。此外采用等离子旋转电极制粉（PREP）、机械合金化（MA）及自蔓延工艺预先制成均匀、细小的复合粉末也是制取高性能颗粒增强 TMC$_s$ 的一个重要途径。

5.4.1 颗粒增强钛基复合材料

相对于 SiC 纤维增强 TMC$_s$，颗粒增强 TMC$_s$ 的加工制造工艺比较经济、简便。许多常规工艺如真空电弧炉熔炼、精密铸造、粉末冶金、锻造、挤压、轧制等都可用来制造加工颗粒增强 TMC$_s$。早期颗粒增强 TMC$_s$ 的发展多以高温应用为主要目标，因此发展了 TiAl（γ）基、Ti$_3$Al（α2）基、Ti6Al4V 基等一系列用 TiB$_2$ 或 TiB 颗粒增强的 TMC$_s$。比较典型实用的有 Ti-47Al-2V＋7％TiB$_2$（体积分数）TMC$_s$，以及用 TiC、TiB 等陶瓷颗粒增强的金属陶瓷系列。这些颗粒增强 TMC$_s$ 大都采用精密铸造或粉末冶金工艺并应用原位反应技术在高温凝固和固结时在基体中原位生成弥散、热稳定的强化粒子 TiB、TiC、TiAl 等。用粉末冶金制造颗粒增强 TMC$_s$ 时，要采用真空高温活化烧结、真空热压及热等静压等特殊工艺。如有人采用冷和热等静压工艺配合锻、挤、轧等常规加工工艺制备了一系列用 TiC 和 TiB 颗粒增强的 TMC$_s$。西北有色金属研究院采用特有的预处理熔炼法试制出 10％TiC/Ti-15Si 的颗粒增强 TMC$_s$，它在 650℃高温下仍能保持较高的刚度和高温性能，并能进行锻造、轧制、挤压加工成形。

与 SiC 纤维增强 TMC$_s$ 相反，颗粒增强 TMC$_s$ 是各向同性的。在钛及钛合金基体中加入颗粒增强剂后，这种 TMC$_s$ 的硬度和耐磨性能、刚度都得到明显改善，塑性、断裂韧性和耐疲劳性能有所降低，而其室温拉伸强度与基体相近，有的甚至还不如基体，但高温强度比基体好。表 5-13 为粉末冶金法制 TiC 和 SiC 颗粒增强 TMC$_s$，从表可知，TiC 颗粒增强 TMC$_s$ 的室温拉伸强度与钛合金基体相近，而 SiC 颗粒增强 TMC$_s$ 的室温拉伸强度还比基体低，但它们的高温强度均比基体 Ti-6Al-4V 合金高。又如用粉末冶金方法制造的含 10％TiC 颗粒增强的 TMC$_s$，其耐磨性能比单质钛基材高 3 倍，硬度从 HRC 15 提高到 HRC 50～52。

表 5-13　TiC 和 SiC 颗粒增强钛基复合材料的力学性能

材　　料		温　　度/℃			
		25	370	565	760
Ti-6Al-4V/TiC$_p$	屈服强度/MPa	944	551	475	158
10%，<44μm	拉伸强度/MPa	999	648	496	227
	断裂伸长率/%	2.0	4.0	2.0	8.0
Ti-6Al-4V/SiC$_p$	屈服强度/MPa	—	—	—	317
10%，约 23μm	拉伸强度/MPa	655	537	517	330
	断裂伸长率/%	0.16	—	0.07	2.0
Ti-6Al-4V	屈服强度/MPa	868		400	172
	拉伸强度/MPa	950		468	200
	断裂伸长率/%	9.4		15.6	15.6

5.4.2　连续纤维增强钛基复合材料

　　要求增强纤维与基体的热膨胀系数的差别要小，以减少由于热膨胀系数的不匹配造成的应力而形成显微裂纹，而且相对于基体要稳定。用于高温的 TMC$_s$ 要求增强纤维的高温性能要好，在 1000℃ 以上仍具有高的弹性模量和拉伸强度。增强纤维主要采用与钛不易反应的 SiC、TiC 系或 SiC 包覆硼纤维，还有用耐高温的金属纤维。

　　可用于纤维增强的钛基体主要有近 α、α、α+β、β、TiAl(γ) 及 Ti$_3$Al 等，根据不同的要求选用不同的基体。复合材料的强度与界面有很大关系，若界面的剪切强度比基体大，则断裂发生在基体或纤维内，在大多数情况下，相互作用生成的相间化合物的剪切强度低是断裂的原因。

　　连续纤维增强 TMC$_s$ 的复合难度较大，只能用固相法合成，然后用热等静压（HIP）、真空热压（VHP）锻造等方法压实成形。连续纤维增强 TMC$_s$ 的主要制备方法见表 5-14。表 5-14 中交替叠轧法最简单，但纤维分布难以均匀，经高温高压成型或热处理后，容易产生疲劳显微裂纹。后面几种方法都是在单根纤维上涂一层均匀的基体粉末，然后将涂钛层的纤维分布均匀，无纤维聚集，纤维体积含量可达 80%。

表 5-14　连续纤维增强 TMC$_s$ 的制备方法

复 合 方 法	工 艺 及 制 备 方 法	特　　点
交替叠轧法（FFF）	将纤维-基体-纤维交替排列，加热加压后使其密实，然后叠轧	纤维易聚集，易产生显微裂纹
等离子喷涂法（MCM）	1. 用等离子体将金属粉末注入高速旋转的编织纤维上，堆垛压实；2. 制备粉末布，然后堆垛压实	纤维分布均匀，界面反应小，利于成形
高速物理气相沉积（PVD）	在单根纤维上均匀地涂一层基体粉末，然后将涂钛纤维叠起来，热压或热等静压成形	纤维分布均匀，无聚集，纤维体积含量高
电子束蒸涂（EBED）	在单根纤维上蒸涂钛基体粉末，然后同上法成形	涂层速度高，金属利用率低
三极管溅射（TS）	用三极管溅射基体粉末于单根纤维上，然后同上法成形	沉积速度低，金属利用率高
磁控溅射	用三极管溅射基体粉末于单根纤维上，然后同上法成形	沉积速度低，金属利用率高

　　近年来的研究表明，用锻造代替热等静压或真空热压法，生产出的 TMC$_s$ 的室温力学性能与热等静压法制备的相当，从而降低了成本。钛的化学活性很强，制备过程中容易与基体发生界面反应，使材料性能降低，因此控制界面反应是改善力学性能的关键。如真空热压

法制取的 TMC_s，其纤维表面总有 $2\sim5\mu m$ 厚的脆性层。连续纤维增强型 TMC_s 的各向异性很强，横向拉伸强度仅为纵向的 $30\%\sim45\%$，纵向拉伸性能比基体高得多。

SiC 纤维增强 TMC_s 的使用温度实际上只能达 $600\sim800℃$，其高温承荷能力主要取决于 SiC 纤维。一般 SiC 纤维强化 TMC_s 纵向的弹性模量、拉伸、蠕变强度都得到明显改善，但其横向性能大大低于其基体材料，因横向负载主要靠基材和基材与强化剂界面来承担。含 35% SiC 纤维的 TMC_s 其横向的拉伸和蠕变强度只有单质基体材料的 $1/3\sim1/2$。弱界面连接有利于阻止疲劳裂纹生长，而牢固的界面对提高横向强度有利。因此为了获得横向强度和疲劳裂纹扩展抗力的最佳匹配，必须优化界面连接模式，使纤维与基体的界面结合适中，这也有利于材料保持较高的断裂韧性。表 5-15 为 SiC 纤维增强 TMC_s 的力学性能，从表中知该材料比其基体钛合金的拉伸强度和弹性模量有较大提高，而且由于 SiC 的密度比基体钛合金小，实际上复合材料的比强度和比模量都有提高。除用陶瓷纤维增强 TMC_s 外，还有用金属纤维（丝）。表 5-16 为金属钼和铍纤维增强 TMC_s 的合成工艺条件和性能，从表中可看出，用钼和铍纤维增强 TMC_s 的拉伸强度比其基体均有提高。

表 5-15　SiC 纤维增强钛基复合材料的力学性能

材　　料		拉伸强度/MPa	弹性模量/GPa	断裂伸长率/%
SiC/Ti-6Al-4V(35%)	制造态	1690	186.2	0.96
	905℃,7h 热处理	1434	190.3	0.86
SiC/Ti-15V-3Sn-3Cr-3Al	制造态	1572	197.9	—
(38%～41%)480℃,16h 热处理		1951	213.0	—

表 5-16　金属纤维增强 TMC_s 的合成工艺条件和性能

基　体	金属丝	金属丝体积含量/%	热压温度/℃	压力/MPa	时间/min	拉伸强度/MPa
Ti-6Al-4V	Mo	30	870	42	6	1400
Ti	Be	30	792	96.5	60	1050

5.4.3　钛基复合材料的应用

SiC 纤维增强 TMC_s 的发展最初是以超高音速宇航器和先进航空发动机为主要应用目标。因为用它制造的波纹芯体呈蜂窝结构，在高温下具有很高的承载能力和刚度及低的密度，使其成为航天飞机发动机理想的候选材料。但是由于制作工艺复杂、成型工艺困难和原材料昂贵使得它的推广应用很困难。美国建立了 SiC 纤维增强 TMC_s 生产线，已为直接进入轨道的航天飞机提供机翼、机身的蒙皮、支撑梁及加强筋等构件。美国还将钛基复合材料成功地应用于导弹尾翼、汽车发动机气门阀、连杆、高尔夫夹头等。日本丰田汽车公司制备了 TiB/Ti-4.3Fe-7.0Mo-1.4Al-1.4V 复合材料，用于汽车工业。欧洲的汽车生产厂家正在探索用 TMC_s 来代替原来的金属复合材料延长气门连杆等部件的寿命。

最初颗粒增强 TMC_s 的发展也是瞄准超高音速宇航飞行器和先进航空发动机的应用。典型的应用实例是将钛铝基复合材料 Ti-47Al-2V-7%TiB₂ 用做导弹翼片。因为它在 600℃ 以上的强度和 750℃ 以上的弹性模量均高于 17-4PH 钢，从而大大改善了导弹机翼的工作温度。近年来另一个重要趋势是人们正在将颗粒增强 TMC_s 转向民用。钛基复合材料在汽车工业上有较好的应用前景。此外，为了降低 TMC_s 的成本，日本发展了一系列用 TiC 和 TiB 颗粒增强的 β 钛合金复合材料，其成本可与普通钢抗衡，而耐磨性也很高，可望在汽车和许多民用工程上应用推广。

5.5 镁基复合材料

镁、镁合金及镁基复合材料的密度一般小于 $1.8 \times 10^3 \text{kg/m}^3$，仅为铝或铝基复合材料的66%左右，是密度最小的金属基复合材料之一，而且具有更高的比强度和比刚度以及优良的力学和物理性能，它在新兴高新技术领域的应用潜力比传统金属材料和铝基复合材料更大。

5.5.1 镁合金复合材料常用的基体合金

因纯镁强度较低，性能不高，不适于作为镁基复合材料的基体合金，一般需要添加合金元素以合金化。主要合金元素有 Al、Zn、Li、Ag、Zr、Th、Mn、Ni 和稀土金属等。这些合金元素在镁合金中具有固溶强化、沉淀强化、细晶强化等作用，添加少量 Al、Mn、Zn、Zr、Be 等可以提高强度；Mn 可提高耐蚀性；Zr 可细化晶粒和提高抗热裂倾向；稀土金属除具有类似 Zr 的作用外，还可以改善铸造性能、焊接性能、耐热性以及消除应力腐蚀倾向；Li 除可在很大程度上降低复合材料的密度外，还可以大大改善基体镁合金的塑性。

5.5.2 镁合金复合材料常用增强体

镁合金复合材料选择增强体要求物理、化学相容性好，尽量避免增强体与基体合金之间的界面反应，润湿性良好。常用的增强体主要有 C 纤维、Ti 纤维、B 纤维，Al_2O_3 短纤维、SiC 晶须，B_4C 颗粒、SiC 颗粒和 Al_2O_3 颗粒等。但镁及镁合金较铝和铝合金化学性质更活泼，考虑到增强体与基体之间的润湿性、界面反应等情况，镁基复合材料所用的增强体与铝基复合材料不太相同。如 Al_2O_3 是铝基复合材料常用的增强体，但它与 Mg 会发生反应 ($3Mg + Al_2O_3 = 2Al + 3MgO$)，降低其与基体之间的结合强度；而且常用的 Al_2O_3 常含有少量的 SiO_2，SiO_2 与 Mg 发生强烈反应：$2Mg + SiO_2 = Si + 2MgO$，剩余的 Mg 与反应产物 Si 会发生反应 ($2Mg + Si = Mg_2Si$) 生成危害界面结合强度的 Mg_2Si 沉淀。所以镁基复合材料中较少采用 Al_2O_3 短纤维、晶须或颗粒作为增强体。C 纤维强度高、低密度的特性使其理应是镁基复合材料最理想的增强体之一。虽然 C 与纯镁不反应，但却与镁合金中的 Al、Li 等反应，可生成 Al_4C_3、Li_2C_2 等化合物，严重损伤碳纤维。因此，要制造出超轻质的 C_f 增强的镁基复合材料需在碳纤维表面进行涂层。

C 纤维表面经 C-Si-O 梯度涂层处理后，真空铸造方法制备出的碳纤维增强镁基复合材料，在 C 纤维体积分数占 35% 时，复合材料的抗拉强度达到了 1000MPa。

B_4C 与纯镁也不反应，但 B_4C 颗粒表面的玻璃态 B_2O_3 与 Mg 能够发生界面反应：$4Mg(l) + B_2O_3(l) = MgB_2(s) + 3MgO(s)$，$MgB_2$ 的产生使得液态 Mg 对 B_4C 颗粒的润湿性增加，所以这种反应不但不降低界面结合强度，反而可使复合材料具有优异的力学性能。

研究表明，SiC 与镁基体合金之间的界面反应，在复合材料的制造过程及高温固溶处理（500℃，12h）中都没有发现界面化学反应。由此可见，SiC 和 B_4C 纤维、晶须或颗粒是镁基复合材料合适的增强体。为进一步提高增强体与基体合金的润湿性，增加界面结合强度，保护增强体免受基体合金液侵蚀，有必要寻找合适的增强体涂层，或采用原位反应合成方法产生增强体，这对于特别活泼的 Mg-Li 基复合材料显得尤为重要。

5.5.3 镁合金材料的制备方法

镁基复合材料的制备方法主要有挤压铸造法、粉末冶金法、搅拌铸造法、喷射沉积法、真空浸渍法以及目前仅用于 Mg-Li 基复合材料的薄膜冶金法等。挤压铸造的工艺为先制备预制块，再压力浸渗，即将镁合金液在压力下渗入预制块中凝固形成复合材料。预制块制备的过程是首先将增强体分散均匀（多用湿法抽滤），然后模压成型，最后经烘干或烧结处理使之具有一定的耐压强度。大部分晶须或短纤维增强体的预制块中需要添加黏结剂（含量 3‰~5‰，大多为含 SiO_2 的硅胶黏结剂或硅胶黏结剂＋有机胶混合黏结剂），以承受预制块压制过程中的较大应力而不开裂。压力浸渗前模具和预制块需预热（约 500℃），Mg 合金液浇铸前也需加热到一定温度（约 800℃）。基体合金浇铸到模具中的预制块上时，需施加一定压力并保压一段时间以便合金液充分浸渗到预制块中。

搅拌铸造法是根据铸造时金属形态不同可分为全液态搅拌铸造（即在液态金属中加入增强体搅拌一定时间后冷却）、半固态搅拌铸造（在半固态金属熔体中加入增强体搅拌一定时间后冷却）和搅熔铸造（在半固态金属中加入增强体，搅拌一定时间后升温至基体合金液相线温度以上，并搅拌一定时间后冷却）3 种。

除上述 3 种应用较广泛的制备方法外，还有其他几种镁基复合材料的制备工艺：粉末冶金法、喷射沉积法、真空浸渗等。粉末冶金法首先需要将镁合金制粉，然后与增强体（颗粒、晶须或短纤维）混合均匀，放入模具中压制成型，最后热压烧结，使增强体与基体合金复合为一体。喷射沉积法是将高压非活泼性气体与镁合金液一起经喷嘴射出雾化，同时将增强体喷入雾化的镁合金液中，沉积到底板上迅速凝固，还可以经压力加工制成块状复合材料。真空浸渗法是先将预制块处于真空状态，再使基体合金液在真空造成的负压下渗入预制块中，然后凝固成复合材料。上述这些镁合金材料的制备方法总结见表 5-17 所列。

表 5-17 几种主要镁合金复合材料制备方法

制备工艺	增强体类型	优　点	缺　点
挤压铸造	短纤维、晶须、颗粒	工艺简单,成本低,易于批量生产; 铸造缺陷少;界面结合良好; 复合材料力学性能较高	难以直接制备形状复杂的零件; 增强体体积分数有一定限制
粉末冶金	颗粒	增强体分布均匀;体积分数任意可调	工艺设备复杂;小批量成本高;不安全
搅拌铸造	晶须、颗粒	设备简单;生产效率高	铸造气孔较多;颗粒分布不均匀,易偏聚
喷射沉积	短纤维、晶须、颗粒	基体合金晶粒度小;近无界面反应	复合材料致密度不高;界面金属机械结合,强度不高

5.5.4 镁合金复合材料的组织特征和性能

增强体与基体镁合金之间热膨胀系数一般差别较大，例如 SiC 为 4.3×10^{-6}/K，ZM5 镁合金为 28.7×10^{-6}/K。由于增强体与基体合金之间热膨胀系数不匹配，在复合材料制备的冷却过程中，将会在界面及近界面处产生残余应力，引起基体发生塑性应变，产生高密度位错。高密度位错的存在将引起位错强化，提高复合材料的拉伸强度和刚度，也是高阻尼性能（位错钉扎与脱扎）的基础。增强体的引入还有细化晶粒的作用。加入增强体后，镁基合金得到强化，其性能有所改善，其硬度提高，弹性模量也提高，但延伸率降低，随增强体含量的增加，复合材料拉伸时的延伸率下降很大。表 5-18 为 SiC（晶须、颗粒）增强镁合金复合材料的力学性能。对于颗粒增强镁合金复合材料，其抗拉强度与基体差不多。而增强体为晶须时，材料的抗拉强度有所提高，但比不上纤维作为增强体，尤其是长纤维。表 5-19 为硼的长纤维增强镁合金基复合材料的力学性能，从表中知，长纤维大大提高了镁合金的拉伸强度和弯曲强度，且随着纤维含量的增加，复合材料的强度显著提高。

5.5.5 镁合金材料的应用

镁合金材料具有密度小、比强度和比刚度高、良好的尺寸稳定性和优良的铸造性能，正成为现代高新技术领域中最有希望采用的一种复合材料，其综合性能优于铝基复合材料。此

表 5-18 SiC（晶须、颗粒）增强镁合金复合材料的力学性能

基体合金	SiC 形态	状态	体积分数/%	拉伸强度/MPa	弹性模量/GPa	延伸率/%
AZ91	晶须	压铸态	20	439	—	
		挤压态	20	623	—	
ZK51A	晶须	铸态	10	237.3	54.6	1.49
			20	308.7	65.1	0.91
		挤压态	10	280.5	62.3	1.86
			20	379.5	81.6	1.18
MB2	颗粒(2μm)	挤压态	10	316	—	6.5
	颗粒(5μm)	挤压态	10	282	—	4.2

表 5-19 硼的长纤维增强镁合金基复合材料的力学性能

V_f/%	强度/MPa		V_f/%	强度/MPa	
	拉伸	弯曲		拉伸	弯曲
25	880~920	1140	50	1250	—
30	960	—	75	1330	1600
45	1200	—			

外，这种材料还具有优良的阻尼减振、电磁屏蔽等性能，在汽车制造工业中用作方向盘减震轴、活塞环、支架、变速箱外壳等，在通讯电子产品中的手机、便携计算机等也用做外壳材料。SiC 晶须增强镁基复合材料可用于制造齿轮，SiC 和 Al_2O_3 颗粒增强镁基复合材料由于耐磨性好，可用于制造油泵的泵壳体、止推板、安全阀等零部件。镁合金复合材料由于其优异的力学性能和物理性能已经显示出广阔的用途。

5.6 镍基复合材料

5.6.1 镍基复合材料常用基体和增强体

金属基复合材料最有前途的应用之一是做燃气涡轮发动机的叶片。对于像燃气轮机零件这类用途，需要耐较高的温度，须采用像镍基复合材料这样很耐热的材料。由于制造和使用温度较高，制造复合材料的难度和纤维与基体之间反应的可能性都增加了。同时，对这类用途还要求有在高温下具有足够强度和稳定性的增强体，符合这些要求的氧化物、碳化物、硼化物和难熔金属。

用于镍基复合材料的基体主要有：纯镍、镍铬合金、镍铝合金等。Ni_3Al 合金常用为镍基复合材料的基体，因为它的屈服强度具有反常的温度关系，在 600℃ 左右达到峰值，其次，用 B 微合金化后大大地改进了其塑性；此外，它的密度也低于传统的镍基高温合金。NiAl 合金也被用为镍基复合材料的基体，因为它具有高熔点（1640℃）、低密度（5.869g/cm³）及极佳的抗氧化性能。而增强体主要有：Al_2O_3 和 SiC 颗粒、晶须、纤维、TiC 和 TiB_2 颗粒及 W 丝等。

5.6.2 镍基复合材料的制备方法

在复合材料系统中，一个合适的增强材料除了具有良好的高温强度外，其热膨胀系数必须与基体相匹配，同时必须与基体润湿及化学相容。金属基体与增强材料化学相容包括：基体与增强材料不发生化学反应及增强材料不溶于基体中。

复合材料界面性质对复合材料的性能影响很大，界面反应过量将影响复合材料的性能，屈服、断裂、疲劳强度以及裂纹扩展行为等均受界面反应区厚度的影响，尤其是界面反应会降低增强纤维的强度。为了改善增强体与镍基体的润湿性及避免界面发生反应损伤增强纤维或晶须，需对增强物进行金属涂层。同时涂层也能提供过渡层以缓和因增强物与基体的热膨胀系数不同而产生的应力。对于晶须，涂层必须很薄，以便涂层在复合材料中不占太大体积比。Al_2O_3 纤维或晶须和镍及其合金在材料制备时会发生一定程度的反应，可用钨作为其表面涂层。SiC 纤维和 B_4C/B 纤维与镍基体易发生反应，用它们作为镍基复合材料的增强体，也须对其进行涂层。

镍的熔点很高（约 1453℃），制备镍基复合材料较少用液态法，而主要是用固态法，包括：粉末冶金法、热压法、热等静压法、热挤压法和扩散结合等。颗粒增强镍基复合材料大都可用以上方法，而纤维尤其是长纤维不能用粉末冶金法，但可用热压法。比如，Al_2O_3 颗粒、纤维增强镍基复合材料就能用粉末冶金法、扩散结合制备；SiC 颗粒、纤维增强 Ni_3Al 是用热压和扩散结合来制备；TiB_2 颗粒增强 NiAl 或 Ni_3Al 可用热压和热挤压法；B_4C/B 纤维增强可用热压法。制造镍基复合氧化铝纤维复合材料的主要方法是扩散结合，即将纤维夹在金属板之间进行加热。该法成功地制造了 Al_2O_3/Ni_3Al 和 $Al_2O_3/NiCr$ 复合材料。其工艺过程是先在纤维上涂一层 Y_2O_3（约 $1\mu m$ 厚），随后再涂一层钨（约 $0.5\mu m$ 厚），然后再电镀镍层。这层镍可以防止在复合材料叠层和加压过程中纤维与纤维的接触和最大限度地减少对涂层可能造成的损伤。经过这种电镀的纤维放在镍铬合金薄板之间，进行加压。加压在真空中进行，典型条件是温度 1200℃，压力 41.4MPa。

5.6.3 镍基复合材料的性能

Ni_3Al 与 Al_2O_3 反应程度很小，因此很适合用 Al_2O_3 纤维来增强 Ni_3Al，形成的复合材料的屈服强度与基体相当或有所提高，而延伸率几乎均比基体小。比如用 B 微合金化的 Ni_3Al 的屈服强度为 314MPa，延伸率为 21.9%，而用热压法加 5%（体积）Al_2O_3 纤维后复合材料的屈服强度增加为 396MPa，延伸率则下降为 4.6%。

用 25%（体积）Al_2O_3 颗粒增强 Ni_3Al 基体复合材料 600℃ 以上高温屈服强度大大提高。若把密度下降因素（下降 12%）考虑进去，则此复合材料 800℃ 比屈服强度比基体提高 40% 以上，如图 5-3。

到目前为止，对 Ni_3Al 基体合金强化效果最好的增强剂是 TiC 颗粒。Fuchs 采用真空热压、热等静压再热挤压的工艺生产了 25%（体积）TiC 颗粒增强的 Ni_3Al 基复合材料。此复合材料在所有测试温度下屈服强度和弹性模量都优于基体合金，且与基体一样屈服强度具有反常温度关系，但复合材料的延伸率下降，其塑性降低，见表 5-20。Alman 用热压法合成了 TiB_2 颗粒增强的 NiAl 基复合材料，其室温和高温强度都大幅度提高，而且其强度值超过了用复合材料混合定律计算的强度上限值，因为 TiB_2 颗粒使基体晶粒尺寸大幅度下降。此外，TiB_2 颗粒加进 NiAl 合金中，会使其刚度大幅度提高。

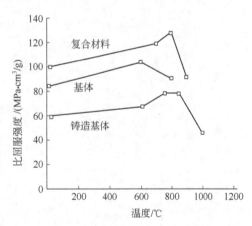

图 5-3 Al_2O_3/Ni_3Al，Ni_3Al 基体（真空热压＋热挤压）以及铸造 Ni_3Al 的比屈服强度和温度的关系

表 5-20　TiC/Ni₃Al 复合材料及其基体的拉伸性能

材　料	温度/℃	屈服强度/MPa	延伸率/%	弹性模量/GPa
Ni₃Al 合金	27	690	9.2	221
	600	724	10.0	163
	760	539	10.4	102
	850	345	10.3	61
	1000	31	89.0	15
TiC/Ni₃Al 复合材料	27	777	0.4	248
	600	817	0.4	194
	760	599	1.0	135
	850	425	1.5	90
	1000	83	22.4	67

5.6.4　镍基复合材料的应用前景

制造镍基复合材料的技术工艺还处于发展的初期阶段。虽然大部分用来制造金属基复合材料的加工方法基本上都适于制造镍基复合材料，但由于该材料所需工艺温度高，因而应该在改进现有制造低温金属基复合材料的工艺基础上发明新的加工方法，并集中在一个所选择的加工方法上优化工艺条件，把复合材料性能与界面和微观组织联系起来。虽然在国外（特别是美国）已在镍基复合材料上投入了大量人力和物力开始此项研究，但在国内还重视不够。因此，为了中国未来航空航天事业的发展，开展镍基复合材料的研究是大有必要的。

第6章 陶瓷基复合材料

6.1 陶瓷基复合材料的种类和性能

6.1.1 陶瓷基复合材料的种类

现代陶瓷材料具有耐高温、硬度高、耐磨损、耐腐蚀及相对密度轻等许多优良的性能。但它同时也具有致命的弱点，即脆性，这一弱点正是目前陶瓷材料的使用受到很大限制的主要原因。因此，陶瓷材料的强韧化问题便成了研究的一个重点问题。现在这方面的研究已取得了初步进展，探索出了若干种韧化陶瓷的途径，其中往陶瓷材料中加入起增韧、增强作用的第二相而制成陶瓷基复合材料即是其中一种重要方法。鉴于普通陶瓷材料从广义上讲本身都是复合材料，这里所述的陶瓷复合材料是专指为获得单相陶瓷材料所不具备的性能的人工制造的两相（增强相和基体相）材料。陶瓷复合材料强韧化的途径有：颗粒弥散、纤维（晶须）补强增韧、层状复合增韧、与金属复合增韧及相变增韧（指 ZrO_2）。在陶瓷中加入纤维（晶须）是提高韧性比较有效的方法。陶瓷基复合材料的分类方法很多，常见的分类方法有以下几种。

6.1.1.1 按材料作用分类

① 结构陶瓷复合材料，用于制造各种受力构件。

② 功能陶瓷复合材料，具有各种特殊性能（如光、电、磁、热、生物、阻尼、屏蔽等）。

6.1.1.2 按增强材料形态分类

① 颗粒增强陶瓷复合材料。

② 纤维（晶须）增强陶瓷复合材料。

③ 片材增强陶瓷复合材料。

用做陶瓷基复合材料的增强体主要包括颗粒、纤维（晶须）和陶瓷薄片，后者研究还不够成熟。

颗粒增强体按其相对于基体的弹性模量大小，可分为两类：一类是延性颗粒复合于强基质复合体系，主要通过第二相粒子的加入在外力作用下产生一定的塑性变形或沿晶界滑移产生蠕变来缓解应力集中，达到增强增韧的效果，如一些金属陶瓷、反应烧结 SiC、SHS 法制备的 TiC/Ni 等均属此类；另一类是刚性粒子复合于陶瓷中。延性颗粒主要是指金属，而刚性粒子是陶瓷。但不论哪类颗粒根据其大小及其对复合材料性能产生的影响，又可进一步分为颗粒弥散强化复合材料和真正颗粒复合材料。其中弥散粒子十分细小，直径从纳米级到几个微米之间，主要利用第二相粒子与基体晶粒之间的弹性模量与热膨胀系数上的差异，在冷却中粒子和基体周围形成残余应力场。这种应力场与扩展裂纹尖端应力交互作用，从而产生裂纹偏转、绕道、分支和钉扎等效应，对基体起增韧作用。一般选择弥散相的原则如下：①弥散相往往是一类高熔点、高硬度的非氧化物材料如 SiC、TiB_2、B_4C、CBN 等，基体一般为 Al_2O_3、ZrO_2、莫来石等。此外，ZrO_2 相变增韧粒子是近年来发展起来的一类新型颗粒增强体；②弥散相必须有最佳尺寸、形状、分布及数量，对于相变粒子，其晶粒尺寸还与临界相变尺寸有关，如 t-ZrO_2，一般应小于 $3\mu m$；③弥散相在基体中的溶解度须很低，且不与基体发生化学反应；④弥散相与基体须有良好的结合强度。

真正颗粒复合材料指的是含有大量的粗大颗粒，这些颗粒不能有效阻挡裂纹扩展，设计这种复合材料的目的不是为了提高强度，而是为了获得不同寻常的综合性能，如混凝土、砂轮磨料等即为此类颗粒复合材料。

但陶瓷基颗粒复合材料尤其是先进陶瓷基颗粒复合材料指的大多数是颗粒弥散增强的陶瓷复合材料（或称作复相陶瓷）；与纤维复合材料相比，颗粒的制造成本低、各向同性，除相变增韧粒子外，颗粒增强在高温下仍然起作用，因而逐渐显示了颗粒弥散增强材料的优势。近年来氧化锆增韧陶瓷（ZTC）是一类发展迅速的颗粒弥散相变增韧材料。

许多材料特别是脆性材料在制成纤维后，其强度远远超过块状材料的强度。其原因是，物体越小，表面和内部包含的能导致脆性断裂的危险裂纹的可能性越小。纤维增强体的种类很多，根据直径的大小和性能特点可分为晶须和纤维两类。晶须是直径很小的针状材料，长径比很大、结晶完善，因此强度很高。晶须是目前所有材料中强度最接近于理论强度的。常用的增强陶瓷的晶须有石墨、碳化硅、氮化硅和氧化铝等。陶瓷晶须一般用气相结晶法生产，工艺复杂，造价较高，暂时还没有在工业中广泛应用。增强陶瓷用纤维大多是直径为几微米至几十微米的多晶材料或非晶态材料，如玻璃纤维、碳纤维、硼纤维、氧化铝纤维和碳化硅纤维等。

一般在设计纤维或晶须补强陶瓷时选择纤维增强材料有以下几个原则：①尽量使纤维在基体中均匀分散。多采用高速搅拌、超声分散等方法，湿法分散时，常常采用表面活性剂避免料浆沉淀或偏析；②弹性模量要匹配，一般纤维的强度、弹性模量要大于基体材料；③纤维与基体要有良好的化学相容性，无明显的化学反应或形成固溶体；④纤维与基体热膨胀系数要匹配，只有纤维与基体的热膨胀系数差不大时才能使纤维与界面结合力适当，保证载荷转移效应，并保证裂纹尖端应力场产生偏转及纤维拔出，对热膨胀系数差较大的，可采取在纤维表面涂层或引入杂质使纤维-基体界面产生新相缓冲其应力；⑤适量的纤维体积分数，过低则力学性能改善不明显，过高则纤维不易分散，不易致密烧结；⑥纤维直径必须在某个临界直径以下。一般认为纤维直径尺度与基体晶粒尺寸在同一数量级。

片材增强陶瓷基复合材料实际上是一种层状复合材料，该材料的诞生源于仿生的构思。陶瓷基层状复合材料是由层片状的陶瓷结构单元和界面分隔层两部分组成。陶瓷基层状复合材料的性能主要是由这两部分各自的性能和两者界面的结合状态所决定的。陶瓷结构单元一般选用高强的结构陶瓷材料，在使用中可以承受较大的应力，并具有较好的高温力学性能。目前研究中采用较多的是 SiC、Si_3N_4、Al_2O_3 和 ZrO_2 等作为基体材料，此外还加少量烧结助剂以促进烧结致密化。界面分隔材料的选择与优化也十分关键，正是这一层材料形成了整体材料特殊的层状结构，才使承载过程发挥设计的功效。一般来说，不同基体材料选择不同的界面分隔材料。选择原则有以下几方面。

① 应选择具有一定强度，尤其是高温强度的材料，以保证在常温下正常使用及在高温下不发生大的蠕变。

② 界面分隔层要与结构单元具有适中的结合。既要保证它们之间不发生反应，可以很好地分隔结构单元，使材料具有宏观的结构，又要能够将结构单元适当地"粘接"而不发生分离。

③ 界面层与结构单元有合适的热膨胀系数匹配，使材料中的热应力不对材料造成破坏。

在界面分隔材料的选择中，处理好分隔材料与基体材料的结合状态和匹配状态尤为重要，这将直接影响材料宏观结构所起作用的程度。陶瓷基层状复合材料是将陶瓷基片和界面相互交替叠层，经一定工艺烧结而成。

由于基体材料不同，选择的界面材料差别也很大。目前研究较多的是：以石墨（C）作为 SiC 的夹层材料（SiC/C 陶瓷基层状复合材料）；以氮化硼（BN）作为 Si_3N_4 的夹层材料（Si_3N_4/BN 陶瓷基层状复合材料）；此外还对 Al_2O_3/Ni、TZP/Al_2O_3、Ce-TZP/Ce-TZP-Al_2O_3 等材料体系也有一定研究。

6.1.1.3 按基体材料分类

① 氧化物基陶瓷复合材料。

② 非氧化物基陶瓷复合材料。

③ 微晶玻璃基复合材料。

④ 碳/碳复合材料。

用做陶瓷基复合材料的基体主要包括氧化物陶瓷、非氧化物陶瓷、微晶玻璃和碳。其中氧化物陶瓷主要有：Al_2O_3、SiO_2、ZrO_2、MgO、ThO_2、UO_2 和 $3Al_2O_3 \cdot 2SiO_2$（莫来石）等；非氧化物陶瓷是指金属碳化物、氮化物、硼化物和硅化物等，主要包括 SiC、TiC、B_4C、ZrC、Si_3N_4、TiN、BN、TiB_2 和 $MoSi_2$ 等。氧化物陶瓷主要由离子键结合，也有一定成分的共价键。它们的结构取决于结合键的类型、各种离子的大小以及在极小空间保持电中性的要求。纯氧化物陶瓷，它们的熔点多数超过 2000℃。随着温度的升高，氧化物陶瓷的强度降低，但在 800～1000℃ 以前强度的降低不大，高于此温度后大多数材料的强度剧烈降低。纯氧化物陶瓷在任何高温下都不会氧化，所以这类陶瓷是很有用的高温耐火结构材料。

非氧化物陶瓷不同于氧化物，这类化合物在自然界很少有，需要人工合成。它们是先进陶瓷特别是金属陶瓷的主要成分和晶相，主要由共价键结合而成，但也有一定的金属键的成分。由于共价键的结合能一般很高，因而由这类材料制备的陶瓷一般具有较高的耐火度、高的硬度（有时接近于金刚石）和高的耐磨性（特别对浸蚀性介质），但这类陶瓷的脆性都很大，并且高温抗氧化能力一般不高，在氧化气氛中将发生氧化而影响材料的使用寿命。

微晶玻璃是向玻璃组成中引进晶核剂，通过热处理、光照射或化学处理等手段，使玻璃内均匀地析出大量微小晶体，形成致密的微晶相和玻璃相的多相复合体。通过控制析出微晶的种类、数量、尺寸大小等，可以获得透明微晶玻璃、膨胀系数为零的微晶玻璃及可切削微晶玻璃等。微晶玻璃的组成范围很广，晶核剂的种类也很多，按基础玻璃组成，可分为硅酸盐、铝硅酸盐、硼硅酸盐、硼酸盐及磷酸盐 5 大类。用纤维增强微晶玻璃可显著提高其强度和韧性。

6.1.2 陶瓷基复合材料的性能特征

用陶瓷颗粒弥散强化陶瓷复合材料的抗弯强度和断裂韧性都有些提高，但还不理想，尤其是断裂韧性比金属材料差很远，这就限制了它作为结构件的应用范围。用延性（金属）颗粒强化陶瓷基复合材料，其韧性可显著提高，但其强度变化不明显，且其高温性能下降。

在陶瓷基体中加入适量的短纤维（或晶须），可以明显改善韧性，但强度提高不够显著，其模量与基体材料相当。如果加入数量较多的高性能的连续纤维（如碳纤维或碳化硅纤维），除了韧性显著提高外，其强度和模量均有不同程度的增加。纤维/陶瓷复合材料的韧性除与纤维和基体有关外，纤维与基体的结合强度、基体的气孔率、工艺参数也有明显影响。纤维与基体的结合强度过大将使韧性降低，若其结合强度过小，将使材料的强度降低。基体中的气孔能改变复合材料的破坏模式，气孔率越大，韧性越差。

纤维增强陶瓷基复合材料的拉伸和弯曲性能与纤维的长度、取向和含量、纤维与基体的强度和弹性模量、它们的热膨胀系数的匹配程度、基体的气孔率和纤维的损伤程度密切相关。无规则排列短纤维-陶瓷复合材料的拉伸和弯曲性能有时低于基体材料，这是因为无规则排列纤维的应力集中的影响以及热膨胀系数不匹配造成的。将短纤维定向可以提高该方向上的性能。用定向的连续纤维可以明显提高强度，因为提高了增强效果，降低了应力集中，并可提高纤维的体积含量。单向纤维增强陶瓷复合材料的剪切强度受纤维与基体间的结合强度及基体中气孔率的影响，结合强度大、气孔率低，则层间剪切强度高。

纤维/陶瓷复合材料与陶瓷材料相比具有较好的韧性和力学性能，保持了基体原有的优异性能；比高温合金密度低，是比较理想的高温结构材料。

6.2　陶瓷基复合材料的制备工艺

6.2.1　概述

陶瓷基复合材料主要包括：颗粒增强陶瓷复合材料、纤维（晶须）增强陶瓷复合材料和陶瓷层状复合材料，这3种材料的制备工艺不尽相同。陶瓷基复合材料的制备中，由于有增强相材料的处理如纤维的处理、分散对复合材料的性能影响较大，因此其制备技术在传统的陶瓷制备上又有许多新的工艺。例如，浆液渗透、化学气相渗透（CVI）和化学气相沉积涂覆（CVD）纤维。由于增强颗粒一般不用或极少对其表面处理，因此颗粒增强复合材料多用传统陶瓷的制备工艺。

6.2.2　制备工艺

陶瓷基复合材料制备工艺主要由以下几部分组成：粉体制备、增强体（纤维、晶须或陶瓷薄片）制备和预处理，成型和烧结；每一步又有许多种方法，现分述如下。

6.2.2.1　粉体制备

粉体性能直接影响陶瓷的性能，为了获得性能优良的陶瓷基复合材料，制备出高纯、超细、组分均匀分布和无团聚的粉体是很关键的。

陶瓷粉体的制备可分为机械制粉和化学制粉两种。化学制粉可得到性能优良的高纯、超细、组分均匀的粉料，其粒径可达 $10\mu m$，是一类很有前途的粉体制备方法。但这类方法或需要较复杂的设备，或制备工艺要求严格，因而成本也较高。机械法制备多组分粉体工艺简单、产量大，但得到的粉体组分分布不均匀，特别是当某种组分很少的时候，而且这种方法常会给粉体引入杂质。如球磨时，磨球及滚筒内衬的磨损物都将进入粉料。机械制粉一般有球磨和搅拌振动磨等方式。其中球磨是最常用的一种粉碎和混合的装置。近年来行星式球磨机（又称高能球磨机）克服了旧式球磨机临界转速的限制，大大提高了球磨效率，常用于机械合金化的研究。

化学制粉可分为固相法、液相法和气相法3种。液相法是目前工业和实验室广泛采用的方法，主要用于氧化物系列超细粉末的合成。近年来发展起来的多组分氧化物细粉的技术有液相共沉淀法、溶胶-凝胶法、冰冻干燥法、喷雾干燥法及喷雾热分解法等。气相法多用于制备超细高纯的非氧化物粉体，该法是利用挥发性金属化合物的蒸气通过化学反应合成所需物质的粉体。

此外，利用反应放热合成陶瓷粉体也较多，如自蔓延高温燃烧合成，这里主要是利用起始材料之间的燃烧反应放热，从反应物料一端点火，放热反应迅速蔓延到另一端而无需外界再提供能量。这种方法简便易操作。

用于陶瓷增韧的金属粉体也可以用以上的机械法和化学法；除此外，还可用物理法，即用蒸发-凝聚法。该法是将金属原料加热（用电弧或等离子流等）到高温，使之汽化，然后急冷，凝聚成粉体，该法可制备出超细的金属粉体。

6.2.2.2　成型

有了良好的粉体，成型就成了获得高性能陶瓷复合材料的关键。坯体在成型中形成的缺陷会在烧成后显著地表现出来。一般成型后坯体的密度越高则烧成中的收缩越小，制品的尺寸精度越容易控制。陶瓷成型方法主要有：模压成型、等静压成型、热压铸成型、挤压成型、轧膜成型、流延法成型、注射成型和直接凝固成型等。

（1）模压成型

模压成型，是将粉料填充到模具内部后，通过单向或双向加压，将粉料压成所需形状。这种方法操作简便，生产效率高，易于自动化，是常用的方法之一。但模压成型时粉料容易团聚，坯体厚度大时内部密度不均匀，制品形状可控精度差，且对模具质量要求高，复杂形状的部件模具设计较困难。模压成型的粉料含水量应严格控制，一般应干燥至含水量不超过1%～2%（质量）为宜。为了提高坯料成型时的流动性、增加颗粒间的结合力和提高坯体的强度，在模压坯料中一般加入各种有机胶黏剂。常用的胶黏剂有以下几种：石蜡、聚乙烯醇、聚乙酸乙烯酯、羧甲基纤维素等。

（2）等静压成型

一般等静压指的是湿袋式等静压（也叫湿法等静压），就是将粉料装入橡胶或塑料等可变形的容器中，密封后放入液压油或水等流体介质中，加压获得所需的坯体。这种工艺最大的优点是粉料不需要加胶黏剂、坯体密度均匀性好、所成型制品的大小和材质几乎不受限制并具有良好的烧结性能。但此法的坯体形状和尺寸可控制性差，而且生产效率低、难于实现自动化批量生产。因而出现了干式等静压的方法（干袋式等静压），这种成型方法是将加压橡胶袋封紧在高压容器中，加料后的弹性模送入压力室中，加压成型后退出来脱模。也可将模具固定在高压容器中，加料后封紧模具加压成型，这时模具不和加压液体直接接触，可以减少模具的移动，不需调整容器中的液面和排除多余的空气，因而能加速取出压好的坯体，可实现连续等静压。但是这种方法只是在粉料周围受压，粉体的顶部和底部都无法受到压力。而且这种方法只适用于大量压制同一类型的产品，特别是几何形状简单的产品。

（3）热压铸成型

热压铸成型是将粉料与蜡（或其他有机高分子黏结剂）混合后，加热使蜡（或其他有机高分子黏结剂）熔化，使混合料具有一定流动性，然后将混合料加压注入模具，冷却后即可得到致密的较硬实的坯体。这种方法适用于形状比较复杂的构件，易于大规模生产。缺点是坯体中的蜡含量较高［约23%（质量）］，烧成前需排蜡，薄壁且大而长的制品易变形弯曲。

排蜡是将坯体埋入疏松、惰性的保护粉料之中，这种保护粉料又称为吸附剂，它在高温下稳定，又不易与坯体黏结，一般采用煅烧的工业氧化铝粉料。在升温过程中，石蜡虽然会熔化、扩散、挥发、燃烧，但有吸附剂支持着坯体，而坯体中粉料之间也有一定的烧结出现，因而坯体具有一定的强度。通常排蜡温度为900～1100℃左右。

热压铸成型的工艺特点是采用熟料，即坯料需预先煅烧，一是为了形成具有良好流动性的铸浆，二是为了减少瓷件的收缩率、提高产品的尺寸精度。进行热压铸时铸浆温度、模具温度、压力大小及其持续时间是控制的关键。一般采用石蜡作黏结剂时，铸浆温度小于 100℃。

（4）挤压成型

挤压成型就是利用压力把具有塑性的粉料通过模具挤出，模具的形状就是成型坯体的形状。挤压成型适合挤制棒状、管状（外形可以是圆形或多边形）的坯体。这种方法要求陶瓷粉料具有可塑性，即受力时具有良好的形变能力，而且要求成型后粉料能保持原形或变形很小。黏土质坯料很适合这种方法成型。对非黏土质陶瓷粉料可通过引入各种有机塑性黏结剂而获得可塑性。挤压成型是在挤压机上进行的，一般分为卧式和立式挤压机两种。前者用于挤压比较大型的瓷棒或瓷管；后者用于挤压小型瓷管和瓷棒。常用的有机黏结剂有糊精、桐油、羧甲基纤维素和甲基纤维素水溶液等。

（5）轧膜成型

轧膜成型是将加入黏结剂的坯料放入相向滚动的轧辊之间，使物料不断受到挤压，得到薄膜状坯体的一种成型方法。通过调节轧辊之间的距离，可以调整薄膜的厚度。这种方法具有工艺简单、生产效率高、膜片厚度均匀、设备较简单，能够成型出厚度很薄的膜片。轧膜料常用的黏结剂有聚乙烯醇（聚合度 1400～1700 为宜）水溶液和聚乙酸乙烯酯（聚合度 400～600 为宜）配制轧膜料时，聚乙烯醇水溶液一般用量在 30%～40% 之间，聚乙酸乙烯酯在 20%～25% 之间，通常还要外加 2%～5% 的甘油增塑剂。当瓷料呈中性或弱酸性时，用聚乙烯醇好；当瓷料呈中性或弱碱性时用聚乙酸乙烯酯较好。

（6）注浆成型

注浆成型是一种古老的成型工艺，是在石膏模中进行的，即把一定浓度的浆料注入石膏模中，与石膏相接触的外围层首先脱水硬化，粉料沿石膏模内壁成型出所需形状。一般地，坯体粉料：水＝100：（30～50），当加入 0.3%～0.5% 阿拉伯树胶时，坯料的含水量可降到 22%～24%。这种工艺的优点是可成型形状相当复杂的制品。

（7）流延法成型

流延法成型是将粉料中混入适当的黏结剂制成流延浆料，然后通过固定的流延嘴及依靠料浆本身的自身质量将浆料刮成薄片状流在一条平移转动的环形钢带上，经过上下烘干道，钢带又回到初始位置时就得到所需的薄膜坯体。

流延法成型的优点是生产效率比轧膜成型大大提高，易于连续自动化生产；流延膜的厚度可薄至 2～3μm、厚至 2～3mm，膜片弹性好、坯体致密。

（8）注射成型

陶瓷注射（注模）成型与塑料的注射成型原理类似，但过程更复杂。注射成型是把陶瓷粉料与热塑性树脂等有机物混炼后得到的混合料在注射机上于一定温度和压力（高达 130MPa）下高速注入模具，迅速冷凝后脱模取出坯体。成型时间为数十秒，然后经脱脂可得到致密度达 60% 的素坯。

（9）直接凝固成型

直接凝固成型是新近发明的一种很有前景的新型成型技术。它巧妙地把胶体化学与生物化学结合起来，其思路是利用胶体颗粒的静电或位阻效应首先制备出固相体积分数高、分散性好的悬浮体或料浆，同时引入延迟反应的催化剂。料浆注入模具后，通过酶在料浆中的催化反应、或增加高价盐浓度、或使底物与酶反应释放出 H^+ 或 OH^- 来调节体系的 pH 值，

从而使体系的 ξ 电位移向等电位点，使泥浆聚沉成型。直接凝固成型技术可成型出高固相体积分数（50%～70%）（质量）且显微结构均匀的复杂形状的陶瓷坯体，特别适用于大截面尺寸的试样。此外该工艺所用的有机物量仅为 0.1%～1.0%，因而不需要专门的脱脂过程；所用模具结构简单，材料成本也较低。

（10）泥浆渗透法

泥浆渗透法是先将陶瓷基体坯料制成泥浆，然后在室温使其渗入增强物预制体（主要是纤维），再干燥就得到所需的陶瓷基复合材料的坯体。

6.2.2.3 烧结

（1）概念

烧结是指陶瓷坯料在表面能减少的推动力下通过扩散、晶粒长大、气孔和晶界逐渐减少而致密化的过程。烧结是一个复杂的物理、化学变化过程。烧结机制经过长期的研究，可归纳为：①黏性流动；②蒸发与凝聚；③体积扩散；④表面扩散；⑤晶界扩散；⑥塑性流动等。实践证明：用任何一种机制去解释某一具体烧结过程都是困难的，烧结是一个复杂的过程，是多种机制作用的结果。陶瓷材料常用的烧结方法有：普通烧结、热致密化方法、反应烧结、微波烧结及等离子烧结等。

（2）普通烧结

陶瓷材料烧结主要在隧道窑、梭式窑、电窑中进行。采用什么烧结气氛由产品性能需要和经济因素决定。可以用保护气氛（如氢、氩、氮气等）、也可在真空或空气中进行。因为纯陶瓷材料有时很难烧结，所以在性能允许的前提下，常添加一些烧结助剂，以降低烧结温度。例如在对 Al_2O_3 的烧结中添加少量的 TiO_2、MgO 和 MnO 等，在 Si_3N_4 的烧结中添加 MgO、Y_2O_3、Al_2O_3 等，添加剂的引入使晶格空位增加，易于扩散，从而降低烧结温度。有些添加剂的引入会形成液相，由于粒子在液相中的重排和黏性流动的进行，从而可获得致密产品并可降低烧结温度。如果液相在整个烧结过程中存在，通称为液相烧结。如果液相只在烧结开始阶段存在，随后逐步消失，则称为瞬时液相烧结。尽可能降低粉末粒度也是促进烧结的重要措施之一，因为粉末越细、表面能越高，烧结越容易。

（3）热致密化方法

热致密化方法包括：热压、热等静压等。热致密化方法价格昂贵、生产率低，但对于一些性能要求高又十分难烧结的陶瓷却是最常用的方法。因为这种方法在高温下施压，有利于黏性和塑性流动，从而有利于致密化。热致密化方法比普通烧结可在更低温度、更短时间内使陶瓷材料致密，且材料内部的晶粒更细小。

（4）反应烧结

反应烧结是通过化学反应直接形成陶瓷材料的方法。反应烧结可以是固-固、固-液，也可以是气-固反应。反应烧结的特点是坯块在烧结过程中尺寸基本不变，可制得尺寸精确的构件，同时工艺简单、经济，适于大批量生产。缺点是合成的材料常常不致密，造成材料力学性能不高。目前反应烧结仅限于少量几个体系：反应烧结氮化硅（Si_3N_4）、氧氮化硅（Si_2ON_2）和碳化硅（SiC）等。

反应烧结 Si_3N_4 是将多孔硅坯体在 1400℃左右和烧结气氛 N_2 发生反应形成的 Si_3N_4。由于是放热反应，所以正确控制反应速度是十分重要的。如果反应速度过高，将会使坯块局部温度超过硅的熔点。这样，将阻碍反应的进一步进行。随着反应的进行，氮气扩散越来越困难，所以反应很难彻底，产品相对密度较低，一般只能达到 90%左右。

反应烧结 SiC 是将 SiC-C 多孔坯块用液态硅在 1550～1650℃浸渍反应而制成的, 该材料很致密, 但材料中常含有 8%～10%的游离 Si, 这会降低该材料的高温性能。

(5) 微波烧结

微波是一种电磁波, 可以被物质传递、吸收或反射, 同时还能透过各种气体, 很方便地实现在各种气氛保护下的微波加热。材料在微波场中可简要地分为下列 3 种类型。①微波透明型材料: 主要是低损耗绝缘体, 如大多数高分子材料及部分非金属材料, 可使微波部分反射及部分穿透, 很少吸收微波。②全反射微波材料: 主要是导电性能良好的金属材料, 这些材料对微波的反射系数接近于 1。③微波吸收型材料: 主要是一些介于金属与绝缘体之间的电介质材料, 包括纺织纤维材料、纸张、木材、陶瓷、水、石蜡等。

微波只能对吸波材料也就是电介质材料进行加热。大部分陶瓷材料属于电介质材料。陶瓷材料在微波电磁场的作用下, 会产生如电子极化、原子极化、偶极子转向极化和界面极化等介质极化。由于微波电磁场的频率很高, 使材料内部的介质极化过程无法跟随外电场的变化, 极化强度矢量 P 会滞后于电场强度矢量 E 一个角度, 导致与电场同相的电流产生, 这就构成了材料内部的功率耗散。在微波波段, 主要是偶极子转向极化和界面极化产生的吸收电流构成材料的功率耗散。微波烧结就是利用这种微波加热原理来对材料进行烧结。作为一种新技术, 陶瓷材料的微波烧结还只处于研究阶段。已成功地用微波烧结技术制备出的陶瓷及其复合材料有: Al_2O_3、$Al_2O_3-B_4C$、$Y_2O_3-ZrO_2$、Al_2O_3-SiC 等。微波加热是将材料自身吸收的微波能转化为材料内部分子的动能和势能, 热量从材料内部产生, 而不是来自于其他发热体, 这种内部的体加热所产生的热力学梯度和热传导方式和传统加热不同。在这种体加热过程中, 电磁能以波的形式渗透到介质内部引起介质损耗而发热, 这样材料就被整体同时均匀加热, 而材料内部温度梯度很小或者没有, 因此材料内部热应力可以减小到最低程度, 因此微波烧结陶瓷可以实现快速升温, 其升温速率甚至可高达 500～600℃/min。

在微波电磁能的作用下, 材料内部分子或离子动能增加, 降低了烧结活化能, 从而加速了陶瓷材料的致密化速度, 缩短了烧结时间, 同时由于扩散系数的提高, 使得材料晶界扩散加强, 提高了陶瓷材料的致密度, 从而实现了材料的低温快速烧结。因此, 采用微波烧结, 烧结温度可以低于常规烧结且材料性能会更优。例如, 在 1100℃微波烧结 Al_2O_3 陶瓷 1h, 材料密度可达 96%以上, 而常规烧结需 1600℃以上。

(6) 放电等离子烧结技术

近几年来, 日本的一些研究陶瓷、金属和复合材料的实验室纷纷装备了住友石炭矿业株式会社制造的放电等离子烧结系统 (spark plasma sintering system), 取得了不少新的研究结果。该系统可利用脉冲能、放电脉冲压力和焦耳热产生的瞬时高温场来实现烧结过程, 因而也叫放电等离子烧结 (SPS), 为了使材料快速致密化, 一般在等离子烧结过程中对被烧样品施加压力。

放电等离子烧结的加压烧结过程, 除具有热压烧结的特点外, 其主要特点是通过瞬时产生的放电等离子使被烧结体内部每个颗粒均匀地自身发热和使颗粒表面活化, 因而具有非常高的热效率和可在相当短的时间内使被烧结体达到致密。传统的热压烧结主要是由通电产生的焦耳热和加压造成的塑性变形这两个因素来促使烧结过程的进行。而 SPS 过程除了上述作用外, 在压实颗粒样品上施加了由特殊电源产生的直流脉冲电压, 并有效地利用了在粉体颗粒间放电所产生的自发热作用。这里, 在 SPS 状态有一个非常重要的作用，在粉体颗粒间高速升温后，晶粒间结合处通过热扩散迅速冷却，施加脉冲电压使所加的能量可在观察烧结过程的同时高精度地加以控制，电场的作用也因离子高速迁移而造成高速扩散。通过重复施加开关电压，放电点（局部高温源）在压实颗粒间移动而布满整个样品，这就使样品均匀地发热和节约能源。能使高能脉冲集中在晶粒结合处是 SPS 过程不同于其他烧结过程的一个主要特点。SPS 过程中，当在晶粒间的空隙处放电时，会瞬时产生高达几千度至一万度的局部高温，这在晶粒表面引起蒸发和熔化，并在晶粒接触点形成"颈部"，对金属而言，即形成焊接态。由于热量立即从发热中心传递到晶粒表面和向四周扩散，因此所形成的颈部快速冷却。因颈部的蒸汽压低于其他部位，气相物质凝聚在颈部而达成物质的蒸发-凝固传质。

与通常的烧结方法相比，SPS 过程中蒸发-凝固的物质传递要强得多，这是 SPS 过程的另一个特点。同时在 SPS 过程中，晶粒表面容易活化，通过表面扩散的物质传递也得到了促进。晶粒受脉冲电流加热和垂直单向压力的作用，体扩散、晶界扩散都得到加强，加速了烧结致密化的进程，因此用比较低的温度和比较短的时间就可以得到高质量的烧结体。SPS 系统可用于短时间、低温、高压（500～1000MPa）烧结，也可用于低压（20～30MPa）、高温（1000～2000℃）烧结，因此可广泛地用于金属、陶瓷和各种复合材料的烧结，包括一些用通常方法难以烧结的材料。

6.2.2.4 陶瓷基复合材料的特殊的新型制备工艺

（1）熔体渗透

熔体渗透是指将复合材料基体升到高温使其熔化成熔体，然后渗入增强物的预制体中，再冷却就形成所需的复合材料。熔体渗透工艺在金属基复合材料的制备中是一项重要的技术，而在陶瓷基复合材料中应用较少。熔体渗透工艺包含两种类型：前者在熔体渗透到预制体过程中熔体与预制体不发生反应，而后者则相反。熔体非反应渗透的典型例子是：由硅酸盐（$CaSiO_3$、$SrSiO_3$ 等）在高温惰性气氛渗入由 SiC 的颗粒、纤维或晶须构成的预制体，就形成了陶瓷基复合材料，很明显，熔体与 SiC 之间没有明显的化学反应。熔体反应渗透属于反应烧结的一种，典型例子是 Si 熔体渗入由 C 颗粒构成的预制体，Si 与 C 反应生成 SiC，就形成 SiC/Si 复合材料。熔体渗透工艺优点是：易于制备复杂形状和精确尺寸构件，工艺温度低，材料中没有玻璃相。

（2）化学气相渗透

化学气相渗透（CVI）制备陶瓷基复合材料是将含挥发性金属化合物的气体在高温反应形成陶瓷固体沉积在增强剂预制体的空隙中，使预制体逐渐致密而形成陶瓷基复合材料。由增强剂构成的预制体可以是纤维、晶须和颗粒，甚至是多孔陶瓷烧结体，但长纤维用得最多。CVI 工艺的优点在于：工艺温度低；适用范围广，可制备碳化物、氮化物、氧化物、硼化物及 C/C 等复合材料；材料纯度高；工艺过程构件不收缩，适于制备大尺寸、形状复杂构件。CVI 工艺也有它的缺点，就是：难以致密化，形成材料的致密度难以达到理论密度的 90%；反应气体常会损伤增强剂（纤维或晶须）；排放的余气一般有腐蚀性或有毒，危害环境；工艺时间长，成本较高。

（3）由有机聚合物合成

由有机聚合物可以合成 SiC 和 Si_3N_4，并可作为基体制备陶瓷基复合材料。通常是将增强体材料和陶瓷粉末与有机聚合物混合，然后进行成型和烧结。可以使用的有机聚合物有：聚乙烯硅烷、聚碳硅烷、聚硅氧烷等。该方法的优点在于：工艺温度低，因此对增强纤维的损害小；此外，由于无须添加剂，使得基体的纯度提高，有利于改善材料的高温力学性能。其缺点在于烧成过程中质量减少多，达 40%～60%，体积收缩很大，难以致密。为了提高致密度，需多次聚合物浸渍。

（4）其他方法

除以上合成陶瓷基复合材料的新方法外，还有自蔓延高温合成（SHS）、金属直接氧化技术。由于这些新技术不仅可用于制备陶瓷基复合材料，还可用于制备金属基复合材料、金属陶瓷、金属间化合物等，因此将在以后介绍。

6.3 氧化物基陶瓷复合材料

氧化物陶瓷作为基体的复合材料在陶瓷基复合材料中占有较大比例。氧化物陶瓷基体研究得较多的是 Al_2O_3 和 ZrO_2。

6.3.1 Al_2O_3 基复合材料

氧化铝陶瓷是以 α-Al_2O_3 为主晶相的陶瓷材料。Al_2O_3 陶瓷是研究得较早的陶瓷材料，它具有高强度、高硬度、耐高温、耐磨损、耐腐蚀等优异性能，惟一不足的是脆性很大，韧性差，人们通过材料复合的方法改善了其韧性，其主要途径有：颗粒弥散、纤维（晶须）补强、层状复合。

6.3.1.1 颗粒强化 Al_2O_3 基复合材料

（1）刚性颗粒强化 Al_2O_3 基复合材料

刚性颗粒在这里是指陶瓷颗粒。尽管陶瓷颗粒的增韧效果不如纤维和晶须，但如果颗粒种类、粒径、含量选择得当，仍有一定增韧效果，同时还可能会改善其高温性能，而且颗粒强化复合材料的工艺比较简单，因此研究颗粒增韧陶瓷基复合材料还是很有意义。用来强化 Al_2O_3 的陶瓷颗粒主要有：TiC、SiC、ZrO_2 和 Si_3N_4 等。TiC 颗粒对 Al_2O_3 陶瓷有比较有效的增韧、增强效果，如图 6-1 是 TiC_p/Al_2O_3 复合材料的强度和韧性与 TiC 含量的关系。从图中知，随着 TiC 含量的增加，材料的强度和韧性有显著的提高。TiC_p/Al_2O_3 体系在烧结时会有反应发生，并产生气体，所以烧结比较困难，一般需添加助烧剂，或采用压力烧结。Si_3N_4 具有较高的硬度和高的导热性，加入到 Al_2O_3 中能提高陶瓷的强度和韧性，尤其是抗热冲击性能。由于 Si_3N_4 是很难烧结的材料，因而 Si_3N_4/Al_2O_3 复合材料需用热压或热等静压烧结。这种材料可用做刀具，且适合切削 45HRC 的镍铬铁耐热合金材料，切削速度可比硬质合金刀具高数倍。

ZrO_2 颗粒强韧化 Al_2O_3，除了弥散增韧作用外，主要是其相变增韧起作用。由 ZrO_2 颗粒弥散分布在 Al_2O_3 基体中，材料的韧性有很大提高，但其强度有少许牺牲，如图 6-2 所示。该类材料作为强韧材料的耐磨性能也很优越，在机械方面得到了应用，而且也作为切削工具材料使用，在切削碳钢的实践中得到了证实。

近些年来，在世界范围内掀起了一股研究所谓"纳米颗粒复相陶瓷"的热潮，在陶瓷基体中引入纳米级的第二相增强粒子，通常小于 300nm，可以使材料的室温和高温性能大幅度

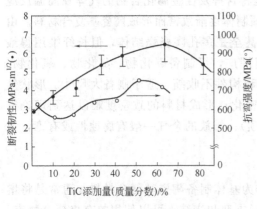

图 6-1 TiC_p/Al_2O_3 复合材料的
强度和韧性与 TiC 含量的关系

提高，特别是弯曲强度值。如将 5%（体积）300nm 的 SiC 颗粒引入 Al_2O_3 陶瓷基体中，陶瓷的强度可达 1GPa 以上，并且这一强度值可一直保持到 1000℃ 以上。同时，SiC 颗粒的加入使 Al_2O_3 陶瓷的断裂韧性 K_{IC} 值也由原来的 3.25MPa·$m^{1/2}$ 上升到 4.70 MPa·$m^{1/2}$。

（2）延性颗粒强化 Al_2O_3 基复合材料

延性颗粒强化 Al_2O_3 在这里指的是用金属颗粒增韧 Al_2O_3 陶瓷，常用的金属有：Cr、Fe、Ni、Co、Mo、W、Ti 等。金属粒子的加入可以显著提高陶瓷基体的韧性。这类材料常被称为金属陶瓷。这里主要介绍 Cr/Al_2O_3 和 Fe/Al_2O_3 复合材料。

a. Cr/Al_2O_3 复合材料　Cr 与 Al_2O_3 之间的润湿性并不好，但铬粉表面容易氧化生成一层致密的 Cr_2O_3，因此可通过形成 Cr_2O_3-Al_2O_3 固溶体来降低它们之间的界面能，改善润湿性。为了使金属 Cr 粉部分氧化，工艺上常采取的措施有：

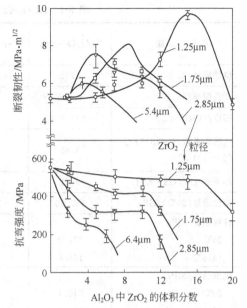

图 6-2　ZrO_2/Al_2O_3 复合材料的强度和韧性与 ZrO_2 含量的关系

①在烧结气氛中引入微量的水汽或氧气；②在配料时用一部分氢氧化铝代替氧化铝，以便在高温下分解产生出水蒸气使铬氧化；③在配料中用少量 Cr_2O_3 代替金属铬。

Cr/Al_2O_3 金属陶瓷所用原料是纯度为 99.5% 的 α-Al_2O_3 和纯度为 99% 的 Cr 粉。将 Al_2O_3 和 Cr 粉共同干磨或湿磨至需要的粒度。可以用陶瓷成型方法成型，包括注浆成型，也可以用浸渍法成型。Cr/Al_2O_3 材料烧结一般在氢气中进行，烧结温度为 1550～1700℃。正式烧结之前可控制气氛使 Cr 粉氧化生成 5%～7% 的 Cr_2O_3。除用普通方法烧结 Cr/Al_2O_3 金属陶瓷外，还可用加压烧结，如热压烧结和热等静压烧结。

Al_2O_3 与 Cr 的热膨胀系数差别较大，易于在材料内部形成内应力使材料的力学性能下降。如果在 Cr 中添加金属 Mo，形成的 Cr-Mo 合金在一个相当宽的范围内具有和 Al_2O_3 十分接近的热膨胀系数，因此 Al_2O_3-（Cr、Mo）金属陶瓷有着更好的机械强度，但由于 Mo 的抗氧化性很差，所以这种金属陶瓷的高温抗氧化性也差一些。表 6-1 列出了一些 Al_2O_3-Cr 金属陶瓷的组分和性能的关系，从表中知，随着 Al_2O_3-Cr 金属陶瓷中 Cr 含量增加，材料的室温和高温强度均是上升的，但其弹性模量是减小的。

由于 Cr/Al_2O_3 金属陶瓷具有优良的高温抗氧化性、耐腐蚀性和较高的强度，从而获得了比较普遍的应用，如导弹喷管的衬套、熔融金属流量控制针、热电偶保护套、喷气火焰控制器，炉管、火焰防护杆、机械密封环等。

b. Fe/Al_2O_3 复合材料　把纯度 99% 以上的工业 Al_2O_3 在 1450℃ 煅烧成 α-Al_2O_3，然后与 Fe 粉混合球磨，以酒精为介质，刚玉球为研磨体，使磨后的粉体的粒径达到微米级，再用模压法成形，压力为约 1t/cm^2，压坯密度达 2.70g/cm^3，孔隙度为 21%。在 1700℃ 还原气氛中烧结 1.5h，制得的 Fe/Al_2O_3 金属陶瓷，其密度为 3.29g/cm^3，孔隙度为 0.29%。

Fe/Al_2O_3 金属陶瓷硬度高、耐磨、耐腐蚀、热稳定性高，广泛用做机械密封环以及农用潜水泵机械密封用，另外还可以在要求耐高温、导热、导电场合下作为高温部件用。该环使用寿命长，而且不会因临时启动产生大量的热而使环破碎。

表 6-1　Al$_2$O$_3$-Cr 金属陶瓷的组分和性能的关系

性　　能	70Al$_2$O$_3$-30Cr	28Al$_2$O$_3$-72Cr	34Al$_2$O$_3$-52.8Cr-13.2Mo	34Al$_2$O$_3$-66Cr	23Al$_2$O$_3$-77Cr
烧结温度/℃	1700	1675~1700	1730		
开孔隙率/%	<0.5	0	0~0.3		
密度/(g/cm³)	4.60~4.65	5.92	5.82		
热膨胀系数/(×10^{-6}/℃) (25~1315℃)	9.45	10.35	10.47		
热导率/[W/(m·K)]	9.21				
弹性模量(20℃)/GPa	362.60	323.40	313.60	313.60	254.80
抗弯强度/MPa 　20℃ 　1315℃	377.3 166.6	548.8 240.1	597.8 267.5	596.8	
抗拉强度/MPa 　20℃ 　1100℃	240.1 127.4	267.5 150.9	363.6 185.2	363.6	144.1

6.3.1.2　晶须强化 Al$_2$O$_3$ 基复合材料

用纤维增强 Al$_2$O$_3$ 陶瓷材料鲜见报道。用陶瓷晶须强化 Al$_2$O$_3$ 陶瓷的研究比较成熟，尤其是 SiC 晶须。

SiC$_w$/Al$_2$O$_3$ 陶瓷复合材料的烧结一般比较困难，多采用热压法制造。比如：用平均粒度为 0.5μm、纯度为 99.9% 的 Al$_2$O$_3$，与平均直径为 0.2~0.5μm 的 SiC 晶须，湿式混合，干燥制粒，采用热压烧结，烧结温度为 1773~2000K，压力为 200MPa，保温时间为 1h。图 6-3 是 SiC$_w$/Al$_2$O$_3$ 材料的断裂韧性与 SiC 晶须添加量之间的关系，该图表明，随着材料中 SiC 晶须含量增加，材料的断裂韧性得到显著改善，当 SiC 晶须添加量为 40%（体积）时，其断裂韧性是 Al$_2$O$_3$ 基体的 2 倍多。为了进一步提高材料的韧性，有人在 SiC$_w$/Al$_2$O$_3$ 材料添加 ZrO$_2$，形成的 Al$_2$O$_3$-15% SiC$_w$-15% ZrO$_2$ 复合材料的断裂韧性达到 8.4 MPa·m$^{1/2}$，抗弯强度达到了 1191MPa。表 6-2 为 SiC 晶须增强 Al$_2$O$_3$ 基复合材料的力学性能。SiC 晶须增强 Al$_2$O$_3$ 基复合材料由于硬度、强度、断裂韧性都很高，而且热传导性好，所以可望在高温领域中得到应用。但现在由于其制作成本较高，主要应用领域为小型、形状较简单的切削工具，例如木工钻头、卷线导轨等。由于该材料在高温合金等难切削材料中体现出其优越性，可望成为新切削工具材料。

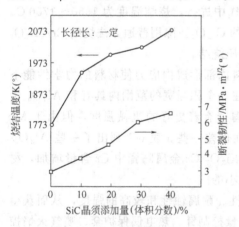

图 6-3　SiC$_w$/Al$_2$O$_3$ 材料的断裂韧性与 SiC 晶须添加量之间的关系

总体说来，在 Al$_2$O$_3$ 中添加 TiC 等过渡金属的碳、氮化物、ZrO$_2$ 等氧化物的颗粒或晶须等，而得到强韧化的 Al$_2$O$_3$ 复合材料，在许多领域都得到了应用。但是对此类材料必须改进的地方还很多。

表 6-2　SiC 晶须增强 Al_2O_3 基复合材料的力学性能

陶瓷复合体	强度/MPa	断裂韧性/MPa·$m^{1/2}$
Al_2O_3	500	4
Al_2O_3/SiC(W)(20)	800	8.7
Al_2O_3/ZrO_2(TZP)(0~50)	500~1000	5~8
Al_2O_3/ZrO_2(TZP)(15)SiC(W)(15)	1100~1400	6~8

注：括号内的数字为体积分数；TZP，四方氧化锆多晶体（tatragonal zirconia polycrystal）；W，晶须（whiske）。

6.3.2　ZrO_2 基复合材料

6.3.2.1　ZrO_2 基体

ZrO_2 有三种晶型。低温为单斜结构（m 相），密度为 $5.65g/cm^3$，高温为四方结构（t 相），密度为 $6.10g/cm^3$，更高温度下转变为立方结构（c 相），密度为 $6.27g/cm^3$。其转化关系为：

$$单斜\ ZrO_2 \xrightleftharpoons{1170℃} 四方\ ZrO_2 \xrightleftharpoons{2370℃} 立方\ ZrO_2 \xrightleftharpoons{2715℃} 液体$$

单斜晶与四方晶之间的转变伴随有 7%～9% 的体积变化。加热时，单斜晶转变为四方晶，体积收缩；冷却时，四方晶转变为单斜晶，体积膨胀。随着晶型的转变，亦有热效应产生。由于晶型转变引起体积变化效应，所以用纯 ZrO_2 就很难制造出构件，必须进行晶型稳定化处理。常用的稳定添加剂有 CaO、MgO、Y_2O_3、CeO_2 和其他稀土氧化物。这些氧化物的阳离子半径与 Zr^{4+} 相近（相差在 12% 以内），它们在 ZrO_2 中的溶解度很大，可以和 ZrO_2 形成单斜、四方和立方等晶型的置换型固溶体。这种固溶体可以通过快冷避免共析分解，以亚稳态保持到室温。加入适量的稳定剂后，t 相可以部分地以亚稳定状态存在于室温，称为部分稳定氧化锆（简称 PSZ）。在应力作用下发生 t→m 马氏体转变称为"应力诱导相变"。这种相变过程将吸收能量，使裂纹尖端的应力场松弛，增加裂纹扩展阻力，从而实现增韧。部分稳定氧化锆的断裂韧性远高于其他结构陶瓷。四方多晶氧化锆（TZP）可以看成 PSZ 的一个分支，它在四方相区烧结，冷却过程中不发生相变，室温下保持全部或大部分的四方相。在 TZP 中常以 Y_2O_3 作稳定剂（叫 Y-TZP），该材料具有很好的力学性能。

ZrO_2 基复合材料多是以添加一定稳定剂的 PSZ 或 TZP 为基的。例如在 PSZ 中加入 Al_2O_3、SiC、SiO_2、TiO_2、尖晶石的颗粒及其晶须等；在 TZP 中加入 Al_2O_3、SiC、尖晶石和莫来石的颗粒及晶须等，甚至引入板状的 α-Al_2O_3。

6.3.2.2　ZrO_2 基陶瓷复合材料

一般在 ZrO_2 中复合第二相的目的主要是为了提高材料的室温和高温强度并抑制晶粒生长。如引入 10%～40%（质量）Al_2O_3 于 Y-TZP 中可使其高温强度提高 2～4 倍，同时还能抑制 TZP 材料的低温老化。复合非氧化物 SiC 及其晶须等也有显著的作用，但在工艺上存在如何解决其氧化及烧成的问题。

将 25%（质量）的板状 α-Al_2O_3 加入 Y-TZP 中可改善烧结密度，提高高温强度，在 800℃时提高 11%，在 1300℃ 可提高 16%，1300℃ 的韧性提高 33%。这主要是因为板状 α-Al_2O_3 的引入增加了新的增韧机制，材料中不仅有相变增韧，而且有裂纹偏转、沿晶断裂、拔出等机制；于 1500℃烧成的 [2.5%～3%（摩尔）] Y-TZP/尖晶石-Al_2O_3 复合材料，平均抗弯强度为：900～1050MPa；在 Mg-PSZ 中复合尖晶石和 Y_2O_3 得到新型微晶 PSZ，其断裂韧性可达 10MPa·$m^{1/2}$ 以上，而强度为 500～700MPa。可见 ZrO_2 基复合材料具有优异的力学性能。

但 PSZ 基材料需要高温固溶、急冷和热处理等制备工艺，而 TZP 基材料需要严格控制 t-ZrO_2 的晶粒尺寸，在 100℃ 以上的中低温区长期使用时性能下降，所以寻找价廉、有效的制备方法、提高相的稳定性是该材料走向应用的关键。因此尽管 ZrO_2 基复合材料具有高强、高韧（在目前陶瓷材料中韧性最高）、耐磨、耐蚀、耐高温并且在高温下可导电等优良特性，具有良好的应用前景，但真正投入应用的并不多。目前已应用的几个方面概述如下（包括 PSZ 和 TZP）。

① 在食品工业用作罐头盒接缝滚子，罐头盒穿孔器，柱塞，耐磨密封垫，真空轴套，悬垂轴承和单向阀门。

② 在纺织工业用做导丝器，主要是由于稳定 ZrO_2 在高温下具有导电性，可消除丝线与导丝器的静电，而且材料烧成后不需要加工表面（即很光洁），并耐高温。

③ 在陶瓷工业中 ZrO_2 用途很广，但主要用于分散体，研磨介质，窑具，粉磨机用的偏心轮盘等；在电子陶瓷领域多用做电绝缘耐热陶瓷基片。

④ 在冶金工业，利用稳定剂与 ZrO_2 形成固溶体产生氧空位，可制备 Mg-PSZ 或 Y-PSZ 为基的氧敏探头，检测钢水中的 Si、O 等杂质的含量；在 TZP 或 PSZ 中复合适量的 Al_2O_3 可制备耐 1600℃ 的高温泡沫陶瓷过滤器，是目前使用温度最高的一类过滤金属熔体的材料。

⑤ 在其他方面，ZrO_2 复合材料还可用于挤压模具和内燃机部件，用于水泵零部件，如制成 ZrO_2 隔离垫圈，主要是因为 ZrO_2 低温下是绝缘体，能防止涡流损失，这样在磁体周围无热量产生，可省去冷却装置、减小磁耦尺寸、提高机械效率、节省电能；此外稳定的立方氧化锆陶瓷还可用做隔热涂层。

此外，还有用金属来强化 ZrO_2 的复合材料，如 ZrO_2-W 金属陶瓷。用粒度为 $2\sim3\mu m$ 的稳定化 ZrO_2 粉与约 300 目的钨粉混合，成型后，在 1000℃ 的真空中预烧，最后在氢气保护下 1780℃ 烧成。这种材料耐磨、耐温、抗氧化和耐冲击性能均良好，是一种好的火箭喷嘴材料。

6.4 非氧化物基陶瓷复合材料

非氧化物陶瓷指的是不含氧的金属碳化物、氮化物、硼化物和硅化物等。不同于氧化物，这类化合物在自然界很少有，大多需要人工合成。它们是先进陶瓷特别是金属陶瓷的主要成分和晶相，主要由共价键结合而成，但有的也有一定的金属键的成分，如硅化物。由于共价键的结合能一般很高，因而由这类材料制备的陶瓷一般具有较高的耐火度、高的硬度和高的耐磨性（特别对浸蚀性介质）。但这类陶瓷的脆性都很大，并且高温抗氧化能力一般不高，在氧化气氛中易发生氧化而影响材料的使用寿命。非氧化物陶瓷涉及的面很广，主要包括碳化物、氮化物、硼化物、硅化物，每一类都有许多化合物。如碳化物中有：SiC、TiC、B_4C、ZrC、HfC、VC 和 NbC 等。

非氧化物基复合材料主要是指以碳化物、氮化物、硼化物、硅化物等为基体的复合材料，其中以 SiC 和 Si_3N_4 陶瓷基复合材料研究最成熟，使用最广泛。这里主要介绍 SiC 和 Si_3N_4 陶瓷基复合材料。

6.4.1 SiC 陶瓷基复合材料

6.4.1.1 SiC 陶瓷基体

SiC 是 Si-C 间键力很强的共价键化合物，具有金刚石型结构。C 和 Si 原子的电负性之差（$\Delta x = 2.5-1.8 = 0.7$），SiC 中共价键约占 88%，可见其共价键性是很强的。SiC 有 75

种变体。主要变体是：α-SiC、6H-SiC、4H-SiC、15R-SiC 和 β-SiC。符号 H 和 R 分别代表六方和斜方六面结构，H、R 之前的数字代表沿 c 轴重复周期的层数。α-SiC 是高温稳定型结构，β-SiC 是低温稳定型。从 2100℃开始 β-SiC 向 α-SiC 转变，到 2400℃转变迅速发生。SiC 没有熔点，在一个大气压下，在 2830℃左右分解。

SiC 晶体结构是由 Si—C 四面体组成的。Si—C 四面体类似于 Si—O 四面体。所有的 SiC 晶体结构变体都是由 Si—C 四面体构成，所不同的是平行结合还是反平行结合。表 6-3 列出了几种 SiC 晶型变体的晶格常数。SiC 粉体的制备主要有还原法、气相合成法等。其中还原法主要是指 SiO_2-C 还原法，工业上主要用石英砂加焦炭直接通电还原，通常要 1900℃ 以上；这种方法制备的 SiC 粉末颗粒较粗，有绿色和黑色两大类；SiC 含量越高，其颜色越浅；高纯的 SiC 应为无色的。气相法可制备出高纯超细的 SiC 粉末，一般采用挥发性的卤化硅和碳化物按气相合成法来制取，或者用有机硅化物在气体中加热分解的方法来制取。

表 6-3　几种 SiC 晶型变体的晶格常数

晶　　型	结晶构造	晶　格　常　数/Å	
		a	c
α-SiC	六方	3.0817	5.0394
6H-SiC	六方	3.073	15.1183
4H-SiC	六方	3.073	10.053
15R-SiC	斜方六面(菱形)	12.69	37.70(α=13°54.5′)
β-SiC	面心立方	4.349	

注：1Å＝0.1nm。

碳化硅陶瓷的理论密度是 $3.21g/cm^3$。由于它主要是由共价键结合，很难采用通常离子键结合材料（如 Al_2O_3、MgO 等）那种由单纯化合物进行常压烧结的途径来制取高致密的 SiC 材料，一般要采用一些特殊的工艺手段或依靠第二相物质。常用的制造方法有：反应烧结（包括重结晶法）、热压烧结、常压烧结、浸渍法以及制作涂层的化学气相沉积法。反应烧结是用 α-SiC 粉末与碳混合，成型后放入盛有硅粉的炉子中加热至 1600～1700℃，熔渗硅或使硅的蒸气渗入坯体与碳反应生成 β-SiC 并将坯体中原有的 SiC 结合在一起；热压烧结要加入 B_4C、Al_2O_3 等烧结助剂；常压烧结，一般是在 SiC 粉体中加入 B(B_4C)-C、Al(AlN)-C、Al_2O_3 等烧结助剂，烧结温度高达 2100℃；浸渍法是用聚碳硅烷作为结合剂加到 SiC 粉体中，然后烧结得到多孔 SiC 制品，再置于聚碳硅烷中浸渍，在 1000℃再烧成，其密度增大，如此反复进行，其密度可达到理论密度的 90%左右。关于 SiC 的制备工艺条件及其制品性能列于表 6-4，从表中知，热压 SiC 陶瓷的致密度较高，强度也是最高的。

表 6-4　SiC 的制备工艺条件及其制品性能

材　　料	制备温度 /℃	抗弯强度 (室温,三点) /MPa	密度 /(g/cm³)	弹性模量 /MPa	线膨胀系数 (20～1000℃) /℃⁻¹
热压 SiC	1800～2000	718～760	3.19～3.20	440×10³	4.8×10⁻⁶
CVD SiC 涂层	1200～1800	731～993	2.95～3.21	480×10³	—
重结晶 SiC	1600～1700	约 170	2.60	206×10³	—
烧结 SiC(掺入 SiC-B₄C)	1950～2100	约 280	3.11	—	—
烧结 SiC(掺入 B)	1950～2100	约 540	3.10	420×10³	4.9×10⁻⁶
反应烧结 SiC	1600～1700	159～424	3.09～3.12	(380～420)×10³	(4.4～5.2)×10⁻⁶

尽管优化 SiC 陶瓷的烧结工艺，能改善其力学性能，其抗弯强度可达 700～800MPa，但其断裂韧性最高只能达到 5～6MPa·m$^{1/2}$，限制了它作为结构材料的应用范围。为了提高 SiC 陶瓷的力学性能，尤其是断裂韧性，需要对 SiC 陶瓷进行强韧化，其途径主要有颗粒弥散、晶须和纤维强韧化。

6.4.1.2 颗粒弥散强化 SiC 基复合材料

颗粒弥散强化复合材料主要有以下强化机理：分担载荷、参与应力和裂纹偏转等。这些强韧化机理适用于 SiC 基体的增强体有碳化物、硼化物颗粒等。例如在 SiC 基体中添加 TiC 颗粒的复合材料的性能如图 6-4 所示。材料中 TiC 颗粒的增加使韧性提高。添加 50％TiC 时材料的断裂韧性达到 6MPa·m$^{1/2}$。而且随温度的升高，TiC$_p$/SiC 复合材料断裂韧性下降，如图 6-5 所示。这表明在强韧化中残余应力起着很大的作用。这种材料中增强相（TiC）与基体（SiC）之间的热膨胀系数相差较大，从而产生了残余应力，使裂纹发生偏转。

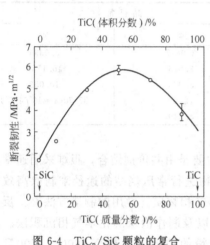

图 6-4 TiC$_p$/SiC 颗粒的复合
材料的断裂韧性

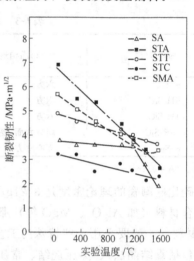

图 6-5 TiC$_p$/SiC 复合材料断裂
韧性与温度的关系

6.4.1.3 晶须强化 SiC 基复合材料

现在虽然有很多种陶瓷晶须，但为了适用于 SiC 的强化，必须考虑其在工艺温度的稳定性，所以仍主要选择 SiC 晶须。在使用 SiC 晶须强化 SiC 时，由于强化相与基体属于同一种材料，所以不存在弹性模量和热膨胀系数的差别，因此也就不存在颗粒弥散强化 SiC 复合材料中残余应力的韧化。一般认为在此类材料中主要的韧化机理是在裂纹扩展遇到高强度的晶须，裂纹会偏转而沿着晶须与基体扩展，这样就增加材料的断裂功，从而使断裂韧性增加。该系列材料的制造方法有化学气相渗透（CVI）、有机硅聚合物浸渍烧成法等。在 2000℃热压时晶须发生再结晶可以使韧性提高。另有报道，将晶须作为原材料进行烧结，断裂韧性达到了 7.3MPa·m$^{1/2}$。为了控制界面，对 SiC 晶须施以碳涂层，然后进行热压，可以在 1800℃使材料致密化；而采用挤压成型制得的定向强化材料的断裂韧性达到了 7.5 MPa·m$^{1/2}$。

6.4.1.4 连续纤维强化 SiC 基复合材料

关于连续纤维强化 SiC 复合材料，主要使用的有碳纤维和 SiC 纤维。连续纤维强化 SiC 复合材料的制备方法有热压、反应烧结、有机硅聚合物浸渍烧成法、CVI 等。为了保护纤维，要求工艺温度尽可能的低，并防止纤维与基体材料发生反应。为了制作具有复杂形状的部件，常采用有机硅聚合物浸渍烧成法或 CVI 法。

图 6-6 为用 SiC 纤维和碳纤维强化 SiC 复合材料的应力-应变关系。从图中可知，长纤维强化 SiC 复合材料的断裂方式是像金属材料的延性断裂，而不是一般陶瓷材料的灾难性的脆性断裂。

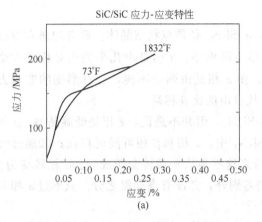
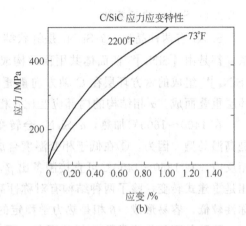

图 6-6 SiC 纤维和碳纤维强化 SiC 复合材料的应力-应变关系

纤维与基体的中间层称为界面层。界面层的特征决定了增强纤维与基体间相互作用的强弱，对增韧效果影响很显著。为了改善 SiC_f/SiC 复合材料的力学性能，近年来发展了 BN、PyC（热解碳）和 B_4C 等界面层。纤维经过表面涂层处理增加界面层后，可以避免增强纤维的损伤，提高材料的强度；而且较好的界面结合（界面结合强度稍低于基体和增强纤维）有利于更好地增强材料韧性。用热解碳（PyC）涂层改性的 C 纤维和 SiC 纤维增强 SiC 复合材料具有优异的性能，其室温和高温弯曲强度都很高，尤其是 SiC_f/SiC 复合材料室温弯曲强度达 860MPa，1300℃ 弯曲强度为 1010MPa，见表 6-5；C_f/SiC 和 SiC_f/SiC 复合材料的断裂韧性比 SiC 基体提高数倍，C_f/SiC 材料的断裂韧性（K_{IC}）达 20.0MPa·$m^{1/2}$，而 SiC_f/SiC 材料的 K_{IC} 更是高达 41.5MPa·$m^{1/2}$，见表 6-6。它们都达到金属材料的水平，其增韧效果非常显著。

表 6-5 C_f/SiC 和 SiC_f/SiC 复合材料的室温和高温强度

材　　料	抗 弯 强 度			剪切强度/MPa	拉伸强度/MPa
	室　温	1300℃	1600℃		
C_f/SiC	460	447	457	45.3	323
SiC_f/SiC	860	1010		67.5	551

表 6-6 C_f/SiC 和 SiC_f/SiC 复合材料的断裂韧性和断裂功

材　　料	断裂韧性/(MPa·$m^{1/2}$)	断裂功/(kJ·m^{-2})
C_f/SiC	20.0	10.0
SiC_f/SiC	41.5	28.1

纤维强化 SiC 复合材料除了具有优异的力学性能之外，还具有优异的耐热性、耐热冲击性等，所以有希望在很多领域得到应用。现在主要在以航空、宇航等为中心的领域进行研究和开发。它在液体燃料火箭中作为分级火箭的大型无冷却喷嘴使用，在高温下获得了比传统

耐热金属更长的寿命，还进行了宇宙返回机中作为隔热材料的试验，试验温度在 1700℃ 的高温。该类材料用于航空发动机与金属材料相比可以使质量减轻 40%，它已经在 MIRAGE2000 和 RAFALE 战斗机中使用。作为民用，已在柴油发动机中进行了试验，但需要大幅度降低成本才可能得以实用。

6.4.2 Si_3N_4 陶瓷基复合材料

6.4.2.1 Si_3N_4 陶瓷基体

Si_3N_4 有两种晶型，β-Si_3N_4 是针状结晶体，α-Si_3N_4 是颗粒状结晶体。两者均属六方晶系，都是由 $[SiN_4]^{4-}$ 四面体共用顶角构成的三维空间网络。β 相是由几乎完全对称的 6 个 $[SiN_4]^{4-}$ 组成的六方环层在 C 轴方向重叠而成。而 α 相是由两层不同，且有形变的非六方环层重叠而成。α 相结构的内部应变比 β 相大，故自由能比 β 相高。

在 1400~1600℃ 加热，α-Si_3N_4 会转变成 β-Si_3N_4，但并不是说：α 相是低温晶型，β 相是高温晶型。因为：①在低于相变温度合成的 Si_3N_4 中，α 相和 β 相可同时存在；②通过气相反应，在 1350~1450℃ 可直接制备出 β 相，看来这不是从 α 相转变而成的。α 相转变为 β 相是重建式转变，除了两种结构有对称性高低的差别外，并没有高低温之分。只不过 α 相对称性较低，容易形成，β 相是热力学稳定的。

两种晶型的晶格常数 a 相差不大，而在 c 相上，α 相是 β 相的 2 倍。两个相的密度几乎相等，相变中没有体积变化。α 相的热膨胀系数为 $3.0\times10^{-6}/℃$，而 β 相的热膨胀系数为 $3.6\times10^{-6}/℃$。两相晶格常数的对比见表 6-7 所列。

表 6-7　Si_3N_4 的两相晶格常数及密度

相	晶格常数/Å		单位晶胞分子数	计算密度/(g/cm³)
	a	c		
α-Si_3N_4	7.748±0.001	5.617±0.001	4	3.184
β-Si_3N_4	7.608±0.001	2.910±0.0005	2	3.187

注：1Å=0.1nm。

Si_3N_4 粉体主要有 4 种制备方法：硅粉直接氮化、二氧化硅还原氮化、亚胺和胺化物热分解、化学气相沉积法。硅粉直接氮化是由硅粉放在氮气或氨气中加热到 1200~1450℃，发生反应，生成 Si_3N_4 粉。二氧化硅还原氮化法是将硅石与碳的混合物在氮气中加热到高温发生反应：$3SiO_2+6C+2N_2 \Longrightarrow Si_3N_4+6CO\uparrow$，而形成 Si_3N_4 粉。亚胺和胺化物热分解法又叫 $SiCl_4$ 液相法。$SiCl_4$ 在 0℃ 干燥的己烷中与过量的无水氨气反应，生成亚氨基硅 $[Si(NH)_2]$、氨基硅 $[Si(NH_2)_4]$ 和 NH_4Cl。真空加热，除去 NH_4Cl，再在高温惰性气氛加热分解可获得 Si_3N_4 粉。化学气相沉积法是将 $SiCl_4$ 或 SiH_4 与 NH_3 在约 1400℃ 的高温发生气相反应可形成高纯的 Si_3N_4 粉。其反应为：$3SiCl_4+16NH_3 \Longrightarrow Si_3N_4+12NH_4Cl$ 和 $3SiH_4+4NH_3 \Longrightarrow Si_3N_4+12H_2$。

由于 Si_3N_4 属于共价键化合物，其原子自扩散系数非常小，高纯 Si_3N_4 要固相烧结是非常困难的。Si_3N_4 陶瓷常用的烧结方式有反应烧结（RBSN）、热压烧结和常压烧结 3 种。前者是将硅粉以适当方式成型后，在高温炉中通氮进行氮化：$3Si+2N_2 \Longrightarrow Si_3N_4$，反应温度为 1350℃ 左右。为了精确控制试样的尺寸，还常把反应烧结后的制品在一定氮气压力下于较高温度下再次烧成，使之进一步致密化，这就是所谓的 RBSN 的重烧结或重结晶。

热压烧结是用 α-Si_3N_4 含量高于 90% 的 Si_3N_4 细粉，加入适量的烧结助剂（如 MgO、

Al$_2$O$_3$）在高温（约 1600～1700℃）和压力下烧结而成。Si$_3$N$_4$ 陶瓷热等静压烧结也是可行的，由于其压力比热压高，其烧结温度一般要低 200～300℃。

高纯 Si$_3$N$_4$ 要固相烧结是极困难的，加入烧结助剂使其在烧结过程中出现液相，对于常压烧结是必须的。所以 Si$_3$N$_4$ 陶瓷的常压烧结实际上是液相烧结。在常压烧结中，Si$_3$N$_4$ 粉要细，α-Si$_3$N$_4$ 含量要高，这对于常压烧结比热压烧结更重要。有效的烧结助剂有 MgO、Y$_2$O$_3$、CeO$_2$、ZrO$_2$、BeO、Al$_2$O$_3$、Sc$_2$O$_3$、La$_2$O$_3$ 和 SiO$_2$ 等。

近年来研究较多的体系是在常压烧结中固溶相当数量的 Al$_2$O$_3$ 形成 Si$_3$N$_4$ 固溶体即所谓的 Sialon 陶瓷。这种材料可添加烧结助剂常压或热压烧结，还可与其他陶瓷形成复合材料。表 6-8 列出了 Si$_3$N$_4$ 陶瓷的制备工艺与性能。从表中知，热压 Si$_3$N$_4$ 陶瓷的强度最高，而反应结合 Si$_3$N$_4$ 陶瓷的强度最低，原因是前者最致密，而后者较疏松。Si$_3$N$_4$ 陶瓷的力学性能取决于制备工艺和显微结构。由于 β-Si$_3$N$_4$ 是针状结晶体，因此随着材料中 β-Si$_3$N$_4$ 含量的增加，材料的强度和韧性均增加。而材料中 β 相的含量随 Si$_3$N$_4$ 原粉中 α 相的增加而增加。所以原料中 α 相的含量越高，材料的韧性就越高，如图 6-7 所示。综上所述，Si$_3$N$_4$ 陶瓷材料具有强度较高、耐腐蚀、耐高温、抗热震性好等优点，但由于其结构决定了它具有脆性，限制了其

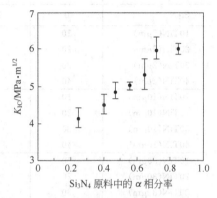

图 6-7 热压 Si$_3$N$_4$（添加 5%MgO）K_{IC} 与 Si$_3$N$_4$ 原料中 α 相分率的关系

推广应用。为了对 Si$_3$N$_4$ 陶瓷材料进行增韧，可添加第二相进行颗粒弥散、晶须、纤维增韧。在 Si$_3$N$_4$ 中加入晶须是一种有效的增韧手段，但是晶须价格昂贵，需要复杂的工艺进行处理和分散，易对人体造成危害，难于制得形状复杂的部件，因此很难实用化。

表 6-8 Si$_3$N$_4$ 陶瓷的制备工艺与性能

类　型	抗弯强度（四点）/MPa			弹性模量/GPa	线膨胀系数 α/℃$^{-1}$	热导率/[W/(m·K)]
	室　温	1000℃	1375℃			
热压（加 MgO）	690	620	330	317	3.0×10^{-6}	15～30
烧结（加 Y$_2$O$_3$）	655	585	275	276	3.2×10^{-6}	12～28
反应结合（2.43g/cm³）	210	345	380	165	2.8×10^{-6}	3～6
β-Sialon（烧结）	485	485	275	297	3.2×10^{-6}	22

6.4.2.2 颗粒强化 Si$_3$N$_4$ 基复合材料

颗粒强韧化陶瓷材料尽管比晶须、纤维的效果差一些，但仍然是有效的，而且该方法工艺简单，价格便宜，易于大规模生产。对 Si$_3$N$_4$ 进行颗粒弥散增强主要有 SiC 和 TiN 等。

近年来人们对 SiC 颗粒弥散增韧 Si$_3$N$_4$ 复合材料进行了广泛的研究。SiC 颗粒的大小和含量对复合材料的韧性和强度的影响是显著的，在其极限粒径（d_c）以下，增加 SiC 颗粒的体积含量和粒径可以提高增韧效果。SiC 颗粒对 Si$_3$N$_4$ 基体的增强、增韧除了传统的弥散强化外，主要还是它会在烧结过程中阻碍基体 Si$_3$N$_4$ 的晶粒长大。增强相 SiC 的粒径对材料的力学性能有较大影响。

SiC 粒径与材料强度和韧性的关系如图 6-8 所示。由图可见随着 SiC 粒径的增加，材料的强度先提高后降低，使材料增强的粒径范围为小于 25μm。SiC 颗粒作为第二相加入材料

中将对基体 Si_3N_4 的晶界移动产生一个约束力。研究表明，含有 SiC 的材料中基体 Si_3N_4 的粒径明显小于不含 SiC 的粒径，且有随着 SiC 粒径减小，基体晶粒尺寸逐渐减小的趋势。这说明加入 SiC 确有阻碍基体晶粒长大的作用。由图 6-8 还可知，随着第二相 SiC 粒径的增加，材料的韧性先下降后提高，再下降，使材料增韧的粒径范围在 $30 \sim 50 \mu m$ 之间。

表 6-9　TiN_p/Si_3N_4 陶瓷复合材料的力学性能

试　　　样	TiN /%(质量)	Si_3N_4 /%(质量)	HRN 15N	σ_f /MPa	K_{IC} /MPa·$m^{1/2}$	切割速率 /(mm³/min)
Si_3N_4	0	100	97.4	450	6.0	0
10TiN(2μm)	10	90	96.1	743	8.1	0
20TiN(2μm)	20	80	96.2	660	7.9	2.80
30TiN(2μm)	30	70	96.8	780	7.9	7.11
40TiN(2μm)	40	60	95.9	690	9.6	9.82
10TiN(10μm)	10	90	97.0	572	7.3	0
20TiN(10μm)	20	80	96.8	682	6.9	0
30TiN(10μm)	30	70	96.8	692	7.5	1.55
40TiN(10μm)	40	60	96.1	497	9.6	4.68
10TiN(30μm)	10	90	96.0	583	8.4	0
20TiN(30μm)	20	80	96.8	677	8.2	0
30TiN(30μm)	30	70	96.0	697	10.2	0.34
40TiN(30μm)	40	60	95.9	620	11.2	3.89

有报道 TiN 颗粒对 Si_3N_4 也有显著的强韧化作用，此外，添加 TiN 还有一个优点就是它使材料可用电火花切割加工，因为 TiN 具有高导电率。为了使 TiN_p/Si_3N_4 材料易于烧结，在对其热压烧结时一般要加烧结助剂，如 Al_2O_3、Y_2O_3 等。TiN_p/Si_3N_4 陶瓷复合材料的力学性能见表 6-9 所列，说明 TiN 颗粒对 Si_3N_4 陶瓷有显著的增强、增韧作用，但却对材料的硬度有微小的降低作用。TiN 颗粒的含量对 Si_3N_4 材料的断裂韧性有影响，如图 6-9 所示，随着 TiN 颗粒含量从 0 到 40%（质量），材料的断裂韧性是上升的。

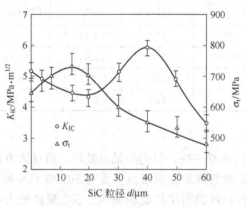

图 6-8　SiC 粒径对 SiC_p/Si_3N_4 复合材料强度和韧性的影响

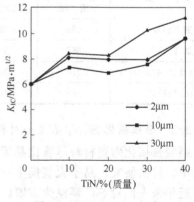

图 6-9　TiN_p/Si_3N_4 复合材料的断裂韧性

6.4.2.3　晶须强化 Si_3N_4 基复合材料

晶须强化 Si_3N_4 基复合材料的主要制造方法有反应烧结和添加烧结助剂烧结等。添加烧结助剂烧结法可分为热压和热等静压（HIP）以及陶瓷的一般制造方法——常压烧结法。反应烧结是将金属硅粉与晶须混合，烧结时硅与氮气反应生成 Si_3N_4。但是这样所得的材料气孔较多，力学性能较低。为了得到高密度的材料，可采用二段烧结法。在硅粉中加入烧结助剂，氮化后升至更高的温度烧结而得到致密的材料。添加烧结助剂热压法是将 Si_3N_4 粉、烧结助剂和晶须混合后放入石墨模具，边加压边升温。由于晶须可能阻碍 Si_3N_4 基体中烧结时物质的迁移，所以烧结比较困难。为了提高密度，需要施加压力。采用较多的是热压。此时晶须在与压力垂直的平面内呈二维分布。由于热压所得到的制品形状比较简单且成本较高，使其使用受到了限制。现在主要应用于切削工具。

反应烧结法制备的 SiC_w/Si_3N_4 材料的抗弯强度可达 900MPa，其断裂韧性与 SiC 晶须的含量的关系如图 6-10 所示，说明随着 SiC 晶须的含量的升高，材料的断裂韧性得到明显的改善。

用热压法制备，再用 HIP 处理得到含晶须 30% 的 Si_3N_4 基陶瓷复合材料，弯曲强度为 1200MPa，断裂韧性为 $8MPa\cdot m^{1/2}$。还有在 Si_3N_4 中添加烧结助剂（Y_2O_3、$MgAl_2O_4$）与 SiC 晶须混合再成型后在 1MPa 氮气气氛中 1700℃ 预烧结，然后热等静压烧结（1500～1900℃，2000MPa），该工艺得到的 SiC_w/Si_3N_4 材料的抗弯强度可达 900MPa，其断裂韧性为 $9～10MPa\cdot m^{1/2}$，如图 6-11 为材料的抗弯强度和断裂韧性与 HIP 温度的关系。该图表明，HIP 温度越高，材料的强度是升高的，但断裂韧性却有所降低。另外，在高压氮气下烧结，SiC_w/Si_3N_4 材料也具有较好的力学性能，如加少量烧结助剂（Y_2O_3、Al_2O_3 等），掺 20%（质量）SiC 晶须，在 1MPa 氮气气氛中 1825℃ 烧结 3h，材料的相对密度达 98% 以上，材料的抗弯强度为 950MPa，断裂韧性为 $7.5MPa\cdot m^{1/2}$。

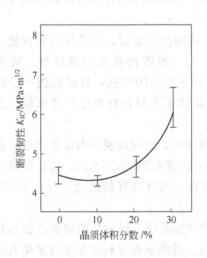

图 6-10　SiC_w/Si_3N_4 材料断裂韧性与 SiC 晶须含量的关系

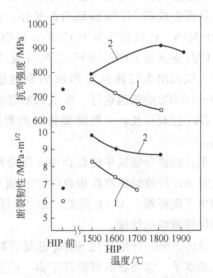

图 6-11　SiC_w/Si_3N_4 材料的抗弯强度和断裂韧性与 HIP 温度的关系

1—Si_3N_4 单相；2—SiC_w/Si_3N_4 复合材料

HIP 制 SiC_w/Si_3N_4 材料具有良好的性能，在转缸式发动机中作为密封件得到了应用。由于该类材料具有优异的耐热性、耐热冲击性、韧性和耐磨性，作为摩擦材料时可以减轻对方的磨损。在汽车中应用也得到了良好的效果。HIP 处理可以得到高密度和性能，但封装包套需要特殊的技术，需防止包套与烧结材料的反应，且成型形状比较简单。SiC_w/Si_3N_4 材料还在重油、原油火力发电的火焰喷嘴中得到了应用。火焰喷嘴内部的温度达 1200℃，外部空气冷却，在厚度方向温差较大，而且在紧急停止时需用含饱和水蒸气的空气急冷。

6.4.2.4 长纤维强化 Si_3N_4 基复合材料

长纤维强化 Si_3N_4 基复合材料的制备方法有通常 Si_3N_4 陶瓷的制备方法如：反应烧结法、添加烧结助剂法等。此外还有陶瓷复合材料所特有的方法，液态硅氮化法（Lanxide法）、CVI 以及聚合物热分解法等。

反应烧结法是在纤维预制体中放入金属硅粉末，在硅的熔点附近 $1300\sim1400℃$，长时间（$50\sim150h$）与氮气反应，生成 Si_3N_4 基体的方法。该工艺的特点是形成材料的形状和尺寸与预制体基本一致，易于制备复杂形状构件，大大减少陶瓷材料的加工。

传统的烧结方法至今仍是 Si_3N_4 基复合材料的有效制备方法之一。一般需要 $1750℃$ 以上的高温、良好的烧结助剂以及足够的压力。纤维与基体 Si_3N_4 的界面反应易于损伤纤维从而恶化材料性能，所以需要耐热性高的纤维或对纤维进行涂层，以避免或降低界面反应。纤维与基体的热膨胀系数差不能太大，否则会在材料中产生应力。添加烧结助剂（LiF-MgO-SiO_2）和热膨胀调节剂，可以使烧结温度降低到 $1450\sim1500℃$。并利用 ZrO_2，制出了碳纤维强化 Si_3N_4 基复合材料，虽然抗弯强度提高不大，但其断裂功为 $4770J/m^2$，提高了 200倍，断裂韧性为 $15.6MPa\cdot m^{1/2}$，提高了 2 倍。将碳纤维在含 Y_2O_3、Al_2O_3 或莫来石的 Si_3N_4 粉末制成的泥浆中浸渍后，定向排列叠层，再在 $1600\sim1800℃$ 热压，形成的碳纤维增强 Si_3N_4 复合材料的常温抗弯强度为 $190\sim598MPa$，$1200℃$时为 $83\sim865MPa$，常温断裂韧性为 $5.8\sim28.8MPa\cdot m^{1/2}$。

液态硅氮化法是将具有一定形状的纤维预制体置在液态硅之上，硅向纤维渗透的同时氮化，从而生成 Si_3N_4 和 Si 结合的基体。该法制备的 SiC 纤维增强 Si_3N_4 复合材料的抗弯强度为 $392MPa$，抗拉强度为 $334MPa$，断裂韧性为 $18.5MPa\cdot m^{1/2}$。

CVI 法是用 $SiCl_4$、NH_3 等气体通过纤维预制体，控制反应温度、气体压力和流量，在纤维上沉积出由气体反应形成的高纯度、均匀的 Si_3N_4。为防止损伤增强纤维，通常在 $1000\sim1500℃$ 的低温进行。形成的复合材料一般含有 10% 左右的气孔，且难以进一步致密化。CVI 过程很长，一般需要数日到数周的时间，因此该工艺制备材料生产效率低，成本较高。

聚合物热分解法中的聚合物比陶瓷粉末泥浆更容易浸渍，形成陶瓷的温度非常低。最早有人对 SiC 纤维编织物在聚合物中浸渍后，再在 $1200℃$ 烧成得到 SiC_f/Si_3N_4 复合材料。其后制出了碳纤维、Al_2O_3 纤维、Si_3N_4 纤维等浸渍的材料，具有较好的性能，且在 $800℃$ 还可以保持常温的性能。

总体说来，纤维强化 Si_3N_4 基复合材料还处于研究开发阶段。该材料的韧性已经达到了铸铁的水平。该类材料可望在宇宙、航空领域得到应用。低成本的材料和加工方法是其走向实际应用的关键。

6.5 碳/碳复合材料

6.5.1 碳/碳复合材料的发展

石墨因其具有耐高温、抗热震、导热性好、弹性模量高、化学惰性以及强度随温度升高而增加等性能，是一种优异的、适用于惰性气氛和烧蚀环境的高温材料，但韧性差，对裂纹敏感。以碳纤维增强碳基体的碳/碳复合材料除能保持碳（石墨）原来的优良性能外，又克服了它的缺点，大大提高了韧性和强度，降低了热膨胀系数，尤其是因为它相对密度小，具有优异的比强度和比弹性模量。

关于碳/碳复合材料的研制工作，可一直追溯到 20 世纪 60 年代初期，当时碳纤维已开始商品化，人们采取了各种方法来增强如火箭喷嘴一类的大型石墨部件。结果在强度、耐高速高温气体（从喷嘴喷出）的腐蚀方面都有非常显著的提高。之后，又进一步地研究了致密低孔隙率部件的制造，反复地浸渍液化天然沥青和煤焦油（制造整体石墨的原料）。制备碳/碳复合材料时，不必选择强度和刚度最好的碳纤维，因为它们不利于用编织工艺来制备碳/碳复合材料所需的纤维预制体。还有人用在低压下就能浸渍的树脂基体代替从石油或煤焦油中来的碳素沥青，通过多次热解和浸渍获得焦化强度很高的产物。更进一步，还可以通过化学气相沉积技术在复合材料内部形成耐热性很好的热解石墨或碳化物，这进一步扩大了碳/碳复合材料的领域。总之，目前人们正在设法更有效地利用碳和石墨的特性，因为不论在低温或很高的温度下，它们都有良好的物理和化学性能。

碳/碳复合材料的发展主要是受宇航工业发展的影响，它具有高的烧蚀热、低的烧蚀率。在抗热冲击和超热环境下具有高强度等一系列优点，被认为是航天环境中高性能的烧蚀材料。例如，碳/碳复合材料作导弹的鼻锥时，烧蚀率低且烧蚀均匀，从而可提高导弹的突防能力和命中率。碳/碳复合材料还具有优异的耐摩擦性能和高的热导率，使其在飞机、汽车刹车片和轴承等方面得到了应用。

碳与生物体之间的相容性极好，再加上碳/碳复合材料的优异力学性能，使之适宜制成生物构件插入到活的生物机体内作整形材料，如人造骨骼等。

鉴于碳/碳复合材料具有一系列优异性能，使它们在宇宙飞船、人造卫星、航天飞机、导弹、原子能、航空以及一般工业部门中都得到了日益广泛的应用。它们作为宇宙飞行器部件的结构材料和热防护材料，不仅可满足苛刻环境的要求，而且还可以大大减轻部件的质量，提高有效载荷、航程和射程。

6.5.2 碳/碳复合材料制备工艺

最早的碳/碳复合材料是由碳纤维织物两向增强的，基体由碳收率高的热固性树脂，如酚醛树脂热解获得。采用增强塑料的模压技术，将两向碳纤维织物与树脂制成层压体，然后将层压体进行热处理，使树脂转变成碳或石墨。这种碳/碳复合材料在织物平面内的强度较高，在其他方向上的性能很差，但因其抗热应力性能和断裂韧性有明显改善，并且易于制备尺寸大、形状复杂的零部件，因此仍有一定用途。

为了克服两向增强的碳/碳复合材料的缺点，研究开发了多向增强的碳/碳复合材料。这种复合材料可以根据需要进行材料设计以满足某一方向上对性能的要求。控制纤维的方向、某一方向上的体积含量、纤维间距、基体密度，选择合适品种的纤维及工艺参数，可以得到预期性能的碳/碳复合材料。

多向增强的碳/碳复合材料的制备分为两步，首先是制备碳纤维预制体，然后将预制体与基体复合，即在预制体中渗入碳基体。

6.5.2.1 碳纤维预制体的制备

（1）碳纤维的选择

根据材料的用途、使用的环境以及为得到易于渗碳的预制件来选择碳纤维。通常使用加捻、有涂层的连续碳纤维纱。碳纤维纱上涂覆薄涂层的目的是为编织方便和改善纤维与基体的相容性。用做结构材料时选择高强度和高模量的纤维，纤维的模量越高，复合材料的导热性越好；密度越大，热膨胀系数越低。要求热导率低时，则选择低模量的碳纤维。一束纤维中通常含有 1000～10000 根单丝，纱的粗细决定着基体结构的精细性。有时为了满足某种编织结构的需要可将不同类型的纱合在一起。总之，应从价格、预制体纺织形态、性能及其稳定性等多方面的因素考虑来选用碳纤维。

（2）碳纤维编织结构的设计

常用的两向编织物有平纹和缎纹两种。编织物的性能决定于相邻两股纱的间距、纱的尺寸、每个方向上纱的百分含量、纱的充填效率以及编织图案的复杂性，缎纹织物的强度较高。

三向织物的两个正交方向上纤维是直的，第三方向上纤维有弯曲。三向织物的性能也与纱束的粗细、相邻纱的间距、纱的充填效率以及每个方向上纱的百分含量有关。纱越细，它们的间距也越小。

多向编织技术能够根据载荷进行设计，保证复合材料中纤维的正确的排列方向及每个方向上纤维的含量。最简单的多向结构是三向正交结构。纤维按三维直角坐标轴 x、y、z 排列，形成直角块状预制体。表 6-10 中列出了典型的纱的间距、预制件的密度和 3 个方向上纤维含量的分配。纱的特性、每一点上纱的数量、点与点的间距决定着预制体密度、纤维的体积含量及分布。在 x、y、z 三轴的每一点上各有一束纱的结构的充填效率最高，可达 75%，其余 25% 为孔隙。由于纱不可能充填成理想的正方形以及纱中的纤维间有孔隙，所以实际的纤维体积含量总是低于 75%。在复合材料的制备过程中，多向预制件中纤维的体积含量及分布不会发生明显变化。

表 6-10　碳纤维三向编织结构织物的特性

纤维类型	预制件密度/(g/cm³)	纱束数量			纱束间距/mm		纤维体积含量		
		x	y	z	x、y	z	$V_{f,x}$	$V_{f,y}$	$V_{f,z}$
Thornel50	0.64	1	1	1	0.56	0.58	0.14	0.14	0.13
	0.75	1	1	2	0.71	0.58	0.11	0.11	0.23
	0.68	2	2	1	1.02	0.58	0.14	0.14	0.12
	0.80	2	2	6	0.69	1.02	0.12	0.12	0.24
Thornel75	0.70	1	1	2	0.56	0.58	0.09	0.09	0.17
	0.65	1	2	1	0.84	0.58	0.12	0.12	0.09
	0.72	2	2	2	1.07	0.58	0.09	0.09	0.18

为了得到更接近各向同性的编织结构，可将三向正交设计改型，编织成四、五、七和十一向增强的预制体。五向结构是在三向正交结构的基础上在 x-y 平面内补充两个 ±45° 的方向。如果在三向正交结构中按上下面的 4 条对角线或上下面各边中点的四条连线补充纤维纱，则得七向预制体。在这两种七向预制件中去掉 3 个正交方向上的纱，便得四向结构。在三向正交结构中的 4 条对角线上和 4 条中点连线上同时补充纤维纱可得非常接近各向同性结构的十一向预制件。将纱按轴向、径向和环向排列可得圆筒和回转体的预制体。为了保持圆筒形编织结构的均匀性，轴向纱的直径应由里向外逐步增加，或者在正规结构中增加径向纱。编织截头圆锥结构时，为了保持纱距不变和密度均匀轴向纱应是锥形的。根据需要可将圆筒形和截头圆锥形结构变型，编织成带半球形帽的圆筒和尖形穹窿的预制体。

（3）多向预制体的制备

制备多向预制体的方法有：干纱编织、织物缝制、预固化纱的编排、纤维缠绕以及上述各种方法的组合。

a. 干纱编织　干纱编织是制造碳/碳复合材料预制体最常用的一种方法。按需要的间距

先编织好 x 和 y 方向的非交织直线纱，x、y 层中相邻的纱用薄壁钢管隔开，预制体织到需要尺寸时，去掉这些钢管，用垂直（z 方向）的碳纤维纱取代之。预制体的尺寸取决于编织设备的大小。根据各个方向上纤维分布的不同，可得不同密度的预制体。用圆筒形编织机能使纤维按环向、轴向、径向排列，因此能制得回转体预制件。先按设计做好孔板，将金属杆插入孔板，编织机自动地织好环向和径向纱，最后编织机自动取出金属杆以碳纤维纱取代之。

b. 穿刺织物结构　如果用二向织物代替三向干纱编织预制体中 x、y 方向上的纱便得到穿刺织物结构。其制法是将二向织物层按设计穿在垂直（z 方向）的金属杆上，然后用碳纤维纱或经固化的碳纤维-树脂杆换下金属杆即得最终预制体。在 x、y 方向可用不同的织物，在 z 向也可用各种类型的纱。同种碳纱但用不同方法制的预制体的特性有明显的差异。穿刺织物结构的预制体的纤维总含量和密度均较高。

c. 预固化纱结构　预固化纱结构与前两种结构不同，不用纺织法制备。这种结构的基本单元体是杆状预固化碳纤维纱，即单向高强碳纤维浸渍酚醛树脂再固化后得的杆。这种结构中比较有代表性的是四向正规四面体结构，即纤维按三向正交结构中的四条对角线排列，它们之间的夹角为 70.5°。预固化杆的直径约为 1～1.8mm。为得最大充填密度，杆的截面呈六角形，碳纤维的最大体积含量为 75%。根据预先确定的几何图案很容易将预固化的碳纤维杆组合成四向结构。

用非纺织法也能制造多向圆筒结构。先将预先制得的石墨纱-酚醛预固化杆径向排列好，在它们的空间交替缠绕上涂树脂的环向和轴向纤维纱，缠绕结束后进行固化得到三向石墨-酚醛圆筒预制体。

6.5.2.2　预制体与碳基体的复合

由碳纤维编织成的预制体是空虚的，需向内渗碳而使其致密化，以实现预制体与碳基体的复合。对预制体渗碳方法有液态浸渍热分解和化学气相沉积法两种。渗碳方法和基体的先驱体应与预制体的特性相一致，以确保得到高密度和高强度的碳/碳复合材料。

（1）液体浸渍分解法

a. 浸渍用基体的先驱体的选择　选择基体的先驱体时应考虑下列特性：黏度、碳收获率、碳的微观结构和晶体结构。这些特性都与碳/碳复合材料制备工艺过程中的时间-温度-压力关系有关。通常可用做先驱体的有热固性树脂和沥青两大类，常用的有酚醛树脂和呋喃树脂以及煤焦油沥青和石油沥青。

大多数树脂在低温下（<250℃）聚合形成高度交联、热固性、不熔的玻璃固体，热解时形成玻璃碳并很难石墨化。热固性树脂经热解其碳的质量转化率为 50%～56%，低于煤焦油沥青。加压碳化并不使碳收率增加，材料密度也较低（<1.5g/cm³），酚醛树脂的收缩率可达 20%，这样大的收缩率将严重影响二向增强的碳/碳复合材料的性能。收缩对多向增强复合材料性能的影响比两向复合材料小。加应力及先在 400～600℃碳化，然后再石墨化有助于碳转变成石墨结构。

沥青是热塑性的，软化点（约为 400℃）低、黏度低，并具有高产碳率的特点。其热解过程由低分子化合物挥发、聚合反应、分子结构的解理与重排（<400℃）；形核和长大（>400℃）以及石墨化（>2500℃）等过程完成。在常压下沥青的产碳率为 50% 左右，与高产碳树脂相同。沥青碳化时外压的作用可明显增加产碳率，在 10MPa 氮压和 550℃下产碳率可高达 90%，焦炭结构为石墨态，密度高（约 2g/cm³）；当气压大于 10MPa 时，压力的增加对产碳率没有明显影响。另外，温度和外压的不同还会影响碳的微观结构。低压下气泡逸出引起中介相变形产生针状碳，高压时气体形成和逸出受到抑制，碳组织均匀粗大。

b. 低压过程　预制件的浸渍通常在真空下进行，有时为了保证树脂或沥青渗入所有孔隙也需施加一定的压力。浸渍后进行固化（若先驱体为树脂）及碳化（如果先驱体为沥青，则不必进行固化，而直接进行碳化），碳化在惰性气氛中进行，必须控制升温速度，温度范围为约 650~1100℃，碳化后如有必要则进行石墨化，通常在惰性气氛炉中进行，温度范围为约 2600~2750℃。浸渍-热处理需要循环重复多次，直到得到一定密度的复合材料为止。决定渗碳效率的关键因素是应用高碳收率的先驱体以及多向结构的浸渍完全程度。低压浸渍很难制得高致密度的碳/碳复合材料，其密度一般为 1.6~1.85g/cm³，孔隙率约为 8%~10%。

c. 高压过程　与低压过程不同的是高压过程中浸渍和碳化都在高压下进行。因此该过程称为高压浸渍和碳化，简称 PIC。该技术利用等静压使浸渍和碳化过程更有效，除了压力不同外，PIC 工艺与低压工艺完全相同。通常，浸渍-热处理过程需循环重复若干次，直到制得所需密度的复合材料。PIC 过程在热等静压炉上完成，PIC 工艺不仅可以提高产碳率，促使初始真空浸渍能填充的孔隙变小，而且可有效防止沥青被热解产物挤出气孔外，从而大大提高了致密化效率。表 6-11 表明 PIC 压力对致密化的影响，当外压增加到 6.9MPa 时产碳率显著增加，高密度复合材料需要 51.7~103.4MPa 的外压。

表 6-11　PIC 工艺压力对致密化的影响

碳化压力/MPa	产碳率/%	密度/(g/cm³)		密度增长量/%
		初　值	终　值	
0.1	51	1.62	1.65	1.9
6.9	81	1.51	1.58	4.6
51.7	88	1.59	1.71	7.5
61.7	89	1.71	1.80	5.2
103.4	90	1.66	1.78	7.2

（2）化学气相沉积

化学气相沉积（CVD）是将碳氢化合物，如甲烷、丙烷、天然气等通入预制体，并使其分解，析出的碳沉积在预制体中。该方法的关键是热分解的碳在预制体中的均匀沉积。预制体的性质、感应器的结构、气源和载气、温度和压力都将影响过程的效率、沉积碳基体的性能及均匀性。常用的化学气相沉积法有 3 种：等温法、温度梯度法和差压法。

在等温法中将预制体放在低压等温感应炉中加热，导入碳氢化合物及载气，碳氢化合物分解后，碳沉积在预制体中。为了使碳均匀沉积，温度不宜过高，以免扩散速度过快，也即温度应该控制得使碳氢化合物的扩散速度低于碳的沉积速度。用等温法制得的碳/碳复合材料中碳基体沉积均匀，因而其性能也比较均匀，可进行批量生产，但沉积时间较长，很容易使材料表面产生热裂纹。

在温度梯度法中需将感应线圈和感应器的几何形状做得与预制体相同。接近感应器的预制体外表面是温度最高的区域，碳的沉积由此开始，向径向发展。与等温法相比，由于沉积速度较快，因此周期短，但一炉只能处理一件，不同温度得到的沉积物的微观结构有差别。

差压法是温度梯度法的变型，通过在织物厚度方向上形成压力梯度促使气体通过织物间隙。将预制体的底部密封后放入感应炉中等温加热，碳氢化合物以一定的正压导入预制体内，在预制体壁两边造成压差，迫使气体流过孔隙，加快沉积速度。

CVD 法的主要问题是沉积碳的阻塞作用形成很多封闭的小孔隙，随后长成较大的孔隙，因此得到的碳/碳复合材料的密度较低，约为 1.5g/cm³ 左右。将 CVD 法与液态浸渍法联合应用，可以提高材料的致密度，例如，用酚醛树脂低压浸渍-碳化，密度为 0.98g/cm³，然后进行等温 CVD 使密度达到 1.43g/cm³，最后再进行酚醛树脂浸渍使密度达 1.53g/cm³。总之，CVD 工艺适合多向 C/C 复合材料的生产，尽管 CVD 技术限制了复合材料的致密度，但 CVD 的显著优点是基体性能好，且可以与其他致密化工艺一起使用，充分利用各自的优势。特别是近年来发展的化学气相渗透法（CVI）为缩短 C/C 复合材料周期、降低成本创造了条件。

6.5.3 碳/碳复合材料的性能

C/C 复合材料的制备要经历十分复杂的过程，在此过程中纤维、基体均要发生不同的物理化学变化并产生相互作用，包括如下几点。

① 有机浸渍剂热解为基体碳时会发生 60%～65% 的体积收缩，产生严重的工艺应力导致复合材料损伤。

② 碳纤维/树脂界面转化为碳纤维/碳基体界面，界面特性发生变化。

③ 织物编织、热处理、工艺应力及纤维/基体相互作用引起纤维性能变化。

④ 纤维/基体热膨胀失配，热处理时会产生严重的热应力和材料损伤。

一般来说随着纤维体积分数增加，C/C 复合材料的强度和模量升高，但当每根纤维束的含纱数增加到一定值时，纤维体积分数增加，尽管材料的弹性模量仍有所增大，但强度降低，这说明在织物加工时纤维损伤严重。

界面是复合材料的重要微结构，高性能复合材料主要依赖纤维/基体间的强界面结合来传递载荷，但界面结合强度太高也会使复合材料表现出均匀脆性材料的行为。如果界面结合强度适当，裂纹将在界面偏转，材料表现出"伪塑性"和非线性。纤维/基体界面结合强度主要依赖于纤维表面性能、基体和工艺条件，在结构复合材料中为了改善界面结合强度，通常采取纤维表面处理方法来实现。C/C 复合材料兼备有碳和碳纤维增强体的突出性质，碳纤维赋予此复合材料高强度和抗冲击性，如果没有这种加强体，碳基体不可能具备这种性能。在中温时，C/C 复合材料的强度约比超耐热合金低；但在高温条件下，金属合金的强度迅速下降，C/C 复合材料的强度却反而略有提高。

C/C 复合材料的性能与碳纤维的品种、预制体编织物结构、基体的前驱体以及制备工艺有关。

从表 6-12 可见，经表面处理的高模量碳纤维/碳复合材料增强方向的压缩、剪切强度和弹性模量均优于高强碳纤维复合材料，其拉伸强度、弯曲强度基本相当，但前者的韧性大大高于后者。随着纤维体积含量的增加，复合材料的强度和模量也随之提高，但在一点上纱的股数过多时模量虽然仍呈上升趋势，强度却有所下降，这是因为在制造预制体时，在比较窄的地方引入如此多的纤维容易使纤维断裂。

用缎纹织物作预制体的 C/C 复合材料的性能比平纹织物的高，见表 6-13 所列。高模量织物复合材料与低模量织物复合材料相比，导热性好，热膨胀系数小。

表 6-14～表 6-16 中归纳了碳基体的先驱体种类及渗碳方法与碳/碳复合材料性能的关系。CVD 渗碳能得到较好的纤维-基体界面以及较好性能的基体，因此该复合材料的性能也较高，如表 6-14 所示，CVD 法制得的复合材料性能较好的另一原因是该法的工艺温度为约 1100℃，而浸渍树脂或沥青后需要在更高的温度下处理。

表 6-12　浸渍法制备的高模量碳纤维/碳复合材料的力学性能

性　能		平　行		垂　直	
		HTU	HMS	HTU	HMS
模量/GPa	拉伸	125	220		
	压缩	10	250	7.5	
强度/MPa	拉伸	600	575	4	5
	压缩	285	380	25	50
	弯曲	1250～1600	825～1000	20	80
	剪切	20	28		
断裂韧性/(kJ/m²)		70	20	0.4	0.8

注：HTU 表面未处理高强度纤维；HMS 表面处理高模量纤维。

表 6-13　用缎纹织物作预制体的 C/C 复合材料 x-y 方向的力学性能

性　能		WCA 织物	转 45°的 WCA 织物	GSGC-2 织物	Thornel50 缎纹织物
拉伸	强度/MPa	35.1	32.4	35.1	104.7
	模量/GPa	6.9	11.0	11.0	57.9
	断裂应变/%	0.8	0.8	0.6	0.2
压缩	强度/MPa	56.5	48.2	58.6	90.9
	模量/GPa	7.5	17.9	19.2	70.3
	断裂应变/%	1.2	0.5	0.6	0.2

表 6-14　树脂/沥青浸渍与 CVD 制碳基体 C/C 复合材料的性能比较

性　能	树脂/沥青	CVD	性　能	树脂/沥青	CVD
密度/(g/cm³)	1.65	1.5	弯曲强度/MPa	68.9	142.6
拉伸强度/MPa	82.7	120.6	剪切强度/MPa	27.6	51.7

　　由表 6-15 可知，以酚醛树脂和 CVD 碳为组合先驱体以及亚肉桂基茚合成沥青为先驱体的复合材料的弯曲和压缩性能并不完全优于单用酚醛树脂为先驱体的复合材料。LTV 合成沥青由于能改善浸润性和纤维-基体的界面结合强度，因此，由它制得的复合材料的性能明显高于其他各种先驱体。用不同渗碳方法及用不同基体先驱体得到的碳/碳复合材料环的拉伸性能的比较（见表 6-16）表明，以 CVD 法制得的复合材料的性能较优。浸渍热处理循环的次数对 z 方向上复合材料的拉伸强度和模量没有影响，但石墨化后拉伸性能下降，在 y 方向上石墨化后拉伸性能增加。

表 6-15　不同先驱体制碳基体对穿刺织物 C/C 复合材料性能的影响

性　能		基体先驱体			
		酚醛树脂	酚醛树脂＋CVD 碳	亚肉桂基茚合成沥青	LTV 合成沥青
弯曲,z 方向	强度/MPa	89.6	108.9	102.7	153.6
	模量/GPa	27.56	24.1	32.4	32.4
压缩,x-y 方向	强度/MPa	56.5	73.0	50.3	71.7
	模量/GPa	7.6	6.9	6.9	10.3

6.5.4　碳/碳复合材料的应用

　　碳/碳复合材料的质量轻，比强度高，性能优异，可根据需要进行设计，具有广阔的应用前景，但它的价格贵，且在高温下长期使用易氧化，因此它的应用目前还主要局限在航空、航天、军事、生物等一些特殊领域。

表 6-16　基体先驱体及渗碳方法对三向 C/C 复合材料环拉伸性能的影响

基体先驱体及渗碳方法	密度/(g/cm³)	拉伸强度/MPa	拉伸模量/GPa	断裂应变/%
酚醛	1.62	118.5	70.3	0.18
高固体酚醛	1.65	106.8	64.8	0.17
高熔点沥青	1.64	94.4	106.1	0.08
低熔点沥青	1.65	128.2	64.1	0.05
等温 CVD,未石墨化	1.59	113.7	77.2	0.15
等温 CVD/酚醛	1.73	106.8	77.9	0.13
差压 CVD,未石墨化	1.35	136.4	68.2	0.20
差压 CVD,石墨化	1.28	130.2	61.3	0.20
差压 CVD/酚醛	1.58	128.2	64.1	0.20

近二十年，C/C 复合材料已成功地用于制造航天飞机的鼻锥和机翼前沿及其他高温部件，在航天飞机上用 C/C 复合材料取代陶瓷作热屏蔽材料。采用 CVI 工艺方法提高密度，将 C/C 复合材料制成飞机的刹车片，如在波音 747 上使用 C/C 复合材料刹车装置，大约使机身质量减轻了 816.5kg。C/C 复合材料刹车装置也已用于协和飞机及 ACA 战斗机等类型飞机，但是 C/C 复合材料的氧化敏感性限制了它的应用。因此，为了满足航天飞机再进入大气层时高温氧化环境下多次使用并保持良好的气动外形，可采用陶瓷涂层在 1650℃以上的温度对航天飞机上的 C/C 复合材料施加保护或用浸渍法使 C/C 防氧化寿命大大提高。在 C/C 复合材料基材的表面施加抗氧化陶瓷涂层是一种有效的氧化防护方法。

C/C 复合材料引擎的开发是当前 C/C 复合材料应用的重要方面，这类材料是适合制造具有最高推力/质量比引擎的惟一材料，所制造的引擎，其推力可达 11.8N/kg，这就为以摧毁飞行器为目的的战略防御主动动力导弹提供了高速度和低成本。这种 C/C 复合材料引擎已用于军事目的。燃气涡轮引擎由于应用了 C/C 复合材料的燃烧室喷管、鱼鳞片喷口、密封件、燃烧室和其他部件，已使燃气涡轮引擎取得惊人的进展。由于这种涡轮可允许较高的入口气体温度，从而更大地提高了效率。超音速战术导弹采用同种燃烧室和喷管组合成固体火箭冲压式发动机，对发动机能够允许的形状变化提出了更高要求，为此需要采用 C/C 复合材料。另外，由于固体火箭发动机喷管壁受到高速气流的冲刷，工作条件十分恶劣，因此用 C/C 复合材料作喷管喉衬，并由二向、三向发展到四向及多向编织。

C/C 复合材料作为烧蚀材料早在 20 世纪 70 年代就被用于洲际导弹弹头的端头帽。随着技术的进步，C/C 复合材料的应用更加广泛，坦克、卫星零部件等都是 C/C 复合材料拓展的领域。

碳/碳复合材料汽化温度高，抗热振，摩擦性能好，已用于制作刹车片、汽车和赛车制动系统、高温模具、高温真空炉内衬材料。碳/碳复合材料也是用做高温输送装置、核反应堆零件、电触头、热密封垫和轴承的优良材料。由于碳/碳复合材料与人体组织生理上相容，弹性模量和密度可以设计得与人骨相近，并且强度高，因此，可用做人工骨头，如接断骨、作膝关节和髋关节等。

6.6　微晶玻璃基复合材料

6.6.1　微晶玻璃基体

微晶玻璃是通过加入晶核剂等方法，经过热处理过程在玻璃中形成晶核，再使晶核长大而形成的玻璃与晶体共存的均匀多晶材料，又称为玻璃陶瓷。微晶玻璃的结构和性能与陶瓷、玻璃均不同，其性质是由晶相的矿物组成与玻璃相的化学组成以及它们的数量决定的，因而集中了陶瓷和玻璃的特点，是一类特殊的材料。

微晶玻璃从 20 世纪 50 年代诞生到目前，已经过了 50 多年的发展历程，大致可以划分为 3 个阶段。第一个阶段为 50 年代末至 70 年代中期，主要研究的是具有低膨胀系数的微晶玻璃，其中最为典型的是 $Li_2O-Al_2O_3-SiO_2$ 系统微晶玻璃。第二个阶段是从 70 年代中期到 80 年代中期，开发了具有与金属类似的可加工性和较高的强度与韧性的可切削微晶玻璃，如片状氟金云母型微晶玻璃。第三个阶段是从 80 年代中期至今，更为复杂结构与多相的微晶玻璃，及微晶玻璃基复合材料得到了广泛的研究。

微晶玻璃的机械强度比玻璃的高出许多倍，也较大多数陶瓷和某些金属的高。通常，微晶玻璃的抗弯强度为 200～300MPa，抗压强度为 400～1200MPa。为了提高其性能，可以在微晶玻璃中加入高强度的纤维或晶须制成复合材料。为了获得力学性能优良的复合材料，加入的纤维或晶须应与基体的热膨胀系数及弹性模量匹配，化学性能相容，且界面有合适的剪切强度。由于微晶玻璃基复合材料的制备过程中不可避免要出现液相，因此用于增强的纤维或晶须应该具有良好的惰性不被基体液相腐蚀，或者在增强体表面进行涂层以保护在材料的制备过程中被腐蚀而降低其强度。用于增强微晶玻璃基复合材料的纤维（晶须）主要有：碳纤维、碳化硅纤维（晶须）及氧化铝纤维。

6.6.2 碳纤维/微晶玻璃复合材料

碳纤维增强微晶玻璃是陶瓷基复合材料中研究得最早的一个体系。由于碳纤维具有强度高、模量高、密度低等特性，所以制得的复合材料也有很好的力学性能。C 纤维强化锂铝硅（LAS）微晶玻璃具有强度高、模量高、密度低等优点，还具有很好的抗热震性和抗冲击强度，其主要力学性能见表 6-17 所列，从表中可知加入碳纤维后，LAS 微晶玻璃的力学性能有很大提高，尤其是强度可以提高数倍，而断裂功可以提高几个数量级。

表 6-17　碳纤维/LAS 微晶玻璃复合材料与基体的性能对比

体　系	纤维含量 V_f/%	制备工艺 /(℃/MPa)	密度 /(g/cm³)	抗弯强度 /MPa	弹性模量 /GPa	断裂功 /(J/m²)
C/LAS1	36			680	168	3000
LAS1	0			150		0.003
C/LAS2	32.3	1375	2.18		149.1	50000
LAS2	0	1350	2.39		70.7	0.003

图 6-12 为复合材料的性质随纤维含量变化的关系曲线。可见，随碳纤维含量的增加，断裂韧性 K_{IC} 增加。纤维拔出与裂纹偏转是 C_f/LAS 复合材料韧性提高的主要机制，所以纤维含量增多，阻止裂纹扩展的势垒增加，拔出功增加，材料的脆性得到改善。但当纤维含量超过一定量时，纤维局部分散不均匀，相对密度降低，气孔率增加，抗弯强度反而降低。纤维的最佳含量为 30%～35%。

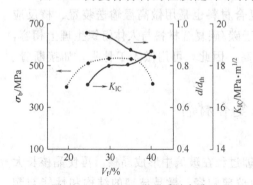

图 6-12　C_f/LAS 微晶玻璃复合材料的性能与纤维含量的关系

6.6.3 SiC 纤维/微晶玻璃复合材料

尽管碳纤维强化微晶玻璃基复合材料获得了很好的性能，但碳纤维的高温抗氧化性能并不理想，为了寻找性能更优越的微晶玻璃基复合材料，于是采用性能更好的碳化硅纤维作强化相。研究得最成功并有商品供应的碳化硅纤维是 Nicalon SiC 纤维和 AVCO 气相沉积 SiC 单丝。用这两种纤维强化的微晶玻璃的性能见表 6-18，表明 SiC 纤维增强微晶玻璃复合材料的强度和韧性比基体有了显著的提高，尤其是断裂韧性达 $17\sim19$ MPa·$m^{1/2}$，已快接近延性材料的水平。此外，其高温性能非常优异，比 C 纤维/微晶玻璃复合材料好很多。

Nicalon SiC/LAS 微晶玻璃是研究得较多的一个体系。当试验温度处于室温与 1000℃ 之间时，纤维体积含量为 50% 时，这种复合材料的抗弯强度和断裂韧性分别达到 700MPa 和 17MPa·$m^{1/2}$。当温度和应力分别为 1000℃ 和 350MPa 时该材料的蠕变速率为 10^{-5}/h。由此可见，这种复合材料具有很好的高温力学性能，是一种有前途的材料。Nicalon SiC/LAS 复合材料抗弯强度与试验温度的关系如图 6-13。在 800~1200℃ 之间，材料在氩气中的强度远高于材料在空气中的强度。对材料断裂后断口的分析表明，

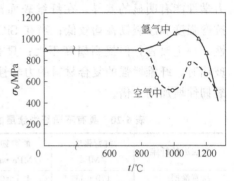

图 6-13　Nicalon SiC/LAS 复合材料抗弯强度与试验温度的关系

氩气中试验的样品有正常的纤维拔出，而在空气中试验的试样只有受压面有纤维拔出，受拉面却没有。Nicalon SiC/LAS 复合材料纵、横两个方向上的热膨胀系数和热导率见表 6-19。由表可见，纵、横方向上复合材料的热导率一致，而热膨胀系数却有一定的差异。这种复合材料的热导率只有热压 Si_3N_4 和纯 Al_2O_3 的 1/15，而比一些绝热性能好的 ZrO_2、熔融石英等约高 $0.5\sim1$ 倍，因此是一种良好的绝热材料。

表 6-18　SiC 纤维增强微晶玻璃复合材料的性能

体　系	V_f/%	制取工艺 /(℃/MPa)	密度 /(g/cm³)	抗弯强度 /MPa	弹性模量 /GPa	断裂韧性 K_{IC} /MPa·$m^{1/2}$	高温性能	
							抗弯强度 MPa/℃	K_{IC} /(数值/℃)
SiC(F)[2]/LAS I	46			755	138		700/1000	
SiC(F)LAS II	46			1380	134		800/900	
SiC(F)/LAS III	44				128			
SiC(F)/LAS				800			400/1000	5/1000
SiC(F)/7903[1]	35	1600		506	102 (弯曲模量)		705/1050	
SiC(F)/LAS II							521/900	
SiC(F)/9608[1]		1300/7	2.5	600		17	850/1000	25/1000
AVCO[2]/7740	65	1150/7	2.9	830	290		1240/600	
AVCO/7740	35	1150/7	2.6	850	185	18.8	825/600	14.3/600
AVCO/9606[1]				550~625				

① 均系 [美] 科因编号。7903 为高硅氧玻璃，含 SiO_2 96% 以上；9606 为主晶相是 $2MgO\text{-}2Al_2O_3\text{-}5SiO_2$ 的微晶玻璃；9608 为主晶相是 β-锂辉石固溶体的微晶玻璃。

② F 和 AVCO 分别代表 Nicalon 和 AVCO SiC 纤维。

上海硅酸盐研究所有人研究了 SiC 纤维涂层对 SiC 纤维/MgO-Al_2O_3-SiO_2（MAS）微晶玻璃复合材料的力学性能影响。具有不同纤维涂层的 SiC 纤维/MAS 微晶玻璃复合材料的力学性能列于表 6-20，从表中知，由于纤维涂层的不同，SiC 纤维增强的微晶玻璃复合材料的

表 6-19　Nicalon SiC（V_f＝50%）/LAS 复合材料的性能

性　　　能	0°	90°
热膨胀系数/(22～1000℃的平均值)(×10^{-6}/℃)	2.2	1.6
热导率(室温)/[W/(m·K)]	1.465	1.465

力学性能有明显的差异。在纤维表面没有涂层或涂有 Nb_2O_5 时，复合材料呈现脆性断裂，抗弯强度和断裂韧性均较低；当在 SiC 纤维表面涂覆 C 后，复合材料的抗弯强度和断裂韧性有一定改善，但提高幅度不大；只有在纤维表面涂 Li_2O-CaO-Al_2O_3-SiO_2（LCAS）微晶玻璃时，纤维增强的复合材料的力学性能大幅度提高，抗弯强度比没涂层时提高近 1 倍，断裂韧性增加约 2 倍。

表 6-20　具有不同纤维涂层的 SiC 纤维/MAS 微晶玻璃复合材料的力学性能

涂层后的纤维	抗弯强度/MPa	断裂韧性/MPa·$m^{1/2}$	涂层后的纤维	抗弯强度/MPa	断裂韧性/MPa·$m^{1/2}$
没有涂层	173±33	4.1±0.4	Nb_2O_3	172±6	3.4±0.2
C	196±31	7.6±0.5	LCAS	327±26	13.9±0.6

6.6.4　Al_2O_3 纤维/微晶玻璃复合材料

由于 Al_2O_3 纤维除具有强度高、模量高等优点外，还有着极好的高温抗氧化性能，因此用它来增强的微晶玻璃复合材料，具有较好的电绝缘性和优异的高温抗氧化性。在 1000℃以上还能保持接近室温的力学性能。但是该体系中，纤维和基体的界面结合过强，所以复合材料强度和韧性均较碳纤维和 SiC 纤维强化微晶玻璃低。

6.6.5　微晶玻璃基复合材料应用

SiC_f/LAS 微晶玻璃复合材料与钛和不锈钢等金属材料相比，具有质量轻、耐腐蚀、热稳定性好、线膨胀系数小等优点。可以在汽车、战车的发动机、屏蔽材料、热交换器等部件中得到应用，而且还可以制成异型零件。用泥浆浇注和常压烧结法制作的不连续 Al_2O_3 纤维强化的微晶玻璃材料，制作了汽车发动机的配管。SiC 纤维强化的微晶玻璃复合材料在汽车发动机和柴油发动机中得到了应用。

第7章 水泥基复合材料

水泥基复合材料是指以水泥与水发生水化、硬化后形成的硬化水泥浆体作为基体与其他各种无机、金属、有机材料组合而得到的具有新性能的材料。按增强体的种类可分为混凝土、纤维增强水泥基复合材料、聚合物水泥基复合材料等。长期以来,由硅酸盐水泥、水、砂和石组成的普通混凝土是在建筑领域中最广泛使用的水泥基复合材料。随着现代科技的迅猛发展,普通混凝土的性能远不能满足现代建筑对它所提出的要求。因此,各国在改善混凝土的性能、开发其功能等方面进行了大量的研究工作,水泥基复合材料取得了重大的进展。

7.1 混凝土概述

混凝土的发展是随着水泥发展而发展的。在一百多年的发展过程中,混凝土材料发生了几次重大变革,其中三次最为突出,称为水泥混凝土应用科学技术发展史上的三次重大突破。

第一次是19世纪中叶的法国,首先出现了钢筋混凝土。确立了混凝土在土木工程中的地位。第二次是1928年法国发明了预应力钢筋混凝土。第三次是近二十多年来,聚合物复合混凝土以及混凝土外加剂的出现,使混凝土的应用技术又前进了一大步。

此外,随着混凝土的发展和工程的需要,还出现了膨胀混凝土、加气混凝土、纤维混凝土等各种特殊功能的混凝土。随着混凝土应用范围的不断扩大,混凝土的施工机械也在不断发展。泵送混凝土、商品混凝土以及新的施工工艺给混凝土施工带来方便。

目前,混凝土仍向着轻质、高强、多功能、高效能的方向发展,发展复合材料,发展预制混凝土和使混凝土商品化也是今后发展的重要方向。同时,随着现代科学的发展和新测试技术的应用,人们对混凝土内部结构和性能之间的依存关系的研究和认识也日益深入。运用现代科学理论和测试方法将混凝土的研究工作从宏观研究逐步深入到亚微观和微观级的研究,找出材料的组分,结构和性能的基本关系,以期达到能按指定性能设计混凝土材料或按已有的结构状态预测混凝土性能这一目标。

7.1.1 混凝土的分类

混凝土的品种日益增多,它们的性能和应用也各不相同。如将种类繁多的混凝土分类,则主要有以下几类。

7.1.1.1 按胶结材料分类

(1) 无机胶结材料混凝土

其中包含,水泥混凝土、硅酸盐混凝土、石膏混凝土、水玻璃混凝土等。

(2) 有机胶结材料混凝土

其中包含,沥青混凝土、聚合物混凝土等。

(3) 无机与有机复合胶结材料混凝土

其中包含,聚合物水泥混凝土、聚合物浸渍混凝土。

7.1.1.2 按混凝土的结构分类

(1) 普通结构混凝土

由粗集料、细集料和胶结材料制成。以碎石或卵石、砂、水泥和水制成的混凝土为普通混凝土。

（2）细粒混凝土

由细集料和胶结材料制成，主要用于制造薄壁构件。

（3）大孔混凝土

由粗集料和胶结材料制成。集料外包胶结材料，集料彼此以点接触，集料之间有较大的空隙。这种混凝土主要用于墙体内隔层等填充部位。

（4）多孔混凝土

这种混凝土无粗细集料，全由磨细的胶结材料和其他粉料加水拌成的料浆，用机械方法或化学方法使之形成许多微小的气泡后再经硬化制成。

7.1.1.3　按容重分类

（1）特重混凝土

容重大于 2500kg/m³，主要用于防辐射工程的屏蔽材料。

（2）重混凝土

容重在 1900～2500kg/m³ 之间，主要用于各种承重结构中。

（3）轻混凝土

容重在 500～1900kg/m³ 之间，包括轻集料混凝土（容重在 800～1900kg/m³）和多孔混凝土（容重在 500～800kg/m³），主要用于承重结构和承重隔热制品。

（4）特轻混凝土

容重在 500kg/m³ 以下的多孔混凝土和用特轻集料（如膨胀珍珠岩、膨胀蛭石、泡沫塑料等）制成的轻集料混凝土，主要用做保温隔热材料。

7.1.1.4　按用途分类

主要有结构用混凝土、隔热混凝土、装饰混凝土、耐酸混凝土、耐碱混凝土、耐火混凝土、道路混凝土、大坝混凝土、收缩补偿混凝土、海洋混凝土、防护混凝土等。

此外还有按混凝土性能和制造工艺分类的。

7.1.2　混凝土的组成

普通混凝土是由水泥、水、细骨料、粗骨料和少量气泡组成。按其体积分配大致如图 7-1 所示。

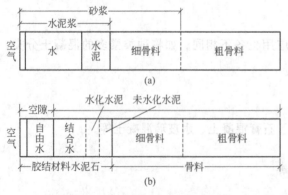

图 7-1　混凝土的组成（体积比）

混凝土中的砂和石起骨架作用，称之为骨料（集料）。水泥和水调成的水泥浆在混合料中包裹骨料表面，填充骨料空隙，并起润滑作用，使混凝土混合料有一定的施工流动性，硬化后的水泥浆将骨料黏结成坚固密实的整体。

7.1.3　混凝土的性质

7.1.3.1　混凝土混合料的性质

混凝土在未凝结硬化以前称为混凝土混合料（亦称混合物、拌和物、拌合料或新拌混凝土）。混凝土混合料必须具有良好的和易性，以保证获得良好的浇灌质量。

和易性是一项综合的技术性质，它包括流动性、黏聚性和保水性等 3 个方面的含义。

流动性是指混合料在本身自重或在机械振捣的外力作用下，产生流动或坍落，能均匀密实地填满模板的性质。流动性的大小与混凝土中各种组成材料的比例有关，加水量的多少对流动性比较敏感。

黏聚性是指混合料具有一定的黏聚力，在运输和浇筑过程中，不致出现分层离析，使混凝土保持整体均匀的性能。黏聚性不好的混合料，砂浆与石子容易分离，振捣后会造成蜂窝、空洞等现象，严重影响工程质量。黏聚性的好坏与各组成材料的比例有关，水泥用量对黏聚性比较敏感。

保水性是指混合料在施工过程中具有保水能力，保水性好的混合料不易产生严重泌水现象。保水性差的混合料，其泌水倾向大，泌水通道在混凝土硬化后形成渗水通道，即毛细孔，从而降低混凝土的抗渗性和抗冻性。保水性差的混凝土，其表面形成疏松层，如在上面浇注混凝土时，影响新老混凝土的黏结，形成薄弱的夹层。另外泌水还会导致在粗骨料及钢筋下部形成水囊或水膜，影响粗骨料、钢筋与砂浆的黏结。

7.1.3.2 混凝土成型后的性质

（1）混凝土的力学性能

强度是混凝土硬化后的主要力学性能。由于混凝土是多种材料的组合体，结构复杂可变，使混凝土为非均质的材料，在未施加荷载前，由于水泥砂浆的收缩，或因泌水在骨料下部形成水囊而导致骨料界面可能出现微裂缝，随着外力施加，微裂缝周围出现应力集中，在外力不很大的情况下，裂缝就延伸，扩展，最后导致混凝土的破坏。混凝土的强度有：立方体抗压强度、棱柱体抗压强度、劈裂抗拉强度、抗折强度等。

在荷载作用下，混凝土中首先引起破坏的有以下 3 种情况。

一是水泥石破坏，低标号水泥配制的低强度等级的混凝土属于此类。

二是界面破坏，粗集料与砂浆界面破坏是普通混凝土的常见形式。

三是骨料首先破坏，是轻骨料混凝土的破坏形式。

普通混凝土首先在界面破坏，原因是界面的晶粒粗大，孔隙多，大孔也多，是收缩裂缝集中区，也是刚度变化的突变区，因此使骨料界面处于薄弱环节。有些专家学者为提高界面标号，采用净浆裹石或造壳增强研究来达到提高混凝土强度的目的。界面强度与水泥的标号、水灰比及骨料的性质有密切关系。此外，混凝土的强度还受施工质量、养护条件及龄期等多种因素的影响。

（2）混凝土的变形性能

引起混凝土变形的因素很多，归纳起来有 2 类：非荷载作用下的变形和荷载作用下的变形。变形是混凝土的重要性质，它直接影响混凝土的强度和耐久性，特别是对裂缝的产生有直接影响。

a. 非荷载作用下的变形

ⓐ 化学收缩，由于水泥水化生成物的体积比反应前物质的总体积小，这种收缩称为化学收缩。

ⓑ 干湿变形，干湿变形取决于周围环境的湿度变化。混凝土在干燥空气中存放时，混凝土内部吸附水分蒸发而引起凝胶体失水产生紧缩，以及毛细管内游离水分蒸发，毛细管内负压增大，也使混凝土产生收缩。

ⓒ 温度变形，混凝土与其他材料一样，也具有热胀冷缩的性质，混凝土的热胀冷缩的变形，称为温度变形。

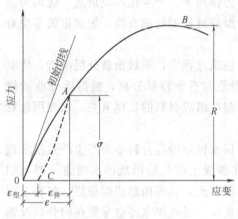

图 7-2 混凝土在压力作用下
的应力-应变曲线

b. 荷载作用下的变形

ⓐ 弹塑性变形和弹性模量，混凝土是一种弹塑性材料，在外力作用下，它即产生可以恢复的弹性变形，又会产生不可恢复的塑性变形。如图7-2 所示。

弹性模量是反映应力与应变关系的物理量，因混凝土是弹塑性体，随荷载不同，应力与应变之间的比值也在变化，也就是说混凝土的弹性模量不是定值。

ⓑ 徐变，混凝土在恒定荷载长期作用下，随时间增长而沿受力方向增加的非弹性变形，称为混凝土的徐变。图7-3 表示应变与加荷时间的关系。当混凝土开始加荷时产生瞬时变形，随着荷载持续作用时间的增长，就逐渐产生徐变变形。徐变变形初期增长较快，以后逐渐变慢，一般要延续 2～3 年才逐渐稳定下来。混凝土徐变变形量一般可达（3～5）×10⁻⁴，往往超过瞬时变形量的几倍，因此徐变是不可忽视的。卸载后，混凝土立即以稍低于瞬时变形而恢复，称为瞬时恢复。其后还有一个随时间而减少的应变恢复，称为徐变恢复。最后残留下来不能恢复的变形，称为残余变形。

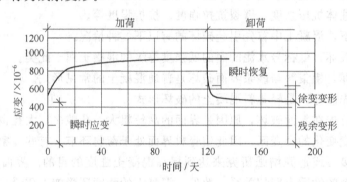

图 7-3 混凝土的应变与加荷时间的关系（第 120 天卸载）

（3）混凝土的耐久性

要求混凝土不仅能安全地承受设计荷载，还应根据周围的自然环境，具有使用条件下经久耐用的性能，例如抗渗性、抗冻性、抗侵蚀性及抗碳化性等，这都称为混凝土的耐久性。

a. 混凝土的抗渗性 混凝土的抗渗性是指混凝土抵抗压力水渗透的能力。混凝土的抗渗性对于地下建筑、水工及港工建筑等工程，都是很重要的一项指标。抗渗性还直接影响混凝土的抗冻性及抗侵蚀性。

混凝土渗水的原因，是由于内部孔隙形成连通的渗水孔道。这些孔道主要来源于水泥浆中多余水分蒸发而留下的气孔、水泥浆泌水所产生的毛细管孔道、内部的微裂缝以及施工振捣不密实产生的蜂窝、孔洞，这些都会导致混凝土渗漏水。

混凝土的抗渗性以抗渗标号表示。抗渗标号是以 28 天龄期的标准抗渗试件，按规定方法试验，以不渗水时所能承受的最大水压来确定，用抗渗标号表示，如 P_2、P_4、P_6、P_8、P_{12} 等号，它们分别表示能抵抗 0.2MPa、0.4MPa、0.6MPa、0.8MPa、1.2MPa 的水压力而不渗透。

混凝土的抗渗性与水灰比有密切关系，还与水泥品种、骨料级配、施工质量、养护条件以及是否掺外加剂有关。

b. 混凝土的抗冻性　混凝土的抗冻性是指混凝土在水饱和状态下，能经受多次冻融循环作用而不破坏，同时也不严重降低强度的性能。在寒冷地区，尤其是经常与水接触又受冻的外部混凝土要求具有较高的抗冻性能，以提高混凝土的耐久性，延长建筑物的寿命。

影响混凝土抗冻性能的因素很多，主要是混凝土中空隙的大小、构造、数量及充水程度、环境的温湿度和经历冻融的次数。密实并具有封闭孔隙的混凝土，其抗冻性能往往较高。此外，水泥的品种和标号对混凝土的抗冻性也有影响。混凝土中掺入减水剂，可降低水灰比，提高混凝土密实度、强度和抗冻性；加入引气剂，可增加混凝土内部封闭孔隙，也能提高混凝土的抗冻性。

混凝土的抗冻性用抗冻标号表示，以 28 天龄期的混凝土标准试件，在浸水饱和状态下，进行冻融循环试验，以同时满足强度损失率不超过 25%，质量损失率不超过 5% 时的最大循环次数来表示。混凝土的抗冻标号有 F25、F50、F100、F150、F200、F250、F300 等 7 个等级，它们分别表示混凝土能承受反复冻融循环次数为 25、50、100、150、200 和 300。

c. 混凝土的抗侵蚀性　当工程所处的环境有侵蚀介质时，对混凝土必须提出抗侵蚀性的要求。混凝土的抗侵蚀性取决于水泥品种、混凝土的密实度以及孔隙特征。密实性好的，具有封闭孔隙的混凝土，侵蚀介质不易侵入，故抗侵蚀性好。水泥品种的选择应与工程所处环境条件相适应。

d. 混凝土的碳化　混凝土的碳化作用是指空气中的二氧化碳与水泥石中的氢氧化钙作用，生成碳酸钙和水，其反应为

$$CO_2 + H_2O + Ca(OH)_2 \longrightarrow CaCO_3 + 2H_2O$$

碳化作用有对混凝土不利的影响，首先是减弱对钢筋的保护作用。由于水泥水化过程中生成大量氢氧化钙，使混凝土孔隙中充满饱和的氢氧化钙溶液，其 pH 值超过 12。钢筋在碱性介质中表面生成氧化膜，这层氧化膜使钢筋难以生锈。碳化作用降低了混凝土的碱度，当 pH 值低于 10 时，钢筋表面的氧化膜被破坏而开始生锈。其次是碳化作用还会引起混凝土的收缩，使混凝土表面碳化层产生拉应力，可能产生微细裂缝，从而降低了混凝土的抗折强度。

碳化作用对混凝土也有一些有利的影响，主要是碳化提高了碳化层的密实度和抗压强度。碳化作用对钢筋混凝土结构是害多利少。因此，应设法提高混凝土的抗碳化能力。影响混凝土碳化速度的主要因素如下。

ⓐ 水泥品种，掺混合材料的水泥，因其氢氧化钙含量较少，碳化比普通水泥快。

ⓑ 水灰比，水灰比大的混凝土，因孔隙较多，二氧化碳易于进入，碳化也快。

ⓒ 环境湿度，在相对湿度为 50%～75% 的环境时，碳化最快。相对湿度小于 25% 或达到 100% 时，碳化停止。因为碳化需要水分，但不能堵塞二氧化碳的通道。此外，空气中二氧化碳浓度越高，碳化速度也越快。

ⓓ 硬化条件，空气中或蒸汽中养护的混凝土，比在潮湿环境或水中养护的混凝土碳化快。因为前者促使水泥石形成多孔结构或产生微裂缝，后者水化程度高，混凝土较密实。混凝土的碳化深度大体上与碳化时间的平方成正比。为防止钢筋锈蚀，必须设置足够的钢筋保护层。

e. 碱骨料反应　水泥中 Na_2O 和 K_2O 含量多时，或混凝土中掺入的外加剂中含有强碱

时，它们水解后生成的氢氧化钠和氢氧化钾能与骨料中的活性二氧化硅化合，在骨料表面形成一层复杂的碱-硅酸凝胶。这种凝胶遇水时膨胀，使骨料与水泥石界面胀裂，使界面黏结强度下降很多。这种反应称为碱-骨料反应，它的反应速度很慢，需几年或几十年，因而对混凝土的耐久性十分不利。

骨料中含有活性二氧化硅的矿物有：蛋白石、玉髓、鳞石英等。含有活性二氧化硅的岩石有：安山岩、凝灰岩、流纹岩等。用这种骨料配混凝土时，必须用低碱水泥，控制混凝土中碱含量（折算成 Na_2O）小于 0.6％，或采用掺混合材的水泥，以便吸收钾钠离子，使反应生成物均匀分布于混凝土中。对有怀疑的骨料，需做碱-集料试验，防止工程中混凝土出现碱-集料的破坏。

f. 提高混凝土耐久性的主要措施　以上所述影响混凝土耐久性的各项指标虽不相同，但对提高混凝土耐久性的措施来说，却有很多共同之处。除原材料的选择外，混凝土的密实度是提高混凝土耐久性的一个重要环节。提高混凝土耐久性所采取的措施如下。

① 合理选择水泥品种。

② 适当控制混凝土的水灰比及水泥用量。水灰比的大小是决定混凝土密实性的主要因素，它不但影响混凝土的强度，而且也严重影响其耐久性，故必须严格控制水灰比。

保证足够的水泥用量，同样可以起到提高混凝土密实性和耐久性的作用。《钢筋混凝土工程施工及验收规范》对建筑工程所用混凝土的最大水灰比及最小水泥用量做了规定。

③ 选用较好的砂石骨料。质量良好、技术条件合格的砂、石骨料，是保证混凝土耐久性的重要条件。改善粗细骨料级配，在允许的最大粒径范围内尽量选较大粒径的粗骨料，可减小骨料的空隙率和比表面积，也有助于提高混凝土的耐久性。

④ 掺入引气剂或减水剂。掺入引气剂或减水剂对提高抗渗、抗冻等有良好的作用，在某些情况下，还能节约水泥。

⑤ 改善混凝土的施工操作方法。混凝土施工中，应当搅拌均匀、浇灌和振捣密实并加强养护，以保证混凝土的施工质量。

7.2　高性能混凝土

混凝土是由胶结材料（水泥）、水和粗细集料（石子和沙）按适当比例拌和均匀，经搅拌振捣成型，在一定条件下养护而成的复合材料。硬化前的混凝土称为混凝土拌和物。在近一个世纪以来，常规结构混凝土的 28 天强度在 20～30MPa 之间，在特殊情况也会高些，则称为"高强混凝土"。在 20 世纪 60 年代"高强"常指强度约在 40MPa 以上，后来又提高到 50～60MPa，并且还不是常规生产。自 20 世纪 80 年代以后在高耸建筑及桥梁领域中，开始使用强度高得多的混凝土，如 90MPa、100MPa、110MPa 等，甚至达到 120MPa，所有这些还是常规生产的。

强度高出普通情况的混凝土称为"高强混凝土"（high-strength concrete，HSC），在实际应用中重点逐渐由抗压强度转移到其他性质方面，如高弹性模量、高密度、低渗水性、能抵抗某些形式的侵蚀等，这样就用上"高性能混凝土"（high-performance concrete，HPC）这样一个含义更广泛的名词。因此高强混凝土和高性能混凝土的首先区别是后者强调高耐久性。HPC 有许多优点，当代开发主要用在高耸建筑物、桥梁和严酷暴露条件的结构上，另外还有许多潜在用途。HPC 与普通混凝土的主要组分实质上一样的，只是在比例上有较大差异。

7.2.1 工艺原理

高性能混凝土不仅要具备高的强度，而且应具备高密实性和高体积稳定性。这些性能都取决于胶结材料与集料之比和该两相材料各自的质量。通常情况下，干燥的级配良好的粗、细集料混合体的空隙率为 21%～22%，要配制密实的混凝土，这些空隙就需由胶结材料填充。但考虑到施工工作性的需要，水泥浆体积至少应占 25%，若使强度、工作性和体积稳定性能达到最佳的均衡，水泥浆体积以 35% 为宜。

在配制高性能混凝土时必须选择合适的水泥及掺加外加剂。外加剂是指在拌制混凝土过程中掺入的用以改善混凝土性能的物质。其掺入量一般不大于水泥掺量的 5%。外加剂的主要类型有减水剂、引气剂、膨胀剂、泵送剂、缓凝剂、早强剂、速凝剂、防水剂、阻锈剂、加气剂、防冻剂、着色剂等。外加剂的主要功能有：①改善混凝土拌和物流变性，如减水剂、引气剂、泵送剂等；②调节混凝土拌和物的凝结时间、硬化性能，如缓凝剂、早强剂、速凝剂等；③改善混凝土的耐久性，如引气剂、防水剂、阻锈剂等；④改善混凝土的其他性能，如加气剂、膨胀剂、防冻剂、着色剂、防水剂等。在混凝土诸外加剂中，用量最多的为减水剂、引气剂和缓凝剂，而且三者常复合使用以及复合后出售。

在配制高性能混凝土时必须掺加掺和料。掺和料是指在配制混凝土时加入的能改变新拌混凝土和硬化混凝土性能的无机矿物细粉。掺量通常大于水泥用量的 5%。由于这些原料通常取自于一些具有潜在水硬活性的工业废渣，如粉煤灰、高炉矿渣、硅灰等，所以，混凝土掺和料的应用，一方面可以有效控制硅酸盐水泥的生产总量，使现有的工业废渣得以回收再利用，从而对降低建材工业自身和其他产业对资源和环境的负荷具有双重功效；另一方面，矿物掺合料在混凝土中有 3 个作用：①形态效应，起减水作用，如优质粉煤灰（要用风选灰）；②微细集料效应，利用矿物掺合料中的微细颗粒填充到水泥颗粒填充不到的孔隙中，使混凝土中浆体与集料的界面缺陷减少，致密性提高，大幅度提高强度和抗渗性能；③化学活性效应，利用其胶凝性或火山灰性，将混凝土中尤其是浆体与集料界面处大量的 $Ca(OH)_2$ 晶体转化成对强度及致密性更有利的 C-S-H 凝胶，改善界面缺陷，提高混凝土的强度。不同矿物掺和料因其自身性质不同，在混凝土中所体现的 3 个效应各有侧重。粉煤灰的化学活性效应差，但其形态效应和微细集料效应可补偿使之能替代水泥用量的 50%。常见的掺和料有粉煤灰、细磨矿渣、硅灰、天然沸石粉等。

集料尤其是粗集料的品质，对高性能混凝土的性能有较大的影响。其中最主要的是集料的强度和它与硬化水泥浆体界面的黏结力。粗集料一般是指粒径大于 5mm 的石子。粗集料的颗粒强度、针片状颗粒含量及含泥量往往控制了高性能混凝土的强度，而粗集料最大粒径也同集料与硬化水泥浆体界面黏结力的强弱有密切关系。因此，用于高性能混凝土的粗集料粒径不宜过大。在配制 60～100MPa 的高性能混凝土时，粗集料最大粒径可取 20mm 左右；配制 100MPa 以上的高性能混凝土，粗集料最大粒径不宜大于 10～12mm。

配制高性能混凝土的要点如下。

① 需掺入与所用水泥具有相容性的外加剂，以降低水灰比，改善工作性能。

② 需掺入一定量掺和料，提高强度，并可降低成本。

③ 选用合适的集料，特别是粗集料，优化配合比。

7.2.2 微观结构和特性

7.2.2.1 高性能混凝土在微观结构方面的特点

① 由于存在大量未水化的水泥颗粒，浆体所占比例降低。这些未水化水泥颗粒是硬化

混凝土中的微集料。

②浆体的总孔隙率小。

③孔径尺寸较小，仅最小的孔为水饱和。

④浆体-集料界面与浆体本体无明显区别，消除了普通混凝土中传统的薄弱区。

⑤游离氧化钙含量低。

⑥自生收缩造成混凝土内部产生自应力状态，致使集料受到强有力的约束。

7.2.2.2 高性能混凝土的特性

①有自密实性。高性能混凝土配制技术的特点之一是新拌混凝土中的自由水含量低，但变形性能（流动性，以坍落度表示）好，抗离析性高，从而使填充性优异。如果坍落度损失问题在配合比设计时未预先考虑，则这种优异性能仅能维持很短时间，为了使其保持比较长的时间，可加入适量的缓凝剂。

②体积稳定性好。高性能混凝土的高体积稳定性表现为具有高弹性模量、低收缩与低徐变、低温度变形。普通强度混凝土的弹性模量为20～25GPa，而采用适宜材料与配合比的高性能混凝土的弹性模量可达40～45GPa。采用高弹性模量、高强度的粗集料并降低混凝土中水泥浆体的含量，选用合理配合比所配制的高性能混凝土，其90天龄期的干缩值可低于0.04%。

③高性能混凝土的强度高，其抗压强度已有超过200MPa。高性能混凝土抗拉强度与抗压强度之比要较高强混凝土有明显增加。高性能混凝土的早期强度发展较快，而后期强度的增长率却低于普通强度混凝土。

④由于高性能混凝土的水灰比较低，会较早地终止水化反应，因此水化热总量相应降低。

⑤高性能混凝土的收缩特性，可归结为：在较长的持续期后，高性能混凝土的总收缩应变量与其强度成反比；高性能混凝土的早期收缩率，随着早期强度的提高而增大；相对湿度和环境温度仍然是影响高性能混凝土收缩性能的两个主要因素。

⑥高性能混凝土的徐变变形显著低于普通混凝土。从总体上看，与普通混凝土相比，高性能混凝土的徐变主要区别为：高性能混凝土的徐变总量（基本徐变与干燥徐变之和）显著减少；在徐变总量中，干燥徐变值比普通强度混凝土降低更为显著，而基本徐变仅略有降低。干燥徐变与基本徐变的比值则随着混凝土强度的提高而降低。

⑦高性能混凝土的Cl⁻渗透率明显低于普通混凝土，更加符合环保的要求。

⑧高性能混凝土具有较高的密实性和抗渗性，抗化学腐蚀性能显著优于普通强度混凝土。

⑨高性能混凝土在高温作用下会产生爆裂、剥落。由于这种混凝土有高密实度，自由水不易很快地从毛细孔中排出，高温时其内部形成的蒸汽压力几乎达到饱和蒸汽压力。在300℃温度下，蒸汽压力可达到8MPa，而在350℃温度下高达17MPa，这样的内部压力可使混凝土中产生5MPa的拉伸应力，从而导致混凝土发生爆炸性剥蚀和脱落。为克服此缺陷，可使高性能与高强混凝土中形成一些外加孔，使蒸汽压在达到限值前得以释放。建立外加孔的方法是在混凝土中渗入一种在混凝土硬化后能融解或高温下能熔融、挥发的纤维状化学制品。

7.2.3 高性能混凝土的工程应用

高性能混凝土技术正在世界各地成功地用于很多离岸结构物和长大跨桥梁的建造，

Langley 等人叙述了几种加拿大长大跨桥梁所用的拌和物。它们用于主梁、墩部和墩基,硅粉混合水泥用量为 450kg/m³,水用量为 153L/m³,引气剂用量为 160ml/m³ 和高效减水剂用量为 3 L/m³。其坍落度大约为 200mm;含气量为 6.1%;1 天、3 天、28 天抗压强度分别为 35MPa、52MPa 和 82MPa;基础和其他大块混凝土的混合水泥用量为 307kg/m³,粉煤灰为 133kg/m³,用水量接近,但引气剂和高效减水剂掺量大幅度减小,坍落度约为 185mm;含气量为 7%;1 天、3 天、28 天和 90 天抗压强度分别为 10MPa、20MPa、50MPa 和 76MPa。根据加拿大和美国的透水性与氯离子快速渗透标准方法实验结果表明:两部分混凝土都呈现非常低的渗透性。对高性能混凝土结构的施工,需要非常强调加强现场实验室试验和质量验收。

7.3 纤维增强水泥基复合材料

纤维增强水泥基复合材料是由不连续的短纤维均匀地分散于水泥混凝土基材中形成的复合材料。

普通水泥混凝土是一种韧性很差的材料,这种性质造成普通混凝土的抗裂性差,拉伸度、抗弯强度、抗疲劳强度均很低,特别是抗冲击强度更低。这使普通混凝土的用途和使用环境受到了很大的限制。利用纤维复合改善混凝土性能是解决这些问题的有效手段。

纤维水泥混凝土中,韧性及抗拉强度较高的短纤维均匀分布于水泥混凝土中,纤维与水泥浆基材的黏结比较牢固,纤维间相互交叉和牵制,形成了遍布结构全体的纤维网。当纤维水泥混凝土受拉应力过高而使基体材料开裂时,材料内所受的拉力就由基体逐步转移到横跨裂缝的纤维上。这种转移一方面增大了混凝土结构的变形能力;另一方面由于纤维的拉伸强度较高也使混凝土结构的拉伸强度增大。此外混凝土中的纤维网既能阻止混凝土的早期收缩开裂,还能阻止混凝土结构受疲劳应力或冲击力造成的裂缝扩展。因此纤维增强水泥基复合材料的抗拉、抗弯、抗裂、抗疲劳、抗振及抗冲击能力得以显著改善。

7.3.1 纤维增强水泥基复合材料对原材料的基本要求

纤维/水泥基复合材料对原材料的基本要求如下。

① 粗集料最大粒径较小,一般不宜超过 20mm;砂率较大,一般为 40%~60%;水泥用量较大;水灰比较小。

② 纤维的长径比宜为 40~80;纤维应有较高的抗拉强度,它在水泥混凝土中应有较高的抗拔强度。一般用于提高混凝土的强度、刚度、韧性及抗动载能力时,应采用玻璃纤维、碳纤维或钢纤维等高弹性模量的纤维;只用于改善混凝土的韧性、抗裂性、抗冲击和抗疲劳能力时,可采用低弹性模量的聚丙烯纤维或尼龙纤维等。

③ 纤维与水泥的性能必须搭配适当,这是复合材料的一般要求。例如钢纤维应在碱性较强的水泥混凝土中使用;玻璃纤维应在碱性较低的混凝土中使用。

7.3.2 纤维增强水泥基复合材料的主要性能特点

水泥中加入 3%(体积)的碳纤维后,其模量可提高 2 倍,强度增加 5 倍,如果定向增强则加入 12.3%(体积)的中强碳纤维便可使水泥的抗压强度从 $5 \times 10^6 N/m^2$ 提高到 $1.85 \times 10^8 N/m^2$,挠曲强度也可达到 $1.3 \times 10^8 N/m^2$。加入纤维后,混凝土的性能改变如下。

① 力学性能比普通混凝土明显改善。

② 新拌混凝土的坍落度值比未掺纤维时较低。

③ 混凝土的抗渗性有明显改善。

④ 搅拌工艺不当时易产生纤维结团现象。

⑤ 运输及浇注中有时会出现分层。

经大量的实验，人们可将纤维增强混凝土的开发归纳为以下几点。

① 在众多的纤维材料中被公认为有前途的增强纤维，是钢纤维和玻璃纤维两种。

② 耐碱玻璃纤维将来可能成为石棉的代用品。

③ 聚丙烯和尼龙等合成纤维对混凝土裂缝开展的约束能力很差，对增加抗拉强度完全无效，但这类增强混凝土的抗冲击性能十分优良。

④ 就抗弯强度而论，碳纤维的增强效果介于钢纤维和耐碱玻璃纤维之间。

⑤ 在各种纤维材料中，钢纤维对混凝土裂缝开展的约束能力最好，它对于抗弯、拉伸强度也最有效，钢纤维增强混凝土的韧性最好。

⑥ 在纤维增强混凝土中有关钢纤维的研究为数最多，公认合宜的数据是钢纤维直径为 $0.25\sim0.5$mm［矩形断面 $(0.2\sim0.4)$mm$\times(0.25\sim0.65)$mm］，长 $12.5\sim50$mm（长径比 $L/d=30\sim150$），商业上实用长度约为 25mm，长径比约为 100，掺量约为 2%（体积）。

⑦ 现在流行的纤维增强混凝土增强理论是"纤维间隙学说"和"复合强度学说"。

⑧ 纤维增强混凝土制造技术尚处于初步阶段，将来应建立有关纤维增强混凝土质量的标准试验方法。

⑨ 用钢纤维增强的同时又用聚合物浸渍的混凝土，具备普通混凝土所没有的延伸变形随从性，又具备纤维增强混凝土所缺乏的超高强度这两种特性。

⑩ 扩大纤维增强混凝土实用范围是今后的重要课题。

7.3.3 纤维增强水泥基复合材料的应用

碳纤维增强水泥可用来代替木材，制成住宅的屋顶、构架、梁、地板以及隔板等，也可以代替石棉制成耐压水泥管和各种容器。由于减轻了自身质量可降低高层结构中的建筑费用，碳纤维的成本昂贵限制了在这方面的应用。

纤维增强混凝土现在还不能立即用以代替钢筋混凝土，应先用它制作形体简单的小尺寸构件，再逐渐向生产大构件过渡。

未来的纤维增强混凝土主要受增强纤维品种、质量及其价格的支配。纤维本身强度高，同水泥有良好的黏结性，它的耐久性也不错，如果工艺过关，价格便宜，纤维增强混凝土推广普及将有很大空间。

7.4 聚合物水泥基复合材料

由于混凝土的性能特点和其他的无机材料相当，都是属于脆性材料，刚性大、柔性小、抗压强度远大于拉伸强度。为了改善其缺点，使之既具有无机材料的优点，又能像有机高分子材料一样，具有好的柔性、弹性，于是聚合物水泥基复合材料应运而生。聚合物在水泥基体中有增韧、增塑、填孔和固化作用。

聚合物水泥基复合材料主要有两种形式：一是聚合物浸渍混凝土；二是聚合物水泥混凝土。另外还有一种是直接用聚合物作为结合料，替代水泥而直接与沙石等骨料形成混凝土。

7.4.1 聚合物水泥基复合材料的制备工艺原理

聚合物浸渍混凝土是把成型的混凝土的构件通过干燥及抽真空排出混凝土结构孔隙中的水分和空气，然后把混凝土构件浸入聚合物单体溶液中，使得聚合物单体溶液浸入结构孔隙中，通过加热或施加射线使得单体在混凝土结构孔隙中聚合形成聚合物。这样聚合物就填充了混凝土的结构孔隙，并改善了混凝土的微观结构，从而使混凝土的使用性能得到了改善。

聚合物水泥混凝土是在水泥混凝土成型过程中掺加一定量的聚合物，从而改善混凝土的性能，提高混凝土的使用品质使混凝土满足工程的特殊需要。用于水泥混凝土改性的聚合物的形态，可以是聚合物单体、聚合物乳液及聚合物粉末，但最常用、或者说使用最方便、改性效果最好的是聚合物乳液。所使用的聚合物乳液有聚氯乙烯乳液，聚苯乙烯乳液，聚乙烯乙酸酯乳液及聚丁烯酚酯乳液等。前苏联报道把糠醛树脂乳液通过使用弱酸，如苯胺氯化氢作为催化剂可成功地改性水泥混凝土。乳化的环氧树脂也可用于水泥混凝土改性。

7.4.2 聚合物水泥基复合材料的性能特点

7.4.2.1 与普通混凝土相比性能的改善

① 抗压强度可提高 3 倍。

② 拉伸强度可提高近 3 倍。

③ 弹性模量可提高 1 倍。

④ 抗破裂模量可增加近 3 倍。

⑤ 抗折弹性模量增加近 50%。

⑥ 弹性变形减少 10 倍。

⑦ 硬度增加超过 70%。

⑧ 渗水性几乎为 0。

⑨ 吸水率可降低 83%～95%。

7.4.2.2 聚合物水泥混凝土特性

① 水泥混凝土的力学性能得到了改善，尤其是抗折强度提高，而抗压强度降低，抗压强度与抗折强度的比值减少。

② 混凝土的刚性或者说脆性降低，变形能力增大，这对许多工程很有利。

③ 混凝土的耐久性与抗侵蚀能力也有一定程度的提高。

④ 由于聚合物水泥混凝土良好的黏结性，特别适合于破损水泥混凝土的修补工程。

⑤ 完全适应现有的水泥混凝土的制造工艺过程。

⑥ 成本相对较低。

7.4.3 聚合物水泥基复合材料的应用

聚合物浸渍混凝土由于良好的力学性能、耐久性及抗侵蚀能力，主要用于受力的混凝土及钢筋混凝土结构构件，和对耐久性及抗侵蚀有较高要求的地方，如混凝土船体、近海钻井混凝土平台等。虽然聚合物浸渍混凝土有良好的力学性能，但由于聚合物浸渍工艺复杂，成本较高，混凝土构件需预制并且尺寸受到限制，因而主要在特殊情况下使用。

虽然聚合物水泥混凝土的综合性能不如聚合物浸渍混凝土，但是由于聚合物水泥混凝土工艺简单、使用方便、成本低，比普通混凝土还是具有很多优点，而得到了越来越广泛的应用。

(1) 应用于地面和道路工程

主要施工方法有：直接用聚合物浇注地面；聚合物混凝土在工厂预制成地面板，然后铺砌；在地面作一层水泥砂浆土层。

(2) 应用于结构工程

聚合物水泥混凝土梁具有较强的抗折能力和较大的抗拉伸性。由于聚合物外掺剂可提高结构的强度、耐腐蚀性和耐久性，在与一般混凝土相同尺寸的情况下，构件的抗裂性可提高 30%。

7.5 其他水泥基复合材料

7.5.1 高抗渗、抗侵蚀混凝土

抗渗、抗侵蚀是混凝土耐久性的第一道防线。混凝土是永久性的建筑结构材料，其耐久性已成为举世瞩目的重大课题之一。影响混凝土耐久性的因素很多，抗渗、抗冻及抗蚀性能被认为是 3 个最主要因素，而抗渗性是最关键的，它直接影响材料的抗冻和抗蚀性能。因此，提高混凝土的抗渗性就可以有效地提高其耐久性能。

J. Calleja 曾认为，对混凝土耐久性而言，致密化比选择水泥品种更重要。虽然密实度不是决定混凝土耐久性的惟一要素，但无缺陷、低孔隙率却是提高材料耐久性的一种可靠保证。

混凝土的抗渗性能取决于其孔结构。凝胶孔在 25nm 以下，一般情况下可认为这些孔不透水。孔径在 25nm 以上尤其是 100nm 以上的毛细孔是危害抗渗性能的主渠道。而其中孔径较大的部分往往集中在混凝土中集料与浆体的界面区域。混凝土水渗透系数取决于 25nm 以上孔的总体积及其连通程度。减少 25nm 以上的渗透孔，改善孔的结构，以及改善界面状况是制备高抗渗、抗蚀混凝土的关键。

我国学者选用高效减水剂、引气剂及活性微细集料，并优化其组合，采用复合添加的技术配制了水泥净浆、砂浆及混凝土，发现这些材料的抗渗性能和抗蚀性能大幅度提高。

减水-引气-微细集料（GYH）的协同作用在于：在保证浆体工作性能条件下，使粗大水化产物 [$Ca(OH)_2$，钙矾石] 的一次结晶尺寸减小，再次结晶能力下降，C-S-H 凝胶数量增多，水化产物形态（尤其在界面）明显细化，并使浆体中残余孔体积增大，开口孔体积减小，对水渗透及异离子扩散危害性大的 25～100nm 毛细孔体积大幅度减小。

GYH 的协同作用还在于减少泌水，增加界面黏结力，改善界面孔结构，从而大幅度缩窄混凝土中粗骨料及浆体间的过渡区。

采用 GYH 复合技术配制混凝土，可大幅度提高混凝土的抗渗性能。工程应用证明，该方法在水泥用量为 315kg/m³ 条件下，可配制出 28 天平均强度为 43.1MPa，抗渗标号大于 S_{20} 的泵送混凝土。

采用 GYH 复合技术使水泥砂浆抗硫酸盐侵蚀系数达 1.24，氯离子扩散系数大幅度降低，混凝土半年的抗海水腐蚀系数达 1.07，均优于 525# 抗硫酸盐水泥配制砂浆及混凝土的抗蚀性能。

7.5.2 水泥混凝土路面

水泥混凝土道路的断面由面层、基层、垫层和路基构成。其中面层是由水泥、水、粗、细集料，以及矿物掺和料和少量的外加剂拌和而成的混凝土混合料，经浇注或碾压成型，通过水泥的水化、硬化，形成具有一定强度的混凝土板结构。面层混凝土板的厚度一般为 18～25cm，主要有素混凝土和钢筋混凝土两种。

与沥青混凝土路面相比，水泥混凝土路面强度高、刚性大、板体性能好，有"刚性路面"之称（沥青混凝土有"柔性路面"之称）。水泥混凝土的弹性模量为 (2.5～4.0)×10⁴MPa，路面混凝土的抗弯强度达 4.0～5.5MPa，抗压强度达 30～40MPa。因此水泥混凝土路面具有较好的承载能力和扩散荷载的能力，适合于重载、交通量大的道路；水泥混凝土路面的水稳定性和温度稳定性均优于沥青混凝土，耐久性好，使用寿命长，沥青混凝土路面一般使用年限为 5 年，而水泥混凝土路面可达 20～40 年，特别在水侵蚀环境中能保持良好的通行能力，适用于气候条件差或路基软弱的地区。水泥混凝土路面平时的维修保养量比较小，虽然初期投资较沥青混凝土路面高，但使用寿命长，考虑整个使用期的维修费用，水泥混凝土路面在经济上具有明显的优势。

水泥混凝土路面呈脆性，刚度大，变形性能差，不能吸收由于温度等因素引起的变形，所以水泥混凝土路面需要在横向、纵向设置伸缩缝和施工缝，影响路面的连续性和平整性，且刚性的路面吸收震动和噪声的能力低，影响行车舒适性；同时水泥混凝土路面对超载比较敏感，一旦外荷载超过设计的极限强度，混凝土板便会出现断裂，其修补工作也较沥青混凝土路面困难。从施工性能来看，水泥混凝土需要较长时间的养护，除碾压混凝土之外，不能立即使用，一般铺筑后要经过 14～21 天才能使用。

与普通混凝土相比，道路混凝土具有以下特点。

（1）强度控制指标不同

一般混凝土的强度控制指标是指抗压强度，而道路混凝土的是指抗折强度。

（2）必须具备低的收缩性

道路混凝土收缩的原因有：①混凝土中浆集比不同对收缩有很大的影响；②施工期间由于温度变化，水泥水化以及早期失水引起的收缩；③养护期间干燥引起的收缩。对此一般采取的预防措施是在路面上设置伸缩缝和施工缝以及在端面上涂上沥青。减少收缩的控制措施有：①严格控制沙石的含泥量；②选用合适的水泥品种；③控制合适的水灰比；④加强早期的湿养护；⑤增大混凝土的浆集比，减少砂率。

（3）必须具备高的耐磨性

提高耐磨性的有效措施是：①提高混凝土的抗压强度；②选用耐磨性好的水泥以及优质的耐磨粗细骨料，并且要使两者间的界面黏结牢固，以防止剥落；③注意混凝土施工时的和易性，防止离析和泌水。

（4）混凝土的工作性能与施工方法匹配

道路混凝土坍落度一般为 1～5cm，有时甚至达到 0 坍落度；要求黏聚性和保水性好。

7.5.3 无宏观缺陷水泥

1981 年，英国的 Birchall 教授等人以波特兰水泥为主要原材料，掺加一定量的水溶性聚合物，在高效减水剂（超塑化剂）的帮助下，采用热压成型，在低水灰比（＜0.2）下制得了抗压强度为 300MPa，抗折强度为 150MPa，弹性模量为 50GPa 的高强度聚合物水泥基复合材料。这种材料结构致密，孔隙率低、孔径小，因而被称为无宏观缺陷水泥材料，即 MDFC（Macro Defect Free Cement）。

MDFC 材料的应用范围如下。

（1）吸音减震材料

由于 MDFC 材料具有较好的声学损耗角正切值和较高的弹性模量，可用于发电机、发动机和各种机床的底座，降低震动和噪声。

（2）防弹材料

MDFC 材料虽然强度和弹性模量比氧化铝陶瓷和碳化硼陶瓷低，但其应变能力却比陶瓷材料高得多，因此可以充分吸收子弹或弹片的能量，防止子弹或弹片的损伤。

（3）电磁屏蔽材料

MDFC 材料可以掺入大量的金属粉（如 30％铁粉），仍能保持良好的力学性能，而且对 30～1000Hz 范围内的电磁波屏蔽效果良好。

（4）建筑材料

MDFC 材料具有优良的加工性，易于着色，可加工成各种颜色任意形状的制品，且硬度高、质轻、耐磨耐腐蚀、价格低廉，是室内装饰的理想材料。

目前，MDFC 水泥由于存在一定数量的未水化的水泥和易吸水溶胀的聚合物，当它浸入水中或在潮湿的环境中，部分未水化的水泥继续水化，聚合物吸水溶胀，致使材料的体积膨胀和强度大幅度降低。因此，MDFC 材料体积稳定性差，耐水性不好。有报道，纤维增强 MDFC 能够显著提高 MDFC 抗弯强度和降低干缩率，并能够限制体积变化。

7.5.4 超细粒子均匀排列密实填充体系

超细粒子均匀排列密实填充体系即 DSP（Densified System Containing Homogeneously Arranged Ultrafine Particles）是由普通波特兰水泥、超细颗粒的硅粉和超塑化剂三组分所组成的，其中水泥和硅粉颗粒尺寸至少相差 2 个数量级。

为了使 DSP 达到紧密堆积，Roy 等在三组分基础上加入不锈钢粉作为粗颗粒，不锈钢粉不仅能提高材料在高碱性环境下的抗腐蚀性，并且能增加材料的强度和耐久性。Scheetz 等在 Roy 等基础上加入适量磨细石英粉和消泡剂，其中石英粉用来调节硅粉的火山灰反应。之后，采用不同超微粒子（如粉煤灰、高炉矿渣）与水泥组合，或将超微粒子与硅粉掺和制得 DSP，试验结构表明，这些 DSP 砂浆在一定试验条件下都可以获得高强度，并且超微粒子的掺入使得材料体系的孔分布更为合理。

DSP 材料通过不同级别的粒度颗粒和化学分散剂的作用，可得到流动性好的浆体。DSP 材料的重要特征是材料内部密实填充，没有大孔，只有很少的小毛细孔，收缩很低。其强度可以达到 270MPa，弹性模量可达 80GPa。

DSP 材料的强度/密度（比强度）为钢材的 1.5 倍；弹性模量为普通水泥基材料的 1.5～2 倍；孔隙率低，毛细孔少，抗冻性极好；Cl⁻ 扩散系数也比普通水泥材料小 1 个数量级；但其脆性仍比较大，加入纤维或聚合物有助于提高其韧性。

DSP 材料的应用主要在以下几个方面。

（1）高层建筑和大跨度桥梁

主要利用 DSP 材料优良的力学性能，尤其是其强度/密度比大，因而可减少结构构件的截面，减轻自身质量，节省工程综合造价。

（2）耐腐蚀材料

如用在各种侵蚀环境的化工厂、食品加工厂、冷库、重型机器厂等建筑物的地面以及港口和海洋平台等。

（3）高耐寒材料

如作为繁忙路段的桥面板和高等级路面材料、停车场、除冰盐路面以及城市地铁等。

（4）功能材料

在 DSP 中掺入各种掺和料或纤维可制得一系列不同用途的高级功能材料。

此外，DSP 材料结构致密、孔隙率极低、耐腐蚀性能好，不仅能防止放射性物质从内部泄漏，而且能抵御外部侵蚀性介质的腐蚀，因此是制备新一代放射性废弃物储存容器的理想材料。

7.5.5 活性粉末混凝土

活化粉末混凝土（RPC）是水泥基材料中的一种新型成员，主要由粉末和微钢纤维构成。依据其组分和成型方式，活化粉末混凝土的抗压强度可以达到 200～800MPa，断裂能

达到 $40kJ/m^2$。

活化粉末混凝土的配制机理与高性能混凝土完全不同。第一，为了提高水泥基材料的均质性，它不含有粗骨料，最大集料粒径为 $600\mu m$；第二，为达到高密实，所采用粉末的粒径分布要最佳化；第三，为排除多余的空隙，在成型过程中或成型后施加压力；第四，为改善微孔隙结构，在成型后，进行热养护；第五，为了提高水泥基材料的韧性，引入微钢纤维；第六，保证搅拌和成型工艺与实际浇注工程一致。材料的组成和选择是活化粉末混凝土的关键所在，材料的成型和养护对提高材料的性能起重要作用。

微钢纤维的掺入，大大提高了其抗拉强度，同时可以获得所要求的韧性。保证均质性和颗粒的密实度是活化粉末混凝土概念的基础；成型方法（加压和热养护的利用）对于提高性能是有利的。

传统的混凝土是一种非均质材料，其中集料在水泥基体中形成骨架。当混凝土试件受到外加荷载或压力时，在水泥基体与集料界面处，由于应力集中，形成微裂纹。这些微裂纹的尺寸和扩展与集料的粒径有直接的关系，因此在活化粉末混凝土中，采用磨细石英砂代替粗集料，提高材料均质性，控制材料内部缺陷。同时在材料配比设计过程中，采用最大密实理论模型，通过对材料粒径选择，使不同粒径材料达到最大密实，并严格控制用水量。为保证水泥和活性粉末能最大限度地水化，在养护时，采用热养护，在成型过程中，为排除多余的空气，可以根据需要，进行加压成型。

活化粉末混凝土与普通混凝土完全不同，在材料选择上主要包括以下几种：细石英砂、水泥、磨细石英粉、硅灰、高效减水剂。在要求高韧性时，还需要掺入微钢纤维。

RPC 的应用主要在以下几个方面。

① 活化粉末混凝土由于优异的力学性能和超强的耐久性，已经将这种新型水泥基材料产业化和用于建筑工程中。

② 预制构件。利用 RPC 的超高强度与高韧性，能生产薄壁、细长、大跨度等新颖形式的预制构件，并且其流动性很好，施工很方便。

③ 替代钢材，降低工程造价。众所周知，钢筋混凝土的最大缺点是自身质量大，一般的建筑中结构自身质量为有效荷载的 8~10 倍。而用无纤维 RPC 制成的钢管混凝土，具有极高的抗压强度、弹性模量和抗冲击韧性，用它制作高层或超高层建筑的结构构件，可大幅度减小截面尺寸和结构自身质量，增加建筑物的使用面积与美观，因此 RPC 钢管混凝土构件有着广阔的应用前景。

④ 活化粉末混凝土在工业和军事方面都有成功的应用，如高抗压强度的 RPC 用做钢绞线预应力锚头，低强但高耐久性和抗腐蚀的 RPC 用做工业污水处理过滤板。此外，用 RPC 制作的防护板具有优异的抵抗炮弹冲击的性能，活化粉末混凝土还可以用于核废料的储存等。

7.5.6 渗浆纤维混凝土

渗浆纤维混凝土即 SIFCON (Slurry Infiltrated Fiber Reinforced Concrete) 是美国 20 世纪 70 年代后期研制出来的。普通钢纤维混凝土是使钢纤维与混凝土的各组分在强制式搅拌机内拌和后再进行浇灌或振捣成型的。SIFCON 的制备是先将钢纤维填满于一定形状的模具中，然后再灌注高强度的水泥净浆或砂浆（灰沙比 1:1），为使净浆或砂浆均布于纤维中，模具可适当振动或采用压力注浆。普通钢纤维混凝土中，钢纤维的体积含量为 2% 左右，而 SIFCON 中，钢纤维的体积含量为 10%~20%。

钢纤维混凝土的拉伸与抗弯强度以及韧性主要取决于纤维的体积率与纤维间距等。由于在 SIFCON 中大幅度提高纤维的体积率并缩小纤维间距，因而极大地增加了复合材料的承载与变形能力。

由表 7-1 可知，SIFCON 的各项强度指标与变形能力均优于普通钢纤维混凝土，更显著高于未增强混凝土。用水泥净浆制成的 SIFCON 在龄期 28 天时的干缩应变值在 0.005～0.0125mm/m 的范围内。当使用水泥砂浆制备 SIFCON 时，其干缩应变可进一步显著降低。SIFCON 的抗剪能力、抗冲击性、抗渗性、抗反复冻融能力与抗疲劳性等显著优于普通钢纤维混凝土。

表 7-1　SIFCON 与普通钢纤维混凝土、未增强混凝土的力学性能的对比

材 料 性 能	SIFCON	普通钢纤维混凝土	未增强混凝土
抗压强度/MPa	60～120	40～50	35～40
抗弯强度/MPa	40～75	7～10	5～6
拉伸强度/MPa	14～28	4～5	3～4
抗剪强度/MPa	20～30	8～11	5～6
极限伸长率/%	1～2	0.4～0.6	0.01～0.02
韧性指数	600～1000	30～50	1

SIFCON 虽具有极高的强度与韧性，但因造价昂贵，故目前仅应用于以下一些领域：地下导弹发射室；防爆炸与防火的贵重物品保险库；储存易爆品的容器；受力构件的修补；桥梁面层的修复；路面的修复；堆场的耐磨面层；抗震建筑的梁、柱接合部位；用于快速抢修的预制件。

7.5.7　透水性混凝土

传统的路面材料为了达到强度以及耐久性的要求，通常是密实、不透水的。但是这种路面所带来的问题是刚度较大，在车轮冲击载荷的作用下所产生的噪声较大，据有关资料统计，城市噪声的大约 1/3 来自于交通噪声。同时，雨天路面积水形成水膜，增加车辆行驶的危险性。在城区，由于道路覆盖率较大，不透水的路面使得雨水只能通过排水系统排走，不能直接渗入地下，使得城市地下水位不能得到充分补充，土壤湿度不够，影响地表植物的生长，降低对空气的温度和湿度的调节能力，使生态平衡受到破坏。而透水性的路面材料能够很好的改善传统路面的这些弱点。透水性混凝土路面在美国和日本等发达国家已经开始应用。

透水性混凝土的结构如图 7-4。

透水性混凝土的种类和特点：①水泥透水性混凝土，具有成本低，制作简单，适用于用量较大的道路铺筑，耐久性较好；②高分子透水性混凝土，强度高，成本高，透水性对温度较敏感，易老化，耐候性差；③烧结透水性混凝土，强度高，耐磨性好，耐久性优良，能耗高、成本高。

由于透水性混凝土强度较低，到目前为止仍然主要应用在强度要求不太高，而要求具有较高透水性的场合。例如公园道路、人行道、轻量级轿车、停车场、地下建筑工程以及各种新型体育场地等。

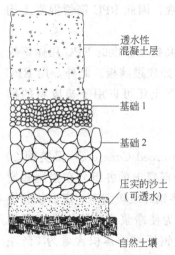

透水性混凝土层

基础1

基础2

压实的沙土（可透水）

自然土壤

图 7-4　透水性混凝土道路断面

7.5.8 绿化混凝土

绿化混凝土是指能够适合绿色植物生长、进行绿色植被的混凝土及其制品。绿化混凝土用于城市的道路两侧及中央隔离带，水边护坡、楼顶、停车场等部位，可以增加城市的绿色空间，调节人们的生活情趣，同时能够吸收噪声和粉尘，对城市气候的生态平衡也起到积极作用，是与自然协调、具有环保意义的混凝土材料。

7.5.8.1 绿化混凝土的开发研究现状

20 世纪 90 年代初期，日本最早开始研究绿化混凝土，并取得专利"垂直坡面绿化施工法"。近年来，中国城乡建设发展飞快，绿色混凝土的开发、研究和应用也得到飞速发展。植被混凝土护坡绿化技术已应用到三峡工程上，中国绿化混凝土已达到国际领先水平。图 7-5 为中国三峡的植被混凝土护坡绿化工程。

原始坡面　　　　　　　　　　　　　　　　　　绿化施工后效果

图 7-5　三峡工程永久船闸下游引航道岩石边坡防护绿化工程

植被混凝土护坡绿化技术具有以下特点。

① 解决了恢复植被和地面防护两者结合的关键技术问题。

② 具有一定护坡强度和抗冲刷能力，使植被混凝土层不产生龟裂、又能营造较好植物生长环境。

③ 研究开发的混合植绿种子配方能使植被四季常青、自然生长，且具有抗旱性、抗逆性和强的互补性。

7.5.8.2 绿化混凝土的类型及其基本结构

到目前为止，绿化混凝土共开发了 3 种类型，其基本结构和制备原理如下。

（1）孔洞型绿化混凝土块体材料

孔洞型绿化混凝土块体制品的实体部分与传统混凝土的材料相同，只是在块体材料的形状上设计了一定比例的孔洞，为绿色植被提供了空间。

（2）多孔连续型绿化混凝土

如图 7-6，连续型绿化混凝土以多孔混凝土作为骨架结构，内部存在着一定量的连通孔隙，为混凝土表面的绿色植物提供根部生长、吸取养分的空间。

（3）孔洞型多层结构绿化混凝土块体材料

如图 7-7 采用多孔混凝土并施加孔洞、多层板复合制成的绿化混凝土块体材料。上层为孔洞型多孔混凝土板，在多孔混凝土板上均匀地设置直径大约为 10mm 的孔洞，多孔混凝土板本身的

图 7-6　连续铺筑的绿化混凝土地面

132

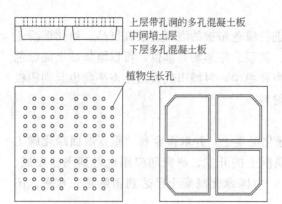

上层带孔洞的多孔混凝土板
中间培土层
下层多孔混凝土板

植物生长孔

图 7-7　孔洞型多层结构绿化混凝土

孔隙率为 20% 左右，强度大约为 10MPa；底层是不带孔洞的多孔混凝土板，做成凹槽型。上层与底层复合，中间形成一定空间的培土层。上层的均布小孔洞为植物生长孔，中间的培土层填充土壤及肥料，蓄积水分，为植物提供生长所需的营养和水分。

7.5.9　吸音混凝土

噪声已经成为现代社会的一大公害。据有关资料统计，交通噪声占城市噪声的 1/3 左右，尤其是高速道路交通流量大，车速快，且夜间交通量日趋增大，对道路两侧的居民构成极大的困扰。吸音混凝土就是为了降低交通噪声而开发的，适用于机场、高速公路、高速铁路两侧、地铁等产生恒定噪声的场所，能明显地减低交通噪声，改善出行环境和公共交通设施周围的居住环境。

为了防止噪声，一般从抑制噪声源、噪声传递路径、隔音及吸音等几个方面寻求对策。如前所述，采用多孔、透水性的混凝土路面可以降低车辆行驶所产生的噪声，就是从抑制噪声源方面采取的防止措施。而吸音混凝土则是针对已经产生的噪声所采取隔音、吸音措施。如果采用普通的、比较致密的混凝土做隔音壁，根据质量法则，墙壁的面密度越大，声波越不容易透过，隔音效果越好。但是致密性的混凝土对声波反射率较大，虽然对道路外侧降低噪声效果显著，但是道路内侧噪声仍然很大，对行驶在道路上的车辆乘坐者来说仍然难免噪声之苦。而吸音混凝土具有连续、多孔的内部结构，具有较大的内表面积，与普通的、密实混凝土组成复合构造。多孔的吸音混凝土直接暴露面对噪声源，入射的声波一部分被反射，大部分则通过孔隙被吸收到混凝土内部，其中有一部分声波由于混凝土内部的摩擦作用转换成热能，而大部分声波透过混凝土层，到达多孔混凝土背后的空气层和密实混凝土板表面再被反射，而这部分被反射的声波从反方向再次通过多孔混凝土向外部发散。在此过程中，与入射的声波具有一定的相位差，由于干涉作用互相抵消一部分，对减少噪声效果明显。

多孔、吸音性混凝土通常暴露在噪声环境下使用，要求吸音混凝土具有从低音域到中、高音域频率的声波均具有吸收的能力。同时还要求吸音混凝土具有良好的耐久性、耐火性、施工性和美观性。吸音混凝土所用的原材料通常使用普通硅酸盐水泥或早强硅酸盐水泥，骨料在满足吸音板强度要求下，尽量选用施工性能良好的轻质骨料，包括天然轻骨料和人造轻骨料。例如以硅酸钙水化物为基材的超轻质发泡混凝土（相对密度为 0.27～0.35），粉煤灰陶粒、以人造沸石为材料的轻骨料等。骨料的粒径一般为 2～10mm 范围。在吸音混凝土中，胶结材料所起的作用很大，通过调整所用胶结材料（水泥浆体）的量和外加剂掺量，可以提高吸音效果以及其他性能。例如添加硅粉可以提高强度，掺入聚合物可以防止表面剥离，加入碳纤维和铝粉能够提高吸音性能，掺入高效减水剂能够确保拌和物的稠度等。

多孔混凝土吸音板或多孔混凝土层的厚度、表面粗糙程度等因素对所能吸收的声波频率带具有影响。因此吸音板的外形不仅影响其美观性，而且影响其吸音效果。通常其表面要做出凹凸交替的花纹，并且在多孔混凝土板的背后和普通混凝土板之间设置空气层，以提高吸音效果。

7.5.10 水泥基复合智能材料

智能材料是指将具有仿生命功能的材料融合于基体材料中，使制成的构件具有人们期望的智能功能。传统上，材料可分为结构材料和功能材料，这些材料被用到的一般只是它们固有的性能或功能。而智能材料科学是在现代材料科学的基础上，进一步融入了信息科学的内容，如感知、辨识、寻优和控制驱动等。因此，智能材料在传统材料中至少需引入传感元件、执行元件、信息处理元件等。据预测，随着现代科学技术的飞速发展和社会进步的需求，材料中必将逐步融入辨识和寻优等软件部分，以使材料和结构能够感知周围环境和自身内部发生的变化，并能够对这些变化进行适应或调控，达到适应环境、调节环境、材料和结构健康状况的自诊断和自修复等目的。水泥基材料是各种建筑结构最重要的组成部分，在各类建筑向智能化发展的背景下，人们越加重视水泥基复合材料向智能化方向发展，以使智能建筑更加简洁、可靠和高效。因此，水泥基复合材料是智能材料科学的重要研究领域和应用领域。

钟端玲等发现将一定形状、尺寸和掺量的短切纤维掺入水泥基材料中，可以使材料具有自感知内部应力、应变和损伤程度的功能。他们通过对材料的宏观行为和微观结构变化进行观测，发现水泥基复合材料的电阻变化与其内部结构变化是相对应的，如电阻率的可逆变化对应于可逆的弹性变形，而电阻率的不可逆变化对应于非弹性变形和断裂，其测量范围很大。而且这种水泥基复合材料可以敏感有效地监测拉、弯、压等工况及静态和动态荷载作用下材料的内部变化。当在水泥净浆中掺加 0.5%（体积）的碳纤维时，它作为应变传感器的灵敏度可达 700，远远高于一般的电阻应变片。这种材料，称之为材料应力、应变和损伤自检测水泥基复合材料。

武汉理工大学利用短切碳纤维掺入水泥基材料中，发明了温度自测水泥基复合材料。日本学者提出了一种自动调节环境湿度的水泥基复合材料。受一些生物组织，如树干和动物的骨骼在受到伤害之后自动分泌出某种物质，形成愈伤组织，使受到创伤的部位得到愈合现象的启发，一些学者将内含黏结剂的空心玻璃纤维或胶囊掺入水泥基材料中，一旦水泥基复合材料在外力作用下发生开裂，空心玻璃纤维或胶囊就会破裂而释放黏结剂，黏结剂流向开裂处，使之重新粘接起来，起到愈伤的效果。

仿生自愈合混凝土是模仿生物组织对受创伤部位自动分泌某种物质，而使创伤部位得到愈合的机能，在混凝土传统组分中复合特殊组分（如含黏结剂的液芯纤维或胶囊）在混凝土内部形成智能型仿生自愈合神经网络系统，当混凝土材料出现裂缝时部分液芯纤维可使混凝土裂缝重新愈合。混凝土的自修复系统对基体微裂缝的修补和有效地延缓潜在的危害提供了一种新的方法。具有机敏性自愈合能力的材料由以下几部分组成：①一种内部损坏的因素，诸如一个导致开裂的动力荷载；②一种释放修复化学制品的刺激物；③一种用于修复的纤维；④一种修复用化学制品，它能对刺激物产生反应，发生位移或是变化；⑤在纤维内部的推动化学制品的因素；⑥在交叉连接聚合体的情况下，使基体中的化学制品固化的一种方法或在单体的情况下干燥基体的一种方法。目前，这种仿生自愈合法还存在许多问题需要解决。例如，有关修复黏结剂的选择、封入的方法、流出量的调整、释放机理的研究、纤维或胶囊的选择、分布特性、与混凝土的断裂匹配的相容性、愈合后混凝土耐久性能的改善等问题，研究尚不完全。解决好这些问题将对自愈合混凝土的发展产生深远的影响。

7.5.11 导电混凝土

早在 20 世纪 30 年代初，国外就开始研究导电混凝土的性能。进入 90 年代，水泥基导电复合材料的研究更为广泛。水泥基导电复合材料是用导电材料部分或全部地取代混凝土中的普通骨料凝结组成的特种混凝土，具有规定的电性能和一定的力学性能。

7.5.11.1 混凝土的导电原理

普通混凝土的电阻率一般在 $10^6 \sim 10^9 \Omega \cdot m$ 范围内，处于绝缘体和良导体之间。水泥与天然石材组成的混凝土完全干燥后，具有极高的电阻率，约为 $10^{13} \Omega \cdot m$，因此往往把它归类为绝缘体材料。然而在潮湿状态下，混凝土中含有一种从水泥中溶出的水溶性导电化合物，这种化合物是一种容许电流通过的电解质，存在于拌和水或被吸收的潮气中，从而使混凝土具有一定的导电性。

普通的新拌混凝土可以说是导电的，但也不完全适用任何一种用途。因为拌和物硬化时，电阻率便会变大。因此，配制导电混凝土必须设法使电解质的电路短路。为此，可以在混凝土中掺入导电材料，使整个混凝土基质中出现相连的导电粒子链，借助电子的运动使之导电。石墨、金属的电阻率和各种电解质相比是极低的，因而在混凝土拌和物中，掺入石墨或研磨、切削的少量屑粉、球粉或粒状金属适合配制导电混凝土。

纤维状的导电组分如碳纤维或金属纤维也可以使水泥基复合材料具有良好的导电性。据报道，纤维组分的掺量存在一个临界值，当碳纤维的掺量小于临界值时碳纤维在空间呈随机分布，但相互之间尚未接触，因此导电率很低。掺量增大，逐渐形成了纤维的聚集团簇，团簇内纤维彼此连接，但团簇间仍是彼此断开的。只有当碳纤维掺量大于临界值时全部团簇才能形成渗流网络，使导电率急剧上升。作为导电组分的纤维，还可以改善水泥基复合材料的力学性能，增加其延性。

7.5.11.2 导电混凝土的应用

目前导电混凝土广泛应用的领域有：屏蔽无线电干扰、防御电磁波、断路器的合闸电阻、接地装置、建筑物的避雷设备、消除静电装置、环境加热、电阻器、建筑采暖地面、金属防腐阴极保护技术、高速公路的自动监控、运动中的质量称量以及道路和机场的冰雪融化等，工程上还可以利用导电混凝土的电阻率变化，对大型结构如核电站设施与大坝的微裂纹进行监测等。

7.5.12 水泥基磁性复合材料

所谓水泥基磁性复合材料是指采用特殊工艺将可磁化粒子混入水泥基材中而制成的磁性体。所用的可磁化粒子可分为两类，一类是铁氧体（如钡铁氧体和锶铁氧体）；另一类是稀土类磁性材料，这类磁性材料的性能主要取决于可磁化粒子的性质，磁化粒子定向排列的有序化程度越高，材料的磁性越好，同时还与水泥品种、粒子掺量及成型工艺有密切关系。

从发展方向看，水泥基铁氧体磁性复合材料具有很好的应用开发前景。这类材料中掺入的是钡铁氧体和锶铁氧体磁粉，其平均粒径在 $1.0 \sim 1.5 \mu m$，掺量大致在 $10\% \sim 60\%$。这类磁性材料具有价格低、易加工成型、保磁性强等优点。

7.5.13 水泥基屏蔽电磁波复合材料

随着电子产业的发展，电磁波在人们生活中发挥着越来越重要的作用。但另一方面，电磁波的泄露严重干扰和危害了人们的正常生活，特别是一些机密性的文件通过电磁波形式泄露出去。因而既作为结构材料，同时又具有电磁波屏蔽功能的水泥基建筑材料越来越受到重视。制备这种材料的基本技术路线是在水泥基中掺入导电粉末（如碳、石墨、铝铜等）、纤维（如碳、铝、钢等）或絮片（石墨、锌铝、镍等）。日本学者在这方面作了大量的工作，并取得了很好的结果。如他们采用铁氧体粉末或纤维毡作为吸附电磁波的功能组分，制作的幕墙对电磁波的吸收可达 90％以上，而且幕墙壁薄质轻，兼有防震的功能，已在东京和广岛等地的 5 幢高楼上成功应用。据目前研究结果，一般的水泥基屏蔽电磁波材料对 $100\sim200MHz$ 波段的吸收约为 $20\sim30dB$，这对普通电磁屏蔽是可以满足的。

第8章　仿生复合材料

8.1　材料仿生概念的提出

20世纪70年代以来，先进复合材料研究一直处于材料科学和技术的前沿，并在不同领域得到广泛的应用。现在先进复合材料已成为最重要的结构材料之一。由于其微观结构的多样性和制备工艺的复杂，复合材料实际上很难进行设计。人们知道，自然界的生物材料经过亿万年的自然选择与进化，形成了大量天然合理的复杂的结构与形态。这些均可作为人们进行材料仿生研究时的参考物。

仿生概念实际上古代就有，但比较系统的现代仿生研究，是从20世纪60年代开始逐步活跃起来的。材料仿生研究则相对较晚，20世纪90年代初出现Biomimetics，意为模仿生物，但人们往往狭义地理解其含义而认为材料仿生应该尽可能接近模仿生物材料的结构和性质。近年来国外出现"Bio-inspired"一词，意为"受生物启发"而研制的材料或进行的过程。因其含义较广，似更贴切，因而渐为材料界所接受。仿生材料就是受生物启发或模仿生物的结构而制出的性能优异的材料。

自然界存在许多具有优良力学性质的生物自然复合材料，如木、竹、软体动物的壳及动物的骨、肌腱、韧带、软骨等。组成生物自然复合材料的原始材料（成分）从生物多糖到各种各样的蛋白质、无机物和矿物质，虽然这些原始生物材料的力学性质并不很好，但是这些材料通过优良的复合与构造，形成了具有很高强度、刚度以及韧性的生物自然复合材料。对这些生物自然复合材料精细结构的深入研究无疑将会对人工合成高性能复合材料和智能材料的研究提供有益的指导。

自20世纪80年代以来，生物自然复合材料及其仿生的研究在国际上引起了极大重视，并已取得了一系列研究成果。Sarikaya等研究了珍珠贝壳的精致层合结构和力学机理，并将其用于研究陶瓷-聚合物和陶瓷-金属复合材料，结果发现其断裂韧性比按常规设计的复合材料提高了40%。Gordon等用复合材料柱、板和夹芯材料模仿在木细胞中发现的螺旋结构做成玻璃纤维/环氧树脂仿木复合材料，结果发现其断裂韧性也有大幅度的提高。

近年来材料仿生研究正越来越受到重视。本文将大篇幅介绍近年来国际上在材料仿生设计和制备方面的一些新进展，并简要介绍当前国际上在材料仿生研究方面的一些结果和动向。

材料仿生的探索是从分析复合材料中一些疑难问题开始的。这些疑难问题可归结为如下几个。

① 连续纤维的脆性和界面设计的困难。绝大多数增强用高强和高模量的连续纤维均呈脆性，特别是碳和陶瓷纤维（如碳纤维、SiC、Si_3N_4 和 Al_2O_3）更是如此。其断裂韧性 K_{IC} 仅为 $2\sim5MPa \cdot m^{1/2}$，同时纤维的表面处理还不能满足优化界面的要求。

② 纤维易由基体拔出导致增强失效。短纤维增强复合材料的成型性和可加工性是这类材料的优点，但其性能往往因短纤维的脱黏和拔出而降低。

③ 晶须的长径比不易选择。很多种高强度和高刚度的单晶陶瓷晶须已经发展成功，但

其长径比的选择并不简单，过大的长径比将导致在基体中产生大于临界尺寸的裂纹，过小则其对基体的增强效应降低。

④ 寻求陶瓷基复合材料增韧方法时遇到困难。陶瓷因具备一系列优良性能而在人类发展史上起过非常重要的作用，但其最大的缺点是脆性大。由于其微观结构和制备工艺复杂，寻求陶瓷基复合材料增韧途径十分困难。

⑤ 寻找复合材料损伤性能的恢复方法和内部裂纹的愈合方法。复合材料特别是金属基复合材料的高强度和高刚度已使其成为重要的结构材料，但在载荷下常常产生内部损伤或裂纹，而这些损伤或裂纹的恢复和愈合方法不易找到。

复合材料仿生研究正是针对上述困难而开展的。

生物材料的优良特性为复合材料设计展示了诱人的前景。

几乎地球上的所有生物材料都是复合材料，其中一些具有高强度和高模量，即使是由陶瓷为主组成的生物材料，其断裂韧性亦不低。与其他材料相比，生物材料的最显著的特点是具有自我调节功能，就是说，作为有生命的器官，生物材料能够一定程度地调节自身的物理和力学性质，以适应周围环境。再者，一些生物材料具有自适应和自愈合能力，因此如何从材料科学观点研究生物材料的结构和功能特点，并用以设计和制造先进复合材料，是当前面临的重大课题。

(1) 生物材料的复合特性

生存下来的生物，其结构大都符合环境要求，并成功地达到了优化水平。组成单元层次结构的植物界和动物界均甚普遍。植物细胞和动物骨骼均可视作生物材料的增强体；木材的宏观结构是由树皮、边材和芯材组成的复合材料，而微观结构由许多功能不同的细胞构成。在木材超细结构中的细胞壁可以看作多层复合柱体，每层中微纤维（丝）的取向角均不相同，对木材的力学性能影响甚大。

木材和竹材的组元是一些先进的复合材料。在有关的所有因素中，纤维的体积分数、纤维壁厚以及微纤维的取向角与这种生物材料的刚度和强度关系最密切。

(2) 生物材料的功能适应性

无论是从形态学的观点还是从力学的观点来看，生物材料都是十分复杂的。这种复杂性是长期自然选择的结果，是由功能适应性所决定的。一个器官对其功能的适应性只能由实践进化而来，而自然进化的趋向是用最少的材料来承担最大的外来荷载。即使骨的外形不规则且内部组织分布不均匀，但骨可将高密度和高质量的物质置于高应力区。

由于树木具有负的向地性，通常生长挺直，一旦树木倾斜，偏离了正常位置，便会在高应力区产生特殊结构，使树干重新恢复正常位置。这无疑说明树木具有某种反馈功能和自我调节的能力。

竹子在纵向每隔约 10cm 处有一竹节，这对其刚度和稳定性至关重要，特别是对长径比甚大的主干。带竹节的枝干，其抗劈强度和横纹拉伸强度较不带竹节的枝干有显著的增加。竹节尤其是横隔壁可以增加竹子的结构刚度，犹如复合材料中的加强件。由于竹节中维管束的方向与竹的纵向不完全平行，因此，其拉伸强度略有降低，但因节中的组织胀大，故承载总面积增加，这样就保证了竹子在受到外力时不致破坏。

(3) 生物材料的创伤愈合

生物材料的显著特点之一时具有再生机能，受到损伤破坏以后机体能自行修补创伤。图8-1所示为断骨的自愈合过程。骨折后断裂处的血管破裂，血液由血管的撕裂处流出，形成

138

以裂口为中心的血肿，继而成为血凝块，称为破裂凝块，并初步将裂口连接，如图 8-1（a）。接着形成由新生骨组织组成的骨痂，位于裂口区内和周围，如图 8-1（b）。骨折发生后，裂口附近的骨内膜和骨外膜开始增生和加厚，成骨细胞大量生长而制造出新的骨组织，成为骨痂。与此同时，裂口内的纤维骨痂逐渐变成软骨，进一步增生而形成中间骨痂，然后中间骨痂和内外骨痂合并，在成骨细胞和破骨细胞的共同作用下将原始骨痂逐渐改造成正常骨，如图 8-1（c）。

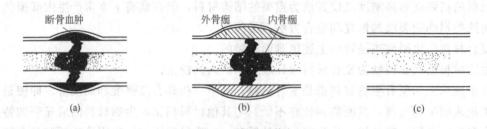

图 8-1　断骨的修复
（a）裂口血肿的形成；（b）内外骨痂的形成；（c）骨痂的改造

8.2　复合材料的仿生设计和制备

8.2.1　复合材料的仿生设计

如上所述，自然的生物复合材料拥有良好的特性，每一种生物体的具体构件都是适应特定环境的产物。其最大优点是极为节约高效和用途的专一性，且其具有下述特点。

① 特定的、不规则的外形，如骨骼。

② 力学性能的方向性，如竹、木等。

③ 几乎所有的生物体构件的截面都是宏观非均质的。

④ 显微组元（如纤维）具有复杂的、多层次的精细结构。

在现阶段，人们要求复合材料具有和传统材料相同的通用性，即宏观上应是均质的、方向性不强或无方向性，良好的工艺性能，并且要求能按需要具有传统材料的优点。因此，仿生的任务不是也不可能是单纯的复制。仿生力学分析的主要任务是以材料科学的观点考察和分析生物体的微观结构，找出导致优良力学性能的主要结构因素，然后进行测试、分析、计算、归纳，最终建立微观组织模型，以指导节约、高效的复合材料的设计和研制。

8.2.1.1　复合材料最差界面的仿生设计

通常情况下，复合材料界面的强结合可以实现应力的理想传递，从而提高材料强度，但使其韧性降低；弱结合可阻止裂纹扩展而改善韧性，但不利于应力传递。于是人们克服种种困难试图寻求一种最佳的界面结合状态，以同时满足强度和韧性的要求。但是最佳界面结合是不稳定的，在荷载作用下将会偏离最佳点而变坏。仿生界面设计则利用仿骨的哑铃型增强体或仿树根的分形树型增强体，通过基体和增大了的端头之间的压缩传递应力而对界面状态不提出特殊的要求。或者说，在此情况下的应力传递对界面状态不敏感，即使界面设计很差，也能满足要求而得到优良的性能，因此称之为"最差"界面结合。关于仿动物骨骼的哑铃型增强体和仿树根的分形树结构型增强体与基体间的应力传递，强度和韧性计算及其初步实验验证已有报道，在此不另详述。以下简要介绍其后关于哑铃型增强体的一些新的计算结果。

短纤维增强复合材料的力学行为中，载荷从基体向纤维的传递效率决定了复合材料的承载能力，也就是说，界面的强弱决定了短纤维的增强效果。现已有采用力学粘接界面模型和采用非力学粘接界面模型，计算金属基复合材料的有效弹性模量，并初步分析了弱界面条件下哑铃状短纤维增强效果好的原因。但是尚不能计算各种界面条件下的差异，分析方法受到局限。

近来采用有限元方法分析不同界面条件下哑铃状短纤维材料模型和平直短纤维材料模型的极限强度，从而给出两种材料模型增强效果和比较，可供材料设计与制备时参考。分析中沿界面划出一薄层界面单元，用界面强度进行失效判断，从而计算界面性能的影响。数值计算中将材料看作理想弹性塑性体，采用增量加载，增加每一步荷载中用 Mises 屈服准则判断单元的状态，从而较真实地模拟了模型的承载过程。

由弹性理论可知，轴对称条件下极坐标表示的几何方程为

$$\varepsilon_r = \frac{\partial u_r}{\partial r}$$

$$\varepsilon_{rz} = \frac{1}{2}\left(\frac{\partial u_z}{\partial r} + \frac{\partial u_r}{\partial z}\right) \tag{8-1}$$

$$\varepsilon_\theta = \frac{u_r}{r}$$

$$\varepsilon_z = \frac{\partial u_z}{\partial z}$$

式中，ε_r 为径向正应变；ε_z 为轴向正应变；ε_{rz} 为径向与轴向间的切应变；ε_θ 为周向正应变；u_r 为径向位移；u_z 为轴向位移；r 为径向坐标；z 为轴向坐标。

物理方程为

$$\sigma_{ij} = C_{ijkl}\varepsilon_{kl} \tag{8-2}$$

式中，σ_{ij} 为应力张量；ε_{kl} 为应变张量；C_{ijkl} 为刚度矩阵。

而控制方程可为

$$\int_V \delta\varepsilon_{ij}\sigma_{ij}\,\mathrm{d}V = \int_V \delta u_i P_{oi}\,\mathrm{d}V + \int_A \delta u_i q_{oi}\,\mathrm{d}A \tag{8-3}$$

式中，V 为体积；A 为表面积；P_{oi}、q_{oi} 分别为集中载荷和分布载荷。

将上述方程进行等参元离散，并采用增量法求解，$m+1$ 载荷步下求解位移增量的公式为

$$\Delta a = (K_L + K_S)^{-1}(R - R_S) \tag{8-4}$$

其中 K_L 等的定义如下

$$K_L = \int_{A_0} B^T D_T B r\,\mathrm{d}A$$

$$K_S = \int_{A_0} G^T M G r\,\mathrm{d}A$$

$$R = \int_{S_0} N^T q_0 r\,\mathrm{d}S + R_{jz} \tag{8-5}$$

$$R_S = \int_{A_0} B^T S r\,\mathrm{d}A$$

式中，Δa 为位移增量；S 为 m 时刻的应力矢量；q_0、R_{jz}、R 分别为 $m+1$ 时刻的均布载荷、集中载荷及载荷矢量；D_T 为单元的切变刚度矩阵。

采用增量法求解时，$m+1$ 时刻单元的位移、应力、应变可用 m 时刻的相应值表示：

$$a_{m+1} = a_m + \Delta a$$

$$S_{m+1} = S_m + \Delta S_m = S_m + D_T B \Delta a \qquad (8\text{-}6)$$

$$E_{m+1} = E_m + \Delta E_m = E_m + B \Delta a$$

式中，S 为应力矢量；E 为应变矢量。

由此得到了轴对称条件下求解增量的有限元基本公式。以其计算了哑铃型纤维和平直纤维增强情况与界面结合强度的关系，结果如图 8-2。

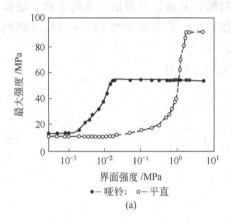 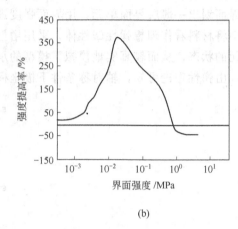

图 8-2　哑铃状纤维和平直纤维增强情况与界面强度的关系
(a) 增强效果；(b) 增强提高率

8.2.1.2　分形树状纤维和晶须的增强与增韧效应

可以定量地研究关于分形树结构型纤维从基体中拔出情况的近似理论，这一模型来自模仿土壤中的树根和草根，正像为了加固河岸和堤坝而栽树、种草一样。在实验研究人造分形树结构型纤维时，观测到纤维拔出的力和能量随分叉角变大而增高。这一理论用于指导实验是成功的。由其可以推知，以这种类型的纤维增强复合材料比平直纤维增强复合材料的强度和断裂韧性均高。而平直纤维增强复合材料的强度和断裂韧性不可能同时提高。因此该项研究对于指导纤维的设计十分重要。

(1) 分形树结构模型

分析模型由 Mandelbrot 提出，具有无限自相似性。自相似性表示，经膨胀和收缩后的新系统与原系统有相同的结构，每一部分可以由相似比从总体得到，即

$$a(M) = 1/M^{1/D} \qquad (8\text{-}7)$$

或

$$D = \lg(M)/[\lg(1/a)] \qquad (8\text{-}8)$$

式中，M 表示生成子数目；a 表示相似比；D 表示分形维数。在分形树结构中，分叉级数是无穷的，但在分叉纤维模型中无此必要，取一级或两级分叉纤维模型更为实际。

(2) 纤维的拔出力和拔出能

归一化载荷 P 定义为

$$P = (P_{max})_\phi / (P_{max})_{\phi=0} \qquad (8\text{-}9)$$

式中，ϕ 为半分叉角。当 $\phi = 0°$ 时，对周长为 S_1、嵌入长度为 L 和切变强度为 τ_s 的平直纤维来说，最大纤维拔出力假设为 P_{max0}，并等于 $S_1 L \tau_s$，则平直纤维以一定角度 ϕ 自基体拔

出时的拔出力就为 $P_{max0}\exp(f\phi)$。f 为缓冲摩擦系数。因此，一级分叉纤维最大拔出力

$$P_{max1}=S_1L\tau_s/2+S_2L\tau_s\exp(f\phi) \quad (8\text{-}10)$$

即

$$P_{max1}/P_{max0}=0.5+S_2\exp(f\phi)/S_1 \quad (8\text{-}11)$$

式中，S_1 和 S_2 分别为纤维主干和分支的周长。

二级分叉纤维的拔出模型如图 8-3 所示。其相应表达式

$$P_{max2}/P_{max0}=0.33+0.48\exp(f\phi)+0.59\exp(2f\phi) \quad (8\text{-}12)$$

一级分叉纤维的拔出能 W_{po1} 与平直纤维拔出能 W_{po0} 之比，可由下式算出

$$W_{po1}/W_{po0}=0.75+0.5S_2\exp(f\phi)/S_1 \quad (8\text{-}13)$$

二级分叉纤维拔出能比值

$$W_{po2}/W_{po0}=0.56+0.48\exp(f\phi)+0.19\exp(2f\phi) \quad (8\text{-}14)$$

（3）实验研究

研究所用的钢单丝直径为 0.28mm。首先用焊锡将钢单丝按预先设计的结构焊接而得到模型纤维，将纤维以预定的分叉角固定在模子中，最后将环氧树脂倒入模中并抹平自由表面。对一级分叉纤维，分叉角 2ϕ 为 30°、60°、90°和 120°；两级分叉纤维 2ϕ 为 30°、60°和 90°。同时也制备了无分叉试样。对应每一 2ϕ 角和无分叉模型都有 8 个试样，所有纤维嵌入基体中的长度为 20mm。

纤维的归一化拔出功（W_{po1}/W_{po0} 和 W_{po2}/W_{po0}）与 2ϕ 的关系及与实验数据的比较，如图 8-4。理论与实验结果都表明，具有分叉结构的纤维拔出力和拔出功均随分叉角的增加而增大，且大于无分叉纤维。

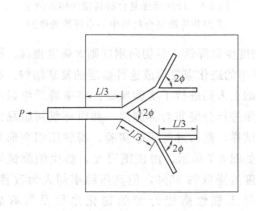

图 8-3　二级分叉纤维拔出模型

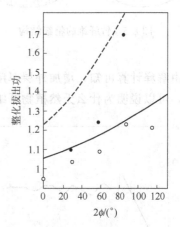

图 8-4　归一拔出功随分叉角 2ϕ 变化的指数拟合曲线（实线和虚线）与实验数据（○和●）对比
实线和○为一级分叉纤维；
虚线和●为二级分叉纤维

纤维对复合材料断裂功的贡献为纤维拔出能的平均值，于是纤维的拔出能越大，纤维对复合材料断裂韧性的贡献越大。而纤维的分叉可增加纤维的拔出力和拔出能，因此分形树结构的纤维可以提高复合材料的断裂韧性。

对"土壤中分叉根"仿生模型的理论和实验研究显示，复合材料的韧性可由改变纤维外

142

形来改善。

8.2.1.3 仿生螺旋的增韧作用

很多陶瓷纤维既强且刚，特别是那些用来作为复合材料增强体的纤维，但其主要缺点是延伸率和断裂韧性低。

人们知道竹材表层（竹青）的高强和高韧主要是由于竹纤维的优越性能所致。竹材由维管束和薄壁细胞组成，而维管束包括筛管和韧皮纤维。实际上，韧皮纤维承担了绝大部分载荷。图 8-5 所示为竹纤维的精细结构，包含若干厚薄相间的层，每层中的微纤维（丝）以不同夹角分布。通常在厚层中纤维与轴的夹角为 3°~10°，而薄层为 30°~45°。不同层间界面内夹角逐渐变化，这意味着可以避免几何的和物理的突变，因而相邻层间的结合大为改善。

根据以上分析，纤维增强复合材料增强体的仿生模型如图 8-6（a）。传统的纤维增强复合材料，纤维通常成束出现，如图 8-6（b）。仿生模型改进之处表现在 3 个方面：空心柱、纤维螺旋分布、多层结构。

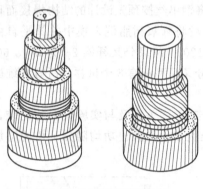

图 8-5　竹纤维的精细结构

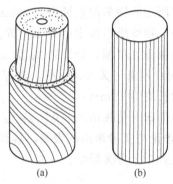

图 8-6　纤维增强复合材料增强体的仿生模型和传统复合材料中一束纤维的模型

由解释计算可知，增加外层厚度能使正向刚度少量降低，但切向刚度则大幅度提高。换言之，可以说明为什么天然植物纤维经过数百万年的进化需要形成这种多层的复杂结构。在此基础上人们进行了实验验证。将玻璃纤维以不同夹角进行分层非对称缠绕，并以环氧树脂黏结制成试样，然后进行压缩实验，得到压缩变形曲线，如图 8-7 所示。由该图可见，仿生缠绕试样的强度虽降低约 38%，但其压缩率却大为改善，这对寻求脆性陶瓷纤维的韧化途径是很有启发的。

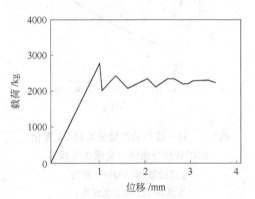

图 8-7　非对称缠绕双螺旋纤维的压缩曲线

8.2.1.4 仿生愈合与自愈合抗氧化

（1）生物体的损伤自愈合

自然界中生物的一个重要特征是对环境的适应性。再生就是生物适应性的重要特征之一。动植物受伤后，在其受伤部位形成愈合组织，在分泌激素的刺激下愈合组织内细胞加速分裂，形成新的愈合组织而达到自愈合和自修复。自愈合是生物在长期进化过程中形成的一种自我保护、自我恢复的方式，是对外界损伤的敏感响应。

（2）材料的仿生自愈合

以模仿自然界天然材料的优异性能为目的的材料仿生研究主要分为两类：一类是通过研究生物材料结构特征和作用行为，模仿它的构造，开发新材料；另一类是对生物材料结构的响应机能的模仿，称为机敏或智能材料。至今，人类所发明和采用的非生物制造过程与大自然的鬼斧神工相比，尚存在着难以逾越的差距。正因为生物材料精细巧妙的结构特征，才给人们显示了仿生材料科学的广阔前景。材料在空气中不可避免地要发生氧化反应，氧化也是自然损伤的一种。然而常温下一些氧化反应自由能小于零的物质，如碳化硅、碳化硼等，它们之所以能够稳定存在，是因为表面生成了致密的氧化物保护膜，阻挡了氧的输入，实现了"自愈合"抗氧化。

（3）陶瓷/碳复合材料的自愈合抗氧化

多层涂层、梯度涂层虽然可以做到消除热应力引起的裂纹，但是当涂层受到外界机械损伤后，很容易失去抗氧化的功能。自愈合抗氧化是为克服表面防护的上述缺点而提出的以实现碳材料整体抗氧化为目的的方法。当陶瓷/碳复合材料处于高温氧化性环境中时，表面的碳首先氧化，形成由陶瓷颗粒组成的脱碳层；脱碳层中的陶瓷颗粒同时不断氧化，一方面消耗向材料内部扩散的氧气，另一方面体积增大或熔融浸润整个材料表面，使氧气的扩散系数逐渐减小。碳材料的自愈合抗氧化，就是通过弥散在基体中的非氧化物陶瓷颗粒氧化成膜来实现的。在高温氧化环境下，氧气通过陶瓷颗粒边界和空隙向碳材料内部快速运输，继而减慢为通过致密玻璃层作分子扩散，这一过程被称作碳材料的自愈合抗氧化。非氧化物的组分、组成及粒度的选择极其重要。碳化硼和碳化硅是常用的陶瓷组分，B_4C 氧化后形成 B_2O_3，在 550℃以上呈液态，能够很好地润湿并覆盖在碳材料的表面，起到防氧化涂层的作用。B_2O_3 保护膜的缺点是在 1000℃以上特别是有水蒸气存在时，容易生成硼酸而大量挥发。加入碳化硅，在 1100℃以上氧化生成 SiO_2，可以提高碳材料的高温抗氧化的性能，它能够与 B_2O_3 生成复相陶瓷，防止 B_2O_3 的过度蒸发。

自愈合抗氧化是对碳材料抗氧化的最高要求，然而到目前为止，还没有找到能够满足从中温到高温均实现自愈合抗氧化的陶瓷组分。B_4C-SiC 无疑是最好的组合。但该材料的缺点是，在 900～1100℃间因 B_2O_3 的蒸发及 SiO_2 仍呈固态而在形成的玻璃相中存在大量气孔，故在此温度范围内容易产生较大的失重。有人添加第三相陶瓷组分，如 TiC、HfC、TaC 等，但是效果不太明显。

碳材料自愈合抗氧化的方法一般只适用于陶瓷/碳复合材料制品，因此不如涂层法的适用范围广。

8.2.1.5 仿生叠层复合材料的研究

自然界中某些天然的复合材料如竹、木、骨、贝壳等之所以有很好的强度和韧性是与其特殊的微观结构分不开的，材料科学工作者从中得到启发，通过模仿生物材料的细微观结构形式，设计并制备出了高性能的复合材料。以贝壳为例，一般材料的强硬度与塑韧性是相互矛盾的，但是贝壳却达到了强、韧的最佳配合，它又被称为摔不坏的陶瓷，这当然与其独特的微观结构密切相关［如图 8-8（a）所示］。贝壳中珍珠层的叠层结构是其高断裂韧性的根源。研究表明珍珠层是由高强、硬度的文石片叠层累积组成，但文石片间存在韧性非常好的有机质层，它们之间的界面对裂纹起到偏转作用，裂纹的频繁偏转［图 8-8（b）］不仅造成了裂纹扩展路径的延长，而且导致裂纹从应力状态有利的方向转向不利方向，从而裂纹扩展阻力明显增大，基体因而得到韧化，同时珍珠层发生变形与断裂时，有机质发生塑性变形，从而降低了裂纹尖端的应力强度因子，增大了裂纹的扩展阻力。

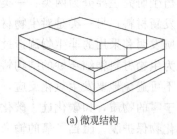

(a) 微观结构

1nm

(b) 断裂形貌

图 8-8　贝壳的微观结构及其珍珠层断裂形貌

因此，选取强韧性能各异的基体材料，通过一定的工艺制备具有优良综合性能的复合材料便有了理论基础。目标就是利用金属的强度优势和树脂的高韧性的特点，将它们合成为一个整体，实现优势互补，这样与单一的金属材料相比既提高了性能又减小了相对密度。若把此类材料用于汽车的部件中可以减轻车身的质量，降低能耗，同时由于树脂层的存在还可以起到消声、减振的效果。

（1）对预浸料层的研究

所谓的预浸料层就是纤维树脂层，对此研究的内容主要包括纤维种类、形状、取向以及纤维和树脂各自的性能对整体性能的影响，其中纤维仿生模型包括以下几种。

① 仿竹双重螺旋复合模型，其二维剖面如图 8-9 所示，若界面结合强度高，载荷较大时，纤维易断裂，但模型中基体对纤维作用力可分为平行和垂直于纤维的两个方向，其中后者有使螺旋松开的趋势，从而使螺旋在受力方向上有一定延长，避免了立即断裂。若纤维的弹性模量与基体的相差很大，纤维若从树脂基体中拔出就必须挤压基体中的峰，使之发生很大的塑性变形，消耗较大的形变功，因此增加了拔出阻力。此模型适用于长纤维增强复合材料。

② 受生物体结构的启发，有人提出了仿骨哑铃状短纤维增强复合材料仿生模型，如图 8-10 所示，经理论分析得出：随着端头半径的增大，哑铃状短纤维可以显著减少纤维端部的界面剪应力，使材料的承载性能较少地依赖界面的粘接。

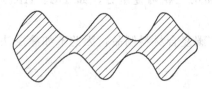

图 8-9　仿生螺旋复合模型二维示意

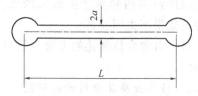

图 8-10　仿骨哑铃状纤维

③ 还有研究工作者受到土壤中树根和草根对河岸加固效应的启发，提出了一个分形树结构纤维从基体中拔出的近似理论，进行了仿树根分形树状增强体的试制，实验证明这种类型的纤维增强复合材料，可同时增高材料的强度和韧性。

（2）预浸料层与其他异质材料的叠层粘接

纤维增强聚合物基层状复合材料到目前为止还是一个研究热点，它是将含有不同或者相同纤维取向的聚合物基复合材料叠层固化而成的，如果将其中的部分层用其他异质材料（如铝合金板、铝板或钢板）代替，所制备出的复合材料同样具有优良的性能。

① 纤维增强铝合金胶接层板的研究。纤维增强铝合金胶接层板 FRALL 就是一种新型的复合材料，典型产品为 ARALL 和 GRALL1，改变纤维种类还制备出了 ARALL、

VIRALL、CARALL 等，研究内容主要包括：树脂、胶黏剂的种类、性质、含量对复合板力学性能尤其是层间剥离性能和缺口敏感性能的影响；铝合金的表面预处理对性能的影响；此外还研究了纤维的预应力和层板的预形变对复合材料力学性能的影响，由于铝合金层的弹性模量与预浸料层的相差较大，复合板在拉伸疲劳破坏中所受的实际应力要比相同条件下的单一铝合金板大的多，而对复合板施加预拉伸形变、对纤维施加预应力，促成内应力的重新分布，从而延长了疲劳寿命。

大量实验已经证实，经过一定工艺制备出的纤维增强铝合金胶接层板具有优异的断裂强度、屈服强度和良好的冲击韧性，同时复合层板具有质轻价廉的优势，是一种新型高性能的超混杂复合材料。

② 预浸料层与钢板叠层复合材料的研究。材料工作者对钢板-高聚物-钢板层压复合材料的成形性和材料的减振性能做过研究和论述，指出高聚物结构对成形性有很大影响，增加钢板表面粗糙度和适当增加黏合压力均可改善复合材料的成形性。采用聚氨酯及其橡胶作为夹层材料所制得的复合材料具有很好的减振效果。同时指出，增加聚合物的厚度和适当加大黏合压力，对提高减振性能是有益的。

8.2.2 复合材料仿生设计方法分类

8.2.2.1 界面的宏观拟态仿生设计

复合材料的界面是增强物和基体连接的桥梁，同时也是应力及其他信息的传递者，界面的性质直接影响着复合材料的各项力学性能，如层间剪切、撕裂、抗冲击、抗湿热老化以及波的传播等性能。在复合材料设计与制造中，如何使得增强物和基体之间达到适宜的黏合强度是其关键。很多生物材料的界面所表现出的优良的载荷传递能力，使材料科学工作者受到启发，如受动物长骨外形特点及与肌肉协调能力的启迪，提出了一种端部粗化短纤维增强复合材料的新模型：通过改变纤维截面形状，在纤维端部生成哑铃状的"膨胀端"来模仿动物骨的构造，基体到纤维之间的应力传递通过纤维"膨胀端"对基体的压力来传递，显著改善了界面传递载荷的能力，减小了纤维端部的界面剪切力，改变了沿纤维轴向应力分布的不均匀。用这种哑铃状的 SiC 晶须与树脂基复合制造的复合材料，其延展性明显得到提高。

树木和草对土壤的增固效应早已被人类认识并广泛应用于防止山体滑坡、河堤或坝的植被等生态保护领域，针对纤维复合材料因界面脱黏造成纤维拔出的缺陷，提出一种分形树结构的纤维模型仿生种植在土壤中的树木或草的结构，通过人造的分形树结构状纤维从基体中拔出的试验观察到，纤维拔出所需的能量和力随分支角的增加而增大，这一点与实际情况相符，分形结构模型在指导复合材料设计时可起到重要作用。用这种结构的碳纤维增强环氧树脂复合材料的实验表明，其强度和断裂韧性比普通纤维增强复合材料的高 50%。

人们知道竹材表层（竹青）的高强度和高韧性主要是由于竹纤维的优越性能所致。竹材由维管束和薄壁细胞组成，而维管束包括筛管和韧皮纤维。实际上，韧皮纤维承担了绝大部分载荷。其韧皮纤维实际上是一种双螺旋结构，于是人们利用该原理来制造纤维增强复合材料的增强体，用来增强复合材料。

以上 3 种方法产生的灵感直接来源于生物复合材料在宏观构造形态上的启发，这里借用仿生科学中"拟态"二字形容之，"拟态"仿生不仅指对生物复合材料形态构造的模仿，还包括对材料组分的存在态的模仿。通过观察生物关节的力学机理发现，罗眼状固液态骨的复合结构可能对载荷传输产生重要影响。因此，与罗眼状骨头类似的固液复合材料模型采用蜂窝结构得以研制并应用于人工合成结构中。固液复合模型样本的面内变形情况可通过静态凹痕实验定量测量得到，试验结果显示，流动相的静水压力对固体相的面内变形产生极大的影响。因此，对于固液复合材料模型，可望通过固液两相交互作用来传递压力载荷。

需要说明的是，这里所述的"拟态"仿生均是针对复合材料的宏细观结构而言。其方法是由生物复合材料的"直观"形态入手，寻求其构成形态及复合方式在力学特性、功能等方面表现优异的机理所在，并力图用成熟的力学理论进行定量或定性的解释，然后，针对特定应用环境下的复合材料力学性能进行仿生设计，以达到常规意义下复合材料所难以达到的性能指标。

复合材料宏细观拟态仿生的思想根源较为直观，材料设计时容易想到，而且对材料的改造也相对容易，但往往能获得意想不到的效果。我国的材料学工作者在这方面做了大量的工作，他们不仅从机理上对生物复合材料提高力学性能现象进行了合理解释，而且还进行了定量分析，并在仿生材料制造工艺上取得了较大进展，已经在工业上得到应用。

8.2.2.2 分子尺度的化学仿生

由于材料科学是从化学发展起来的一门科学，所以从微观化学分子尺度提出复合材料的化学仿生是极其自然的。化学仿生又分为复合相界面的化学键仿生和复合材料单体结构的化学仿生。

（1）界面化学键仿生

生物结构材料主要由 C、H、O、N 这 4 种元素构成。由于这 4 种元素轻，相互形成的键合力强，形成的大分子形态富于变化，因此为形成质轻而性优的生物复合材料奠定了基础。以典型的生物复合材料骨为例，其重要组成部分——胶原纤维，就是由这 4 种元素构成的，它占骨材有机质的 $90\%\sim95\%$，占骨质中固体材料的 $35\%\sim40\%$，其余 60% 左右的固体材料为骨盐，主要为不定形的磷酸氢钙（$CaHPO_4$）及柱状或针状的羟基磷灰石 $[Ca_{10}(PO_4)_6 \cdot (OH)_2]$ 组成，其中，坚韧的基体由胶原蛋白纤维和吸水性强的带负电的多聚糖组成，增强物为薄片状的羟基磷灰石，这些薄片状增强相相互平行分布以获得高的体积百分比。这类增强相的杨氏模量范围为 $4\sim28GPa$，抗弯强度为 $30\sim300MPa$。有机物基体胶原和增强相骨盐在空间是这样结合的：胶原在空间上产生一个具有双边界线的分子链组、自由 Ca 和磷酸盐离子的空间，它们为薄片状羟基磷灰石结晶起成核作用。当胶原区出现晶核时，矿物晶的生长呈离散、可控和单分散性，尺寸为纳米级。骨的形成过程可以用生物矿化中的分子识别技术进行解释：生物体有机界面为无机晶体的定位生长提供了一个有效中心，晶体就在这个有效中心内形成，同时它又对晶体生长空间的扩展进行约束和限制，使得晶体在结构、尺寸及形态上得到控制。而一定形态、结构与尺寸的晶体可以在界面之间形成一定尺寸和形状的位点以诱导有机-无机界面周围电势场的匹配，达到界面上分子的有效识别。

已有材料科学工作者仿照生物矿化机理，在聚乙二醇（PEO）存在下用 $CaCl_2$ 和 Na_2CO_3 反应生成了类似于红鲍鱼壳的含有 PEO 的碳酸钙-高聚物复合材料。由于 PEO 的存在，Ca^{2+} 离子与 PEO 中的 C—O—C 键相互作用生成了络合物。而这种键合作用可能诱导了 Ca^{2+} 离子只能沿着垂直于 PEO-Ca 扩散界面与 Ca^{2+} 离子相互作用，形成介稳态六方碳酸钙晶核。

周本濂等针对金属基复合材料增强物与基体之间化学性质差异较大的特点，提出界面逐渐过渡的层间结构模型。通过观察竹的结构发现，纤维（维管束）与基体（薄壁细胞）之间是逐渐过渡的，而动物的骨与肌肉（骨膜）间的多层结构界面也显示了渐变的特点。其对碳纤维增强 Al 基复合材料（CFRAL）进行了层间界面的仿生设计。研究发现，碳纤维与铝基体之间的化学反应是造成界面脆弱的主要问题，因此，为了阻止或消除这种反应，采用在碳纤维与铝基体之间增加一道反应屏。可选择难熔化合物如 TiB_2、ZrB_2、TiC、SiC 等作为障碍物，它们均具有良好的抗氧化性能和良好的热膨胀系数。

（2）单体化学分子结构仿生

Z. Ahmad 等从分子结构上综述了丝、剑麻、黄麻、棉等重要的天然纤维的化学构成，通过比较合成纤维与芳纶纤维、尼龙纤维与天然纤维（丝）的化学结构，对两类纤维的性能进行了对比。丝纤维里的脂肪族（丝）分子链结构与芳纶纤维的芳香族聚酰胺分子链结构（芳纶）按相似的规则排列，虽然从结构上看两者非常相似，但人造纤维的延展性却不如植物纤维，究其原因，与纤维各自的生成机制有关：人造纤维是在使用医用有机溶剂并于高温高压下压制而成，而天然丝制品，是由昆虫腺体将水溶性丝蛋白聚合物转变为非溶性纤维而成，蛋白链层间相互作用的水分子起聚合物溶解性作用，而当聚合物通过腺体狭窄区域产生喷丝时，剪切力增大，水分子消失，由于液体的传输性能极佳，改进了分子原来的排列顺序，从而形成排列整齐的纤维。材料及化学科学工作者根据天然丝纤维的分子结构与形成机理已研制出人造丝制品，并广泛应用于纺织行业。另一种延展性和韧性极好的天然丝纤维——蜘蛛丝的化学构成与形成机理目前已经得到合成，可望在纺织、渔业、医用等方面得到应用。

材料科学建立的基础是化学科学，而物质的化学结构在很大程度上决定了其性质与物理特性。基于化学分子结构的仿生，不论是复合相界面化合键仿生还是单体分子结构仿生，均是目前应用手段最多，也最为成熟的一种仿生方式。但受生物材料构成种类的限制，纯粹意义上的化学仿生显然解决不了所有问题。

8.2.2.3 微观晶体结构仿生

与分子尺度的化学仿生相比，晶体尺度的微结构仿生可以抛开物质构成成分的限制实现材料组分的微观复合仿生。众所周知，自然复合材料以其优良的机械强度和韧性而著称。尽管被高度矿化，其有机物质体积含量仅为复合材料整体的百分之几，但其断裂强度却非常高，相对于矿物相，有机物"聪明"的放置方式和分级结构在尺度范围内对自然复合材料抵抗外力的力学响应起了关键性的作用。应用扫描电子显微镜和光折射法对贝壳的断裂情形进行观察发现，通过利用两种能量耗散机理可以定量解释贝壳对于灾难性的断裂的抵抗能力：在承受低的机械载荷时，其外层有若干微裂纹，在较高载荷下，裂纹过渡到比较坚硬的中间层。这两种机理都与层间交叉微观结构有密切关系，即层间结构为外层裂纹的扩展和非裂纹结构与裂纹表面之间提供了裂纹衍射路径，因此，大幅度增加了断裂功，也提供了材料的韧性。虽然矿物含量（指体积含量）高达 99%，但贝壳却能被当作是陶瓷夹板，为设计坚韧而质轻的结构材料提供了指导。天然珍珠是一种坚硬而韧性十分优良的复合材料，它由体积含量为 95% 的文石片和 5% 的蛋白质多聚糖基体相互交替叠层形成，每一个文石片基本上是一个单晶体，截面尺寸为几微米，局部可见孪晶，分布无条理。由于其独特的结构，珍珠硬度为组成相的 2 倍，韧性为组成相的 1000 倍。珍珠所拥有的这种优良性能，使材料科学工作者深受鼓舞，他们试图研究其增韧机理并应用于陶瓷改性。通过研究发现，珍珠的晶体结构，其增强相——文石的相邻晶体的晶向角在三维空间里是相同的。

珍珠的这种叠层微结构为其力学性能奠定了基础。在其力学表现中，普遍地存在着 3 种增韧机理：裂纹变形；纤维拔出；有机基体的桥联作用。而前两者是相互依存的，即增加载荷使局部产生裂纹后，裂纹首先沿界面法线方向（垂直于文石片）扩展，而层间界面继续保持紧密接触，有机体与文石间的粘接又阻碍裂纹的扩展，造成纤维拔出而实现增韧。

在形成树脂基多层复合材料时，先加入晶须，再用磁场将晶须定向，晶须在层间形成桥联，使复合材料层面断裂韧性有大幅度的提高。模仿珍珠微结构制造的 Al_2O_3 增强环氧树脂复合材料，由 5 层 0.38mm 厚的 Al_2O_3 和 4 层 0.18mm 厚的纤维增强环氧树脂条交替叠层复合而成。三点弯曲试验表明，其断裂功比单体 Al_2O_3 的提高了 80 倍。

复合材料的微结构仿生建立在微观增韧机理研究基础上，目前模仿珍珠的微观增韧结构并应用于陶瓷的改性研究已经取得较大进展。由于材料的微观晶体结构主要受其制造工艺的影响，所以必须与复合材料仿生工艺结合才能实现真正意义上的微观结构仿生。

8.2.2.4 制造工艺仿生

合成非有机物复合材料的传统方法是将组成相的混合物在高温下进行热处理。与之相对照，生物系统制造的非有机复合材料如贝壳、牙和骨骼等均是通过自身体液的矿化作用而生成。采用矿化机制制造生物复合材料通常具有精致的超常结构，用传统的复合材料制造工艺很难获得。因而通过仿生途径还原生物矿化过程有可能制造大量高性能的金属陶瓷和聚合物陶瓷等复合材料。

以动物的骨骼为例，它是一种典型的由有机物和无机物复合而成的生物复合材料。细小的磷灰石晶体精确地沉淀在有机胶原纤维上，它们一起紧密地粘接在生长的骨骼上，磷灰石的形成在骨骼的生成中被认为是人造复合材料的一个必须条件。近来，材料科学工作者证明了不同种类的类似骨的磷灰石的成核与生长可以被某些表面活性物质如 Si-OH、Ti-OH 和 Ta-OH 等诱导，这些不同于细胞的模拟生物体液的离子浓度与人体血浆的浓度几乎相等。在此基础上，可以建立仿生方法制造大量有用的复合材料，如骨的替代品等。

以磷灰石-金属基复合材料的制备为例，仿生工艺如下。

① 在生物体环境下，提供能诱导磷灰石形成的表层。

② 模拟配制生物体液（SBF），其 pH 值与离子浓度分别为 pH＝7.4，Na^+ 142.0，K^+ 5.0，Ca^{2+} 2.5，Mg^{2+} 1.5，Cl^- 147.8，HCO^{3+} 4.2，HPO_4^{2-} 1.0，SO_4^{2-} 0.5，该浓度与人体血浆浓度一致。

③ 将商用 Ti 及其合金置于 60℃，浓度为 5.0mol/L 的 NaOH 溶液中进行 24h 表面活化处理，随后在 600℃高温下进行 1h 的热处理，再浸泡在 SBF 中。

经过以上处理的金属表面多孔物质为一种无序态的钛酸钠，X 射线衍射和傅氏变换红外光谱学表明，浸入 SBF 后覆盖在表面的是富含 Ca-P、状如薄片、含碳酸盐的类似骨骼的羟磷灰石晶体。

生物矿化行为作为生物复合材料制造的基础，目前正引起学术界的高度重视，许多学者对生物矿化的物理化学行为、影响因素等进行了研究，不久可望进行仿生矿化的定量分析和仿生新材料的制备。对生物体系的观察与研究，启发材料工作者考虑生物材料系统内部瞬息万变的平衡态势与能量规则。如通过非平衡处理进行材料的改造和恢复，包括在瞬时加热下的非平衡处理，开放式系统耗散结构和自组织过程的模拟，材料生命周期内高强电脉冲对材料结晶的影响和材料疲劳恢复的可能方式，金属的电脉冲愈合效果等，在以上方面人们均进行了一些试探性的实践和研究。由于生物系统经过了若干亿年的进化，生命过程中的物理化学作用受到外界影响的因素众多，这方面的研究工作有待进一步开展。值得欣喜的是，由于生命现象本身所具有的令人无法抗拒的诱惑，生物材料矿化过程的仿生已引起越来越多的学者的兴趣，成为当前材料研究领域里十分活跃的研究前沿。

8.2.2.5 方法评述

这里将现有的复合材料仿生方法归纳为4类：即宏观拟态仿生、微观晶体尺度仿生、分子尺度化学仿生和工艺仿生。由于生物体系从结构、生长到功能已经形成一个完整的不可分割的整体，所以上述分类不是孤立的。

仿生方法是一种受生物结构与功能启发而激发的一种思维方法。物质的结构决定性能，所以材料科学工作者总是首先试图弄清楚生物复合材料的结构（包括宏观和微观的结构），然后模仿，以达到性能相似的目的。上述归类中的"宏观拟态仿生"、"微观结构仿生"和"化学仿生"均属于这一类，但它们之间又有区别。宏观拟态仿生与微观结构仿生，它介于宏观形状到微观晶体尺度，是参考天然复合材料中增强体形状和界面复合方式而进行的仿生设计，即考察的是增强相在基体中的分布形态、组织结构和叠层方式，达到形神兼备的目的。化学仿生则是从分子水平这一尺度考察生物复合材料的化学组成、化学键合及由分子识别产生的界面粘接效应等，是更精细的微观结构仿生，它不仅能从机理上对材料表现的力学性能、功能特性等进行解释，而且还可以对材料进行仿生定量化设计，从仿生目标看，它是最根本、最有效的仿生设计途径。但是，化学仿生方法不能取代其他方法，原因是：①化学仿生受构成材料种类的限制，生物复合材料是典型的有机质与无机化合物构成的复合材料，而工业上大量使用的复合材料为金属单体-无机单体或无机单体-金属化合物复合材料，所以单从化学分子结构仿生解决不了所有问题，而宏细观与微观的拟态仿生则弥补了这方面的缺陷；②材料的化学结构与力学性能不是一一对应的，即化学结构相同，其力学性能未必相同，天然丝（纤维）与人造芳纶纤维分子结构非常相似，但力学性能却差异较大，原因是各自的制造工艺不相同。最初材料化学只注意模拟其组成（有机-无机复合材料），现在化学研究人员已经意识到非模拟其矿化过程不可，这样才能为寻找新型材料打下基础。而复合材料仿生工艺的主要内容是模仿生物材料的矿化机制，因而它是真正从结构与性能上将材料的设计与制造一体化，是真正意义上的仿生。目前这一领域的研究已在化学、工程材料、生物学等领域引起高度重视，形成了交叉学科。

复合材料仿生设计与制造涉及到力学、化学、生物学及制造工程等多个学科的知识，是典型的交叉学科。过去不同领域的学者所关注的重点各有不同，如力学研究者关注的是复合材料的宏细观结构、增强相的形态、与基体粘接界面形态等内容，其仿生思想属于宏细观拟态仿生范畴。化学工作者关注的是材料的化学组分及分子结构，组分材料之间的化学键合等内容，属于化学仿生的范畴。工程领域的研究人员则更注重自然材料的制造工艺仿生。然而，生物材料的形态、结构到性能的适应性是经过若干亿年自然选择的结果，涉及到自然科学各个领域的现象与机理，单从一种学科出发总是失之偏颇。

8.2.3 复合材料仿生制备的可行途径探索

8.2.3.1 仿骨哑铃状碳化硅晶须的制备和增塑效应

（1）仿生 SiC 晶须的制备

仿生 SiC 晶须由直杆状晶须和珠状小球组成，其生成机理如下。

首先生成平直的晶须，反应方程为

$$SiO(g)+3CO(g)\!=\!=\!SiC+2CO_2(g)$$

然后在平直的晶须上生成 SiO_x（$1<x<2$）物质，可能是由 SiO_2、SiO 和 Si 等组成的。

SiO_x 物质不断沉积长大，最终形成了念珠状的小球。微区衍射表明，小球是非晶态的，生成于 SiC 晶须的层错位置上。反应方程可能是

$$2SiO \Longrightarrow SiO_2 + Si$$

$$3SiO(g) + CO(g) \Longrightarrow 2SiO_2 + SiC$$

这些反应的发生可能与实验中气氛的波动和变化有关。

（2）仿生 SiC 晶须增强 PVC（聚氯乙烯）

用相同质量分数制备平直晶须和仿生碳化硅晶须增强 PVC 薄片，同时制备空白 PVC 试样作对比，初步实验结果见表 8-1。

表 8-1　PVC 和碳化硅晶须增强 PVC 的拉伸性能

样　　品	拉伸强度/MPa	伸长率/%
PVC 片	25.9	—
平直晶须增强 PVC 片	50.3	8
仿生碳化硅晶须增强 PVC 片	31.5	35.8

表中数值为平均值。伸长率的计算中没有排除系统误差（如拉伸仪的空隙、滑移等）。

上述结果说明，以晶须为增强体可以提高 PVC 的强度，而且平直晶须增强 PVC 片的强度比仿生碳化硅晶须增强 PVC 片要高，但仿生 SiC 晶须可以更好地提高 PVC 的塑性。

这种仿生晶须性能甚好，只是目前收得率太低，且成本较高。

8.2.3.2　用气相生长法制备树根状仿生碳纤维

采用气相生长法在陶瓷基板上生长了碳纤维。以苯为碳源，铁为催化剂，氢为载气，可按以下步骤进行：先将质量分数为 0.005 的 $Fe(NO_3)_3$ 水溶液洒在基板上并干燥；进而将基板加热致使 $Fe(NO_3)_3$ 分解为 Fe_2O_3，Fe_2O_3 在 873K 被氢还原为铁作为催化剂；然后在 1473K 使碳纤维在有催化剂的基板上逐步合成，再以 SEM（扫描电镜）和 TEM（透射电镜）观察碳纤维的形貌。

制备出的仿树根状气相生长碳纤维和仿草根状网状碳纤维，如图 8-11。

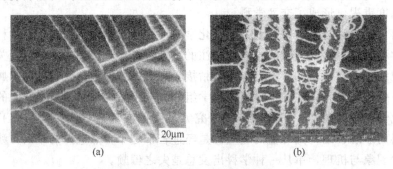

(a)　　　　　　　　　　　　(b)

图 8-11　仿生分形树型增强体

(a) 仿树根状气相生长碳纤维；(b) 仿草根状网状碳纤维

8.2.3.3　分形树状氧化锌晶须的制备

氧化锌晶须形似草根，又像麦芒，其制备收得率明显高于哑铃型碳化硅晶须，而且价格不高。制备过程简述如下。

可将锌粉在水中研磨，然后沉淀、烘干，经灼烧制成样品。锌粉粒径越小产出率越高，所得晶须形态越好。另外最好以分子筛处理，在高温经气-液-固反应，先行成核，长大而成

粗晶须，再进一步长大，经过晶须尖端凝聚液滴的过程，在液滴消失后晶须将进一步长大，成为四脚晶须，如图 8-12。

8.2.3.4 碳纤维螺旋束的增韧效应和反向非对称仿生碳纤维螺旋的制备新方法

(1) 仿生螺旋纤维增强复合材料

按照图 8-13 所示将碳纤维分别制成螺旋纤维束与平直纤维束。采用传统的用预浸片手工铺叠工艺制备平直纤维复合材料。预浸片的工艺如图 8-14 所示。成型条件为：压力 0.3～0.5MPa，在 120℃下保温 2h。制备螺旋纤维复合材料时，可将螺旋纤维直接放在模具中，然后浇入环氧树脂胶液，半固化后加压成型即可。成型条件同上。

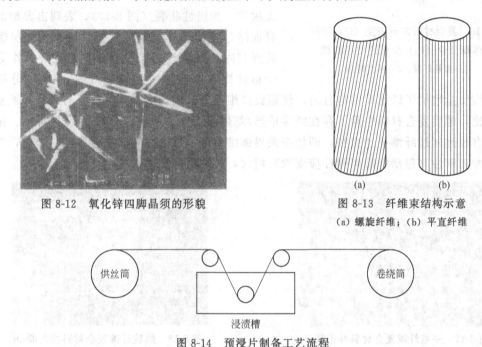

图 8-12 氧化锌四脚晶须的形貌

图 8-13 纤维束结构示意
(a) 螺旋纤维；(b) 平直纤维

图 8-14 预浸片制备工艺流程

图 8-15 为平直纤维和螺旋纤维复合材料的显微组织，可以看出环氧树脂均完全浸渗在纤维间隙。从微观上看，纤维表现出随机分布特征；从宏观上看，平直纤维分布较为均匀，螺旋纤维则呈束状分布。值得注意的是，平直纤维的体积分数较难控制，一般在 0.35～0.65 之间变动。而螺旋纤维由于直径较粗，体积分数较易控制，可在 0.1～0.3 之间变动，这样有利于以最少的纤维用量满足不同的使用要求。采用某些特殊方法甚至可在同一试样不同区域内得到不同的纤维含量，这为进一步模仿竹中增强体（维管束）的力学优化分布提供了可能。

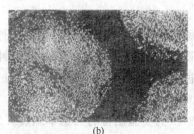

图 8-15 不同纤维状态下复合材料的显微组织
(a) 平直纤维；(b) 螺旋纤维

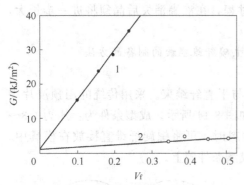

图 8-16 复合材料冲击韧性 (G) 随纤
维体积分数 (V_f) 变化的关系曲线
1—螺旋纤维；2—平直纤维

图 8-16 为复合材料冲击韧性 (G) 随纤维体积分数 (V_f) 变化的关系曲线。纤维分布状态不同，相应复合材料中纤维含量也不同，因此不宜比较冲击韧性的绝对值。但是，从该图明显看出，螺旋纤维复合材料的冲击韧性远高于平直纤维的冲击韧性。

冲击性能的差异也反映在冲击断口上。对于平直纤维复合材料来说，其冲击断口上纤维基本无脱黏，为脆性断裂 (图 8-17)，表现出典型的强界面结合特征。对于螺旋复合材料来说，尽管螺旋纤维内纤维单丝仍无脱黏，但螺旋纤维作为一个整体则有明显的脱黏现象 (图 8-18)。分析认为，纤维加捻增加了纤维间的抱合力，使螺旋纤维受力时表现出整体特征。与平直纤维复合材料相比，螺旋复合材料中除了存在纤维单丝/基体界面外，还存在纤维束/基体界面。由于纤维束直径远超过纤维单丝直径，即使在强界面结合下，后一种界面也会脱黏。因此，复合材料的冲击韧性 (包括纤维束弹性应变能) 增大，故冲击韧性大幅度提高。

图 8-17　平直纤维复合材料冲击断口

图 8-18　螺旋纤维复合材料冲击断口

采用螺旋纤维作为复合增强相时，纤维方向与外加应力方向不平行，复合材料弯曲强度降低 20％左右，但考虑到大幅度提高了断裂韧性，弯曲强度的降低还是值得的。另外，采取一定方法可以补偿强度的降低。

(2) 反向非对称仿生碳纤维螺旋的制备新方法

国内外皆有制备螺旋状碳纤维方法的报道，但制备过程均很复杂，且耗时、价高。而采用大电流脉冲定型方法，仅用 1ms 脉冲处理，即可将纤维定型为螺旋，而且可以返直。

纤维材料选用 PAN 基 T300 型碳纤维，每束纤维含单丝约 3000 根，单丝直径为 6～8μm。

根据仿竹双螺旋模型，设计了内、外层纤维分别处理后缠绕的工艺方法。对于内层螺旋纤维，采用加捻技术并经一定的电流脉冲处理定型；对于内层螺旋纤维，利用缠绕工艺再经一定的电流脉冲处理定型，然后把外层的螺旋纤维缠绕到加捻的纤维上。这样就制得了双螺旋纤维。

图 8-19 为实验制得的加捻单螺旋纤维和反向缠绕的螺旋纤维作为增强体用的双螺旋纤维的形貌特征。从图可以看出，用脉冲电流法制备的螺旋纤维和模型结构具有相似的特征。内层厚，螺旋升角较小，约为 10°；外层薄，升角较大，约为 30°～40°；内外层螺旋反向。

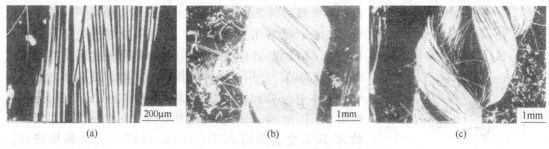

图 8-19　3 种类型螺旋碳纤维的结构形貌

(a) 加捻纤维；(b) 缠绕纤维；(c) 双螺旋纤维

不同的是，模型结构是空心的，实验制备的增强体是实心螺旋纤维。但仍基本反映出模型中螺旋纤维排列的特征，可作为增强体单元增强复合材料。

对于平直纤维、螺旋（加捻）纤维以及双螺旋纤维增强的 PMMA 树脂复合丝材，进行了拉伸性能实验。拉伸强度和伸长率见表 8-2 所列。

表 8-2　平直碳纤维与螺旋碳纤维的拉伸性能

形　态	平　直	单螺旋	双螺旋
拉伸强度/MPa	3056	2648	1908
伸长率/%	1.52	2.4	>20

8.2.3.5　自愈合抗氧化陶瓷/碳复合材料的制备

碳材料的自愈合抗氧化是通过弥散在基体中的非氧化物陶瓷颗粒氧化成膜来实现的。如何选择合适的非氧化物的组分、组成及粒度，使之在氧化气氛中能够生成黏度适中、相互湿润并对氧的扩散系数小的均匀、连续、牢固的玻璃相薄膜，是实现碳材料自愈合抗氧化的重要因素。高温环境下，氧气由通过陶瓷颗粒边界和空隙向碳材料的内部快速运输，转变为通过致密玻璃相向材料内部分子扩散的过程，也就是碳材料实现自愈合的过程。材料设计中，要求这一过程在典型气氛中经历的时间越短越好。愈合周期的长短也是重要的指标。以 SiC、B_4C 微米级颗粒为主陶瓷相，以 SiC、Si_3N_4 纳米粉为添加组分，制备了一系列陶瓷/碳复合材料，并研究了它们在 873～1573K 的氧气流中的氧化行为。

8.2.3.6　制备内生复合材料的熔铸-原位反应技术

将原材料粉末加入金属熔体中，利用粉末元素间的放热反应，在金属熔体中直接反应生成所需的增强相，可制备出一系列颗粒增强的金属复合材料。

往金属熔体中直接加入粉末虽然工艺最为简单，但增强体数量难以控制，尤其是当粉末与金属熔体润湿性不良时。如为了生成 TiC，将 Ti、C 粉末加入 Al 熔体之中，C 粉难以混入熔体时情况更为严重。为了解决这一难题，人们将元素粉末预先压制成块，然后压入铝熔体之中，待其反应生成所需增强相后再辅以机械搅拌，成功地制备出性能优异的 TiC/Al、TiB_2/Al 复合材料。这种利用粉末预制块压入金属熔体之中内生所需增强相的技术，称为熔铸-原位反应技术（Melt In-situ Reaction Processing，简称 MIRP）。

实验采用的元素粉末为 Al（98%，<75μm）、Ti（97%，<50μm）、B（95%，<10μm）和 C（99%，<75μm）。其中 B 为非晶硼粉，C 为石墨。

利用 MIRP 技术制备复合材料的过程如图 8-20 所示。将 Ti-C-Al 或 Ti-B-Al 元素粉末分别按名义成分为化学计量比的 $TiC+Al$（质量分数 0～35%）和 TiB_2+Al（5%～80%）进

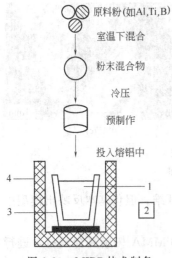

图 8-20 MIRP 技术制备
复合材料的过程

1—熔化铝；2—温度控制器；
3—石墨坩埚；4—炉体

行配料，然后在混粉机上混 10h 再将混合粉在压力机上压制成 ϕ15mm×20mm 的预制块。用电阻炉熔配一定量的工业纯铝或 Al-Si 和 Al-Cu 类合金，并过热至一定温度（过热度为 100～250℃）。用石墨钟罩将压制好的预制块压入铝或铝合金熔体中。反应生成增强相后降温至 750℃进行充分搅拌，再用 C_2Cl_6 和 Na_2SiF_6 进行精炼处理（对含 Si 质量大于 6% 的 Al-Si 合金还需用 NaF＋NaCl＋KCl 三元变质剂进行变质）。熔体温度为 720℃左右时浇入模型（砂型、金属模、压铸模）中，即得到 TiC/Al 或 TiB_2/Al 复合材料。上述混粉、熔炼、反应、搅拌和浇铸过程均可在大气中进行。

图 8-21 是 C 与 Ti 的质量比为 1/1、Al 含量为 5.0% （质量）的预制块在 900℃的铝熔体中反应生成的两种 Al_2O_3 晶须形貌。从图 8-21（a）看出，Al_2O_3 晶须上长着许多小圆球；而图 8-21（b）表明部分 Al_2O_3 晶须长成了串珠状。

在反应块表面还观察到 Al-O 枝晶的形成，如图 8-22 所示。

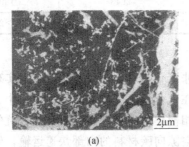

(a)

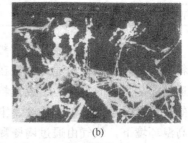

(b)

图 8-21　900℃铝熔体中反应生成的两种 Al_2O_3 晶须形貌

8.2.3.7　仿生层叠复合材料的制备

（1）材料的选择

a. 金属的选择及其表面预处理工艺性能的比较　鉴于铝或者铝合金在工艺和力学性能上的优越性以及其轻质性的特点，常选择其作为叠层复合材料的金属层。为了得到较好的表面黏附效果，需要对铝合金表面进行预处理工作，作用在于去除自然状态下铝合金表面存在的力学性能和吸附性能都较差的氧化膜，形成新的表面形貌，增加接触表面积，提高物理吸附和化学吸附效果。所用的表面预处理方法主要包括机械处理方法和化学处理方法（普通化学法、电化学法），部分处理方法所得的氧化膜与自然状态下生成的氧化膜的性质比较见表 8-3 所示。

对于一些要求不高的场合，可以考虑使用机械处理方法，通过喷砂处理，可以增加金属表面粗糙度，改善表面黏附能力，同时在金属表面产生残余压应力从而提高了整体的疲劳性能。在对表面进行化学处理之前需要对其进行清洗工作，包括碱洗脱

图 8-22　反应块表面的 Al-O 枝晶

表 8-3　氧化膜的性能和厚度比较

铝合金氧化膜种类	厚度/μm	特　性
大自然中的氧化膜	0.005～0.015	非晶态、多孔、不均匀
化学处理得到的氧化膜	0.3～4	吸附力强、质软、耐磨抗蚀性均低于阳极氧化得到的氧化膜
阳极氧化得到的氧化膜	5～20 特种阳极氧化可达 250	硬度高（HV：400～600），耐蚀性好，有较强的吸附力，绝热抗热性好

脂和乳化液除污。化学法处理表面能够造就具有一定特征形貌的铝合金表面氧化层，有力提高铝合金表面和聚合物之间的反应活性，从而为达到良好的界面黏附，奠定良好的化学作用和物理作用的基础，其中电化学法处理表面所得氧化膜的

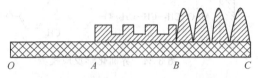

图 8-23　铝合金表面阳极氧化膜的形貌示意

形貌如图 8-23 所示，图中 OA 段生成致密的无孔氧化膜，AB 段氧化膜已开始溶解，BC 段氧化膜生成和溶解的速度平衡。有时还可以将两类化学处理方法串联使用以便得到更好的效果。

　　b. 树脂的选择及部分高分子材料的性能比较　聚合物基复合材料所使用的树脂基体多为热固性树脂，因其成型性好，但是热固性树脂复合材料的损伤容限低，抗湿、热性能和可回收性差。热塑性树脂则具有较好的力学性能，应力松弛现象明显，抗冲击性能好，在外力作用下形变能力强，应变速率不大时，具有较大的断裂延伸率。20 世纪 80 年代中后期以来，美国杜邦公司、菲利浦公司、通用电器公司、英国帝国化学工业公司对热塑性树脂都做了大量的研究工作，开发出了 PEEK、PEKK、PAEK、PES、PEI、PAS、PPS、PAI、PI 及其共聚体等多种材料。热塑性基体复合材料近年有较大的增长趋势，年增长率为 15%～20%。随着工艺的改进，成本的降低，热塑性树脂在性能上的潜在优势将得到充分的应用。选择时，应根据树脂的物理性能（密度、吸水性等）、热性能（热变形温度、线膨胀系数等）、力学性能等多方面加以考虑，为了得到理想的化学吸附效果，通常选择具有 CH、CO、OH 等极性键的树脂材料。此外，工程上用的热塑性树脂主要有 POM、PC、PA、ABS、PSF、PPO 及其共混体等，通用热塑性树脂的部分性能，包括拉伸强度、断裂延伸率、拉伸模量、悬臂梁缺口冲击强度等，见表 8-4 所示。

表 8-4　部分热塑性树脂的性能

树脂名称	简称	拉伸强度/MPa	断裂延伸率/%	拉伸模量/GPa	悬臂梁缺口冲击强度/(J/m)	线膨胀系数/×10⁻⁵	长期使用温度/℃
聚苯乙烯	PS	36～52	1.2～1.5	2.3～2.4	19～24	6～8	60～75
ABS 树脂	ABS	30～43	5～75	—	75～640	8.6～9.9	—
聚碳酸酯	PC	60～70	110～150	2.5	640～690	5～7	100～135
聚甲醛	POM	67～69	25～70	3.1～3.5	168～394	7.5～11	85～105
聚苯硫醚	PPS	64～90	1～3	3.3～3.7	26～74	5.5	200～240

　　(2) 叠层材料的制备（固化工艺）

　　所谓的固化就是在一定的压力和温度下发生的化学反应，一是树脂自身发生交联反应，二是树脂和金属层的表面的极性基团也会发生反应。固化压力的作用在于：提高树脂对金属表面微孔的渗透和扩散作用，有利于固化反应时低分子挥发物的排出，防止气泡的产生，还可以保证树脂层厚度的均匀性。温度则对固化反应程度和固化后的应力分布产生影响，是一

个较为复杂的参数。总之，异质材料之间的黏附是化学吸附和物理吸附共同作用的结果，同时用浸润理论、扩散理论、机械结合理论也可以得到一定的解释。以环氧树脂为例，其在铝表面的界面化学反应模型如图 8-24 所示。叠层复合材料试样的制备过程如图 8-25 所示。

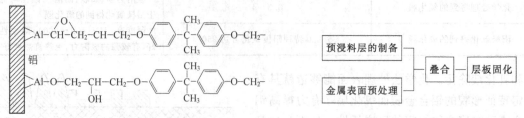

图 8-24　界面化学反应模型　　　　　　　图 8-25　叠层复合材料的制备过程示意

8.2.4　陶瓷仿生工艺

由生物学的工艺方法，可以归纳出可称为仿生的一系列陶瓷工艺方法。在膜中生长粒子可得到形状和尺寸都可控的粒子，并且粒子周围的有机层可防止团聚。在聚合物或凝胶基体上原位形成无机粒子可制备块状的陶瓷复合材料。此外，可使用更直接的方法复制与生物体中相同结构的层状和纤维复合材料。

8.2.4.1　粉体合成

制备大多数氧化物陶瓷粉体要通过溶液沉淀途径，随后煅烧除水，长时间研磨以将其尺寸降低到微米范围。制备纳米粉体可通过从稀溶液中沉淀或通过气相反应并在低温收集以防团聚。

精细尺度的碳化物和氮化物粉体可通过气相反应得到，而熔融过程则会得到尺寸更大的粒子。

在向磁磁螺菌中形成铁磁体颗粒显示了仿生方法制备粉体的优点。颗粒尺寸是亚微米尺寸的单晶体，并为周围的膜有效地分散。从溶液中控制沉淀可得到高均匀尺寸的粉体。这些沉淀方法是在稀溶液中的很慢的过程，因而到目前对制备商业粉体还是不实用的。

（1）脂质体中的颗粒生长

人工方法中，在脂质体中形成粒子与在细胞内的泡囊中形成粒子是非常相似的。在盐溶液中超声处理一种天然磷脂酰胆碱，可形成脂质的封闭球状壳。脂质上的两个碳氢尾部使其有利于形成双层结构，而不是胶束。随壳层的形成，一些溶液就被封闭在内部了。脂质体可由离心分离出来，并被转移到一个新的水性介质中。氢氧根离子对脂质体层有一定的渗透能力，这样可提高内部的 pH 值，从而诱发脂质体内部沉淀出氧化物。目前制备出了钴铁氧体和氧化铝。还制备出了氧化银、针铁矿、铁磁体。粒子尺寸在 $10 \sim 50 nm$ 范围。氧化物粒子可在泡囊中的水相介质中形成，而憎水的硫化镉和硫化锌在脂质体膜内形成。

该方法的一个优点是，共沉淀由单个泡囊限制在一个很精细的尺度。因此，能制备出高均匀度的混合氧化物如钛酸钡，而不会因金属化合物不能同时水解而出现偏析现象。然而以上过程要成为一种制备粉体的工业方法，对脂质体我们还需要做到这样几点，制备成本必须低，要能达到高固相体积分数，并在高浓度下必须稳定，颗粒要致密并且要择优结晶，而且整个工艺应该在一个合理的快速度下完成。

（2）其他合成粉体的方法

人们也考察了制备粉体的一些相关方法。在水包油或油包水（反向）体系乳液中，醇盐水解得到粉体。但是这些体系缺乏如泡囊那样的稳定性，因而形成的粉体易于团聚。微乳液是表面活性剂浓度很高条件下形成的稳定相，水、油、表面活性剂在适当比例时，可形成层状或棒状的相。这一方法已被用于制备氧化物粉体。跟传统乳液一样，如果水解发生在油相，水向醇盐输送而不是醇盐向水输送，就会发生粒子的团聚。在粒子长大后和分离之前进行表面处理，可稳定粒子，有人已经用该方法处理了砷化镉粉体。

这类工作的目标是开发一种方法，以得到分散均匀的亚微米粉体、固相含量是 30%～50%（体积）而且不团聚的悬浮体。以便直接用于浇注陶瓷生坯。这些方法的前景很好，但还待完善。

铁蛋白是一个含 24 个亚单元的蛋白质，这些亚单元围成一个笼子形状，笼子的中心是一个直径 8～9nm，含 2500 个铁原子的氧化铁的核。铁原子可以被除去，留下一个空的壳，即脱铁铁蛋白。铁蛋白的基团可催化氧化反应并促进沉淀物析出。

更进一步的一个方法是生成聚合物或凝胶的模型腔，以容纳粒子生长。交联的右旋糖酐或离子型聚苯乙烯球为水泡胀后，与硅的醇盐反应可得到陶瓷粉体，不过这种方法制备的粉体还是较粗，$10\mu m$～$1mm$。但是，如同聚合物橡胶乳液，该方法可加以改造以制备更细的粉体。

在一个相关过程中，已开发了一种形成聚合物"模型腔"的方法，以能生长具有特定形状的陶瓷粒子。浇注和提拉一个由两相构成的聚合物膜，使其中不连续相呈棒状。这个膜可为钛的醇盐所泡胀，并且优先溶入细长的棒状聚合物粒子相中。随后对膜进行电解质处理，就形成了细长的二氧化钛颗粒。不同的提拉处理可改变二相聚合物膜中聚合物分散粒子相的形状。如果将有机物烧掉，并煅烧，可以得到棒状的细晶二氧化钛。从目前的制备工艺来看，棒状粒子是从 $TiO_2 \cdot x H_2O$ 中得到的，所以是多孔的。采用上述方法制备棒状陶瓷粉体需要满足以下条件：聚合物体系可为更高体积分数的醇盐所泡胀，以及使起始沉淀的粒子具有更高的密度。改变聚合物-醇盐的相容性和工艺条件应该能达到以上目标。

8.2.4.2　块体材料

(1) 纤维和层状陶瓷

考虑到含少量残余有机物的层状和纤维陶瓷的韧性，关于贝壳和牙齿的性质，材料科学工作者希望模拟的是如下结构：其中聚合相是连续的，并且体积含量少，粒子相尺寸在亚微米量级，细长的晶粒定向排列，与暴露的表面相平行。

Aksay 和合作者描述了制备层状碳化硼和铝复合材料的方法，碳化硼采用流延法制备，部分烧结后其中的孔被铝所填充，得到的材料韧性很高（$K_{IC}=14MPa \cdot m^{1/2}$），强度在铝含量为 30%（体积）时达到 950MPa。

渗透方法的明显缺陷在于渗透前需要一个连续的无机物的相，这样，韧性的基体不需要有多大的变形，就为裂纹提供了易于扩展的路径。对于陶瓷粒子紧密堆积的最优结构形式，渗透法也不很成功。

Clegg 等人采用石墨分隔层制备了 $200\mu m$ 厚的碳化硅层状材料，烧结后得到的材料与贝壳珍珠层的结构很相似，只是尺度大了 400 倍。其三点弯曲强度为 633MPa，断裂韧性 K_{IC} 为 15MPa $\cdot$ $m^{1/2}$，平均断裂功为 4625J/m^2，而块状碳化硅的断裂功只有 62J/m^2。Clegg 进一步的工作指出，可以把层状材料当作无缺口的碳化硅梁来处理，这些梁互不相关，并顺序断裂。石墨层厚度大于 $3\mu m$，厚度变化的作用就很小了。可能是由于碳化硅对石墨层的桥接作用，当石墨更薄时，裂纹是从分层裂纹的尖端沿着界面扩展的。由于氧化，该材料只能用在 600℃ 以下的空气中。

Halloran 和合作者制备了陶瓷纤维生坯、涂覆石墨涂层后干压。得到的坯体脱脂后在还原气氛下烧结。聚合物粘接剂从纤维中烧掉了，纤维烧结后得到了多晶的棒状体，周围环绕着石墨界面层，其断裂韧性很高。纤维生坯法的优点是在热压过程中纤维可通过变形使石墨界面层变得很薄。致密的纤维会使纤维周围的弱的基体形成较大的空间。

Yamamura 等人以聚钛碳硅烷为纤维前驱体制备了纤维复合材料。纤维生坯的纺织体热压得到了由紧密堆积的六边形纤维结构的致密陶瓷体。据报道当其密度达到 90% 理论密度时，拉伸强度为 400MPa，在弯曲实验中应力-应变曲线表现出复杂的断裂行为，最终的断裂应变是 2%，据推测其断裂功很高。

Folsom 等制备了厚度为 630μm 的致密氧化铝层与约 100μm 厚的碳纤维-树脂层的复合材料。三点弯曲试验显示裂纹平行于碳纤维断裂时，为突然性破坏，几乎没有层的隔离；而当裂纹垂直于碳纤维时，就能顺次观察到层的断裂，裂纹的束缚，层的分离，下一层的断裂，这跟 Clegg 等人看到的很相似。起始断裂的应力则受氧化铝强度的限制。

Clegg 发现石墨-碳化硅界面能与碳化硅断裂能之比为 0.18。相应地，Kendall 作了计算，提出 0.1 或更小的比值是裂纹偏转所必须的。Evans 推导的值是 0.25。另外，摩擦系数应小于 0.1。对于纤维强度分布的突然变化较为合理情况下，复合材料的断裂韧性预计会随纤维的直径而增加。同样，对长径比和体积分数固定的短纤维或片状体，复合材料的韧性随纤维直径而增加。然而，这是与一个很自然的偏见相矛盾的，即假定更精细的纤维结构是更有利的。另外，这一点也没有在亚微米和微米尺度的纤维所验证。在此没有考虑纤维强度因直径减小、缺陷尺度降低而提高的贡献。

珊瑚具有孔洞和方解石相互渗透的网络，有人用纤维制备了仿生结构材料。将其中的有机物残余除去，在孔中填充树脂，然后将碳酸盐溶解掉，替换上金属或陶瓷。珊瑚孔径在 20～200μm 范围内。这种材料主要可用做骨替代材料，因为它孔隙率大，有利于细胞的长入。

总而言之，人工合成了类似于贝壳结构的复合材料，并显示了更高的韧性。其形貌在几百个微米尺度，而不是天然结构的 0.5μm，但还不能肯定这是否会造成什么不同。目前所有这些合成材料都是各向异性的，当然也可能用片状或纤维束制备各向同性材料。

（2）聚合物-陶瓷复合材料

通过各种直接反应法可制备聚合物-陶瓷复合材料：将现成的陶瓷粒子分散在树脂中；将粒子分散在有机单体中，然后将单体聚合；将陶瓷相的前驱体分散在树脂中，通过反应生成陶瓷粒子或同时发生的沉淀或聚合过程。人们很早就将陶瓷粒子掺入聚合物中以提高模量和弯曲强度，并降低高温蠕变量。这些性能的改善通常伴随着韧性的降低，在含粒子 50%（体积）时，韧性可降到零。填料体积含量低的这类材料很明显是一种硬的塑料，而不像一种韧性的陶瓷。

几个研究小组已经制备了聚合物和溶胶-凝胶玻璃的复合体（它有许多名称：聚合物陶瓷、陶瓷聚合物、有机改性硅烷和有机改性陶瓷）。聚合物的加入可使材料在室温下完全致密化。在聚合物上结合硅的醇盐基团，使两相结合得非常精细，因而材料是透明的。对氧化硅体系，使聚合物与氧化硅的折射率更接近可提高材料的透明度。这些材料的形貌是不清晰的。

Wikes 等制备了一系列氧化硅和氧化钛的聚四氢呋喃（PTMO）和聚二甲基硅氧烷（PDMS）复合材料。这些聚合物体系很重要，因为它们的玻璃化转化温度（T_g）比室温低得多。由于室温下其活动性很高，这可能对复合材料保持高的室温韧性很重要。在以上情形中，聚合物都具有相对低的分子量，并且在大分子的末端嵌有醇盐基团。随醇盐水解，聚合物就偶联到无机网络中去了。这些材料倾向于呈透明状态，说明相的分离发生在一个非常精细的尺度上。有人已经用小角度 X 光散射数据作了分形处理。随着有机组分分子量增大，粒子间的分散峰（在约 10mm 处）移向低角度，并得到加强。

对 PTMO 聚合物陶瓷进行了模量的动力学测量，结果表明玻璃化温度是−70℃，添加氧化硅对转化温度影响不大。然而当氧化硅含量超过 20％〔起始的树脂中含 60％～70％（质量）硅酸乙酯〕，在玻璃转化温度下，模量不发生降低，此时室温模量为 1GPa。断裂变形量从纯粹聚合物的 70％降到聚合物陶瓷的 20％。材料的性能对以下因素很敏感：聚合物上醇盐的功能度，聚合物的分子量和熟化条件；这样材料的性能不仅受成分的影响，而且还受形貌和相间结合状况的影响。

Fitzgerald 等人将氧化硅掺入一系列丙烯酸聚合物和聚乙酸乙烯酯中，得到了类似的结果。在 T_g（居里温度）以上，模量并不随温度升高而迅速下降，而是在氧化硅含量为 15％（质量）时保持在 10～100MPa 不变。在 100℃以上将凝胶进一步熟化，并改变氧化硅与聚合物之间的结合，材料的行为变得很复杂。氧化硅含量在 27％或更高时，材料变得很脆，不能加工。通常情况下，酸催化的 TEOS 水解会得到透明的材料，而碱催化得到的则是白色的复合材料。这反映出碱催化下 TEOS 水解会形成大的颗粒，酸催化的水解产物是透明的凝胶，其胶体粒子直径在几个纳米。碱催化得到的不透明的样品在 T_g 以上模量并不高，这说明在精细尺度上分相是阻碍聚合物运动所必需的。

Pope 等人将多孔的溶胶-凝胶氧化硅浸渍在甲基丙烯酸甲酯（MMA）中，然后将其聚合得到类似的复合材料。他们发现，在聚合物的体积分数和材料的压缩强度及四点弯曲强度之间存在着简单的混合物规律。弹性模量数据则落在 Hashin-shtrikman 边界内，在 PMMA 为 50％（体积）时达到 30GPa。采用类似的体系，Abramoff 和 Klein 在 45％（体积）氧化硅含量时得到了模量为 14GPa、强度为 132MPa 的材料，这些复合材料的结构是两个相互渗透的相，而不存在一个连续的聚合物的相。

Mark 用 TEOS 蒸气泡胀了聚二甲基硅氮烷（硅酮橡胶），发现获得的材料其模量随氧化硅含量逐步上升，在含 33％氧化硅时达到 24MPa，断裂应变则从 40％降到 8％。有人将酸催化的 TEOS 与聚膦嗪混合，然后将混合液体转化成一种韧性的塑料，其模量为 1GPa。

聚合物陶瓷中分相的尺度取决于聚合物与部分聚合的 TEOS 的相容性。David 和 Scherer 证实，选用相容的聚合物可制备透明的复合材料。此外，为了携带足够多的醇盐基团，需要对聚合物进行改性，因而需要在微观尺度上混合。Novak 和 Ellsworth 使有机物的聚合与氧化硅的凝胶两个反应同时发生并迅速进行，制备了透明的复合材料。采用的硅醇盐含有可聚合的醇，如甲基丙烯酸羟乙酯，这些醇会成为聚合物网络的一部分，因此材料的收缩大大减小了。

Schimdt 等人开发了用于聚合物的硬涂层，这是一种在低温下熟化的聚合物-陶瓷复合体。

现在已经知道能够制备聚合物-氧化硅杂合体，但也出现了这样的问题：能否将这种化学方法推广到其他氧化物和非氧化物体系中以及能否制备更复杂形貌的材料。

很多人开展了在各种基体上形成硫化物方面的研究。Spanhel 等在有机改性陶瓷基体上生长了 CdS 和 CdS-PbS。Bianconi 等在聚环氧乙烷膜中得到了硫化镉，并显示了利用聚合物基体控制粒子形貌的方法。

有人在聚酰亚胺中制备了磁性氧化铁。浸渍在交联的磺化聚苯乙烯球中的 Fe，经氧化就转化为 γ 氧化铁，形成了复合材料。这种方法的重要意义在于能够制备粒子尺度很小的氧化铁，从而可以提高透明度。类似地，用铁盐溶液浸渍纤维素和纸，水解后就得到了氧化铁。Nandi 等人热解羰基铬和羰基铁，在聚酰亚胺膜中取得了氧化铬和氧化铁。

通过还原使金属在聚合物中析出，可制备金属-聚合物复合材料。

在这里所述的研究工作都需要使用非晶的聚合物膜，并要求这个膜对溶胶-凝胶反应没有妨碍。Mauritz 和 Warren 用 TEOS 泡涨了 Nafion 膜，然后进行水解，据推测引入的氧化硅存在于晶态的荧光聚合物之间的亲水相中。对其介电性质和小角度 X 光散射的研究都不能给出一个明确的形态模型。

Gianellis 等人发展了另一种制备聚合物-陶瓷材料的方法。在层状的硅酸盐如滑石或云母中插入苯胺，然后将其转化为聚苯胺。此外，当然也可以使用极性的聚合物，例如聚环氧乙烷。云母片层是由单层的聚合物链所分隔的。为了在陶瓷材料上应用这类插入反应，需要解决在硅酸盐层间引入不同厚度的各种聚合物的问题。虽然这类材料具有能用于传感器方面的性质，但是还不清楚这种方法是否普遍可行。有人还使用一种相关的方法，在聚乙烯醇存在的情况下，生长层状结构的铝酸钙。

Okada 等人在存在蒙脱石条件下，聚合了尼龙 6 的单体己内酰胺。己内酰胺插入并分离了黏土片层，使 1nm 厚的黏土层分散在尼龙的基体中。含 5%（质量）黏土的聚合物模量从 1GPa 增加到 2GPa，强度从 70MPa 增加到 110MPa，而冲击强度没有下降。如果加入更高体积含量的矿物仍能使材料的性能继续提高的话，那么这种工艺将非常有意义。Yano 等人用聚酰亚胺前驱体泡涨了层状结构的蒙脱石，制备了一种复合材料，并发现这种材料因含少量黏土而表现出明显的性能变化。

（3）聚合物的原位矿化

如果用物理术语解释生物过程，纳米复合材料可视为是在现成的基体上沉积增强颗粒而形成的。控制沉淀剂的生成和基体的性质，使特定形状定向排列，并堆积到足够高的体积分数，我们就应该能获得硬的复合材料或陶瓷。在前述关于聚合物陶瓷的讨论中，对利用聚合物在真正意义上控制陶瓷相的形状没有给予关注。

研究人员的兴趣之一是考察有机溶质从过饱和溶液中沉淀在一种聚合物中的过程。很早人们就注意到这样一个现象：抗氧化剂在聚合物表面的"起霜"——即表面结晶。为了结合聚合物的高韧性和硝基苯胺的高光学活性，制备一种透明的复合材料，研究人员将具有高二阶光学耦合系数的硝基苯胺引入到各种聚合物中。与制备一种均匀溶液相比，研究人员认为同时具备精细尺度的结晶和高度定向的结构这两个条件会产生高的透明度。聚合物中高度定向的有机晶体的生长方式有两种：其一是先熔化复合材料膜，然后将其缓慢拉过一个存在温度梯度的空间，使其冷却；其二是在溶质结晶之前预先拉伸聚合物。提拉含有硝基苯胺晶体的聚合物并不会使析出物定向，显然这些晶体都破碎了。

研究人员后来又研究了在聚合物中形成无机沉淀粒子的过程，这些粒子包括：醇盐水解得到的氧化物，从氯化铁得到的各种氧化铁以及还原得到的金属粒子。

通过对沉淀物类型的了解，研究人员研究了如何控制从醇盐得到氧化钛、氧化硅和氧化锆沉淀物粒子的尺寸和形状。沉积非晶颗粒时，粒子尺寸是由聚合物的流动性和各种沉淀物的可溶性来控制的。如果液体分相先于无机颗粒的形成，那么沉淀粒子的尺度一般为几个微米。如果前驱体在反应发生时仍是溶解状态，就可形成亚微米的沉淀物并得到透明的复合材料。

在沉淀过程中提拉聚合物基体，可形成细长的氧化钛粒子，在随后过程拉长部分水解的凝胶粒子。研究人员想寻找一种方法，能够显示在被提拉的聚合物基体中细长粒子的形成过程，以便能证实基体的各向异性对在其中形成的粒子的各向异性施加了影响，但还没能找到。实验提拉了聚甲基丙烯酸甲酯和聚偏氟乙烯的混合物，以便能诱发形成细长的粒子。在此，氧化物粒子选择性地形成于富含丙烯酸的区域中，并且丙烯酸的细长形状也使粒子呈细长的形状。

材料科学工作者的更进一步的目标，就是证实聚合物基体能催化氧化物的沉淀过程。例如聚合物能提供在局部高的碱性环境，可促进硅酸聚合成氧化硅。他们希望能够揭示可以通过形成一个完全非生物的体系，制备出在矿化组织中看到的具有同样程度结构控制的复合材料。

（4）可控矿化

使用光敏盐类，并使其在激光诱发下分解，可以在聚合物上沉积具有特定图案的金属膜。同样，也能方便地在聚合物或其他衬底上生长陶瓷的多层图案。这可用于制备器件或沉积保护性涂层。仿生工艺利用了溶液沉积过程和在衬底上形成活化的区域而不是气相沉积。从溶液中生长的硅藻氧化硅，展示了与目前光平板印刷术所能达到的水平相近的精细花样。

Rieke 等在改性的聚合物表面和连接有机功能基团的硅表面上沉积了氧化铁和硫化镉，得到了致密的薄膜。使用平板印刷术只对部分衬底表面进行处理，可形成特定的花样。但人们尚未掌握生长这类膜的普适条件。上述工艺中沉淀物从溶液中析出是一个缓慢的过程，或是铁盐的水解或是硫化物的化学形成。经改性的沉淀表面可能会催化这些反应并在局部产生高的浓度。另外，衬底表面可能会充当成核剂或能够吸附溶液中形成的晶核。可以设想，这一工艺过程对许多沉淀物和衬底表面是适用的。

Kokubo 等描述了类似的有趣的效应。在一块含钙和硅酸盐的溶液中生长出磷灰石涂层。玻璃陶瓷在 1mm 范围内任何位置平行放置在衬底上，磷灰石层都可以形成。这预示着玻璃陶瓷中氧化硅可诱导磷灰石成核并可将晶核传递到衬底上去。一旦磷灰石层生长，玻璃陶瓷板就可以拿走。人们知道矿化中的骨含有高浓度的硅，但是原因尚不明了。

8.3 仿生复合材料的应用

目前正使用的用于医疗修复的某些人造材料，如人造骨等可归入仿生复合材料。

在聚合物中原位析出陶瓷粒子并烧结可制备陶瓷薄膜。这些工艺主要可应用于使用陶瓷多层器件的场合，如电容器和电子封装。其主要的优点在于粒子的精细尺寸，无团聚和液态起始材料的高纯度。而其主要的缺点是实验室工艺扩大到商业规模时需要做的大量工作。在许多场合都是这样：仿生工艺可制备性能更优的材料，但目前的方法也是行之有效的。

在制备塑料模和板上的阻挡层时，现在的方法就显得力不从心。有人制备出塑料的抗磨损和抗划伤涂层，但结果尚有待完善。高温过程会破坏聚合物，而蒸镀的涂层不是太薄就是粘不牢。故而仿生涂层应该能在这方面一展身手。在制备起阻挡作用的涂层方面也是如此。目前还没有较好的聚合物涂层能阻挡氧、液态碳氢化合物或其他许多溶剂。一个牢固结合的氧化硅或其他氧化物的涂层将是很理想的，尤其是当这些氧化物可直接沉积在聚合物中的时候。

可浇铸的填充聚合物复合材料与陶瓷材料在力学性能方面存在着差距。而从鹿角到釉质的生物材料可以弥补这个差距，因而可预计能制备类似的合成材料。可成型的刚性和韧性都好的塑料镶嵌板将具有类似的性能，可在许多目前使用金属片的场合得到应用。连续长纤维复合材料的确性能不凡，但是它的成本太高。

贝壳，可能还有牙釉，其韧性取决于聚合物的含量。这样在使用合成材料时，仿生陶瓷将限于 300℃ 以下使用。这对抗磨损用途的陶瓷而言，在许多场合够用。只要在分解温度以下、玻璃化温度以上或附近，聚合物薄膜才有高韧性。还不清楚能否开发一种黏结材料，能在更高的温度下保持韧性。

在利用木材多孔结构制造复合材料方面，卢灿辉等利用无机材料、金属材料和聚合物材料与木材进行原位复合，分散程度可接近分子或纳米水平的复合，得到高模量、高强度的新型复合材料，从而制备出陶瓷化木材、金属化木材，在应用于实用方面还有一定差距。

在利用贝壳等层状结构而研究层状仿生复合材料方面，目前已经研发出叠层状陶瓷、纤维增强铝合金胶接层板、钢板叠层复合材料等。某些这类材料已经或将得到应用。

总之，生物材料绝大多数是一种复合结构，由于在与自然界长期抗争和演化过程中形成了优化的复合组成与结构形式，所以在参照生物体的功能机制从而设计出新的复合材料方面，有很大的发展空间。而且复合材料的仿生探索可能对所有类型的复合材料都是有用的，包括金属基、陶瓷基、高分子基和混杂型复合材料。目前仿生复合材料还在研究开发中，未来的复合材料仿生设计研究会具有巨大的潜力。

第9章 纳米复合材料

9.1 概　述

纳米材料是指超微粒经压制、烧结或溅射而形成的晶粒尺度为 $1\sim100nm$ 的凝聚态固体。它具有断裂强度高、韧性好、耐磨等特性。自从德国 Gleiter 等发展了惰性气体凝聚法，即在高真空超纯条件下将超微金属粉末的制备和成型结合在一起原位压制成固体材料，并对其性能和结构进行研究以来，世界各国先后对这种新型纳米材料进行了广泛而深入的研究。纳米材料已成为当前材料科学和凝聚态物理领域中的研究热点，被视为"21世纪最有前途的材料"，其中就包括纳米复合材料。

纳米复合材料（nanocomposites）是指分散相尺度至少有一维小于 100nm 的复合材料。从基体和分散相的粒径大小关系，纳米复合材料可分为微米-纳米、纳米-纳米的复合。

根据 Hall-Petch 方程，材料的屈服强度与晶粒尺寸平方根成反比。这表明，随晶粒的细化材料强度将显著增加。此外，大体积的界面区将提供足够的晶界滑移场所，导致形变增加。纳米晶陶瓷因其具有巨大的表面能，其烧结温度可大幅下降。如用纳米 ZrO_2 细粉制备陶瓷比用常规微米级粉制备时烧结温度降低 400℃左右，即从 1600℃下降到 1200℃左右即可烧结致密化。由于纳米分散相有大的表面积和强的界面相互作用，纳米复合表现出不同于一般宏观复合材料的力学、热学、电学、磁学和光学性能，还可能具有原组分不具备的特殊性能和功能，为制备高性能、多功能新材料提供了新的机遇。

纳米复合材料涉及的范围广泛，它包括纳米陶瓷复合材料、纳米金属复合材料、纳米聚合物复合材料、纳米磁性复合材料、纳米催化复合材料、纳米半导体复合材料等。

纳米复合材料制备技术在当前纳米材料研究中占有极重要的地位，新的制备技术和纳米材料的结构和性能之间存在着密切关系。纳米复合材料的合成与制备技术包括作为原材料的粉体及纳米薄膜材料的制备，以及纳米复合材料的成型方法。本章主要介绍纳米粉体的制备、无机的纳米-微米和纳米-纳米复合材料、无机-有机纳米复合材料的制备、微观结构与性能等内容。

9.2　纳米粉体的分散

由于纳米组分粒径小、比表面积大，极易形成尺寸较大的团聚体，从而使纳米复合材料中不存在或存在很少的纳米相，难以发挥纳米相的独特作用。因此，纳米组分在基体中的分散是制备纳米复合材料的关键，受到广泛的重视。目前主要采用以下几种方法实现纳米级分散。

9.2.1　超声波分散

利用超声空化时产生的局部高温、高压或强冲击波和微射流等，弱化纳米粒子间的纳米作用能，可有效地防止纳米粒子的团聚。有人将平均粒径为 10nm 的 $CrSi_2$ 加到丙烯腈-苯乙烯共聚物的四氢呋喃溶液中，经超声分散得到包裹高分子材料的纳米晶体。

采用超声波分散时，若停止超声波振荡，仍有可能使纳米粒子再度团聚。另外，超声波

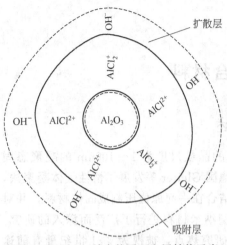

图 9-1　Al_2O_3 纳米粒子双电层结构示意

对极细小的纳米颗粒，其分散效果并不理想，因为超声波分散时，颗粒共振加速运动，使颗粒碰撞能量增加，可能导致团聚。

9.2.2　机械搅拌分散

借助外力的剪切作用使纳米粒子分散在介质中。在机械搅拌下纳米粒子的特殊结构容易产生化学反应，形成有机化合物支链或保护层，使纳米粒子更易分散。

9.2.3　分散剂分散

9.2.3.1　加入反絮凝剂形成双电层

选择适当的电解质作分散剂，使纳米粒子表面吸引异电离子形成双电层，通过双电层之间的库仑排斥作用使纳米粒子分散。例如，用盐酸处理纳米 Al_2O_3 后，在纳米 Al_2O_3 粒子表面生成三氯化铝（$AlCl_3$），三氯化铝水解生成 $AlCl^{2+}$ 和 $AlCl_2^+$，犹如纳米 Al_2O_3 粒子表面吸附了一层 $AlCl^{2+}$ 和 $AlCl_2^+$，使纳米 Al_2O_3 成为一个带正电荷的胶粒，然后胶粒吸附 OH^- 而形成一个庞大的胶团，如图 9-1 所示。由此可得分散较好的悬浮液。

9.2.3.2　加表（界）面活性剂包裹微粒

加入适当的表面活性剂，使其吸附在粒子表面，形成微胞，由于活性剂的存在而产生粒子间的排斥力，使得粒子间不能接触，从而防止团聚体的产生。Papell 在制备 Fe_3O_4 磁性液体时就采用油酸作表面活性剂，达到分散的目的。其具体的方法是将直径约 $30\mu m$ 的 Fe_3O_4 团聚体放入油酸和 n-庚烷中进行长时间的球磨，得到直径约 $10nm$ 的 Fe_3O_4 微粒，并稳定地分散在 n-庚烷中的磁流体，每个 Fe_3O_4 微粒均包裹了一层油酸。图 9-2 是包裹油酸的强磁性微粒之间的关系。图 9-3 给出了范德瓦耳斯力 V_A，磁引力 V_N 及油酸层的立体障碍效应产生的排斥力 V_R 与 h 的关系曲线，$h=R/r-2$。由图 9-3 可以看出，粒子之间存在位垒，粒子间若要发生团聚，就必须有足够大的引力才能使粒子越过势垒，由于 V_A 和 V_N 很小，很难使粒子越过势垒，因此磁性纳米粒子不会团聚。

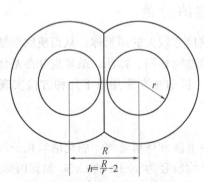

图 9-2　磁性液体中吸附厚度为
δ 的油酸强磁性微粒

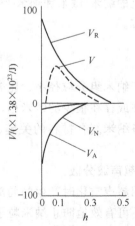

图 9-3　粒径 10nm 的磁性
微粒电位

然而，分散剂添加时间的不同使保护效果不同。在反应前先将分散剂分散在溶液中的效果最好，随着分散剂添加量的增加，粒子的粒径变小，由于纳米颗粒度很小，比表面积很大，在浓度大时易发生"聚集长大"，从而降低了分散效果。此外分散剂黏度较大时，其保护作用明显，而且由于黏度大而使颗粒不易聚沉。

9.2.4 化学改性分散

利用表面化学方法，如利用有机物分子中的官能团与纳米粒子表面基团进行化学反应，将聚合物接枝到纳米粒子表面，或利用可聚合的有机小分子在纳米粒子表面的活性点上的聚合反应，在纳米粒子表面构成聚合物层，从而达到表面改性。表面化学改性一般在高速加热混合机或捏合机、流态化床、研磨机等设备中进行。影响化学改性的主要因素有：①颗粒的表面性质，如表面官能团的类型、表面酸碱性、水分含量、比表面积等；②表面改性剂的种类、用量及方法；③工艺设备及操作条件，如设备性能、物料的运动状态或机械对物料的作用方式、反应温度和反应时间等。

9.3 纳米粉体的制备

纳米复合材料的种类繁多，其制备方法也各有不同，同一种复合材料可以采用几种方法制备，用一种方法也可以制备几种不同性能的复合材料。其制备方法分类也不完全统一，有按物理法、化学法分类，也有按包覆法和混合法分类。

以上两类分类方法各有优点，都有不完善之处。由于纳米复合材料及其制备技术是交叉学科的全新领域，目前尚处于初始阶段，研究还不够深入，因此，很难准确统一分类，仍有待进一步研究、完善。这里将以第一种分类方法为主，适当兼顾第二种方法进行介绍。

9.3.1 物理法制备纳米粉体

纳米复合粒子的复合通常是在纳米粒子与微米级、亚微米级及纳米级粒子间的复合。粒径较大的称作母粒子或核心粒子（core particles），较小粒径的纳米粒子称为子粒子或包裹粒子（coating particles）。子、母粒子的平均粒径之比一般小于 1/5，最好能小于 1/10。如果其平均粒径之比大于 1/5，则子、母粒子间的复合稳定性将会很差。

物理复合法多指机械复合法，通常利用机械剪切、挤压等作用力，使子、母粒子复合在一起。其复合形式有嵌入、沉积和包裹等。在实际的复合粒子中，既可是一种复合形式，也可是多种复合形式共存。根据其所用复合设备的不同，目前较常用的有机械研磨复合法、干式冲击法、高能球磨法、共混法、异相凝聚法和高温蒸发法等。

9.3.1.1 惰性气体冷凝法制备纳米粉体

惰性气体冷凝法是制备清洁界面纳米粉的主要方法之一，是由德国 Gleiter 等人首先发展起来的。该方法主要是将装有可蒸发物质的容器抽至 10^{-6}Pa 高真空后，充填入惰性气体，然后加热蒸发源，使物质蒸发成雾状原子，随惰性气体流运动到冷凝器上冷凝成纳米粒子，将聚集的纳米粒子刮下、收集，即得到纳米粉体。用此粉体最后在很高压力下（1～5GPa）冷压，即得到固体纳米材料。一般可获得 70%～90% 理论密度的固体材料。如果采用多个蒸发源，可同时得到复合粉体或化合物粉体。颗粒尺寸可以通过蒸发速率和凝聚气体的压力来进行调控，图 9-4 是该法制备纳米材料的示意。

9.3.1.2 高能球磨法制备纳米粉体

这是一种完全依赖机械能使大晶粒经球磨变成纳米晶来制备纳米粉的方法。同时还可以通过颗粒间化学反应直接合成金属间化合物、金属-碳化物和金属-硫化物、金属-碳化物的复

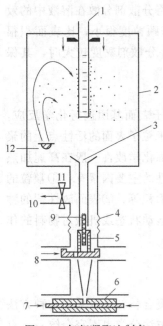

图 9-4　气相凝聚法制备
纳米材料的示意
1—旋转全质收集管(液氮);2—超
高真空室;3—漏斗;4—波纹管;
5—座套;6—套筒;7—活塞;
8—移动器;9—固定活塞;
10—接真空泵;11—阀
门;12—待蒸发物质
及容器

合纳米晶及金属-氧化物复合纳米晶。目前已成功制备出 Ni 基、Fe 基合金纳米晶。整个工艺还可通入气氛和引入外部磁场来调控，因而这一技术得到极快的发展。

纳米晶形成机理研究认为，高能球磨是一个颗粒循环剪切变形的过程。在球磨过程中，大晶粒内部不断产生晶格缺陷，致使颗粒中大角度晶界重新组合，颗粒尺寸下降数量级为 $10^3 \sim 10^5$，进入纳米晶范围。

高能球磨法是利用球磨机的转动或振动，使硬球对原料进行强烈的撞击、研磨和搅拌，把粉体粉碎的方法。如果将两种或两种以上金属粉体同时放入球磨机的球磨罐中进行高能球磨，粉体颗粒经压延、压合、碾碎、再压合的反复过程，最后可获得组织和成分分布均匀的纳米复合粒子。由于这种方法是利用机械能达到合金化，而不是用热能或电能，使某些在常温条件下不能进行反应的体系在低温下可直接进行化学反应。所以高能球磨制备合金粉体的方法也属于机械化学法。

高能球磨制备纳米复合材料，需要控制几个参数和条件，即正确选用硬球的材质（不锈钢球、刚玉球或玛瑙球等），控制球磨温度与时间，原料一般选用微米级的粉体。球磨过程中，颗粒尺寸、成分和结构变化通过不同球磨时间的粉体的 X 射线衍射、电镜观察法等方法来进行监视。

高能球磨法与普通粉碎法不同，它能为固相反应提供巨大的驱动力。将高能球磨法和固相反应结合起来，则可通过颗粒间的反应（如 Ti、Al、W、Nb、C 等粉体）或颗粒与气体（N_2、NH_3 等）直接合成纳米化合物，如合成金属碳化物、氟化物、氮化物、金属/氧化物复合纳米颗粒。

（1）高能球磨法制备纳米复合材料

高能球磨法已成功地制备出以下几类纳米晶材料：纳米晶纯金属、不互溶体系的固溶体、纳米金属间化合物及纳米晶陶瓷复合材料。

a. 纳米晶纯金属制备　高能球磨过程中，纯金属纳米晶的形成是纯机械驱动下的微观结构演变。实验结果表明，高能球磨可以容易地使金属形成纳米晶结构。球磨后所得到的纳米晶粒径小，晶界能高。纯金属粉体在球磨过程中，晶粒的细化是由于粉体的反复形变，局域应变的增加引入缺陷密度的增加，当局域应变中缺陷密度达到临界值时，粗晶内部破碎，这个过程不断重复，在粗晶中形成了纳米颗粒，或粗晶破碎形成单个的纳米粒子，其中大部分是以前者状态的形式存在。

b. 不互溶体系纳米复合颗粒的制备　机械合金化方法是一种制备纳米合金粉末的新技术，可将相图上几乎不互溶的几种元素制成固溶体，这是用常规熔炼法根本无法实现的。从这个意义上来说，机械合金化方法制成的新型纳米合金，为发展新材料开辟了新的途径。在制备非晶、准晶、纳米晶金属及合金方面展示出诱人的前景，越来越受到科学技术界的重视。近十年来，用此法已成功制备多种纳米固溶体，例如，Fe/Cu 合金粉，是将粒径小于 $100\mu m$ 的 Fe、Cu 粉体放入球磨机中，在氩气氛保护下，球与粉质量比为 4∶1，经 8h 或更长时间球磨，晶粒度减少至 10nm。二元体系 Ag/Cu，在室温下几乎不互溶，但将 Ag、Cu 混合粉经 400h 球磨后，固溶体的晶粒度减小到 10nm。对于 Al/Fe、Cu/Ta、Cu/W 等，用高能球磨，也能获得具有纳米结构的亚稳相复合粉体。Cu/W 体系几乎在整个成分范围内，都能得到平均粒径为 20nm 的固溶体。黄纬清等采用机械合金法，选用铜粉（纯度＞99%）、铝粉（纯度＞98%）、铁粉（纯度＞98%）为原料，机械合金化 Al/Cu/Fe 混合粉得到了纳米非晶粉末。其具体过程为：Al 和 Cu 首先形成合金，同时 Fe 固溶进 Al/Cu 金属间化合物，最终生成具有铁磁性的 Al/Cu/Fe 纳米非晶粉末。尽管机械合金化可以得到合金纳米晶或复合纳米晶，且工艺简单，制粉效率高，但有局限性。例如，容易带进杂质，工艺时间长，而且此法只比较适合于金属材料。

c. 纳米金属间化合物的制备　金属间化合物是一类用途广泛的合金材料，纳米金属间化合物，特别是一些高熔点的金属间化合物，在制备上比较困难。目前研究人员已在 V/C、W/C、Si/C、Pd/Si、Ni/Mo 等十多种合金体系中用高能球磨的方法，制备了不同晶粒尺寸的纳米金属间化合物。他们的研究结果表明，在一些合金系中或一些成分范围内，纳米金属间化合物往往作为球磨过程中的中间相出现。对于具有负混合热的二元或二元以上的体系，球磨过程中亚稳相的转变取决于球磨的体系以及合金的成分。如 Ti/Si 合金系中，在 Si 含量为 25%～60% 的成分范围内，金属间化合物的自由能大大低于非晶的自由能。在这个成分范围内，球磨容易形成纳米结构的金属间化合物，而在上述成分范围之外，由于非晶的自由能较低，球磨易形成非晶相。

d. 纳米尺度的陶瓷粉复合材料的制备　高能球磨法是制备纳米复合材料的行之有效的方法。它可以把金属与陶瓷粉（纳米氧化物、碳化物等）复合在一起，获得具有特殊性质的新型纳米复合材料。复合粒子的制备与粒子的细化在许多方面是一致的，即粉碎技术与复合化技术有着密切的关系。机械复合化与粉碎技术直接相关，实际在粉碎领域中广泛应用的几种，如高速回旋冲击粉碎机、磨碎式粉碎机、球磨机、搅拌磨、气流粉磨机等，都具有粒子复合化的功能。如日本国防学院最近把几十纳米的 Y_2O_3 粉体复合到 Co/Ni/Zr 合金中，Y_2O_3 仅占 1%～5%，它们在合金中的弥散分布状态，使得 Co/Ni/Zr 合金的矫顽力提高约两个数量级。用高能球磨方法得到的纳米 MgO/Cu 或纳米 CaO/Cu 复合材料，这些氧化物纳米粒子均匀分布在 Cu 基体中。这种新型复合材料电导率与 Cu 基本一样，但强度大大提高。

除了上述几种纳米粉体能通过高能球磨法制取外，相图上可互溶的几种元素也可以用高能球磨制备纳米晶复合固溶体。高能球磨法制成的粉体有两种：一种是由单个纳米粒子组成的粉体；另一种是两种类型粒子的混合体，即一部分是单个纳米粒子，一部分是微米或亚微米级的大颗粒，这些大颗粒是由纳米晶构成的。有时候在混合粉中以单个纳米粒子为主，有时以微米或亚微米级的大颗粒为主。这种粉体经压制（冷压和热压）就可以获得块体试样，再经适当热处理可得到所需的性能。例如 Morris 等将粗的 Cu/5%Zn 合金粉体与一定量的添加剂一起进行球磨，由此得到的纳米 Cu 粒子内部弥散分布着纳米 Zn 粒子。将所得粉体在室温下冷压成条状，然后在 700℃ 或 800℃ 热挤压成棒材。这时弥散相粒径为 4～7nm，Cu 晶粒为 38～60nm。经过热处理后获得所需的纳米结构材料，这时弥散相晶粒长至 23nm，Cu 晶粒为 135nm。用机械合金方法制备出 Ni/Mo 合金的纳米晶粉体，球磨时间为 40h，粉体中的每个颗粒由粒径 4～5nm 的晶粒构成。他们将这种粉体冷压制成条状，它可用做碘化学电池的阴极。还有一种制备块体的方法，是将球磨制成的纳米晶粉体放入聚合物中制成优良性能的复合材料，例如 Eckert 等将纳米级的 Fe 和 Cu 粉按一定比例混合后，经高能球磨制备纳米晶 Fe/Cu 合金粉体，电镜观察表明，粉体中的原位是由极小的纳米晶体构成。他们将这种粉体和环氧树脂混合制成类金刚石刀片。

高能球磨制备的纳米粉体的主要缺点是，晶粒尺寸不均匀，易引入某些杂质，但高能球磨法制备的纳米金属与合金结构材料产量高，工艺简单，并能制备出用常规方法难以获得的高熔点的金属或合金纳米材料。

(2) 高能球磨法制备的纳米复合材料的界面结构特点

高能球磨法制备的纳米结构材料与用其他方法（化学气相沉积法）获得的纳米结构材料在界面结构上是否有差别，对于这个问题有两个不同的观点。

第一种认为高能球磨法与其他方法制备的纳米材料具有相近的界面结构。许多材料工作者认为高能球磨与气相凝集及化学等方法制备的纳米结构材料具有相类似的结构。他们根据以下几个方面实验结果来进行分析的。Schultz 对高能球磨 40h 的 Ni/Mo 纳米晶复合材料进行高分辨电镜的观察，发现尺度约为 10nm 的晶粒间取向夹角为 20°～30°，两晶粒间存在着厚度约为 2nm 的过渡层，层内原子无规则排列，呈现出典型的纳米晶结构形态。另外，根据大量电镜实验结果得到的 Ni/Mo 纳米复合晶粒的粒径分布，分布曲线不对称，峰值偏向于小晶粒一侧，表现出正态分布特征，与用气相沉积法制备的纳米 Fe、纳米 TiO_2、Pd 等的晶粒粒径分布相似，因此有理由认为，由这种纳米晶粉压制成的块体的界面结构与其他方法制备的块体界面结构应相同。

综上实验结果，一些研究者认为，高能球磨所获得的纳米粉体以及由它们制成的块体的结构（主要指界面结构）与通常的原子凝聚沉积技术所得到的纳米材料结构相似。

第二种认为高能球磨材料的界面结构随组分粉体的类型而改变，高能球磨的产物为单个纳米颗粒与微米、亚微米颗粒的混合粉体，后者由纳米级晶粒构成。如果球磨后的粉体主要以单个的纳米颗粒组成，经压制形成的块体中界面结构与用其他方法制备的粉体压制成的块体的界面结构基本相同。这是因为在这种情况下，高能球磨制备纳米块体的过程与其他方法相同，即将随机取向的单颗粒纳米微粒压制成块体。但是，如果用高能球磨制成的粉体中，以上述微米、亚微米多晶颗粒为主时，将导致纳米块体界面主要以大颗粒中的纳米晶粒（或颗粒）界面为主，这种界面结构与粗晶中晶界相类似，而单个纳米微粒压制成的金属与合金块体的界面结构与这种界面结构有差异。这可以归纳成下面几个方面：一是形成机制不同。当高能球磨获得的纳米块体的界面大部分是由粗晶分裂而成，而用其他方法制备的纳米块体的界面是纳米级小颗粒聚合而成的；二是球磨法生成的微米、亚微米粒子中的界面原子密度比其他合成法制备纳米块体的界面原子密度高一些；三是球磨法生成的粒子的界面原子的配位数较高，而其他方法制备的纳米块体主要是靠颗粒表面相互作用形成的界面，原子近邻配位数降低。除此之外，从惰性气体凝聚法制备的纳米金属与合金块体的相对密度（相对理论密度）来看，一般在约 90%～95%，有的高达 97%，这意味着这时块体的界面中，原子间距大，而且有可能存在微孔，特别是占有大比例体积分数的三叉晶界中更是微孔、缺陷、杂质集中的区域，这些因素都会导致与球磨法制备的纳米材料的界面有差异。第一种观点中提到的电镜、比热容等实验结果，只能证明高能球磨制备的块体的界面中原子间距较大，不同于颗粒内部，这是与其他方法制备的块体界面结构的相同处，但不能说明它们之间不存在差异。

9.3.1.3 共混法制备纳米粉体

共混法是最原始的复合方法之一，它在制药、陶瓷和塑料等行业都起着重要作用。它是先将纳米级的子、母粒子在常温下进行预混合（或将纳米粒子先加热再混合），然后再在加热的条件下进行共混搅拌复合。在挤压、剪切力的作用下，较大的复合粒子还可以分裂成较小的纳米复合粒子。这种复合法与机械研磨法和干式冲击法的某些方面有相似之处，其不同之处是共混法通常是有机/无机粒子复合（或有黏性物质存在时粒子的复合），而且搅拌速度比前两者要低（前两者可高达上万转/min，后者仅几十转/min），故混合时不会产生使有机粒子软化的高温，所以在混合过程中通常有夹套或其他装置加热或冷却。该法的复合设备有搅拌式和转筒式两种。

这种复合法既简便，又可生产出高性能的复合材料。Z. Ziembik 等将纳米级的炭黑与微米级的酮酞菁共混复合成了导电的纳米复合粒子，该材料可用于飞机短距离和垂直起降的抗高温部件及高电压电缆屏蔽网等。

9.3.1.4 异相凝聚法制备纳米粉体

异相凝聚法的基本原理是带有不同表面电荷的粒子会相互吸引而凝聚，形成纳米复合粒子。当介质中含有两种带不同电性的粒子混合时，小粒子就会吸附在大粒子表面形成复合粒子。此过程的关键是对两种粒子电荷的控制，和对带有不同电荷粒子的吸附速度的控制。可以适当调节介质的 pH 值或利用材料本身所带有的电荷，也可以预先对粒子表面进行处理，使之带有不同电荷。粒子的吸附速度可以通过加入非粒子表面活性剂，利用离子表面活性剂在溶液中具有的浊点特性来控制。但是如果只依靠两种粒子的吸附凝集而不经过后续处理，两种粒子的结合并不牢固。Okubo 的研究发现，在异相凝集过程中大粒子在与小粒子凝集的同时，也会各自相互凝集，很难生成表面均匀的复合粒子。因此，他采取了逐步异相凝聚法，也就是在稳定乳状液态下缓慢进行凝集。他在研究阳离子聚合物子粒子在阴离子聚合物母粒子表面凝聚时，把逐步凝聚过程分成以下三步。

第一步，母粒子与子粒子在稳定的乳化状态下混合，不发生异相凝集反应。通过调节介质的 pH 值，使粒子的电性相同，并加入非粒子乳化剂来实现粒子的分散稳定性。

第二步，调节 pH 值，引发异相凝集反应。非离子乳化剂在母粒子与子粒子之间以阻止其直接接触。

第三步，升高温度，使体系的温度高于子粒子的玻璃化温度，并接近非离子乳化剂的浊点，从而实现了子粒子在母粒子表面的软化成膜，形成核壳式纳米复合粒子。

如果包裹层粒子的玻璃化温度 T_E 比中心粒子的玻璃化温度 T_C 低，则当温度 T 高于包裹粒子的玻璃化温度，却又低于中心粒子的玻璃化温度，即当 $T_E < T < T_C$ 成立时，并且同时其他条件允许，包裹层粒子就会在中心粒子的周围铺展形成稳定的包裹层。这就是通常所说的包埋法。Ottewill 等人用包埋法制备了聚丙烯酸酯包覆聚苯乙烯的复合粒子。

异相凝聚法-包埋法可用来制备各种组成的包覆式复合粒子，多用于有机粒子为中心粒子（核粒子）的复合制备。由于异相凝聚法是靠电荷的吸引而凝聚的。所以大小粒子的结合并不牢固，经常还需要使用包埋法，即利用高聚物特性进行进一步的后续处理。

9.3.1.5 其他制备方法

其他方法如电子束蒸发法、激光剥离法、DC 或 RF 溅射法等，这些方法主要是用来制备纳米薄膜，也被用来制备纳米金属和陶瓷。

9.3.2 化学法制备纳米粉体

纳米材料的化学复合法是指通过液相或气相反应来制备纳米复合材料的方法。用化学复合法（尤其是液相化学法）制备的纳米复合材料，虽然生产效率高，但是制备的纳米复合材料中含有一定量的杂质，因而大大限制了这种纳米复合材料的应用功能。物理复合法制备的纳米复合材料虽然具有表面清洁、无杂质、粒度可控、活性高等优点，但目前产率大都较低且成本高。因此，现在获得纳米复合材料的关键技术是如何制备含杂质少、产率高的纳米复合材料。

纳米粒子的化学复合法较多，现今运用较广的有溶胶-凝胶法（Sol-Gel法）、沉淀法、溶剂蒸发法等，除此之外还有超临界流体法、溶剂-非溶剂法、离子交换法、化学镀法、化学气相沉积法（CVD法）、激光合成法、等离子体法、微乳液法等。

9.3.2.1 溶胶-凝胶法（Sol-Gel法）

该方法是制备纳米粒子及纳米复合粒子的最早方法之一。它主要包括3个过程。

① 在溶液里混合各种所需组分，这种多组分溶液是一种离子或分子的混合，以保证合成的粉体具有高度的均匀性。

② 调节溶液中 H^+、OH^- 和其他离子或分子的活性，使溶液形成溶胶。

③ 在保证凝胶化学均匀性的前提下使溶胶凝胶化。

第3个过程的4个主要参数是溶液的pH值、溶液的浓度、反应温度和时间。在溶胶凝胶化之后还需要经脱水和热处理形成干凝胶，成为可烧结的复合粉体。烧结的方式和温度随物料的不同也有差异，近年来又用微波加热代替常规加热，在较低的温度和极短时间内合成了粒度小、纯度高的纳米粉体。还有用 γ 射线照射代替其他加热方式制得纳米级 CdS/聚丙烯酰胺复合粉体。

9.3.2.2 湿化学法制备纳米粉体

湿化学法较简单，易于大规模生产，特别适合于制备纳米氧化物粉体。主要有共沉淀法、乳浊液法、水热法等。以氧化锆为例，在含有可溶性阴离子的盐溶液中，通过加入适当的沉淀剂（OH^-、CO_3^{2-}、$C_2O_4^{2-}$、SO_4^{2-}）使之形成不溶性的沉淀，经过多次洗涤，再将沉淀物进行热分解，即可获得氧化物纳米粉体。但此法往往易得到硬团聚体，会对以后的制备工艺特别是致密烧结带来困难。研究表明，可通过控制沉淀中反应物的浓度、pH值以及采用冷冻干燥技术来避免形成硬团聚，以获得颗粒分布范围窄、大小为 15～25nm 的纳米粉。

9.3.2.3 水热法

主要利用水热沉淀和水热氧化反应合成纳米粉。通过这两种反应可得到金属氧化物或复合氧化物（ZrO_2、Al_2O_3、ZrO_2-Y_2O_3、$BaTiO_3$ 等）在水中的悬浮液，得到的纳米颗粒尺寸一般在 10～100nm 范围内。此外还用高压水热处理使氢氧化物进行相变，通过控制高压釜中的压力和温度，以获得形状规则的纳米粉，颗粒尺寸为 10～15nm。

9.3.2.4 微乳液法

微乳液是两种不互溶的液体形成的热力学稳定的、各向同性的、外观透明或半透明的分散体系，微观上由表面活性剂使界面稳定的一种或两种液体组成。与乳状液相比，微乳液分散相的粒径更小（小于 100nm）。微乳液技术用于纳米粒子制备时通常包括纳米反应器和微乳聚合两种技术。纳米反应器通常指的是 W/O 型微乳液，由于 W/O 型微乳液能提供一个微小的水核，水溶性的物质在水核中反应可以得到所需的纳米粒子，W/O 微乳液由油连续相、水池、表面活性剂与助表面活性剂组成的界面三相构成。微乳液的结构参数包括颗粒大小（对 W/O 微乳液为水池大小）和表面活性剂平均聚集度等。在半径为 R 的水池中仅含少量溶于水的助表面活性剂（醇），水池半径 R 是一个重要的结构参数，其值与体系中水和表面活性剂的浓度及表面活性剂的种类有关，研究结果表明，W/O 微乳液中表面活性剂和助表面活性剂的链长降低，会导致水池半径增大。当微乳体系确定后，纳米微粒的制备是通过混合两种含有不同反应物的微乳液实现的，其反应机理如下：含有不同反应物的两个微乳液混合后，由于胶团颗粒碰撞，发生了水池内物质的相互交换和传递，这种交换是非常快的，对于大多数常用的微乳液这种交换在混合过程中就会发生，各种化学反应就在水池内进行，因而粒子的大小可以控制。

据报道，用醇盐化合物、油和水形成微乳液制备出无团聚的钛酸钡立方形纳米晶，用 X 射线法测定的线宽来计算其尺寸为 6～17nm。由于乳液中微液滴的大小决定钛酸钡颗粒的尺寸，同时液滴大小仅受表面活性剂分子的亲水性部分的尺寸所控制，因此使纳米晶颗粒粒径分布较窄。这正是该方法的特点。

9.3.2.5　化学气相沉积法

化学气相沉积法（Chemical Vapor Deposition，简称 CVD 法）是以挥发性金属化合物或有机金属化合物等蒸气为原料，通过化学反应生成所需的物质，在保护气体环境下快速冷凝，从而制备出各种纳米颗粒。

化学气相沉积法是在远高于热力学计算临界反应温度条件下，反应产物蒸气形成很高的过饱和蒸汽压，使其自动凝集形成大量的晶核。这些晶核在加热区不断长大，聚集成颗粒。随着气流进入低温区，颗粒生长、聚集、晶化过程停止，最终在收集室内收集得到纳米颗粒。该方法可通过选择适当的浓度、流速、温度和组成配比等工艺条件，实现对粉体组成、形状、尺寸、晶相等的控制。化学气相反应沉积法常采用通常的电阻炉、直流等离子、高频等离子、微波等离子或激光作热源，使气体发生反应成核并长大成纳米颗粒，该方法能获得颗粒均匀、尺寸可控以及小于 50nm 的纳米颗粒。

加热的方法中等离子体和激光这两种加热方式引起了广泛重视。根据提供热源的方式，化学气相沉积法可分为等离子气相合成法（PCVD 法）和激光诱导气相沉积法（LICVD 法）等。

（1）等离子气相合成法

等离子气相合成法（PCVD 法）是制备纳米材料的常用方法之一。它具有高温、急剧升温和快速冷却的特点，PCVD 法又可分为直流电等离子体法（DC 法）、高频等离子体法（RF 法）和复合等离子体法。

等离子体法的基本原理是，在惰性气氛或反应性气氛下通过直流放电使气体电离产生高温等离子体，从而使原料熔化和蒸发，蒸气遇到周围的气体就会冷却或发生反应形成纳米微粒。在惰性气氛下，由于等离子体温度高，采用此法几乎可以制取任何金属的纳米颗粒。

等离子体法制备纳米颗粒有两种方法：第一种是将不同种类的原料（块或片或粉体）在惰性气氛中蒸发冷凝，以获得纳米粒子的方法；第二种方法是将含有原料化合物蒸气的反应气体送入等离子体火焰中反应生成纳米复合离子的方法。这里主要介绍第一种方法。以制取纳米金属复合粒子为例，首先将被蒸发的按一定比例初步混合好的两种或多种金属放置在水冷铜坩埚的上部，在它与安放于其斜上方的等离子体枪之间加上高频直流电压，则等离子体枪内的 He 以及 Ar 等惰性气体被电离，形成等离子体，将等离子体集束于水冷铜坩埚内的被蒸发金属原料上，进行加热和蒸发。生成室内被惰性气体充满，通过调节由真空系统排出气体的流量来确定蒸发气氛的压力。增加等离子体枪的功率可以提高由蒸发而生成的纳米复合粒子的量。当等离子体被集束后，使熔体表面产生局部过热时，由生成室侧面的观察孔可以观察到烟雾（含有纳米复合粒子的气流）的升腾加剧，即蒸发生成量增加了。生成的纳米复合粒子黏附于水冷管状的铜板上，气体被排出蒸发室外。然后进行防氧化处理，再打开生成室，将附在圆筒内侧的纳米复合离子收集起来，该状态的纳米复合粒子非常松散。

等离子体复合法是把反应剂注入高温等离子体，伴随着热反应气体的快速淬火，在足够低的温度下纳米复合粒子被合成，通过快速冷却导致一种或多种物质的成核。等离子体合成法对制备纳米复合粒子是一个非常有效的方法。

据报道，采用直流等离子分解反应以及在亚音速喷嘴膨胀下淬冷的热气流，已制备具有狭窄尺寸分布的纳米晶 SiC 和 SiC 粉，平均晶粒大约 10nm 或更细。

另据报道，国外发展了微波等离子法来合成纳米晶陶瓷粉末。用该法在 70Pa 压力下合成了少量 TiN 和 TiO_2 纳米晶，以及采用 915MHz 微波等离子放电连续合成氧化物和氮化物粉末，当压力为 5~10kPa 和频率较低时有较高的生产率。微波等离子法还适用于制备多相复合纳米粉末和涂层纳米材料。另一个特点是一般不形成硬团聚，而且制得的粒径可达 10nm 以下。

（2）激光诱导气相沉积法

激光诱导气相沉积法（LICVD 法）是利用反应气体分子对特定波长激光束的吸收而产生热解或化学反应，经过成核生长形成纳米颗粒或纳米复合颗粒。整个过程实质上是一个热化学反应和晶粒成核与生长过程。由于升温速度快，高温驻留时间短，冷却迅速，可以获得超细、最低颗粒尺寸小于 10nm 的均匀粉体。同时，由于反应中心区域与反应器之间被原料气隔离，污染小，能够获得稳定质量的纳米颗粒。

激光法与其他方法相比具有本质区别，这些差异主要表现如下。

① 由于反应器壁是冷的，因此无潜在的污染。

② 原料气体分子直接或间接吸收激光光子能量后迅速进行反应。

③ 激光能量高度集中，反应区与周围环境之间温度梯度大，有利于生成核粒子快速凝结。由于激光诱导气相沉淀法具有上述技术优势，因此，采用激光法可以制备均匀、高纯、超细、粒度分布窄的各类单相或复合纳米粉体。

9.3.2.6 溶剂蒸发法

溶剂蒸发法的主要过程是将溶液先制成微小液滴，再加热使溶剂蒸发、溶质析出，即得到所需的纳米粒子。根据溶剂蒸发方式的不同可分为喷雾干燥法、喷雾热解法和冷冻干燥法。

喷雾干燥法是用喷雾器将含有复合组分的溶液喷入高温介质中，溶剂迅速蒸发，从而析出所需的纳米复合粒子。例如，铁氧体的纳米复合粒子可采用此种方法进行制备。具体程序是将镍、锌、铁的硫酸盐的混合水溶液喷雾，获得 10~20μm 混合硫酸盐的球状粒子，经过 1073~1273K 的温度的煅烧，即可获得镍锌铁氧体纳米复合粒子，该粒子是由 100nm 的一次颗粒组成。此法中的溶液组分在蒸发的高温介质中不应分解或有其他化学反应，否则得不到所期望的纳米粉体。

喷雾热解法则是把有目标物质颗粒前驱体的溶液雾化喷入高温的气氛中，溶剂的蒸发和盐的热分解同时迅速进行，从而直接制得金属氧化物纳米复合粉体。例如，将硝酸镁和硝酸铝的混合液经此法可合成镁铝尖晶石，溶剂是水和甲醇的混合溶液，粒径大小取决于盐的浓度和溶剂的浓度，它们由几十纳米的一次粒子构成。该方法有如下特点。

① 形成的颗粒多为球形。

② 颗粒分布均匀且范围易控制。

③ 颗粒纯度高。

④ 过程可以连续化。

但此法也有复合粒子形态难以控制和组分偏析等问题。

溶剂蒸发法中还有一种常用的方法称为冷冻干燥法，它是将目标物质颗粒前驱体混合溶液喷雾到低温有机溶剂中，使其迅速冷冻，然后在低温减压条件下升华，最后脱水并加热分解即可得到纳米粒子。此法的主要特点是：生产批量大，适用于工业化制造纳米粒子；设备简单，成本低；制得的粉体粒度小、纯度高、均匀性好。冷冻干燥法主要分为冷冻、干燥和焙烧三个过程。

使金属盐混合水溶液快速冻结用的冷却剂是不能与溶液混合的液体，例如将干冰和丙酮混合作冷却剂将己烷冷却，然后用惰性气体携带金属盐溶液由喷嘴中喷入己烷，如图 9-5 所示。结果在己烷中形成超细的冰粒。除了用己烷作冷冻剂外，也可以用液氮作冷冻剂。但是用己烷的效果较好，因为用液氮作冷冻剂时气相氮会环绕在液滴周围，使液滴的热量不容易散发出来，从而降低了液滴的冷冻速度，使液滴中组分分离，成分变得不均匀。冷冻液的干燥可采用如图 9-6 所示的装置。将冻结的液滴（冰粒）加热，使水快速升华，同时采用凝结器捕获升华的水，使装置中的水蒸气降低，达到提高干燥效率的目的。图中采用的凝结器为液氮捕集器。为了提高冻结干燥的效率，控制盐的浓度很重要。因为当冰粒的温度约为263K 时，凝结器才能高效率地捕获升华的水。由于浓度的升高会导致溶液变成冰粒的凝固点降低，致使干燥效率降低。此外，高浓度溶液会形成过冷却状态，使液滴成玻璃状态，发生盐的分离和粒子的团聚。为了避免高浓度溶液出现这些问题，常常在盐溶液中加入氨水。如果溶液浓度太低，制备出的产品质量会降低。因此，用冷冻干燥法制备纳米粒子时，应注意选择恰当的盐溶液浓度。

上述制备方法，特别是在物理制备法中，物理和化学反应是同时或分阶段进行的，不能严格分开。对物理复合法，最重要的是要求复合粒子稳定。对粒子之一为载体的，要求作用粒子与载体不易分离。对希望获得子、母粒子的协同效应或综合性能的，要求粒子最好能均匀分散于母粒子内部及表面。对化学复合法，粒子复合通常较物理法要稳定，其生成的复合粒子最好能粒度小且均匀（粒子越大越易出现组分偏析），对某些复合法还需考虑对生成的复合粒子的收集问题。另外，无论是物理法还是化学法，总会存在粒度不均匀的情况，因

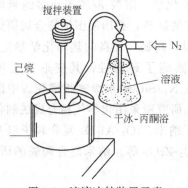

图 9-5　液滴冻结装置示意

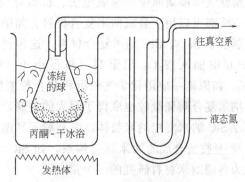

图 9-6　冻结液的干燥装置

此，在复合前后采用一些分级设备对粒子进行分级处理也很有必要。

9.3.3 纳米粉体的表征方法

纳米粉体的化学组成通常采用 X 射线荧光光谱法（XRFS）和耦合等离子体原子吸收光谱（ICP-AES）法来进行主、次成分的分析。采用原子激发光谱（AES）或原子吸收光谱来分析原料和制备过程中引入的杂质含量。用透射电子显微镜和激光离心沉降法来测定粉体的形貌大小和分布范围。还可用 X 射线小角散射法来测定粉料（2～200nm）的颗粒度及分布范围。用化学碘吸附法、BET 法来测定粉体的比表面积（比表面大小也是衡量粉末活性的重要指标）。用高分辨电镜进行结构测定和表征其形貌尺度以及团聚情况。

纳米晶材料的结构可以用 X 射线衍射、穆斯堡尔谱（Mossbauer 谱）、扩展 X 射线吸收精细结构（EXAFS）、正电子淹没等手段进行研究。研究表明，纳米晶材料的界面部分既非远程有序的晶体结构又非近程有序的非晶态结构，而是一种类似气体的结构。这一结论分别被正电子淹没、穆斯堡尔谱等的研究结果所支持。

9.4 纳米复合材料

纳米复合材料涉及范围较宽，种类繁多。按照复合方式不同，人们现把其主要分为 4 大类：一种是 0-0 复合，即不同成分，不同相或者不同种类的纳米粒子复合而成的纳米固体，这种复合体的纳米粒子可以是金属与金属、金属与陶瓷、金属与高分子、陶瓷与陶瓷、陶瓷和高分子等构成纳米复合体；第二种是 0-3 复合，即把纳米粒子分散到常规的三维固体中，例如把金属纳米粒子弥散到另一种金属或合金中，或者放入常规的陶瓷材料或高分子中，纳米陶瓷粒子（氧化物、氮化物）放入常规的金属，高分子及陶瓷中；第三种是 0-2 复合，即把纳米粒子分散到二维的薄膜材料中，这种 0-2 复合材料又可分为均匀弥散和非均匀弥散两大类，均匀弥散是指纳米粒子在薄膜中均匀分布，人们可根据需要控制纳米粒子的粒径及粒间距，非均匀分布是指纳米粒子随机地混乱地分散在薄膜基体中；第四种是纳米层状复合，即由不同材质交替形成的组分或结构交替变化的多层膜，各层膜的厚度均为纳米级，如 Ni/Cu 多层膜，Al/Al$_2$O$_3$ 纳米多层膜等。其中第三种与第四种可统称为纳米复合薄膜材料。

9.4.1 纳米固体复合材料

纳米尺度复合为发展高性能的新材料和改善现有材料性能提供了新的途径。根据纳米结构的特点，可以把在传统理论中难以实现的异质、异相、不同有序度的材料在纳米尺度下进行合成，获得新型的具有特殊性能的纳米复合材料。

惰性气体凝聚原位加压成型法、机械合金化、非晶晶化法、溶胶-凝胶等诸多纳米固体制备方法都可以用于合成纳米复合材料。如纳米复合陶瓷的制备，德国斯图加特金属研究所成功制备了 Si$_3$N$_4$/SiC 纳米复合材料，这种材料具有高强，高韧，优良的热和化学稳定性。在 ZrO$_2$ 中加入 Y$_2$O$_3$ 稳定剂（粒径小于 300nm），观察到了超塑性，其变形甚至可达800%。新原皓一应用化学气相沉积复合粉末法制备了 Si$_3$N$_4$/SiC 纳米级复相陶瓷。中国在制备纳米复合陶瓷微粒也取得了很大的进展，上海硅酸盐研究所采用化学气相合成法制备了 Si$_3$N$_4$/SiC 纳米复相纳米粉体，施利毅等高温氧化合成了纳米 TiO$_2$-Al$_2$O$_3$ 复合粒子以及采用溶胶-凝胶法合成的纳米复合体系，如 SiC/AlN、Al$_2$O$_3$-ZrO$_2$ 等。纳米复合陶瓷的研究，已成为各国纳米材料研究的一个重点。

中国科学技术大学材料系与中国科学院固体物理研究所合作发现：纯的 Al$_2$O$_3$ 和纯的

Fe_2O_3 纳米材料在可见光范围是不发光的，而如果把纳米 Al_2O_3 和纳米 Fe_2O_3 掺和到一起，所获得的纳米粉体或块体在可见光范围的蓝绿光波段出现一个较宽的光致发光带，发光原因是 Fe^{3+} 离子在纳米复合材料所占有的庞大体积百分数低有序度的界面内所致，部分过渡族离子在弱晶场下形成的杂质能级对由此形成的纳米复合材料的发光起着主要作用。意大利 Trento 大学在纳米 Al_2O_3 与纳米 Cr_2O_3 复合材料中观察到由 Cr^{3+} 离子诱导的发光带，该发光带的波长范围为 650～750nm。

由纳米尺寸的软磁相 α-Fe 与硬磁相 $Nd_2Fe_{14}B$ 组成的纳米复合磁体，由于软磁相与硬磁相的交换耦合而阻碍了软磁相的磁化反转，因而可发挥如同单一硬磁体同样的效果，材料具有高的矫顽力和高的残余磁化。获得这种纳米复合体所特有的纳米晶粒组织，典型的制造方法有熔体急冷法获得非晶薄带，然后经热处理晶化。另一种是利用机械合金化法首先获得非晶相与微晶混合组织，然后再经热处理来制取。目前已获得的此类纳米复合磁体包括：$Fe_3B/Nd_2Fe_{14}B$；α-$FeNd_2Fe_{14}B$；α-Fe/$SmFe_7N_x$ 等。

纳米固体材料的制备有以下几种。

(1) 直接高压合成 γ-Al_2O_3 和 SiO_2 纳米材料

为了避免烧结过程中晶粒生长，Gallas 等采用超高压技术将纳米陶瓷粉直接压成高密度陶瓷材料，获得坚硬、无裂纹的透明 SiO_2 凝胶型纳米材料和半透明 γ-Al_2O_3 纳米材料。γ-Al_2O_3 纳米材料的相对密度大于 90%，而 SiO_2 纳米材料相对密度大于 80%。用溶胶-凝胶法制备的 SiO_2 粉含有较高的气孔，经高压压制，其块材体积明显下降，当用 4.5GPa 压力时，体积下降达 64%，其块体材料的平均维氏硬度为 (42±0.2) GPa。

图 9-7 是 γ-Al_2O_3 块体密度与施加压力之间的变化规律。γ-Al_2O_3 的维氏硬度为 5.7GPa (采用 50g 负荷)，屈服强度估计可达 2.6GPa。这是首次表明陶瓷可以在无热处理条件下，用高压直接得到 γ-Al_2O_3 块体材料。这种高压和室温条件相结合的工艺可能有助于有机物质和无机基体之间的结合。此外还可避免由于温度变化引起的材料相变。

(2) 制备纳米 SiC 陶瓷

Mitomo 等用平均粒径为 90nm 的 SiC 粉为起始原料，加适当的添加剂 Al_2O_3、Y_2O_3 和 CaO，在 1750℃热压可获得致密纳米 SiC 陶瓷。这种液相低温烧结的纳米陶瓷的平均粒径尺寸为 110nm，几乎没有明显的晶粒生长。该材料在 1700℃时出现超塑性变形，这一温度是

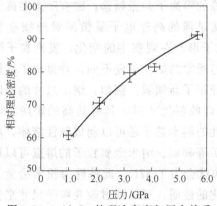

图 9-7　γ-Al_2O_3 的理论密度与压力关系

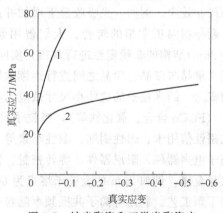

图 9-8　纳米陶瓷和亚微米陶瓷应
力-应变关系曲线的比较
1—参比物 (应变速率为 1×10^{-5}mm/s)；
2—纳米陶瓷 (应变速率为 1×10^{-4}mm/s)

文献中发表的最低温度。

图 9-8 是纳米 SiC 陶瓷和用亚微米粉制得的一般 SiC 陶瓷之间应力-应变关系曲线的比较。曲线 2 出现超塑性是细晶和稳定的显微结构所导致的。

(3) 制备纳米 TiO_2 陶瓷

TiO_2 是迄今纳米陶瓷中研究最多的材料之一。Siegel 等用气相凝聚法以及随后的原位压制来制备超细纳米 TiO_2 材料,其平均晶粒尺寸为 30nm。也可在 500℃下等温烧结后再退火 23h 来改善性能。为了获得更致密的结构可在 900℃烧结 14h,其密度超过理论密度的 90%,但晶粒增长过快。

(4) 制备纳米晶 ZrO_2-3% Y_2O_3 陶瓷

用混合硝酸盐经化学沉淀法得到的无定形或多晶 ZrO_2-3%(质量)Y_2O_3 粉末,冷压后在空气中于 1100～1300℃范围内烧结 2～6h,最后在 1150～1350℃范围、氩气压力为 150MPa 的等静压下烧结 2～3h,获得完全致密的 ZrO_2-3% Y_2O_3,其晶粒尺寸为 22～45nm。

9.4.2 纳米颗粒增强复合材料

对于纳米粒子,其特性既不同于原子,又不同于结晶体,可以说它是一种不同于本体材料的新材料,其物理化学性质与块状材料有明显差异。在结构上,大多数纳米粒子呈现为理想单晶,如在纳米 Ni-Cu 粒子中观察到孪晶界、层错、位错及亚稳相存在。也有呈非晶态或亚稳态的纳米粒子。纳米粒子的表面层结构不同于内部完整的结构,粒子内部原子间距一般比块材小,但也有增大的情况。纳米粒子只包含有限数目的晶胞,不再具有周期性的条件,其表面振动模式占有较大比例,表面原子的热运动比内部原子激烈。表面原子能量一般为内部原子能量值 1.5～2 倍,德拜温度随粒子半径减少而下降。导致纳米粒子的电子能级结构与大块固体不同是由于电中性和核电运动受束缚原因所致。当小粒子尺寸达到纳米级时,其本身和由它构成的纳米固体主要有如下 3 个方面的效应,即小尺寸效应、表面与界面效应及量子尺寸效应,并由此派生出大块固体所不具备的许多特殊性质。

(1) 小尺寸效应

当粒子的尺寸与光波波长、德布罗意波长以及超导体的相干长度或透射深度等物理特征尺寸相当或更小时,周期性的边界条件将被破坏,声、光、电、磁、热力学等特性均会呈现新的尺寸效应。例如,光吸收显著增加并产生吸收峰的等离子共振频移;磁有序态向磁无序态、超导相向正常相的转变。人们曾用装配有电视录像的高速电子显微镜对超细金粒子($d=2nm$)结构的非稳定性进行观察,实时地记录粒子形态在观察中的变化,发现粒子形态可以在单晶与多晶、孪晶之间进行连续地转变,这与通常的熔化相变不同,并提出了准熔化相的概念。纳米粒子的这些小尺寸效应为实用技术开拓了新领域。例如,纳米尺寸的强磁性粒子(Fe-Co 合金、氧化铁等),当粒子尺寸为单磁畴临界尺寸时,具有甚高的矫顽力,可制成磁性信用卡、磁性钥匙、磁性车票等。超顺磁性的纳米粒子还可以制成磁性液体,广泛地用于电声器件、阻尼器件、旋转密封、润滑、选矿等领域。纳米金属粒子的熔点可以远低于块状金属,例如 2nm 的金粒子熔点为 600K,而块状金为 1337K,此特性为粉末冶金工业提供了新工艺。利用等离子共振频率随粒子尺寸变化的性质,可以通过改变粒子尺寸来控制吸收边的位移,制造具有一定频宽的微波吸收纳米材料,用于电磁波屏蔽、隐形飞机等。

(2) 表面与界面效应

纳米粒子尺寸小、表面极大,位于表面的原子占相当大比例。随着粒径减小,表面积急剧变大，引起表面原子数迅速增加。例如，粒径为 10nm 时，比表面积为 $90m^2/g$；粒径为 5nm 时，比表面积为 $180m^2/g$；粒径小到 2nm 时，比表面积猛增到 $450m^2/g$。这样高的比表面积，使处于表面的原子数越来越多，大大增强了粒子的活性。例如，粒径小于 $5\mu m$ 的赤磷在空气中会自燃，纳米级某些金属（如纳米镁粉）在空气中也会燃烧，而且颜色发生明显变化。无机材料的纳米粒子暴露在大气中会吸附气体，并与气体发生反应。粒子表面活性高的原因在于它缺少近邻配位的表面原子，极不稳定，很容易与其他原子结合。这种表面原子的活性不但引起纳米粒子表面原子结构的变化，同时也引起表面电子自旋构象和电子能谱的变化。

（3）量子尺寸效应

量子尺寸效应在微电子学和光学电子学中一直占有显赫的地位，根据这一效应已经设计出了许多具有优越特性的器件。这一效应最核心的问题是，材料中电子的能级或能带与组成材料的粒子尺寸有密切的关系。半导体的能带结构在半导体器件设计中十分重要。最近研究表明，随着半导体粒子尺寸的减小，价导和导带之间的能隙有增大的趋势，这就使即使是同一种材料它的光吸收或发光带的特征波长也不同。1993 年，美国贝尔实验室在硒化镉中发现，随着粒子尺寸的减小，发光的颜色从红色变成绿色进而变成蓝色，这就是说发光带的波长由 690nm 移向 480nm。这种发光带或者吸收带由长波移向短波的现象叫"蓝移"（blue shift）；把随着粒子尺寸减小，能隙加宽发生"蓝移"的现象称为量子尺寸效应。1994 年，美国加利福尼亚伯克利实验室利用量子尺寸效应制备出了硒化镉可调谐的发光管。这种发光二极管就是通过控制纳米硒化镉的粒子尺寸达到红、绿、蓝光之间的变化，这一成就使纳米粒子在微电子学和光电子学中的地位变得十分显赫。人们对超细粒子的量子效应早在 1963 年就从理论上进行了研究，日本科学家久保给量子效应下了如下定义：当粒子尺寸下降到最低值时，费米能级附近的电子能级由准连续变为离散能级的现象叫作量子尺寸效应。

宏观物体包含无限个原子，即大粒子或宏观物体的能级间距几乎为零；而纳米粒子包含的原子数有限，导致能级间距发生分裂。块状金属的电子内能谱为准连续能带，而当能级间距大于热能、磁能、静磁能、静电能、光子能量或超导的凝聚态能时，必须考虑量子效应，这就导致纳米粒子磁、光、声、热、电以及超导电性与宏观特性的显著不同，这就是量子尺寸效应。例如，粒子的磁化率、比热容与所包含电子的奇偶性有关，会产生光谱线的频移、介电常数的变化等。

上述 3 种效应是纳米粒子与纳米固体的基本特性，它使纳米粒子和纳米固体呈现出许多奇异的物理、化学性质，出现一些"反常现象"。

如果复合材料中增强体的尺寸降到纳米数量级，必将会给复合材料引入新的性能。首先是引入的纳米粒子本身由于具有量子尺寸效应、小尺寸效应、表面界面效应和宏观量子隧道效应而呈现出的磁、光、电、声、热、力学等奇异特性，而其具有的特殊结构、高浓度界面、特殊界面结构、巨大的表面能必然会大大影响复合材料的宏观性能。如 Al_2O_3 基体中含有纳米级 SiC 晶粒的陶瓷基复合材料，其强度可高达 1500MPa，最高使用温度也可从原基体的 800℃提高到 1200℃；把金属纳米粒子放入常规陶瓷中可以大大改善材料的力学性质；纳米 Al_2O_3 弥散到透明的玻璃中既不影响透明度又提高了高温冲击韧性，放到金属或合金中可以使晶粒细化，改善材料力学性质；极性纳米 $PbTiO_3$ 粒子置于环氧树脂中出现了双折射效应；纳米 Al_2O_3 增强橡胶的复合材料与常规橡胶相比耐磨性大大提高，且介电常数提高了 1 倍；纳米氧化物粒子与高聚物或其他材料复合具有良好的微波吸收性能；半导体纳米颗粒（GaAs、GeSi）放入玻璃中或有机高聚物中提高了三阶非线性系数；纳米微粒Al_2O_3放入有机玻璃（PMMA）中表现良好的宽频带红外吸收性能；将纳米 TiO_2、Cr_2O_3、Fe_2O_3、ZnO 等掺入到树脂中有良好的静电屏蔽性能；把 Ag 的纳米粒子分散到玻璃、陶瓷的界面中，可以得到介电常数和介电损耗大大优于常规材料的复合材料。

日本松下电器公司已研制成功树脂基纳米氧化物复合材料，初步试验表明这类复合材料静电屏蔽性能优于常规树脂基与炭黑的复合材料，同时可以根据纳米氧化物的类型来改变这种树脂基纳米氧化物复合材料的颜色，在电器外壳涂料方面有着广阔的应用前景。美国标准技术研究所制备出了钇镓石榴石纳米复合材料，在基体中形成了纳米尺度铁磁性相，使钇镓石榴石纳米复合材料的熵变比常规提高了 3.24 倍，磁致冷温度提高到 40K。用纳米粒子填充改性聚合物，是形成高性能高分子复合材料的重要手段。中国科学技术大学试制的纳米α-Al_2O_3与环氧树脂的复合材料，当 Al_2O_3 粒径为 27nm，添加量为 1%～5%时，提高了环氧树脂的玻璃转化温度，模量增加到极大值，含量超过 10%时模量下降。纳米陶瓷微粒能显著改善其填充聚醚醚酮（PEEK）的摩擦学性能。王齐华等制备了纳米 ZrO_2 填充 PEEK 材料，并探讨了纳米陶瓷粒子填充材料的减摩抗磨机理。董树荣等利用碳纳米管的强度高，比表面积大，高温稳定以及优良的减摩耐磨特性，制备了碳纳米管增强铜基复合材料。纳米陶瓷也可以改善碳材料的高温抗氧化性能，实现自愈合抗氧化。

V. Provernzano 等从事金属基纳米复合材料在高温领域的研究，采用惰性气体凝聚-物理气相沉积方法制备了 Cu-Nb，Ag-Ni 纳米复合材料，Nb(Ni) 含量在 60%～65%时显微硬度提高到最高值，复合材料稳定，高温（甚至在接近基体的熔化温度）未发现晶粒长大。J. Naser 等也通过对纳米陶瓷（Al_2O_3）增强铜基复合材料进行了热稳定性的研究。研究表明，纳米颗粒增强金属基复合材料具有高的高温强度。

纳米颗粒增强复合材料由于复合粒子尺寸不同可分为纳米-纳米复合材料与纳米-微米复合材料。

9.4.2.1 纳米-纳米复合材料

上述纳米粒子的 3 个效应，尤其是表面与界面效应，使得纳米粒子较微米、亚微米粒子更易团聚。因为它们的表面能更大，表面活性更高，因而单个纳米粒子表现出极不稳定，具有强烈的吸附周围粒子而达到稳定的趋势。正由于纳米粉末的巨大活性，在烧结过程中晶界扩散非常快，既有利于达到高致密又极易发生晶粒快速生长，所以将微结构控制在纳米量级，始终是材料科学研究的主要内容之一。

通过添加剂或第二项来抑制晶粒生长和采用快速烧结工艺是目前研究的两大主要途径。两者的典型例子是，在 Si_3N_4/SiC 纳米复合材料系统中，当 SiC 加入量达到一定体积分数时，可阻止 Si_3N_4 成核。生长而形成纳米-纳米复合材料。后者的作用是，设法在烧结过程尽量降低烧结温度，缩短烧结时间，加快冷却速度等。其中比较有效的是采用微波烧结、放电等离子烧结（SPS）、燃烧合成等技术。

这些方法的共同特点是可瞬间加热到所需高温。SPS 还可借助压力驱动，使致密化加速而不使晶粒迅速长大。而燃烧合成则借助反应放热，在瞬间完成致密化。例如用微波烧结技术对 ZrO_2 纳米粉体进行烧结，最终可达 98%以上理论密度，晶粒尺度在 100～200nm。缺点是较难获得大而均匀的样品。目前 SPS 技术受到广泛注意，尽管对其机理认识还有重大分歧。图 9-9 是 SPS 装置的示意，以 Al_2O_3 陶瓷为例，在 1450℃用 SPS 烧结的材料比用常规工艺烧结的材料，强度要高出一倍以上，可达到 800MPa 以上，显微硬度 H_v＝18.5GPa。

纳米-纳米复合材料成型工艺来源于纳米固体材料的工艺，两者间存在密切的联系。

a. Si_3N_4/TiN 纳米复合材料　该体系可用高能球磨法制备复合纳米粉体。原料粉末为高纯 Si_3N_4 粉、Y_2O_3 粉、Al_2O_3 粉和 Ti 粉，按所希望的组成进行配比，然后用高能行星式球磨机在室温下球磨，得到复合粉体（在石墨模中用 SPS 系统进行烧结）。

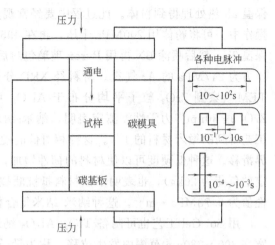

图 9-9　放电等离子体烧结（SPS）装置

分别用 SEM、XRD 和 TEM 对粉体和烧结体进行表征。烧结条件是 1300~1600℃ N_2 气氛下 30MPa 压力保持 1~5min。球磨后粉末的 XRD 表明，随着钛含量以及球磨时间增加，Ti 峰逐步消失而 TiN 峰出现，Si 的晶粒尺寸也相应下降。图 9-10 是复合材料的致密化行为。为了在 1450℃以下得到完全致密的烧结体，用含 33%（质量）的 Ti 粉在 1400℃下进行烧结，Si_3N_4 的晶粒尺寸是 20~30nm，而弥散粒子 TiN 为 50~100nm，得到纳米复合材料。TiN 作用机制还不十分清楚，可能是起钉扎作用，阻止了 Si_3N_4 晶粒的生长。对此复合材料可采用压缩负荷方法来观察其超塑性变形，并用晶粒尺寸为 $1\mu m$ 的常规 Si_3N_4 材料作比较（实验是在 1300℃、1.01kPa、N_2 气氛下进行）。图 9-11 是应力-应变曲线比较，纳米晶复合材料塑性变形达到 0.4，而常规方法得到的 Si_3N_4 几乎未发现任何塑性变形现象。

b. Al_2O_3/ZrO_2 纳米复合材料　Bhaduri 等采用自动引燃法（auto ignition）技术来合成 Al_2O_3/ZrO_2 纳米复合材料。此法又称为燃烧合成。由于氧化剂和燃料分解产物之间发生反应放热而产生高温，特别适合于氧化物生产。此外，该法特点是在反应过程中产生大量气体，体系快速冷却导致晶体成核但无晶粒生长，得到的产物是非常细的粒子及易粉碎的团聚体。该法不仅生产单相固溶体复合材料还可配备均匀复杂的复合氧化物复合材料，特别是能制备纳米-纳米复合材料。具体过程举例如下。

采用硝酸铝和硝酸锆作为氧化剂，尿素作为燃料，按 Al_2O_3-10%（体积）ZrO_2 的组成来合成。用水将它们混合成浆料置于 450~600℃炉子中，浆料溶化后点燃。整个燃烧过程可在数分钟能完成。得到的泡沫状物质经粉碎获得粉末，再在 1200℃、1300℃、1500℃下

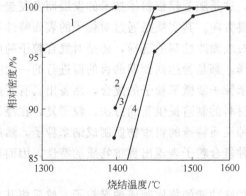

图 9-10　复合粉末的致密化行为

1—含钛 33%（质量）；2—20%；3—30%；
4—不含钛的 Si_3N_4 材料

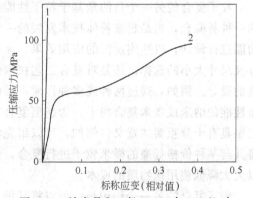

图 9-11　纳米晶和一般 Si_3N_4 在 1300℃时
压缩行为的比较

1—常规 Si_3N_4 材料；2—纳米晶的 Si_3N_4 材料

保温 2h 热处理得到粉体。此过程中要经常观察晶粒生长的情况并加以控制。复合材料成型操作中，可将粉体用 200MPa 干压，再在 495MPa 下冷等静压成素坯，预烧结是在 1200℃，保温 2h，然后喷涂 BN 再用 Pyrex 玻璃包封后进行热等静压，烧结温度为 1200℃，保温 1h，压力为 247MPa 的 Ar 气氛。材料经 XRD 分析证实，主要是 α-Al_2O_3 和 t-ZrO_2 二相共存；TEM 观察到 ZrO_2 粒子平均分布于 Al_2O_3 基体中，Al_2O_3 的晶粒尺寸平均为 35nm，而 ZrO_2 是 30nm。力学性能测定表明，纳米-纳米复合材料的平均硬度为 4.45GPa，约为普通工艺得到的微米材料的 1/4。这种相对低的硬度表明，在压痕测试负荷下细晶粒可能发生晶界滑移。这种低硬度可以使材料的韧性增加，其平均断裂韧性为 8.38MPa·$m^{1/2}$（压痕法测定的负荷为 20kg），也表明了该材料抵抗断裂的能力。用常规工艺制备同样组分的材料，韧性值为 6.73MPa·$m^{1/2}$。这种纳米-纳米复合材料的增韧机制还有待进一步探讨。

用 Sol-Gel 工艺也可制备 TiO_2/Al_2O_3 纳米复合材料。研究表明，TiO_2 的紫外光谱中带宽在 300～380nm 范围内发生位移，称为量子尺寸效应。此外，用核磁共振谱研究从 2.5% 到 25%Ti/Al 原子比之间各组成中结构没有发生明显变化。

9.4.2.2 纳米-微米复合材料

由前面所述纳米、微米粒子尤其是纳米粒子具有十分优异的特性，这些优异的特性主要是由于粒子的尺寸极小，比表面积大所致。然而，粒子尺寸极小，尤其是达到纳米量级后，单个粒子的表面能很高，表面活性很大，极不稳定，因此极易吸附其他物质或粒子，它们之间相互吸引团聚而降低其表面能和表面活性，从而使得纳米粒子的实际使用效果较差，其许多优异特性丧失。

研究发现，如果将某种物质包覆于纳米或微米粒子的外表对其进行表面改性或制成复合粒子，将两种性质不同的纳米粒子或微米粒子或纳米与微米粒子制成复合粒子，都将有效地避免单一纳米粒子的团聚问题，而且还可充分发挥纳米粒子的优异特性，提高其使用效果。这种复合粒子除了具有单一超细粒子所具有的表面效应、体积效应及量子尺寸效应外，还具有复合协同多功能效应。同时也改善了单一粒子的表面性质，增大两种或多种组分的接触面积，使其适用性更好。当将纳米粒子与微米粒子进行适当复合时，制得的复合粒子往往既具有纳米粒子的特性，而且还会使微米粒子表现出纳米粒子的特性。这会大大降低使用纳米材料的成本，提高微米材料的使用性能及附加值。而且解决了纳米粉体实用难的问题，为打开纳米材料的应用前景开辟了一种新途径。

粒子复合的另一个目的是基于粒子性能设计，这是随着超细粉体技术的发展而发展起来的一种新概念，也是超细粉体技术发展的一个重要方向。其实质是通过对粒子的表面特性及功能进行设计，以达到所需的应用效果。无论是对表面改性剂的选择，还是对复合粒子的成分及尺寸大小的选择，还是对复合工艺技术的选择，都是为达到预期的目的而进行的一项完整的设计。例如，通过两种或多种性质不同的纳米粒子或微米粒子的复合，制备出具有所需新性能的纳米或微米复合粒子，为新型复合功能材料的制造提供新的方法。粒子复合在经济上也具有十分重要的意义。例如，可以事先将某种性质特殊的贵重物质制成纳米粒子，然后将其与某种价格低廉的微米粒子进行复合，使这种复合粒子表现出贵重物质的特性，因而可以大大降低使用该物质的成本。

粒子复合的另一个作用是，可以将某种具有特殊功能的物质制成纳米粒子，然后将其与另一种普通纳米粒子或微米粒子进行复合，使该复合粒子也表现出优异的某种特殊功能，因而可以提高物质的实际使用性能。

采用粒子复合技术还可实现提高化学反应速度的目的。例如，将两种要进行化学反应的固体物质事先都制成纳米或微米粒子，然后采用粒子复合技术使这两种粒子均匀复合，提高两种物质的接触面积及结合紧密程度，当外界给予适当能量后，两种物质将立即发生化学反应，使反应速度加快。另外，诱发反应所需的温度及能量会大大降低，使反应易于进行。

（1）纳米-微米复合材料的制备

纳米-微米复合材料可细分为晶内型纳米复合材料和晶界型复合材料两大类。但是实际制备中往往两者兼而有之，很难获得单纯一种纳米粒子相处于晶内的纳米-微米复合材料，或者纳米粒子相处于晶界上的纳米-微米复合材料。其结构如图 9-12。纳米-微米陶瓷复合材料研究主要从改善力学性能角度出发，通过纳米粒子加入和均匀分散在微米粒子基体中，阻止基体粒子在烧结过程中晶粒生长，以获得具有微晶结构的致密材料，使强度、硬度、韧性等力学性能得到显著提高。此类研究的代表是日本的 Niihara，他通过改进工艺得到相应的微结构，从而使力学性能大幅度改善。

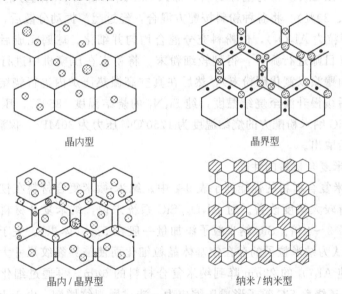

晶内型　　　　　　　　　　晶界型

晶内／晶界型　　　　　　　　纳米／纳米型

图 9-12　纳米陶瓷复合材料分类

陶瓷纳米-微米复合材料首次试制成功是用化学气相沉积（CVD）法，获得了 Si_3N_4/TiN 系统的复合材料，即接近 5nm TiN 粒子或晶须状的弥散相分布于 Si_3N_4 作为基体的微米晶粒中或处于晶界上。此法缺点是很难制备大的和复杂形状的部件，且价格贵。Niihara 等成功研究了 Al_2O_3、MgO 和莫来石 3 种基体的纳米-微米复合陶瓷材料。所选择的起始粉料应能在纳米量级内互相之间均匀分散，弥散相与基体间无反应发生，且在烧结过程中能抑制基体晶粒生长等。这些均是制备纳米-微米复合材料的基本条件。图 9-13 是一般纳米复合材料的制备工艺流程。

a. $Au(Ru)SiO_2$ 纳米-微米复合粒子　　配制一定浓度的正硅酸乙酯（TEOS）的乙醇溶液、$HAuCl_4$ 和 $RuCl_3$ 的水溶液各数十毫升，依次将氯金酸和氯化钌的水溶液加入正硅酸乙酯乙醇溶液中，并在加入的过程中不停地搅拌，随后超声分散 0.5h 以形成溶胶，然后向该溶胶中滴加数滴浓的氢氟酸水溶液再搅拌 15min 以形成凝胶。制得的凝胶在低温电炉中 60℃保温一周，使之充分干燥，以除去其中的溶剂得到干凝胶，然后高温焙烧 6h，得到包

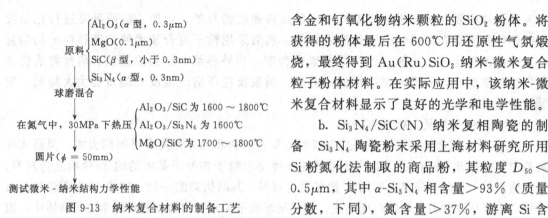

图 9-13　纳米复合材料的制备工艺

含金和钌氧化物纳米颗粒的 SiO_2 粉体。将获得的粉体最后在 600℃用还原性气氛煅烧，最终得到 $Au(Ru)SiO_2$ 纳米-微米复合粒子粉体材料。在实际应用中，该纳米-微米复合材料显示了良好的光学和电学性能。

　　b. $Si_3N_4/SiC(N)$ 纳米复相陶瓷的制备　Si_3N_4 陶瓷粉末采用上海材料研究所用 Si 粉氮化法制取的商品粉，其粒度 $D_{50} <$ 0.5μm，其中 α-Si_3N_4 相含量＞93%（质量分数，下同），氮含量＞37%，游离 Si 含量＜0.5%，其余为 β-Si_3N_4 相。烧结助剂 Y_2O_3、Al_2O_3、WC、TiC 粉的纯度为 99.9%。弥散相 SiC 纳米粉纯度＞95%，平均粒度为 200nm。

　　制备样品时，以 Si_3N_4 粉为基体材料，加入 SiC 纳米粉（不同配方的添加量分别为 0、5%、10%、15%、30%）。将各种粉料按配方混合，经过超声振动分散后，放入球磨机内加乙醇球磨 48h（磨粒为 Al_2O_3），使粉料充分混合均匀并细化。球磨完成后取出，置于烘箱内烘干，再经 100 目筛进行筛分，得到较细粉末。将粉末在压模机中进行压制（为易于脱模，需在石墨模内壁涂以氮化硼粉末），然后在真空高温热压炉内进行烧结。真空高温热压炉应先抽真空，后缓慢升温至烧结温度，纯 Si_3N_4 的烧结温度 1850℃，压力为 30MPa，保温 60min；添加 SiC 纳米粉配方的烧结温度为 1750℃，压力为 30MPa，保温 30min。烧结后的试样随炉冷却后取出。

　　(2) 纳米-微米复合材料的性能

　　有关纳米-微米复合材料的性能列于表 9-1 中。纳米-微米复合材料在韧性和强度上比原基体单相材料均有较大幅度改善。对 Al_2O_3/SiC 系统来说，纳米复合材料的强度比单相氧化铝的强度提高了 3～4 倍。SiC 纳米粒子添加量一般在 5%（体积）。关于增强机理有各种解释，Niihara 等认为纳米粒子的存在使基体晶粒细化而使临界裂纹尺寸大幅度下降，首先临界裂纹尺寸从纯 Al_2O_3 的 23μm 降到纳米复合材料的 6μm，再通过细化可进一步下降到 3μm；另一原因是环绕着 SiC 粒子形成压缩应力，造成微裂纹增韧。由于上述原因，$Al_2O_3/$ SiC 纳米-微米复合材料的强度得到大幅度改善。另外由于晶粒内存在硬 SiC 粒子，造成位错钉扎和塞积，形成亚晶界。这种 Al_2O_3 基体内的亚晶界退火后，由于 Al_2O_3 与 SiC 热膨胀失配而进一步扩展，使断裂强度再次提高。也有的研究认为，增强机理是由于加工诱导表面产生压缩应力所致，SiC 粒子的加入并不影响本体材料的韧性，但退火可能起到双重作用，既愈合表面缺陷同时又削弱了表面压缩应力。近期又提出，粒子存在使裂纹尖端桥联是纳米陶瓷复合材料的主要增强机理。

表 9-1　陶瓷纳米复合材料力学性能改进

复合体系	韧性/MPa·$m^{1/2}$	强度/MPa	最高工作温度/℃
Al_2O_3/SiC	3.5→4.8	350→1520	800→1200
Al_2O_3/Si_3N_4	3.5→4.7	350→850	800→1300
MgO/SiC	1.2→4.5	340→700	600→1400
Si_3N_4/SiC	4.5→7.5	850→1550	1200→1400

MgO/SiC 纳米复合材料的高温强度可保持到
1400℃，如图 9-14。对于非氧化物如 Si_3N_4/SiC 纳
米复合材料，发现 Si_3N_4 晶粒形貌强烈受到 SiC 粒
子弥散的影响，并取决于纳米 SiC 含量（体积分
数）。与单质 Si_3N_4 相比，在同样条件下，纳米复合
材料分布更均匀并由均质长柱状晶体构成。此外当
SiC 含量超过 25%（体积）时，随 SiC 含量增加，
Si_3N_4 柱状晶减少，而等轴、细化 Si_3N_4 晶粒得到发
展。这种晶粒形貌变化将直接影响材料的力学性
能。断裂韧性随 SiC 含量增加而改善，当 SiC 含量
是 25%（体积）时，强度和韧性达到最大值。由于
SiC 与 Si_3N_4 间由强键结合，慢裂纹（Si_3N_4 晶界相
软化造成慢裂纹）生长速度减慢，从而使该纳米-微
米复合材料的强度在 1500℃时仍达到 900MPa。

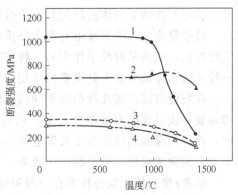

图 9-14 Al_2O_3/5%（体积）SiC 和
MgO/30%（体积）SiC 纳米复合
材料的断裂强度和温度的关系
1—Al_2O_3/SiC；2—MgO/SiC；
3—Al_2O_3；4—MgO

Stearn 等还从不同工艺与显微结构变化来研究 Al_2O_3/SiC 纳米复合材料，用 0.15μm 的
SiC 细粉以常规工艺和无压烧结技术达到致密和均匀微结构。SiC 粒子强烈抑制了 Al_2O_3 晶
粒的生长。此外结构均匀性还与选用分散剂有关，例如用甲醇比用乙烷好。对 Al_2O_3 块体
材料和复合材料在长时间高温下退火与晶粒生长的关系比较表明，即使在 1700℃、N_2 气流
下退火 24h，复合材料仍能保持晶粒尺寸不变（约 4.5μm），而强度从 Al_2O_3 块体的
560MPa 增加到复合材料的 760MPa（四点弯曲），经 1300℃ 2h 热处理，样品强度增加
到 1000MPa。

Ohji 等研究了 Al_2O_3/SiC 纳米复合材料的界面与抗蠕变性能。对纯的多晶 Al_2O_3 来说，
在 1200℃左右出现蠕变变形，主要是由于晶界扩散造成晶界滑移。而当 SiC 粒子存在于晶
粒间，将对晶界扩散产生明显阻碍作用。SiC 与 Al_2O_3 间的界面结合强度远高于 Al_2O_3 与
Al_2O_3 间界面强度，也起到阻止在界面上空位成核并使空位消失在界面上。由于这种机理使
纳米-微米复合材料的抗蠕变性能明显改善。

（3）纳米-微米复合材料的作用

多种纳米-微米粒子的复合在催化领域具有十分重要的意义。将参与化学反应的物质及
催化剂事先制成纳米或微米粒子（催化剂最好事先制成粒径更小的纳米粒子），然后将这些
纳米-微米粒子进行均匀复合，使反应物粒子与催化剂粒子均匀紧密结合，这样使催化剂与
反应物的接触面积增大，而且作用均匀。因此，催化效果好，化学反应速度将大大提高，反
应均匀，稳定性也会大大提高。同时还可以减少催化剂的用量并降低反应温度，从而可降低
生产成本。

在结构材料领域，纳米/微米粒子的复合也具有重要的意义。为了提高结构材料的性能，
通常希望采用纳米粒子制备高性能的结构材料。结构材料通常性能要求复杂，最有效的途径
是将性能不同的多种纳米粒子事先进行复合，然后再将这种复合纳米粒子进行模压烧结。采
用这种方法制备出的结构材料性能特别优异，可制备出强度极佳的装甲防护板。

粒子复合对提高纳米/微米粒子粉体的加工性能有十分重要的意义。众所周知，对单一
的纳米粉体进行深加工往往工艺上十分困难，因此大大限制了其实用性。如果将两种或多种
纳米粒子或微米粒子进行复合制成复合超细粒子后再进行深加工，其工艺性将往往十分优

异。这对开拓纳米粉体的应用具有十分重要的意义。

粒子复合在医学领域也有着十分重要的意义，将几种性质不同的纳米或微米药粒复合或微胶囊化，或将某种粒子作为另一种药物的载体，对提高药物疗效，提高利用率，或提高病理检查效果等都有着十分重要的作用和意义。

在农业方面。将几种肥效不同或基因不同的物质事先制成纳米或微米粒子，然后将它们均匀复合成复合纳米或微米粒子，然后将其包裹于种子外表作为种衣剂，或作为基因调节剂，或作为保温剂或作为生长促进剂等，以上作用效果将远优于单一成分或多种成分但事先不复合的微米或纳米粒子的作用效果，而且使用量还可以大大减少。

纳米/微米粒子复合技术在中药领域的作用显得更加突出。众所周知，中药往往是由多种成分组成，传统的服用方法是将中药饮片煎煮服用，使用极不方便。在中药现代化过程中，超细技术已进入中药领域，中药经超细化后服用十分方便。由于中药是由多种成分组成，研究发现，将各种单一成分中药材事先超细化后，再经简单混合后服用或外用，其效果较差。而将配方中全部中药成分同时超细化并制成均匀的微米或纳米复合粒子后再服用或外用，其效果十分显著，而且中药材的使用量还可大大减少。这对方便中药的使用，提高疗效，节约中药材资源都十分有利。

从以上论述可以看出，纳米/微米粒子复合技术在国民经济各领域都有着十分重要的作用和意义。

9.4.3 纳米层状材料

9.4.3.1 层状化合物

层状化合物的结构具有特殊性，其本身是一种特殊的纳米结构，同时又可作为制备无机-无机、无机-有机纳米复合材料的母体材料。

(1) 层状化合物的结构特点

层状化合物是一类具有层状主体结构的化合物，如无机硅酸盐、磷酸盐、钛酸盐、层状双亲氧化物、石墨、双硫属化物、V_2O_5、MoO_3 等。其层间距一般为几个纳米，处于分子水平；另外层状化合物是由某种特定的结构单元通过共用角、边、面堆积而成的空间网状结构，相对比较稳定，层间存在可移动的离子或中性分子，用以补偿电荷平衡。基于层状化合物的这一结构特点，使其具有两个特殊的性质：①层间离子的可交换性（不改变层的主体结构）；②交换后的产物具有较高的稳定性。层间离子可以被交换而不破坏层板的基本结构，这是合成一系列层状化合物衍生物的前提基础，也为层状化合物的合成及应用研究提供了重要途径。近来，人们集中研究利用层状化合物制备纳米复合材料及其衍生物，制备和研究层状化合物及其有关性质已成为纳米材料学科中的新焦点。

(2) 层状化合物的类型

划分层状化合物类型的方法很多，一般以层状主体是否带电来区分。

a. 阳离子型层状化合物　指层状化合物的片层是由带负电的结构单元通过共用边、角、面形成层状框架或网络。片层是带负电的，其电荷的补偿是通过层间可移动的阳离子或中性分子来实现。这类无机化合物主要有无机磷酸盐、硅酸盐、钛酸盐以及过渡金属混合氧化物等。由于此类化合物具有独特的光学、电学等优异性质，因而，目前关于此类层状化合物的研究比较多，这里主要介绍此类化合物的改性方法及其应用。

b. 阴离子型层状化合物　即层状主体构架是带正电的结构单元组成，层间可自由移动的是阴离子或中性分子，用来补偿电荷平衡。具有代表性的是水滑石类阴离子，如层状双亲氧化物（LDHS）。

c. 中性层状化合物　即层状主体结构是电中性的。这类化合物研究较多的是石墨、层状双硫属化物、MoO_3、V_2O_5 等。

（3）层状化合物及其衍生物的制备方法

关于层状化合物的制备方法很多，而常用的主要有：固相反应法，溶胶-凝胶法，有机物前驱体法等。

a. 固相反应法　固相反应为固体与固体之间的反应。固相反应机理为在接触面形成产物，然后产物由接触面向内部扩散，至反应完全。由此，取粒径小的原料进行反应，由于扩散快，单位时间内形成的晶核多，易形成纳米尺寸的层状化合物。

b. 溶胶-凝胶法　一般以有机金属醇盐为原料，通过水解、聚合、干燥等过程得到固体的前驱物，最后经过适当热处理即可制得纳米级层状材料。

c. 有机物前驱体法　有机物前驱体法是一类重要的纳米化合物合成方法。其原理是采用易通过热分解驱除的多齿配合物，如柠檬酸、EDTA、聚乙二醇（PEG）、淀粉、聚乙烯、吡咯烷酮（PVP）等为分散剂。由于分子链上有较多的配位反应活性点，使配体与金属间产生较强的相互作用，通过配合物与不同金属离子的配合作用得到高度分散的复合前驱体；另外，由于大分子链的机械阻隔作用，可以进一步减轻偏析现象的发生，在热分解生产纳米晶的过程中还可以防止纳米晶的团聚。最后再通过热分解的方法去除有机配体得到纳米化合物。

硬脂酸是一种双亲性的有机酸，端基的羧基几乎可与所有的金属发生较强的配位作用；硬脂酸的熔点较低（约 70℃），本身可以用做各种金属盐的溶剂。将金属氧化物、氢氧化物、硝酸盐或有机羧酸盐等溶于熔融的硬脂酸中，硬脂酸兼有配位剂和分散剂的双重作用，金属离子在液相可以达到高度均匀稳定的混合。由于合成过程中不需水的参与，从而防止了金属离子的水解沉淀现象，大大拓展了该方法的应用范围。利用硬脂酸法可制备出一系列纳米复合氧化物及 5～100nm 范围内调控的层状钛酸盐。除上述几种制备方法外，还有微乳液法、共沉淀法、物理粉碎法等。

（4）层状化合物的改性方法

蒙脱土、水滑石等天然黏土在水中具有自发溶涨性，层间距较大，可以直接将目标基团引入层间，经焙烧即可制得无机氧化物柱撑的层状黏土。而过渡金属氧化物，在水中无溶涨性，或溶涨性很小，因而改性过程相对困难且复杂。将层状化合物进行改性常需要几步才能完成，一般来说，分为以下几步（如图 9-15 所示）。

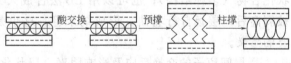

图 9-15　层状化合物改性步骤示意

a. 酸交换（常用 HCl），形成 H 形化合物　这是因为多数层状化合物都不能直接进行离子交换反应，或是交换量小且速度慢，酸交换后能有效地解决这些问题。

b. 预撑（常用烷基胺先将层间距撑"开"）　烷基胺进入层间能参与形成氢键网络，形成永久性的孔结构而使层间距增大，因此烷基胺被认为是首选的柱撑剂；另外，烷基胺的嵌入能使主体晶格由亲水型向疏水型转变，进而改变客体的类型。嵌入反应中，层间距的变化与所选的烷基胺链长有关，链长越长，预撑产物的层间距越大，有利于柱撑过程的实现，并可提高层间柱撑量；同时烷基胺嵌入的方法不同，对嵌入产物的结构也有影响。图 9-16 为

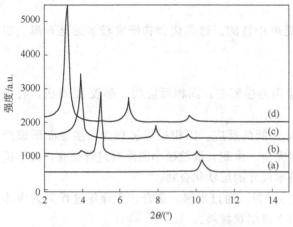

图 9-16 KTiNbO₅ 与 (a) 为正丙胺浸渍 3d,
(b)、(c)、(d) 为 KTiNbO₅ 分别与正丙胺、
己胺、正辛胺回流 24h 的 XRD 谱图

在实验中得到的用同种方法不同链长的烷基胺以及不同方法相同烷基胺（丙胺）与 KTiNbO₅ 反应的 XRD 谱图。比较 (a)、(b) 曲线可以看出，对于同种烷基胺的嵌入，用回流法比恒温浸渍法所得产物的结晶度高，烷基胺嵌入量大，层间距大；比较 (b)、(c)、(d) 曲线可以看出，用同种嵌入方法，烷基胺碳链越长，嵌入产物的层间距越大。其他的层状化合物也有类似的现象。

c. 柱撑 将目标基团（客体）引入层间，形成稳定的多孔状结构，继而进行热处理，由此可以制得许多热稳定性高、催化效果好的纳米复合材料。如在层状 $H_2Ti_4O_9$ 体系中，将 Keggin 离子引入层间后，再高温焙烧，即可在层间形成多孔性、比表面大大提高的 Al_2O_3-TiO_2 结构；将偶联剂 KH550 引入层间后，高温焙烧，在层间形成多孔性 SiO_2-TiO_2 结构；另外，用此方法将 TiO_2、ZrO_2、Cr_2O_3、SnO_2、CdS、ZnS 等半导体材料引入层间，可提高其光催化性能。在 $H_2Ti_3O_7$、$HTiNbO_5$、$H_2La_2Ti_3O_{10}$、$HLaNb_2O_7$、$HCa_2Nb_3O_{10}$、$H_2Fe_{0.8}Ti_{1.2}O_4$ 等体系中，用柱撑方法已经制备了多种复合材料。由于此类材料具有较好的热稳定性以及优异的光学性能，在催化领域中备受青睐，已成为人们的研究热点之一。

目前，国内外的研究集中在柱撑或剥离。剥离是层间离子交换或嵌入反应的特殊状态。随着离子交换反应的进行，层间距随着层内离子/分子尺寸的变化而变化，当层间距增大到一定程度，层间的相互作用力逐渐减弱直至完全消失，此时层状化合物以单片层的形式存在，即为剥离状态。其特征是在 TEM 下，可见很薄的单层结构；其特征是悬浮液难离心，上层清液为半透明胶体，很稳定，放置几个月仍能不沉淀；下面的粉体在 TEM 下观察，透明度比未剥离前高，为很薄的单片层。一般来说，多用含有支链多的季铵盐（如四甲基溴化胺）作剥离剂。剥离后可能出现的结果是：层自组装，形成新的层状化合物（多种结构）；也可以用 LB 法合成人工多层膜。还有一种可能是，层状化合物被剥离后，层板自行卷曲，形成纳米管，这也是一个重要的方向，在电子工业上具有重要的意义。

d. 层间离子的交换反应及影响因素 层状化合物的改性一般都是利用层间离子的交换性。几乎所有带电荷的层状主体都可以进行离子交换反应，广泛用于带电荷层状化合物衍生物的制备。用此方法可将有机大分子或聚阳离子，包括生物分子引入层间；也适用于一些有机配合物阳离子或过渡金属、稀有金属的水合离子。

离子交换反应遵循质量守恒原理，但对离子交换过程的理论研究比较困难。因为交换过程中，离子在固体表面存在扩散效应，离子会吸附在固体外表面，因而在表面形成双电层；另外，离子交换量也不仅仅是由层间可交换的离子决定的，还与层板结构有关。

影响离子交换反应的因素主要有交换离子的种类及浓度，层状主体自身的性质。①离子的价态越高，取代能力越强，则其处于层间时越难进行离子交换反应；对同一价态的离子，尺寸越大，取代能力强，即极化能力强，难交换。②离子浓度太高，易在表面吸附；若太低，交换不完全。③层状主体粒径小，比表面积大，电荷密度低，层间相互作用力弱，有利于离子交换。④离子尺寸和层状结构的几何匹配性也是决定取代能力的主要因素。只有尺寸匹配的交换反应才能进行完全，产物才能稳定存在。⑤离子交换速率因固体的种类、阴阳离子的性质和浓度不同而不同。

总之，层间离子交换反应的影响因素是多方面的，要得到交换完全的产物，需综合各方面的因素，才能制备出期望的层状衍生物。

(5) 层状纳米化合物的应用前景

由于层状化合物特有的结构和性质，使其在纳米材料化学中占有重要的地位，它在吸附、传导、分离和催化领域具有广阔的应用前景。

① 嵌入到无机层状结构中的有机分子碳化后形成具有特殊结构和物理性能的新型碳材料。

② 用于制作增强增韧材料，分子水平的复合赋予纳米复合材料比常规复合材料更优异的性能，可作为聚合物基超韧高强材料。

③ 用做半导体和导电材料，在许多层状无机化合物的层间嵌入导电聚合物，可制得电子导电、离子导电或两者兼有的纳米复合材料。因在层状坑道中排列整齐，所得的导电聚合物结构规整，各向异性，在电子、光学和电化学等方面显示出新的特性。

④ 用做催化性和吸附性材料，随着柱撑过程的实现，形成了一系列稳定的多孔状化合物；同时，粒径减小，都有利于提高化合物的比表面。这样，反应接触点增多，无疑会提高其催化和吸附性能。

⑤ 高效太阳能转换材料和环境友好材料是 21 世纪材料的研究重点之一，光催化纳米材料作为纳米材料的重要分支，日益受到人们的广泛关注。将具有光催化活性的半导体超细颗粒以及有助于提高光催化活性的材料柱撑到层状化合物中，构筑出纳米复合材料，这样有助于光生电子和空穴的有效分离，提高光催化效率。这在光解水等清洁能源领域具有重要的意义。

随着制备技术的不断成熟，人们已方便地制备出一系列不同粒径和组成以及不同结构的各种类型的纳米复合材料，这为纳米材料的微观结构控制及其应用提供了坚实的基础。

9.4.3.2 聚合物-无机层状氧化物纳米复合材料

聚合物-无机层状氧化物纳米复合材料的研究始于 20 世纪 70 年代，但在近十几年才发展起来。它有别于传统的复合材料，是异质、异相、不同有序列的材料在纳米尺度上的设计和复合，从而呈现出许多新的结构和性能，为研制高性能的新材料和现有材料性能的改善开辟了一条新的途径，并成为世纪之交材料科学中最为活跃的研究领域之一。

具有层状结构的无机氧化物 V_2O_5、MoO_3 中，层内存在强烈的共价键作用，层间则是一种弱的相互作用力。由于这些氧化物具有较强的氧化性，能与多种聚合物发生氧化-还原反应，从而使其能克服层间弱的相互作用，进而将聚合物嵌入层间。聚合物嵌入层间后，既改变了聚合物的结构状态，即聚合物分子受限于主体层间而在一定程度上呈现不规整排列，降低了其结晶度，保持高度的无定形态；又改变了无机氧化物层间结构状态，即层间由于聚合物的嵌入而被撑开，进而导致层间距的增大等。同时聚合物和无机氧化物在分子水平上的相互作用而展示出的协同效应，使材料在电学、电化学和光学等方面呈现新的特性，能够作为新型的电致变色材料和电极材料而得到广泛应用。本节以 V_2O_5、MoO_3 为基础，综述了聚合物-无机层状氧化物纳米复合材料的制备方法、结构与性能特征及其在电致变色材料和阴极材料中的主要应用。

(1) 聚合物-无机层状氧化物纳米复合材料的制备方法

目前，合成聚合物-无机层状氧化物纳米复合材料的方法主要有以下 4 种。

① 聚合物单体嵌入到无机氧化物夹层中，在外加驱动力作用下聚合。

这类复合材料的合成，通常是采取单体嵌入到无机物夹层中，然后在外加作用剂如氧化剂、光、热引发剂或电子作用下使其聚合。如苯胺、吡咯、呋喃、噻吩等单体很容易嵌入到无机氧化物夹层中。Nazar 等人在 V_2O_5、MoO_3 等氧化物中加入 PPV、PA、PTH、PPY 等导电聚合物的单体，通过引发聚合物单体聚合的方法，制备了聚合物-无机层状氧化物纳米复合体系，发现其材料的常温电导率达到 $10^{-1}/(\Omega \cdot cm)$。但此法制备过程复杂，不易控制，后续加工困难。因此限制了此方法的应用。

② 主体材料强有力的氧化还原性使嵌入与聚合原位同步发生。

V_2O_5、MoO_3 等具有氧化性的层状无机物一旦和吡咯、噻吩、苯胺等单体混合，由于主客体之间存在氧化还原作用，单体很容易被嵌入到无机物夹层中，同时无机物的氧化作用使这些单体在夹层间原位聚合。

③ 聚合物熔体直接嵌入到无机氧化物夹层中。

熔融插层复合法是把聚合物和无机物充分混合后加热到聚合物的玻璃化温度 (T_g) 或熔点 (T_m) 以上，通过聚合物分子的扩散而插入到无机物片层中间，形成纳米复合材料。这种方法不需要任何溶剂。一方面克服了寻找合适的单体及溶剂的限制，另一方面避免了因使用大量有机溶剂而带来的污染问题。肖泳等人利用此法成功制备 PEO/Li_xMoO_3 纳米复合材料，并通过测定发现了 PEO 大分子在熔融状态下插入到 Li_xMoO_3 片层中，使其层间距增大了 0.77nm。同时 PEO 大分子的插层使其结晶性能受到了限制。

④ 聚合物溶液直接嵌入无机层状氧化物。

聚合物溶液插层是聚合物大分子链在溶液中借助溶剂的作用而插层进入到无机物层间。它可分为两个步骤：溶剂分子插层和聚合物分子对插层溶剂分子的置换。对于溶剂分子的插层过程，部分溶剂分子从自由状态变为层间受约束状态，熵变 $\Delta S < 0$，所以无机层状化合物的溶剂化热 ΔH_1 是决定溶剂分子插层成败的关键，若 $\Delta H_1 < T \Delta S_1 < 0$ 成立，则溶剂分子插层可自发进行。在聚合物分子对插层溶剂分子的置换过程中，由于聚合物分子链受限损失的构象熵小于溶剂分子解约束获得的熵，所以熵变 $\Delta S_2 > 0$，只有满足放热过程 $\Delta H_2 < 0$ 或吸热过程 $0 < \Delta H < T \Delta S_2$ 这两种条件之一，聚合物分子插层才会自发进行。柯满竹等利用此法成功合成了 $(PEO)_x V_2O_5 \cdot nH_2O (x=0, 0.5, 1, 2)$ 和 $(PEO)_x MoO_3 \cdot nH_2O (x=0, 0.5, 1, 2)$，并通过现代测试手段对其结构与性能进行了研究。

(2) 聚合物-无机层状氧化物纳米复合材料的结构与性能特征

聚合物-无机层状氧化物体系中新性能的产生，取决于层间结构的变化，其中最为重要的是：嵌入层间的聚合物与金属氧化物形成异质异相界面，在此界面上产生的电荷转移是材料电学、光学特性改变的直接原因。所以研究聚合物-无机层状氧化物界面结构的特征，揭示其界面行为的本质，是认识和利用此类材料中新的电学、光学性能的关键。

a. 结构研究　利用 XRD、TEM、IR 和 XPS 等对制得的聚合物-无机层状氧化物纳米复合材料进行测试分析，发现它仍然为层状结构，且层间距扩大，聚合物在层间以非晶态存

在，复合材料表面均匀，无裂纹和孔洞。对
PEO-V$_2$O$_5$ 纳米复合薄膜的研究就有力地说
明了这一点。当 PEO 嵌入到 V$_2$O$_5$ 层间，随
着 PEO 的嵌入，C 轴方向的层间距 $d_{(001)}$ 显
著增大，由 $x=0$ 时的 1.1154nm 增大到 $x=$
2 时的 1.4246nm，如图 9-17。

当 PEO 掺入量为 0.5mol 时，PEO 嵌入
到 V$_2$O$_5$ 层间较完全。IR 光谱分析表明，当
PEO 嵌入 V$_2$O$_5$ 层间时：v_s（V—O—V）和
v_{as}（V—O—V）向高频方向移动，而 v（V=
O）向低频方向移动，这说明 PEO 嵌入
V$_2$O$_5$ 干凝胶层间时，在聚合物和无机物层的
界面上 PEO 除了与 V$_2$O$_5$ 层产生某种作用
外，还与 V=O 双键产生 V=O⋯H 氢键作

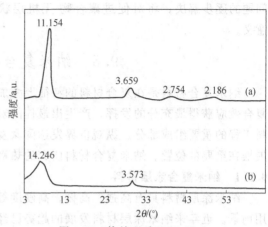

图 9-17　热处理后 PEO-V$_2$O$_5$
复合薄膜的 XRD 图谱
(a) V$_2$O$_5$·nH$_2$O；(b) (PEO)$_2$V$_2$O$_5$·nH$_2$O

用。XPS 分析表明，PEO 和 Li$^+$ 的嵌入对 V$_2$O$_5$ 干凝胶中 V 元素状态的影响很大，有部分
V^{5+} 离子变价为 V^{4+}、V^{3+} 离子，而 PEO 又与 Li$^+$ 离子产生络合作用。这些均有效屏蔽了
V$_2$O$_5$ 层对 Li$^+$ 的静电作用。对 PEO-MoO$_3$ 体系的分析也得出类似的结果。

b. 性能与应用　V$_2$O$_5$、MoO$_3$ 作为一种层状氧化物，其层间可以嵌入 Li$^+$ 离子等半径
小的阳离子。在外电场的作用下，这些离子作定向迁移，从而显示出离子导电性。与此同
时，层内 V^{5+}/V^{4+} 以及 Mo^{6+}/Mo^{5+} 离子对的存在，使电子在外电场作用作定向迁移，从而
显示出电子导电性。

实验表明，聚合物 PEO 的嵌入使 V$_2$O$_5$、MoO$_3$ 干凝胶薄膜的电学、电化学和光学性能
发生很大的变化。导电性的变化是由于 V$_2$O$_5$、MoO$_3$ 对 PEO 的氧化，形成 V^{5+}/V^{4+}、
Mo^{6+}/Mo^{5+} 异价金属离子对，它提高了薄膜的直流电导率；PEO 的嵌入有效屏蔽了 V$_2$O$_5$、
MoO$_3$ 层对 Li$^+$ 离子的静电作用，从而提高了 Li$^+$ 离子的嵌入/脱出的循环可逆性和稳定性。
同时 PEO 的嵌入提高了 V$_2$O$_5$、MoO$_3$ 薄膜在可见光区和近红外区域的透射率并调制了薄膜
的电致变色范围，从而提高了薄膜的电致变色效率，改善了薄膜的电致变色性能。薄膜电致
变色性能来源于 Li$^+$ 离子、电子的同时注入形成 A 和 B 两种不同的晶格位置以及电子被定
域化在某个晶格位置而产生的小极化子，小极化子在不同的晶格位置的跃迁导致小极化子的
吸收。小极化子在不同晶格位置的跃迁可表示为

$$h\nu + V^{5+}(A) + V^{4+}(B) \longrightarrow V^{4+}(A) + V^{5+}(B)$$
$$h\nu + Mo^{5+}(A) + Mo^{6+}(B) \longrightarrow Mo^{6+}(A) + Mo^{5+}(B)$$

由于 PEO-V$_2$O$_5$ 和 PEO-MoO$_3$ 复合体系具有优良的电学、电化学、光学性能，故其
具有作为电致变色材料、阴极材料和固体电解质材料的广阔应用前景。另外，Fritz 等人
发现 PSPAN-V$_2$O$_5$ 纳米复合材料具有高容量、好的可逆循环性和稳定性，是一种很好的
Li$^+$ 离子二次电池阴极材料。Lira 等人也发现 PAN/V$_2$O$_5$ 是一种高容量的二次锂电池的阴
极材料。

（3）展望

聚合物-无机层状氧化物纳米复合材料的研究已取得较大进展，它们的进一步研究和发
展将使材料和产品的生产方式以及它们可达到的性能的范围发生彻底变革。此研究领域前沿

问题的逐步解决，将对促进聚合物-无机层状氧化物纳米复合材料的工业化应用具有重大意义。

9.5 纳米复合材料的应用前景

纳米复合材料是在复合材料的特征上叠加了纳米材料的优点，使材料的可变结构参数及复合效应获得最充分的发挥，产生出最佳的宏观性能。纳米复合材料的发展已经成为纳米材料工程的重要组成部分。纵观世界发达国家发展新材料的战略，他们都把纳米复合材料的发展摆在重要的位置。纳米复合材料研究的热潮已经形成。

9.5.1 纳米复合涂层材料

纳米涂层材料具有高强、高韧、高硬度等特性，在材料表面防护和改性上有着广阔的应用前景。近年来纳米涂层材料发展的趋势已经由单一的纳米涂层材料向纳米复合涂层材料发展。例如，日本的仲幸男、牧村铁雄等研究了包覆处理过的 MoVNi 粉体的低压等离子喷涂膜，试验表明粒子复合技术提高了喷涂膜的致密度和结构的均匀性，使得喷涂层与基体间的亲和力、抗热震性能大大提高。由此制备的涂层工具材料的耐磨、耐高温等性能大大提高。还有人用真空等离子喷涂制备了 WC-Co 纳米涂层，在其涂层组织中，可以观察到纳米颗粒散布于非晶态富 Co 中，结合良好，涂层显微硬度明显增大。美国纳米材料公司用等离子喷涂的方法获得纳米结构的 Al_2O_3/TiO_2 涂层，其致密度达 $95\%\sim98\%$，结合强度比商用粉末涂层提高 $2\sim3$ 倍，抗磨粒磨损能力提高 2 倍，抗弯模量提高 $2\sim3$ 倍，表明纳米复合材料涂层具有良好的性能。

9.5.2 高韧性、高强度的纳米复合陶瓷材料

采用纳米尺度的碳化物、氧化物、氮化物等弥散到陶瓷基体中可以大幅度改善陶瓷材料的韧性和强度。德国斯图加特金属研究所成功地制备了 Si_3N_4/SiC 纳米复合材料，这种材料具有高强、高韧和优良的热稳定性及化学稳定性。Niihara 将纳米 SiC 弥散到莫来石基体中，大大提高了材料的力学性能，使材料断裂强度高达 1.5GPa，断裂韧性达 $7.5MPa \cdot m^{1/2}$。这些高性能的纳米陶瓷复合材料将在结构材料领域得到广泛的应用，如已有人制备出纳米陶瓷颗粒增强的 Si_3N_4 陶瓷复合材料具有优异的力学性能，并被制作陶瓷刀具。

9.5.3 纳米隐身材料

隐身技术也称为目标特征信号控制技术，它的技术途径有 2 种：一是由外形设计隐身；二是应用吸波材料隐身。纳米复合材料是新一代吸波材料，它具有频带宽、兼容性好、质量小及厚度薄的优点。美国最近开发出含有一种称为"超黑粉"的纳米复合材料，它的雷达波吸收率高达 99%。

9.5.4 光学材料

纳米材料的发光为设计新的发光体系、发展新型发光材料提出了一个新的思路，纳米复合很有可能为开拓新型发光材料提供一个途径。Colvin 等利用纳米 CdSe 聚亚苯基乙烯（PPV）制得一种发光装置，随着纳米颗粒大小的改变，此装置发光的颜色可以在红色到黄色之间变化。

9.5.5 用于化妆品工业的纳米复合材料

利用纳米粒子复合技术，将滑石、云母、高岭土、TiO_2 等包覆于化妆品基体上，不仅降低了化妆品的生产成本，而且使得化妆品具有良好的润湿性、延展性、吸汗油性及抗紫外线辐射等性能。

9.5.6 用于医药工业的纳米复合材料

利用纳米粒子复合技术可开发出新型的药物缓冲剂，例如对母粒子实行表面包覆，母粒子可减小到 $0.5\mu m$，缓释效果大大提高。

综上所述，纳米复合材料同时综合了纳米材料和复合材料的优点，展现了极广阔的应用前景。

第 10 章 材料复合新技术

10.1 概　述

众所周知，任何材料所表现出的性质除组成之外，特别依赖于它们的组织结构。这种结构包括原子、分子水平的微观结构，包括纳米、亚微米级别的亚微观结构，包括晶粒、基体的显微结构，还包括肉眼可视的宏观结构。与其他材料相比，复合材料的物相之间有更加明显呈规律变化的几何排列与空间织构属性。因此，复合材料具有更加广泛的结构可设计性，与之相应，其结构形成过程和结构控制方法也更加复杂。要得到所需性能和与之相应的组织结构的复合材料，复合手段和制备技术的创新与发展至关重要。从某种意义上讲，这种制备新技术的发展水平在很大程度上制约着复合材料的功能发挥，同时制约着复合材料在更广阔领域、更关键场合的应用。换言之，没有先进的制备技术，新型复合材料的出现将是很困难的。近年来，复合材料制备新技术的发展很迅速。这些新技术有的是从传统技术上发展起来的，有的是源于新概念、新思路。尽管它们从不同原理出发，但都各具特色，在新一代复合材料的制备中起着重要作用。例如，以在材料合成过程中于基体中产生弥散相且与母体有良好相容性为特点的原位（in-situ）复合技术；以自放热、纯净和高活性、亚稳结构产物为特点的自蔓延复合技术（self-propagating synthesis）；以组分、结构及性能渐变为特点的梯度复合技术；以携带电荷基体通过交替的静电引力来形成层状高密度、纳米级均匀分散材料为特点的分子自组装技术等。

合成复合材料最主要的方法是烧结法。可用烧结法制备的材料有陶瓷、金属以及它们的复合材料。烧结是指坯料在表面能减少的推动力下通过扩散、晶粒长大、气孔和晶界逐渐减少而致密化的过程。常用的烧结方法有：普通烧结、热致密化烧结、反应烧结、微波烧结以及等离子烧结等。

制备陶瓷基复合材料的方法除烧结法外，还有熔体渗透、化学气相渗透、有机聚合物浸渍等。而制备金属基复合材料常用的方法除烧结法外，还有：挤压铸造法、共喷沉积法、液态金属浸渗法、液态金属搅拌法。

除以上制备复合材料的方法外，近些年还发展了一些新技术，如：原位复合技术、自蔓延高温合成（SHS）、金属直接氧化技术、梯度复合技术及分子自组装技术等。常用的复合材料的制备方法已在前面介绍过，这里不再重复，在这里主要介绍近年发展的新技术。

10.2　原位复合技术

10.2.1　原位复合的基本概念

原位复合源于原位结晶和原位聚合的概念。材料中的第二相或复合材料中的增强相生成于材料的形成过程中，即不是在材料制备之前就有，而是在材料制备过程中原位就地产生。原位生成的可以是金属、陶瓷或高分子等物相，它们能以颗粒、晶须、晶板或纤维等显微组织形式存在于基体中。原位复合的原理是：根据材料设计的要求选择适当的反应剂（气相、液相或固相），在适合的温度下借助于基材之间的物理化学反应，原位生成分布均匀的第二相（或称增强相）。

由于这些原位生成的第二相与基体间的界面无杂质污染，两者之间有理想的原位匹配，能显著改善材料中两相界面的结合状况，使材料具有优良的热力学稳定性；其次，原位复合还能够实现材料的特殊显微结构设计并获得特殊性能，同时避免因传统工艺制备材料时可能遇到的第二相分散不均匀、界面结合不牢固、因化学反应使组成物相丧失以及像烧结法形成的降低材料高温性能的晶界玻璃相等问题。原位复合技术主要包括金属基复合材料原位复合技术、陶瓷基复合材料原位复合技术及聚合物基复合材料原位复合技术。

10.2.2　金属基复合材料原位复合技术

（1）固相反应法

固相反应自生增强物复合法的基本原理是把预期构成增强相（一般为金属化合物）的两种组分（元素）粉末与基体金属粉末均匀混合，然后加热到基体熔点以上温度，当达到两种元素反应温度时，两元素发生放热反应，温度迅速升高，并在基体金属熔液中生成陶瓷或金属间化合物的颗粒增强物，颗粒分布均匀，颗粒与基体金属的界面干净，结合力强。该工艺的实质是以金属熔体为介质，通过组元间的扩散反应生成金属间化合物或陶瓷粒子均匀分布于金属基体中。反应生成的增强相含量可以通过加入反应元素的多少来控制。这种固相反应自生成增强物法可以用来制备硼化物、碳化物、氮化物等增强颗粒增强的铝、铁、铜、镍、钛以及金属间化合物基等金属基复合材料，但主要用来制备 NiAl、TiAl 等高温金属间化合物基复合材料，已成功地制备出 $TiB_2/NiAl$、$TiB_2/TiAl$、$SiC/MoSi_2$ 等金属间化合物基复合材料。

该技术具有很多优点：①增强相的种类多，包括硼化物、碳化物、硅化物；②增强相粒子的体积百分比可以通过控制反应剂的比例和含量加以控制；③增强相粒子的大小可以通过调节加热温度控制，据报道，生成的粒子粒径在 $0.1\sim2\mu m$ 之间，明显小于其他铸造态和粉末冶金复合材料中的增强相粒子的粒径；④可以制备各种金属基复合材料和金属间化合物基复合材料；⑤由于反应是在熔融状态下进行的，可以进一步近终形成型。

（2）液-固相反应法

液-固相反应自生增强物法的基本原理是在基体金属熔液中加入能反应生成预期增强颗粒的固态元素或化合物，在熔融的基体合金中，在一定的温度下反应，生成细小、弥散、稳定的陶瓷或金属间化合物的颗粒增强物，形成自生增强金属基复合材料。例如在钛熔液中加入 C 元素，与钛液中的钛反应，生成细小、弥散的 TiC 颗粒，形成 TiC/Ti 复合材料。

液-固相反应自生增强物法是一种新发展起来的方法，适用于铝基、镁基、铁基等复合材料。

由于是在基体熔体中反应自生增强物，增强物与基体金属界面干净，结合良好，增强物的性质稳定，增强颗粒大小、数量与工艺过程、反应元素加入量等有密切关系。

（3）气-液反应法

气-液反应法原理是将含有反应元素或本身就是反应元素的气体通入到高温金属熔体中，利用气体本身或气体中分解的元素与金属熔体发生反应生成陶瓷粒子对金属基体进行增强。使用的气体可以是由参加反应的气体和惰性载气组成。该技术可以利用气体中含有碳、氮或氧，通入金属熔体后，形成碳化物、氮化物或氧化物。比如用 Ar 和 CH_4 通入到钛合金熔体中，发生反应生成细小的 TiC 颗粒均匀分布于钛合金基体中。该工艺的反应原理可由以下方程说明

$$CH_4 \longrightarrow [C] + 2H_2(g)$$
$$M—X + [C] \longrightarrow M + XC(s)$$

式中，M、X 分别表示金属基体的不反应部分和可反应部分。

在该技术中使用的载体惰性气体一般为 Ar，含碳气体一般用 CH_4，也可以采用 C_2H_6 或 CCl_4 等；含氮气体一般采用 N_2 或 NH_3；含氧气体可以用空气或直接用氧气。不同的气体需要不同的分解温度，但都能在 $1200 \sim 1400℃$ 充分分解。使用气-液反应技术可以制备 Al、Cu、Ni 基复合材料以及 Al_3Ti、NiTi 等金属间化合物复合材料。增强相粒子除了 TiC、TiN 外，还可以生成 SiC、AlN、Al_2O_3 以及其他过渡金属的化合物。目前用此技术已成功地制备出了 Al/AlN、Al/Al_2O_3、Al/TiN、$Al-Si/SiC$、Cu/TiC、Ni/TiC 以及 Al/HfC、TaC、NbC 的金属基复合材料。

该技术的优点是：①生成粒子的速度快、表面洁净、粒度细（$0.1 \sim 2\mu m$）；②工艺连续性好；③反应后的熔体可进一步近终形成型；④成本低。不足之处是增强相的种类有限，体积分数不够高，需要的处理温度很高，某些增强相易偏析。

（4）反应喷射沉积成型技术

把用于制备近终形成型快速凝固制品的喷射沉积成型技术和反应合成陶瓷相粒子的技术结合起来，就形成了这种新的喷射沉积成型技术。

在喷射沉积过程中，金属液流被雾化成粒径很小的液滴，它们具有很大的比表面积，同时又具有一定的高温，这就为喷射沉积过程中的化学反应提供了驱动力。依靠液滴飞行过程中与雾化气体之间的化学反应，或在基体上沉积凝固过程中与外加剂粒子之间的化学反应，生成粒度细小的增强相陶瓷粒子或金属间化合物粒子，均匀分散于金属基体中形成颗粒增强的金属基复合材料。反应模式有 3 种。

① 气体与合金液滴之间的气-液化学反应，例如

$$Cu\text{-}Al + N_2/O_2 \longrightarrow Cu\text{-}Al + Al_2O_3$$
$$Fe\text{-}Al + N_2 \longrightarrow Fe\text{-}Al + AlN$$
$$Fe\text{-}Al + N_2/O_2 \longrightarrow Fe\text{-}Al + Al_2O_3$$

在该模式中气、液界面上的反应速度及反应时间是决定增强相粒子形态、大小和数量的控制因素。

② 将含有反应剂元素的合金液混合并雾化，或将含有反应剂元素的合金液在雾化时共喷混合，从而发生液-液的化学反应。Cu/TiB_2 金属基复合材料的制备就是这方面的典型例子，其反应式为

$$Cu\text{-}B + Cu\text{-}Ti \longrightarrow Cu/TiB_2$$

③ 液滴和外加反应剂粒子之间的固-液化学反应

$$MO + X \longrightarrow M + XO$$

X 表示金属液滴，MO 表示外加固态反应剂粒子。

冷却速率可以控制生成粒子的粒径和数量。

有人用 N_2 和 O_2 的混合气体雾化 Fe-2％Al 合金，得到了含有析出的细小弥散的 Al_2O_3 和 Fe_2O_3 粒子的复合材料；在雾化 Fe-Ti 合金时，注入 Fe-C 合金粒子，通过 Ti 和 C 之间的反应，得到了粒度在 $0.5\mu m$ 以下的 TiC 和 Fe_2Ti 粒子增强的复合材料；采用 N_2 和 O_2 混合气体作为雾化介质，对 Ni-Al-C-Y 合金进行喷射沉积，得到了在 Ni_3Al 基体中均匀弥散分布的细小的 Al_2O_3 和 Y_2O_3 粒子强化的复合材料。

反应喷射沉积成型技术的优点是：①可近终形成型；②可在复合材料中获得分散的大体积分数增强相粒子；③在液-固模式的反应中有大量的反应热产生，有利于促进反应的进行并可节能；④原料成本低，工艺简单；⑤不会产生铸造法中陶瓷相粒子分布不均的现象；⑥粒子分布均匀，且粒径大小基本可控。

10.2.3　陶瓷基复合材料原位复合技术

陶瓷基复合材料原位复合技术主要包括原位热压反应烧结技术、化学气相渗透、熔体渗透、聚合物先驱体法和反应烧结等。这些新技术都在前面第6章介绍过，这里不再重复。

10.2.4　聚合物基复合材料原位复合技术

聚合物基复合材料原位复合技术主要包括熔融共混技术、溶液共沉淀技术和原位聚合技术。

（1）熔融共混技术

熔融共混技术的实质是，通过热致液晶聚合物（TLCP）和热塑性树脂共混物进行挤塑、注塑等，在熔融共混加工过程中，使刚性棒状分子的TLCP沿受力方向取向排列，在热塑性树脂基体中原位形成足够长径比的微纤维。这些微纤维由于直径小、比表面积大，与基体结合良好，可均匀地分布在基体中形成骨架，起到承受应力和应力分散的作用，从而达到增强基体的目的。

TLCP微纤维的形成，主要由TLCP分散相聚合物在熔体中受到加工流动场的作用发生的形变、凝聚、破裂与回缩等过程控制。这几个过程对TLCP微纤维的形成有不同的作用。由含TLCP的共混物熔体在进出挤塑机模口的TLCP分散相形态可发现，只要两个组分的熔体黏度和黏度的比有利于TLCP成纤维，剪切流动就可以使TLCP小滴发生变形而形成微纤维。分散相的凝聚过程对微纤维结构起着重要作用。TLCP的微纤维与小滴在模口的会聚段和毛细管中发生凝聚，形成了长径比更大、体积更大的微纤维，促进了微纤维的生长。TLCP分子链的刚性使已形成的微纤维在挤塑机模头毛细管中能保持一段时间（如60s）而无明显的松弛回缩与破裂，使微纤维得以保留在挤塑、拉伸或注塑制品中。

TLCP在树脂熔体中的成纤受几个加工参数的影响，如黏度比和加工温度。TLCP分散相的形变需要大的黏性力，因此TLCP对基体的黏度比是控制其在树脂基体中形成微纤维的决定因素。不过黏度比的影响与TLCP的浓度有关。在TLCP浓度低时，远远小于1的黏度比就能使TLCP明显地形成微纤维；在TLCP微纤维浓度高时，黏度比就不必很小。挤塑温度对TLCP相在共混物中的形态也有明显影响，挤塑温度高有助于TLCP微滴凝聚而形成长的微纤维。需注意的是，TLCP浓度的影响与其对基体的黏度比密切相关。黏度比低有助于TLCP相在低浓度时形成微纤维，但也容易使TLCP相成为连续相。此外，共混物的组分比、相容性等对成纤都有明显影响。

TLCP与结晶性聚合物熔融共混时，在基体树脂中形成的微纤维还能作为成核剂，诱导基体树脂在微纤维表面成核、生成、形成横晶。横晶的形成有利于界面处应力的传递、分散，也有利于共混体系整体强度的提高。此外，有些液晶聚合物与某些树脂基体进行熔融共混时，还可能产生官能团之间的反应，增加相间的相互作用与粘接，如用对羟苯（甲）醛与聚对苯二甲酸乙二醇酯，即PHB/PET液晶聚合物与PBT（聚苯并噻唑）进行熔融共混时，两组分间就发生酯交换反应。几乎所有的热致液晶聚合物都能与几乎所有的热塑性树脂采用熔融共混技术制备原位复合材料。

熔融共混技术的优点是：①制备工艺简单；②增强相种类多；③由于增强相微纤维是在

制备过程中产生的，其表面洁净，分散均匀；④微纤维不仅起到增强剂的作用，还能起到加工助剂和促进树脂基体结晶的作用；⑤可以近终形成型，制备形状复杂的产品。

该技术不足之处是成纤因素受到多方面影响，如分子结构、组分含量、两组分相容性以及共混方法、流动方式等，所以含热致液晶聚合物微纤维在原位复合材料中的增强效果不好。

（2）溶液共沉淀技术

溶液共沉淀技术是在树脂基体中通过共溶液、共沉淀均匀分散聚合物微纤维的技术。所以不像熔融共混体系那样在制备过程产生微纤维，如聚对苯二甲酰对二苯胺（PPTA）和聚苯并咪唑（PBZ）树脂通过溶液共沉淀的方法形成直径 10～30nm 的微纤维分散于树脂基体中。同时溶液共沉淀方法解决了熔融共混技术中不相容两聚合物不能成纤的问题。如用溶液共沉淀技术制备液晶聚合物 PHB/PET 与 PBT 的共混物时，发现液晶聚合物不仅能形成微纤维，而且液晶聚合物的含量对树脂的结晶温度和结晶度都有影响，其中含 30％～50％液晶聚合物可提高 PBT 的结晶度。

溶液共沉淀技术的优点是：①增强相微纤维生成于共沉淀过程中，微纤维表面洁净，分散均匀；②微纤维直径仅为纳米级；③微纤维不仅起增强作用，还促进树脂基体的结晶；④适用于不相容两聚合物体系。该技术的不足之处是制备过程较难控制。

（3）原位聚合技术

原位聚合技术用于制备聚合物基复合材料已经很久了。该技术的实质是利用聚合物单体在外力作用下，如氧化、电、热、光、辐射等，原位产生聚合或共聚，使得某一种聚合物或其他物质均匀分散在聚合物基体中，起到对复合材料改性的作用。这种原位聚合弥补了机械共混方法制备聚合物基复合材料难以使分散相或增强相分布均匀以及界面结构不稳定的缺点，已成为聚合物基复合材料的主要制备技术。例如，以聚氯乙烯（PVC）为基体材料，吸附一定量的苯胺单体（ANI）后，通过氧化剂使 ANI 在 PVC 中发生原位化学氧化聚合反应，制备出电导率高达 0.233S/cm 的聚苯胺/聚氯乙烯（PANI/PVC）复合材料。单体用量、氧化剂种类及反应工艺条件对复合材料性能有影响，PANI 在 PVC 中分散得非常均匀，而且 PANI 较少含量即能形成导电通路。

原位聚合技术的优点是：①制备工艺简单；②能制备较多体系的复合材料；③第二相或增强相种类多，体积分数高；④第二相或增强相表面洁净，分散均匀；⑤可以制备金属、陶瓷或聚合物第二相或增强相的聚合物基复合材料。

10.3　自蔓延高温合成技术

自蔓延复合技术是在自蔓延高温合成的基础上发展起来的一种新的复合技术，主要用于制备各种金属-金属、金属-陶瓷、陶瓷-陶瓷系复合粉末和块体复合材料。自蔓延高温合成（SHS）是利用配合的原料自身的燃烧反应放出的热量使化学反应过程自发地持续进行，进而获得具有指定成分和结构产物的一种新型材料合成手段。与传统的材料合成相比，它具有如下特点：①工艺设备简单、工艺周期短、生产效率高；②几乎没能耗；③合成过程中极高的温度可对产物进行自纯化，同时，极快的升温和降温速率可获得非平衡结构的产物。

10.3.1　自蔓延复合技术的形成与发展

燃烧合成无机材料，如铝热反应和镁热反应很早就被研究和利用。但是最早发现自反应现象的 Goldschmidt 以及后来研究这一现象的 Fonzes-Diacon 和 Booth 等均未重视这一反应过程，因而错过了提出自蔓延高温合成概念的机会。直到 1967 年，苏联科学家 Merzhanov

等在研究 Ti 和 B 混合压实燃烧时发现固-固燃烧以自蔓延的方式进行，称之为"固体火焰"，认识到这是科学上的一大发现，称这一现象为"自蔓延高温合成"，从而首次完整地提出了自蔓延高温合成的概念。在随后不断深入的研究中，他们又发现了渗透燃烧现象以及振荡波和螺旋波，对化学理论的发展做出了重要贡献。1975 年，苏联学者开始把 SHS 过程同各种机械加工手段如挤压、轧制、铸造、冲击波、焊接等结合起来，开发了多种 SHS 技术。进入 20 世纪 80 年代以来，苏联学者建立了"结构宏观动力学"学科，在大量实践的基础上，开展了深入的理论研究，以阐明化学反应速度、热交换和质量交换以及结构转变之间的直接和间接的关系。

直到 20 世纪 80 年代初，SHS 技术才走出苏联的国门，引起了美、日、欧等国的重视。中国的 SHS 法研究起步较迟，自 1989 年以后通过与国外学者的学术交流，才引起了中国材料科学工作者的极大兴趣。目前，全世界已有上百个国家和地区的研究机构从事自蔓延高温合成的基础研究与技术开发。研究内容包括 SHS 过程基础研究、SHS 复合技术和 SHS 材料的结构、性能与应用；研究的材料体系几乎包括了所有的无机材料和部分有机高分子材料。表 10-1 为用 SHS 方法合成的材料举例。

表 10-1　SHS 方法合成的材料

材料类别	具体物质与材料举例
硼化物	$CrB, HfB, NbB_2, TaB_2, TiB_2, LaB_6, MoB_2$
碳化物	$TiC, ZrC, HfC, NbC, SiC, Cr_3C_2, B_4C, WC$
硫族化合物	$MoS_2, TaSe_2, NbS_2, WSe_2$
氢化物	TiH_2, ZrH_2, NbH_2
金属间化合物	$NiAl, FeAl, TiAl, TiNi, CoNi, CuAl$
氧化物	$ZrO_2, SiO_2, Al_2O_3, Bi_4Ti_3O_{12}, LiNbO_3, BaNb_2O_6, YBa_2Cu_3O_{7-x}$
固溶体	$TiC-TiN, NbC-NbN, TaC-TaN$
氮化物	$TiN, ZrN, BN, AlN, Si_3N_4, TaN$
硅化物	$MoSi_2, TaSi_2, Ti_5Si_3, ZrSi_2$
复合材料	$TiC/TiB_2, TiB_2/Al_2O_3, TiC/Al_2O_3, B_4C/Al_2O_3, TiC/Ni(Mo), WC/Co, Cr_3C_2/Ni(Mo), TiB_2/Al, TiC/Ni_3Al, TiB_2/NiAl$

自蔓延高温合成技术经过三十多年的发展，已取得了显著的进步。特别是它与传统工业技术相结合，在材料制备领域已形成了具有独特优势的自蔓延合成与复合技术系统。该系统包括 SHS 粉末制备技术、SHS 多孔体制备技术、SHS 致密体制备技术、SHS 熔铸技术、SHS 涂层技术和 SHS 焊接技术等，并且仍在不断深入发展之中。

10.3.2　自蔓延燃烧合成的基础理论

（1）燃烧温度

自蔓延燃烧合成过程能否持续进行，主要取决于反应体系的热效应，反应热效应可由燃烧合成温度反映出来。

对于一个二元合成反应

$$A(s) + B(s) \longrightarrow AB(s) + \Delta H$$

体系的生成热效应可由下式表示

$$\Delta H^{\ominus} = \Delta H_{f,298}^{\ominus} + \int_{298}^{T_{ad}} \Delta C_p(产物) dT \tag{10-1}$$

考虑到合成反应是高放热性反应，并且反应在极短的时间内（例如 2～3s）达到非常高的温度，热量向周围空间传播的时间很短，可将系统看作绝热系统，合成产物所能达到的最高温度为体系的绝热温度 T_{ad}。

对于绝热系统，$\Delta H^\ominus = 0$，则式（10-1）变为

$$-\Delta H^\ominus_{f,298} = \int^{T_{ad}}_{298} \Delta C_p (产物) dt \tag{10-2}$$

式中，$\Delta H^\ominus_{f,298}$ 为生成物标准生成焓；ΔC_p 为生成物的热容变量。

当系统的绝热温度低于产物的熔点时（$T_{ad} < T_{mp}$），绝热温度由式（10-2）便可算出。但是，当绝热温度等于产物的熔点时（$T_{ad} = T_{mp}$），则有

$$-\Delta H^\ominus_{f,298} = \int^{T_m}_{298} \Delta C_p (产物) dt + \gamma \Delta H_m \tag{10-3}$$

式中，γ 是生成物中液相所占份数；ΔH_m 为产物熔化焓。

当 $T_{ad} > T_{mp}$ 时，相应的计算公式为

$$-\Delta H^\ominus_{f,298} = \int^{T_m}_{298} \Delta C_p (产物) dT + \int^{T_{ad}}_{T_m} \Delta C_{p1} (产物) dT + \Delta H_m \tag{10-4}$$

式中，ΔC_{p1} 为生成物液相热容。

针对不同的情况，利用上述公式可以从理论上估算合成的最高温度。表 10-2 是部分化合物的燃烧合成绝热温度。

表 10-2 部分化合物燃烧合成的绝热温度

化 合 物	绝热温度/K	化 合 物	绝热温度/K
TiB_2	3190	ZrB_2	3310
NbB_2	2400	TaB_2	3370
B_4C	1000	TiC	3210
HfC	3900	SiC	1800
Ti_5Si_3	2500	$MoSi_2$	1900
CdS	2000	MnS	3000
TiN	4900	HfN	5100
Si_3N_4	4300	BN	3700
ZrN	4900	VN	3500
Nb_2N	2670	NbN	3500
Ta_2N	3000	TaN	3360
AlN	2900	Mg_3N_2	2900
CN	3000	Be_3N_2	3200
LaN	2500		

计算出的绝热温度 T_{ad} 与实验中观测到的燃烧温度 T_c 之间通常有些差别。这是因为实际上反应转变不完全，以及有热量损失（不是完全的绝热系统），因此燃烧温度 T_c 通常小于理论绝热温度。尽管如此，理论绝热温度 T_{ad} 仍可以用来半定量地判断某种材料能否用该工艺合成。前苏联科学家 Merzhanov 等人在研究了大量化合物的合成后认为：如果理论绝热温度 $T_{ad} < 1500K$，那么反应放出的热量不足以维持合成过程；如果 $T_{ad} > 2500K$，燃烧反应能自我维持。当 $1500K < T_{ad} < 2500K$ 时，只有采取像提高反应物初始温度等特殊措施后才能使得燃烧波蔓延下去。另一种判定方法是根据生成焓 $\Delta H^\ominus_{f,298}$ 与生成物热容 C_p 之比 $\Delta H^\ominus_{f,298}/C_p$ 来判定，如果 $\Delta H^\ominus_{f,298}/C_p > 2000$，则合成过程能够持续进行。

（2）燃烧模式和点燃方法

SHS 系统可分为两类：无气燃烧（无气体反应物或产物）和渗透燃烧（有气体反应物）。SHS 过程又有稳定与不稳定两种状态。大多数 SHS 过程，燃烧都是以燃烧波阵面匀速推进。但在不稳定状态下，燃烧波的蔓延是不均匀的，有振荡和螺旋两种形式。对于前者，燃烧波的蔓延是以快慢相间的形式连续进行；而对后者，燃烧波的蔓延则是以螺旋形式从反应物一端到另一端结束。振荡燃烧常常导致产物形成层状结构，而螺旋燃烧常常在产物表面形成螺旋线。实验证实，振荡和螺旋燃烧不是两种迥异的现象，而是不稳定燃烧中不同的表现形式。振荡形式是由于燃烧过程对纵向微扰敏感所致，而螺旋形式则是由于燃烧过程对横向微扰敏感所致。

点燃 SHS 反应的典型方法有瞬时放电、置钨丝加热圈、或利用激光器、氧炔焰、微波炉等。但由于弱放热反应常常出现熄灭现象，因而点燃这类反应常用以下两种方法：① "热爆"法。由于绝热温度是初始温度的函数，预热会导致更高的绝热温度和稳定的波阵面，因而采用使系统整体升温的方法来点燃并维持其反应；热爆技术具体是指在加热钟罩内对反应物料进行加热，到一定温度后整个试样中将同时出现燃烧反应，合成在瞬间完成，没有燃烧波存在。热爆技术通常用来合成金属间化合物，因为这类材料的点燃温度较低而且反应时放热较少。② "化学炉"法。将弱放热反应的混合物包封于强放热反应混合物内，点燃后者即可点燃前者。

（3）燃烧波蔓延速度

燃烧波的蔓延速度是由燃烧波面的热通量决定的，燃烧波面的热通量可由下式表示

$$C_P \rho \, dT/dt = K \partial^2 T/\partial X^3 + \rho q \partial \phi/\partial t - 2\alpha(T - T_0)/r - 2\varepsilon\sigma(T^4 - T_0^4)/r \qquad (10\text{-}5)$$

＝燃烧波到达前传来的热量＋化学反应产生的热量－对流热损失－辐射热损失

当忽略热损失并考虑反应物反应百分率时，燃烧波的蔓延速度可由二次偏微分方程求解得到

$$\partial\phi/\partial t = (1 - \phi)^n K_0 \exp(-E/RT)$$

$$V^2 = f(n)\alpha C_P R T^2/(qE) \times K_0 \exp(-E/RT) \qquad (10\text{-}6)$$

式中，V 为燃烧波速度；T 为燃烧温度；K_0 为常数；$f(n)$ 是级数为 n 的反应动力学函数；E 为反应生成物表观活化能。

由式（10-6）可以看到，燃烧波速度与燃烧温度密切相关，因此，凡是影响合成温度的因素均会对燃烧波速度产生影响。

（4）活化能的确定

燃烧为产物相的快速合成、晶粒长大及烧结等提供了异常的条件，燃烧反应中的扩散过程可能与通常情况下的扩散过程有明显的差别。通过计算燃烧合成过程中的活化能，则可以对这种极不平衡状态下的现象有更好的了解。

燃烧过程活化能的计算通常有两种方法。

① 根据方程（10-6），$\ln(V/T_c)$ 与 $1/T_c$ 的阿累尼乌斯（Arrhenius）图的斜率应和表观活化能 E 成正比。通过在反应物中掺入稀释剂或者通过预热反应物而测出不同燃烧温度下的不同燃烧波速度，从而计算出活化能 E。

② 根据燃烧波通过时的温度变化曲线来计算 SHS 过程的活化能。由于反应程度与温度变化存在下列关系

$$\eta(X) = [C_P \rho V(T - T_0) - K_1 \partial T/\partial x]/[(K_2 - K_1)\partial T/\partial x + q\rho V] \qquad (10\text{-}7)$$

式中，K_1、K_2 分别是反应物（固态）和生成物（固态）的导热率；T_0 是起始温度；X 是沿燃烧波蔓延方向的坐标。反应速率 Φ 可用下式计算：$\Phi(T,\eta)=V(\partial\eta/\partial x)$。而它与温度之间的关系可由下列 Arrhenius 方程来表示

$$\Phi = f(n)K_0\exp(E/RT) \tag{10-8}$$

这样，通过测定给定 η 值时温度变化的一阶导数和二阶导数，即可计算出活化能 E。

（5）影响燃烧合成的因素

图 10-1 是各种工艺参数对燃烧波速和燃烧温度的影响。对于 Ni-Al 系金属间化合物，发现在等原子配比时燃烧速度达到最大值，燃烧温度也表现出同样趋势［图 10-1（a）］。当反应混合物的配比接近 NiAl 化合物的化学计量时，燃烧方式为稳定燃烧，而合成 Ni_3Al 的燃烧方式则为振荡燃烧或者根本不发生反应。

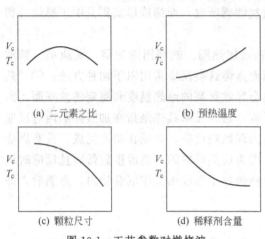

(a) 二元素之比 (b) 预热温度 (c) 颗粒尺寸 (d) 稀释剂含量

图 10-1 工艺参数对燃烧波速和燃烧温度的影响

图 10-1（b）是在不同初始预热温度下所达到的燃烧波速度与燃烧温度。预热温度越高，则燃烧波速度越快，燃烧温度越高。

反应物颗粒大小是影响燃烧合成的另一个主要因素。固相反应的推动力与扩散及反应物颗粒之间的有效接触面积有关，颗粒越细小，接触面积越大，颗粒活性大，反应速度快，合成（燃烧）温度高［如图 10-1（c）］。此外，颗粒大小还会影响到所形成产物的性质。例如，在 Ti_5Si_3 的合成中，当 Ti 颗粒大于 $100\mu m$ 时，合成产物将由 Ti_5Si_3 变成 $TiSi_2+$ Ti。Ti 颗粒粒度的增加也会使其燃烧方式由稳定燃烧变成不稳定的螺旋燃烧。当使用热爆技术合成 NiAl 化合物时，颗粒尺寸的减小会使点燃温度下降。另外，合成产物的晶粒大小会受到反应物颗粒大小的影响。

为了调节反应速度和合成温度，可以在反应物中掺入预先合成的产品作为稀释剂。随着掺入量的增加，合成温度和速度下降［如图 10-1（d）］。但过高的掺入量会导致燃烧反应中断。在 NiAl 的合成中，最大掺入量为 60%，此时合成温度下降 150K 左右。而在 TiC 的合成中，掺入 10% 的稀释剂则可使合成温度下降 200K。稀释剂的掺入还会使合成产品的密度有较大提高。当 Ni+Al 粉中掺入 30% NiAl 时，合成产品密度提高近 1 倍，达到理论密度的 85%。

影响燃烧合成反应过程还有其他因素，如压坯密度、压坯直径等。

10.3.3　自蔓延复合技术

迄今，在 SHS 思想基础上已形成了 30 多种不同的技术，通称为"SHS 技术"。根据燃烧条件、所采用的设备以及最终产物结构等，可以将它们分为以下 6 种主要技术形式：SHS 粉末制备技术、SHS 多孔体制备技术、SHS 致密体制备技术、SHS 熔铸技术、SHS 涂层技术和 SHS 焊接技术。

10.3.3.1　SHS 粉末技术

这是 SHS 中最简单的技术。根据粉末制备的化学过程，SHS 制粉工艺可以分为两类。

① 化合法，由元素粉末或气体合成化合物或复合化合物粉末，例如 Ti 粉和 C 粉合成

TiC，Ti 粉和 N_2 气反应合成 TiN 等。

② 还原-化合法（带还原反应的 SHS），由氧化物或矿物原料、还原剂（镁等）和元素粉末（或气体），经还原-化合过程制备粉末。例如，$TiO_2 + Mg + C \longrightarrow TiC + MgO$。不需要的副产物（MgO）可去除。再举一例，比如 B_4C 的合成，由于 $C + 4B \longrightarrow B_4C$ 的化学反应热低，单相 B_4C 难以制备。若采用 SHS 还原合成技术，将 B_2O_3、Al、C 按反应比例混合、压坯、快速加热至 1000℃ 以上，利用 $2B_2O_3 + 4Al + C \longrightarrow B_4C + 2Al_2O_3$ 的反应，就可以顺利地制备出 B_4C 及其复合材料的粉末。

利用这一技术已合成的材料体系有硼化物复合材料（TiB_2/Al_2O_3、TiB_2/TiC），碳化物复合材料（TiC/Al_2O_3、Cr_3C_2/Al_2O_3、B_4C/Al_2O_3）、硅化物复合材料（$MoSi_2/Al_2O_3$、$MoSi_2/SiC$）以及氮化物复合材料（TiN/Al_2O_3、BN/Al_2O_3、Si_3N_4/Al_2O_3）。

SHS 技术合成复合粉末成分的调整可以通过外加添加物的方式来实现。例如，制备 TiC/Al_2O_3 复合粉末时，如按反应式：$3TiO_2 + 3C + 4Al \longrightarrow 3TiC + 2Al_2O_3$ 配比，则可得到 TiC-53%（质量）Al_2O_3 复合粉末；在反应混合物料中添加 14.6%（质量）的 Al_2O_3 粉末则可将复合粉末成分调整为 TiC-60（质量）% Al_2O_3。反之，若需要增加 TiC 含量则应在反应混合物中添加 TiC。

SHS 法制备的高质量的粉末可用于陶瓷及金属陶瓷制品的烧结，保护涂层，研磨膏及刀具制造中的原材料。

10.3.3.2　SHS 致密化技术

一般而言，普通的 SHS 技术只能获得疏松多孔的材料或粉末，若要制备密实材料必须发展各种材料的合成与致密同时进行的一体化技术。有关的技术归纳起来有 3 种。

(1) 液相密实化技术

这一方法是利用高放热反应的热量使反应温度超过合成产物的熔点，从而使最终产物全部或部分熔融，最后得到密实化产物。其产物可以是熔炼在一起的复合物，也可以是通过产物的不同特性（如密度）而分离开的单一化合物。例如 Cr_3C_2 的制备，它是利用反应（$3Cr_2O_3 + 6Al + 4C \longrightarrow 2Cr_3C_2 + 3Al_2O_3$）高放热使最终产物全部处于液态，利用 Cr_3C_2 和 Al_2O_3 的密度明显不同又不互溶的特点，通过离心分离就可制得致密的 Cr_3C_2，其显微硬度高于用烧结方法得到的样品。但是，这一技术仅适用于高放热体系，且材料的组成与结构难以控制。

(2) SHS 粉末烧结致密化技术

这一方法首先是采用 SHS 方法合成粉料，再通过成型、烧结来得到致密块体材料。SHS 合成粉料的方法前已述及，随后的成型、烧结方法很多，与一般的粉末冶金和陶瓷烧结完全相同，这里不再赘述。

(3) SHS 结合压力密实化技术

这一技术的原理是利用 SHS 反应刚刚完成，合成材料处于红热、软化状态时对其施加外部压力而实现材料的致密化。根据加压的方式可分为气压法、液压法、锻压法、机械加压法等。

① SHS 气压密实化技术是将 SHS 反应置于高压气氛中，当 SHS 反应结束后，利用环境压力使材料致密化。这一技术的不足在于，气氛高压的作用导致 SHS 反应产生的大量挥发性气体难以排出，材料内部有残余孔隙，材料致密度小于 95%。

② SHS 液压密实化技术是将反应物置于特殊的包套内，然后将包套放置在高压液体介

质中，当 SHS 反应结束后，材料在介质的高压作用下自动密实。这一技术存在着与气压密实技术类似原因造成的材料致密度不高、残余孔隙多的问题；另外，只适合于制备小试件，实用性差，设备复杂，投资大。

③ SHS 锻压密实化技术是利用锻压重锤自动下落提供高冲击能使材料致密化。该技术制备的材料存在宏观裂纹和缺陷结构，尽管能获得致密度大于 95% 的材料，但材料性能不能达到最佳。

④ SHS 机械加压密实化技术可根据机械加压的方式不同分为多种类型，如弹簧机械加压、燃烧合成热压、液压传动的快速加压等。

通过弹簧机械加压装置进行 SHS 时，由于受弹簧压力的限制不可能制备出大尺寸的试件。

燃烧合成热压法是目前采用最多的方法。对样品整体加热引发燃烧合成反应后，立即施以高压来实现材料致密化。这类实验主要在热压炉内进行，实际是燃烧合成热压过程，不存在自蔓延过程。这一工艺需要消耗大量外部能量，在一定程度上丧失了 SHS 优越性；另外受石墨模具耐压值的限制，不能施加高压，材料致密度不高。

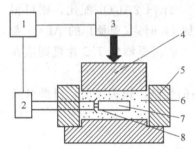

图 10-2　SHS/QP 系统示意
1—计算机；2—电源；3—液压系统；
4—压头；5—模具；6—沙；
7—反应物坯料；8—燃烧器

在 SHS 密实化技术中较为成功的是液压快速加压技术（简称 SHS/QP）。这一技术装置如图 10-2。其压力系统采用液压工作方式，坯料 7 置于专用模具 5 中，模具与坯料 7 之间由河沙隔开。河沙的作用是保护模具、传递压力和排放杂质气体。反应混合物在电脉冲和点火剂的作用下被引燃，在封闭的模具中快速蔓延，燃烧结束后立即对合成样品施加高压，在高温下保温一定时间后就可得到密实材料。整个 SHS/QP 过程，从点火、燃烧合成、施加压力、保压到卸载均可由计算机程序控制。

在 SHS/QP 技术中，施压滞后时间、压力大小和保压时间对材料的显微结构和性能有重要影响。一般而言，压力越大材料的致密度越高，保压时间达到一定值后对材料的致密度影响不显著，施压滞后时间是影响材料显微结构与力学性能的关键因素。施压滞后时间是指 SHS 过程结束到加压过程开始时的时间间隔。对具有高放热量的材料体系来说，施压滞后时间有一最佳值；但对放热量高的反应体系，需要有一定的施压滞后时间。因为在高放热体系中合成反应温度高，产生大量挥发性气体，如果立即施压会隔断气体排放通道，形成闭气孔；如滞后时间过长，样品冷却硬化而难以压制密。对一般放热体系，合成反应温度不太高，冷却过程快，因而施压滞后时间越短越好。

10.3.3.3　SHS 熔铸技术

SHS 熔铸技术是将 SHS 与传统的铸造工艺相结合而发展起来的一种新型 SHS 复合技术。该技术在 SHS 工艺中起着重要的作用，它是通过选择高放热性反应物形成超过产物熔点的燃烧温度，从而获得难熔物质的液相，对该高温液相进行传统的铸造处理，可以获得铸锭或铸件。因此，该技术称为 SHS 熔铸。它包括两个阶段：①由 SHS 制取高温液相；②用铸造方法对液相进行处理。目前 SHS 熔铸技术主要有 2 个研究方向，即制备铸锭和铸件的 SHS 技术和离心 SHS 铸造技术。采用第一个技术可以制备碳化物、硼化物和氧化物等陶瓷和金属陶瓷铸件。利用第二种的离心 SHS 铸造技术可以制造陶瓷内衬钢管以及难熔化合物

（外层）—氧化铝（内层）复合管。

制备铸锭和铸件的 SHS 熔铸工艺示意图为图 10-3。利用它来进行陶瓷与金属的复合可以有效地克服传统铸造工艺中的颗粒表面污染、氧化问题，具有"原位"复合的特点。由这一方法制备的复合材料表现出了优异的性能。例如，制得的 Ni_3Al/TiC 复合材料的高温抗弯强度和室温断裂韧性分别达到了 526MPa 和 56.2MPa·$m^{1/2}$。采用这一方法制备复合材料时，需注意熔铸温度的控制。熔铸温度对材料显微结构和力学性质有非常重要的影响。因此，对不同的材料体系要选择适宜的熔铸温度。

图 10-4 是离心 SHS 铸造工艺的示意。它是利用 SHS 过程中极高的燃烧温度使合成产物处于熔融状态，利用合成产物的密度不同，在强大的离心力作用下使合成产物分离，从而在管道内壁形成牢固的复合层。如图 10-4 所示，在高速旋转的钢管内进行 $3Fe_3O_4 + 8Al \Longrightarrow 4Al_2O_3 + 9Fe$ 的高放热反应，使 Al_2O_3 和 Fe 均处于熔融状态，在强大的离心力作用下钢管内壁形成了牢固的 Al_2O_3 涂层。这一技术中影响涂层质量的主要因素有离心力大小、反应速度以及添加剂的种类。

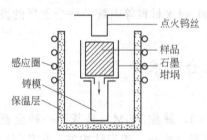

图 10-3　自蔓延-熔铸工艺过程示意

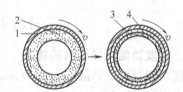

图 10-4　离心 SHS 复合工艺示意

1—钢管；2—铝热剂；3—Al_2O_3 陶瓷；4—Fe 层

10.3.3.4　SHS 涂层技术

SHS 涂层有两种工艺：熔铸涂层和气相传输 SHS 涂层。

① 熔铸涂层，在一定气体压力下利用 SHS 反应在金属工件表面形成高温熔体与金属基体反应，形成有结合过渡区的金属陶瓷涂层。过渡区的厚度为 0.5～1.0mm，涂层厚度可达 1～4mm。SHS 涂层技术已开始在耐磨件中得到应用（钻头、犁铧、球磨机衬板等）。

② 气相传输 SHS 涂层，通过气相传输反应，可在金属、陶瓷或石墨等的表面形成 10～250μm 厚的金属陶瓷涂层。

在反应物料 A 固＋B 固中，加入气体载体 D 气（物料的气体传输剂），在较低温度（T_2）时，（AD）气分解并与 B 固反应形成产物 C 固，其反应式可表达为

$$A_{固} + D_{气} \xrightarrow{T_1} (AD)_{气}$$

$$(AD)_{气} + B_{固} \xrightarrow{T_2} C_{固} + D_{气} \quad (T_2 > T_1)$$

这就是气相传输 SHS 反应的原理。这一原理可以用于固体粉末混合物反应体系加快燃烧过程，也可以应用于 SHS 涂层。对于不同的反应物料，可以采用不同的气体载体。例如，氢可以传输碳、卤素气体可以传输金属。气相传输的驱动力主要是气相载体的平衡分压差。利用这一技术对小试件和复杂形状的样品进行涂层，具有其他技术无法比拟的优势。例如，利用 $Cr_2O_3 + Al +$ 炭黑＋气体载体，就可以对碳钢进行碳-铬复合涂层。在钢工件的表面形成的复合涂层组织为 Cr、Al 在 α-Fe 中的固溶体及 Cr_7C_3、$Cr_{23}C_6$ 和

Al_2O_3 硬质相。

目前最广泛采用的 SHS 涂层有两种类型：钢工件表面的 Cr-B 和 Cr-C 涂层；硬质合金（切削刀片）上的 Ti-N 涂层。

10.3.3.5 SHS 多孔体制备技术

金属（或非金属）-气体系统经燃烧直接合成所需几何尺寸和形状以及孔隙率的材料，而无需经过预制粉末压坯和致密化阶段。该技术可用来生产非氧化物陶瓷，如 Si_3N_4-SiC，BN 等，也可利用碱土金属铬酸盐（如 $MgCrO_4$）甚至其原矿石、金属还原剂（Al 或 Mg）及难熔氧化物（如 Al_2O_3）进行耐火材料涂层。大部分产品的孔隙率一般在 $10\%\sim50\%$，若想得到孔隙率更高的产品，可采用挥发性的黏结剂如酒精、Na_2PO_4 及 $Na_6P_6O_{18}$ 等，可使孔隙率达到 85% 左右。

10.3.3.6 SHS 焊接技术

在待焊接的两块材料之间填进合适的燃烧反应原料，以一定的压力夹紧待焊材料，待中间原料的燃烧反应过程完成后，即可实现两块材料之间的焊接。这种方法已被用来焊接 SiC-SiC、陶瓷-陶瓷、金属-陶瓷、金属-金属、耐火材料-耐火材料等系统。一个重要的发展方向是利用该技术可获得在高温环境下使用的焊接件。

10.4 梯度复合技术

10.4.1 梯度功能材料概念的提出

梯度功能材料（Functionally Gradient Materials，简称 FGM）是基于一种全新的材料设计概念而开发的新型功能材料。由于材料构成要素（成分、组织结构等）在几何空间上连续变化，从而得到性能在几何空间上也是连续变化的非均质材料，因而在复杂环境下使用时，要比性能均匀的材料具有更大优势。

目前材料都是在重力条件下制备，外层空间微重力条件下大规模制备材料的条件还不具备，弹道飞行得到的微重力条件也只能维持数秒。由于密度不同，地面上不可能将两种材料混合为超均质材料。那么从逆向思维，与追求均质材料的思路相反，使材料界面成分、组织光滑变化，因而性能亦相应变化，功能梯度变化非均质材料的概念由此产生。这种材料设计概念是由日本学者新野正之首先提出的，他们在研究新一代超高温耐热材料过程中，认为应该突破均质材料的概念，进而提出了 FGM 这一全新概念。FGM 的概念一经提出，由于其广阔的应用前景引起了人们的高度重视，世界各国争相开展这一领域的研究。

典型的超高温耐热材料的结构如图 10-5 所示，高温条件下工作一侧采用耐热陶瓷，另一侧接触冷却介质，采用导热性好机械强度高的金属材料，由成分连续变化的金属、陶瓷、微孔、纤维等组成中间过渡层，大大缓和了由于金属与陶瓷之间热膨胀的差异所导致的热应力，提高了界面结合力，充分发挥了陶瓷的高耐热性和金属的高强度、高导热性。

10.4.2 梯度功能材料的设计

梯度功能材料设计包括两个重要的方面，一是构成梯度材料的物系设计，另一个则是热应力缓和结构设计。物系设计主要是考虑所选出的性质要与目标环境（温度、气氛、强度等）相适应；此外还要充分注意所选材料间的物理及化学相容性，包括热膨胀系数相差不能太大，两相尽可能较好的润湿特性和材料制备条件的同一性（两相的烧结特性、同时致密化的条件等）。热应力缓和结构设计是追求在选定物系前提下梯度材料的热应力最为适宜。这

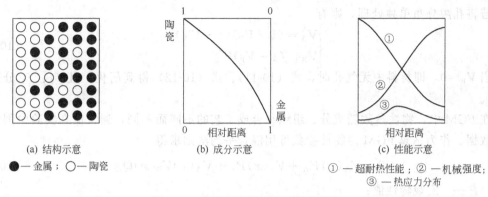

图 10-5　典型超高温耐热材料的结构

种最适宜条件一方面要考虑材料在制备过程中的残余应力，同时还要考虑材料在使用条件（温度梯度、热冲击等）下的热应力，只有同时满足环境要求和热应力最适宜的设计才是一个完整的设计。由上可见，梯度功能材料的可设计性很强。

梯度功能材料的热应力设计如下

假定梯度功能材料构成要素为 A（如陶瓷）、B（如金属）和孔隙，各组分体积比分别为 V_A、V_B、V_P，则有下式成立

$$V_A + V_B + V_P = 1 \qquad (10\text{-}9)$$

为处理简便，令

$$V'_B = V_B / (V_A + V_B) \qquad (10\text{-}10)$$

则梯度功能材料成分分布函数可表示为

$$V'_B = f(x) = \begin{cases} f_0, & 0 \leqslant x < x_0 \\ (f_1 - f_0)\left(\dfrac{x - x_0}{x_1 - x_0}\right)^n, & x_0 \leqslant x \leqslant x_1 \\ f_1, & x_1 < x \leqslant 1 \end{cases} \qquad (10\text{-}11)$$

式中　x——成分点距表面的距离与总厚度的比率，即相对距离或相对厚度；

　　x_0，x_1——内、外表面非梯度层的相对厚度；

　　f_0，f_1——内、外表面上的成分比率；

　　n——控制梯度成分分布的参数。

图 10-6 为梯度功能材料成分构成和成分分布函数。

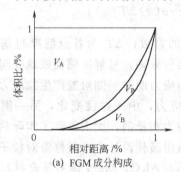

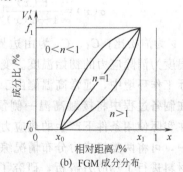

图 10-6　FGM 成分构成和成分分布函数

若将孔隙分布单独处理，则有

$$\begin{cases} V_A = (1-V_P)(1-V'_B) \\ V_B = (1-V_P)V'_B \end{cases} \tag{10-12}$$

当 $V_P=0$，即材料中无气孔时，式（10-11）、式（10-12）得到简化，且 f_0、f_1 分别为 0 和 1。

在 FGM 中，物性参数随成分、组织和合成工艺的不同而不同，通常应在实验中测定出这些数据。作为估算 FGM 内物性参数可用混合平均法则求得

$$P = V_A(x)P_A + V_B(x)P_B + V_A(x)V_B(x)Q_{AB} \tag{10-13}$$

式中　P——宏观物性值；

P_A、P_B——各组分的基本物性值；

Q_{AB}——V_A、V_B、P_A、P_B 及 V_P 的函数。

以无限大平板为例讨论 FGM 的稳态热传导情形下的热应力分布。材料受热时内部温度分布如图 10-7 所示，热传导方程为

$$\frac{d}{dx}\left[\lambda(x)\frac{dT}{dx}\right] = 0 \tag{10-14}$$

对于 A、B 两组分系，温度分布为

$$T(x) = K\int_0^x \frac{dT}{(\lambda_A-\lambda_B)T^n+\lambda_B} + T_0 \tag{10-15}$$

式中，λ 为热导率；K 为常数

$$K = \frac{T_0}{\int_0^1 \frac{dT}{(\lambda_A-\lambda_B)T^n+\lambda_B}}$$

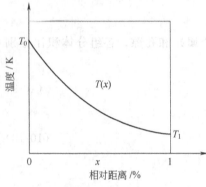

图 10-7　材料受热内部温度分布

材料内部热应力分布为

$$\sigma(x) = -E(x)\alpha(x)[T(x)-T_1] \tag{10-16}$$

式中，$E(x)$、$\alpha(x)$ 分别为弹性模量和热膨胀系数在 x 成分点的估算值。对于非稳态热传导情形，热传导方程用下式描述

$$C(x)\rho(x)\frac{\partial T(x,t)}{\partial t} = \frac{\partial}{\partial x}\left[\lambda(x)\frac{\partial T(x,t)}{\partial x}\right] \tag{10-17}$$

式中，T、t、C、ρ、λ 分别表示温度、时间、比热容、密度、热导率。

根据上式可用数值解法求出材料内温度分布。内应力分布可用下式表示

$$\sigma(x) = \frac{E(x)}{1-\nu(x)}[C_1 x + C_2 - \alpha(x)\Delta T(x)] \tag{10-18}$$

式中，ν 为泊松比；C_1、C_2 为由边界条件决定的常数；ΔT 为各点温度与基准温度之差，基准温度为消除应力的初始温度。变换坐标作类似处理，可解决圆筒或球壳问题。

在实际工作环境中，通常高温侧由于膨胀产生压应力而另一侧对应产生拉应力。针对这一点，可在制备过程中将接触高温一侧预先形成拉应力，中间过渡变化，另一侧形成压应力，这样在实际使用条件下产生的热应力与预变形应力相抵消，大大缓和了实际热应力。在材料设计中，可将两类热应力分布情况综合考虑，做出最佳设计。木村修等对粒子弥散强化梯度功能材料进行了热应力解析，研究了 SiC/Al_2O_3、Al_2O_3/MgO 体系复合材料，表明梯度界面层越厚或该层弹性模量越小，热应力越小，并且当分散粒子具有低的热膨胀系数时，

则中间过渡层热膨胀系数越大,界面应力越小。伊藤义康等研究了残余应力,并讨论了影响因素。结果表明,与两层复合材料相比,热应力得到缓和,分布趋于有利。山田叶子等通过制备 FGM 研究了 Mo/PSZ 系烧结体的热性能和力学性能的各向异性,并定量给出了各方向的热膨胀系数、热导率等性能参数。

10.4.3 梯度复合技术

目前梯度复合技术主要有:烧结法、等离子喷涂法、激光熔敷法、气相沉积法、自蔓延高温燃烧合成法等。

10.4.3.1 烧结法

烧结法是先将原料粉末按不同混合比均匀混合,然后以梯度分布方式积层排列,再压制烧结而成。按成型工艺可分为直接填充法、喷射积层法、薄膜叠层法、离心积层法、粉浆浇注法和涂挂法等。

(1) 直接填充法

混合粉经造粒、调整流动性后直接按所需成分在压模内逐层填充,并压制成型。工艺简便,但其成分分布只能是阶梯式的,积层最小厚度约为 0.2~0.5mm。

(2) 喷射积层法

原料粉末各自加入分散剂搅拌成悬浮液,混合均匀后一边搅拌混合,一边用压缩空气喷射到预热的基板上,通过计算机控制粉末浆料的流速及 x-y 平台的移动方式可得到成分连续变化的沉积层。喷射沉积层经干燥后冷压成型再热压烧结即得到 FGM。该工艺的最大特点是可连续改变粉末积层的组成,控制精度高,典型的沉积速度为 $7\mu m/min$,是很有发展前途的梯度积层法。日本利用这种工艺得到的 TiB_2/Ni 系 FGM 具有良好的连续性。

(3) 薄膜叠层法

在粉体原料中加入微量黏结剂与分散剂,用振动磨混合制浆并经减压搅拌脱泡,用刮浆刀制成厚度 $10~200\mu m$ 的薄膜,将不同配比的薄膜叠层压制,脱除胶黏剂后加压烧结成阶梯状 FGM。要注意调节原始粉末粒度分布和烧结收缩的均匀性,防止烧结时出现裂纹和层间剥落。日本东北大学采用该方法研究了 ZrO_2/W、PSZ/Mo 系 FGM。

(4) 离心积层法

将原料粉末快速混合后送入高速离心机中,粉末在离心力作用下紧密沉积于离心机内壁,改变混合比可获得连续成分梯度分布,经过注蜡处理后离心沉积层具有一定生坯强度,可经受切割、冷压等后续成型加工,最后再烧结处理即可。该工艺沉积速度极快,目前在实验室规模下,沉积直径 15mm、高 15mm、壁厚 5~10mm 的 FGM 圆环仅需 5min。

(5) 粉浆浇注法

将原料粉末均匀混合成浆料,通过连续控制粉浆配比,注入模型内部,可得到成分连续变化的试件,经干燥再热压烧结成 FGM。加拿大工业材料研究所用该法制备了 Al_2O_3/ZrO_2 系 FGM,日本九州大学用此法得到了 Al_2O_3/W-Ni-Cr FGM。

10.4.3.2 等离子喷涂法

因为等离子可获得高温、超高速的热源,最适合于制备陶瓷/金属系 FGM。该方法是将原料粉末送至等离子射流中,以熔融状态直接喷射到基材上形成涂层,喷涂过程中改变陶瓷与金属的送粉比例,调节等离子射流的温度及流速,即可调整成分与组织,获得 FGM 涂层，其沉积速率高、无需烧结，不受基材截面积大小的限制，尤其适合于大面积表面热障FGM 涂层。

按送粉方式不同可以分为两类制备方法。一类是异种粉末的单枪同时喷涂工艺，可以将两种粉末预先按设计混合比例混匀后，采用单送粉器输送复合粉末，也可以采用双送粉器或多送粉器分别输送金属粉和陶瓷粉，通过调整送粉率实现两种材料在涂层中的梯度分布，前种送粉方法只能获得成分呈台阶式过渡的梯度涂层，而后种送粉方法能够获得成分连续变化的梯度涂层，另一类是异种粉末的双枪单独喷涂工艺，即采用两套喷枪分别喷涂陶瓷粉和金属粉，并使粉末同时沉积在同一位置，通过分别调整送粉率实现成分的梯度化分布。采用双枪喷涂，可以根据粉末的种类分别调整喷枪位置、喷射角度以及喷涂工艺参数，因此能够比较容易精确控制粉末的混合比与喷射量，但是为了使独立喷涂的异种粒子在涂层中各区域的分布都是均匀的，可能存在等离子射流间的相互干扰，以及喷涂条件变化产生的异种粒子间结合不牢的问题，并且制备成本也相应增加。采用单喷则可避免双喷过程中的等离子射流相互干扰问题，然而要兼顾陶瓷与金属两种粉末的喷涂工艺参数还存在一定的困难。

新日本制铁公司采用低压等离子喷涂技术制备了厚度为 1mm 和 4mm 的 ZrO_2-8％Y_2O_3/Ni-20％Cr 系 FGM 薄膜。

10.4.3.3　激光熔敷法

将混合后的粉末通过喷嘴布于基体上，通过改变激光功率、光斑尺寸和扫描速度来加热粉体，在基体表面形成熔池，在此基础进一步通过改变成分向熔池中不断布粉，重复以上过程，即可获得梯度涂层。Stanford 大学利用 SDM (shape deposition manufacturing) 激光熔敷系统制备了成分连续过渡、形状复杂的 Al-Cu/316L 不锈钢系梯度涂层。利用相近方法合成的梯度涂层还有 Ti-Al 系、WC-Ni 系、Al-SiC 系等。

10.4.3.4　气相沉积法

气相沉积是利用具有活性的气态物质在基体表面成膜的技术，按机理的不同分为物理气相沉积 (PVD) 和化学气相沉积 (CVD) 两类。

(1) 物理气相沉积法 (PVD 法)

PVD 法通过各种物理方法（直接通电加热、电子束轰击、离子溅射等）使固相源物质蒸发然后在基体表面成膜，即是固体原料——→气相——→膜的过程。PVD 法沉积温度低，对基体的热影响小，故可作为最后工序处理成品件。通过改变蒸发源可以合成多层不同的膜，但 PVD 法其沉积速率低，且不能连续控制成分分布，故一般与 CVD 法联合用以制备FGM。日本金属材料研究所用 HCD 型 PVD 法（中空阴极放电型物理真空镀膜法）制备了Ti-TiN、Ti-TiC、Cr-CrN 系 FGM 膜。

利用电子束气相沉积梯度功能材料制备技术结合激光熔敷上釉 FGM 制备技术 (EB-PVD) 代表着梯度涂层制备技术的先进水平和发展方向，这种方法可得到低粗糙度的陶瓷隔热或绝热梯度涂层。

(2) 化学气相沉积法 (CVD 法)

化学气相沉积 (CVD) 技术在材料的合成方面具有很多优点：它可以在远低于物质的熔点温度下合成材料，能得到高纯度、致密的产物；可以通过调整原料气体的流量、温度等来控制材料组分、结构状态；另外，它与烧结法和 PVD 方法等相比，还有不需黏结剂、助燃剂，成膜速度快，可以对体积大、形状复杂的基体进行快速表面镀层的特点。

化学气相沉积的过程是加热气体原料使之发生化学反应而生成固相的膜沉积在基体上。

该技术容易实现分散相浓度的连续变化，可使用多元系的原料气体合成复杂的化合物。采用喷嘴导入气体，能以 1mm/h 以上的速度成膜，通过选择合成温度，调节原料气流量和压力来控制梯度沉积膜的组成与结构。日本东北大学采用此法制备了 SiC/C、TiC/C 系 FGM。在合成 TiC/C 系 FGM 时，他们采用热壁型 CVD 装置，以 $CH_4-TiCl_4-H_2$ 为气源，合成温度 1773K、压力 1.3kPa。而以 $SiCl_4-CH_4-H_2$ 为气源，合成温度为 1673K、压力 6.5kPa，得到了耐高温抗氧化的 SiC/C 系 FGM。

另外，分子束外延（MBE）、化学束外延（CBE）、真空蒸发、离子镀等超微粒子工艺的产生为气相沉积制备 FGM 提供了新的手段。如用靶溅射仪和 $Ar-N_2$ 气氛，在玻璃和单晶（001）上制备氮化铁梯度薄膜。PVD-CVD 组合技术是制备梯度薄膜的新趋势，它利用 CVD 温度一般高于 PVD 温度的特点，在基体材料低温侧采用 PVD 法，而在高温侧采用 CVD 法。如在 C/C 复合材料基体上于低温侧制备 TiC/Ti 涂层，而在高温侧沉积 SiC/C 梯度层。

气相沉积法可制备出大尺寸的试样，但缺点是合成速度低，一般不能制备出大厚度的梯度膜，且设备要求高。

10.4.3.5 自蔓延高温燃烧合成法（SHS 法）

自蔓延高温燃烧合成法（简称 SHS 法）是一种合成材料的新工艺，它通过加热原料粉局部区域激发引燃反应，反应放出的大量热量依次诱发邻近层的化学反应，从而使反应自动持续地蔓延下去。SHS 法的特点是它反应时的高温（2000～4000K）和反应过程中快速移动的燃烧波（0.1～25cm/s），SHS 法具有产物纯度高、效率高、耗能少，工艺相对简单等优点。利用 SHS 法已合成碳化物、氮化物、硼化物、金属间化合物及复合材料等超过 500 种化合物。SHS 法尤其适合于制备 FGM，由于在 SHS 过程中燃烧反应的快速进行，原先坯体中的成分梯度安排不会发生改变，从而最大限度地保持了原先最终设计的梯度组成。燃烧合成同时结合致密化一步完成成型和烧结过程是 SHS 技术发展的新方向。致密化的方式有单轴加压、等静压、挤压、电磁加压、轧制等。

SHS 结合气相等静压法（GPCS）是以分子运动能量大的气体作为加压介质的等静压下的加压燃烧烧结法，其能量效率高，采用适当的玻璃模盒技术可以制造大型、复杂形状的材料。气体加压燃烧烧结法由于以秒为单位完成反应，能抑制元素扩散，因而适合于制备组成连续变化的 FGM。例如，在制取 TiB_2-Ni 系 FGM 时，按组成（质量分数）

$$Ti+2B+10\%Ti+xNi+30\%TiB_2$$

使 Ni 的添加量按 0、10%、20%、30%变化进行阶梯叠层，其中加入 30% TiB_2 作为稀释剂是为了避免过高的反应温度，阻止 TiB_2 晶粒的长大。将叠层预压成一定致密度的预制块，表面涂覆 BN 后，真空密封于派莱克斯耐热玻璃模盒内，将模盒埋入充填于石墨坩埚内的燃烧剂（Ti+C）中，整体置于 GPCS 高压容器中，加热至 973K 使玻璃模盒软化后导入 Ar 气，升压至 100MPa，接着用石墨带加热器将燃烧剂点燃，由其生成的大量热激发模盒内试样的燃烧反应，在合成的同时完成烧结。利用这种方法还合成了 TiC-Ni、$(MoSi_2/SiC)/TiAl$、$MoSi_2/Al_2O_3$、$Ni/Al_2O_3/MoSi_2$、TiB_2-Cu 等 FGM。

SHS 合成 FGM 也可利用气体原料参与反应，例如 Nb-NbN 系 FGM 的 SHS 合成是将 Nb 金属片埋入作为燃烧剂的 Nb+NbN 粉末中，加热燃烧剂在 3MPa 以上的 N_2 压力下点燃燃烧剂，生成大量的热量使 1mm 厚的 Nb 片表面氮化形成 $NbN-Nb_2N-Nb$ 梯度结构，使 100μm 厚的 Nb 片完全氮化成 NbN。N_2 既是加压介质，又是反应气体，通过这种氮化工艺可以形成任意形状的 NbN-Nb$_2$N-Nb 制构件。

从工艺角度看，烧结法的可靠性高，但主要适合于制造形状比较简单的 FGM 部件，且成本较高；等离子喷涂法适合于几何形状复杂的器件表面梯度涂覆，但梯度涂层与基体间的结合强度不高，并存在涂层组织不均匀、空洞疏松、表面粗糙等缺点；PVD 和 CVD 法可制备大尺寸试样，但存在着沉积速度慢、沉积膜较薄（<1mm）与基体结合强度低等缺点；SHS 法的优点在于其高效率、低成本，并且适合于制造大尺寸和形状复杂的 FGM 部件，其目前的局限性在于仅适合于存在高放热反应的材料体系，另外其反应控制技术（包括 SHS 反应过程与动力学、致密化技术和 SHS 热化学等）也是获得理想 FGM 的一个关键。总之，采用不同的制备方法，都各有其优缺点，所获得 FGM 的尺寸、组织和性能也各有其特点。

10.4.4　梯度复合技术的应用

梯度复合技术主要用来制备梯度功能材料。梯度功能材料是一类具有全新概念的材料，它具有比传统复合材料更为优异的性能，其应用前景极为广阔。

（1）热应力缓和型梯度功能材料

热应力缓和型梯度功能材料是迄今为止研究得最早最多的一类材料。它们多属于金属陶瓷组合类型。现已成功地制出整块材料、涂层镀膜材料。由于它们具有良好的障热和缓和热应力作用，所以主要应用在需要承受巨大的温度落差的使用环境下。例如航天飞机发动机引擎部件、燃烧室器壁、高效燃气轮机涡轮叶片、大型钢铁厂轧辊、核反应容器障热层等。此外，亦适用于需兼有耐热性和强度的管线材料上。

（2）压电梯度功能材料

传统压电驱动器通常采用两片陶瓷夹一片金属结构，组元之间靠黏结剂黏结在一起。这种结构用于超音速飞机马达时难以胜任，因为高速下部分黏结剂脱落，高温下黏结剂变软，低温下脆裂。日本已研制出两种组成的梯度压电材料，其一端是 Pb（Ni，Nb）$_{0.5}$ (Ti，Zr)$_{0.5}$O$_3$ 组成的压电陶瓷，另一端是 Pb(Ni，Nb)$_{0.7}$ (Ti，Zr)$_{0.3}$O$_3$ 组成的高介电常数的介电材料，中间是成分呈梯度变化的区域。

（3）医用生物梯度材料

为了增强生物的适应性，可采用生物渐变（梯度）功能材料制作人造牙齿：多孔的磷灰石作牙根，牙齿的外露部分使用高硬度陶瓷，中心部分是高韧性陶瓷，使用这种结构的人造牙齿，生物组织可以嵌入多孔的齿根中，使两者牢固结合。

（4）其他

在电子领域，借助渐变成分控制技术有可能造出与衬底一体化的电子产品和三元复合电子产品，实现小型化并使单个电子产品高性能化。如半导体器件，传统的硅半导体和近年开发化合物半导体因晶格常数的差异较大难以组合，通过渐变功能材料可以解决此难题。

在光学领域渐变成分控制技术可使多态纤维及 GRIN 透镜的折射率变化范围增大，还可能开发出新的光学元件或光贮存器。如将具有电光学、磁光学效应的材料与传统光学材料结合，可以设计、制造出具有缓和热应力功能的大功率激光棒。

10.5　金属直接氧化技术

10.5.1　金属直接氧化技术的由来

金属直接氧化过程用来制备陶瓷复合材料是 1985 年美国 Lanxide 公司发现的，因而该技术也叫 Lanxide 技术，而由该工艺制备出的陶瓷复合材料也叫 Lanxide 材料。该技术的机理是基于金属熔体的氧化现象。在高温下，金属母体与气、固、液态的氧化剂反应形成包含固态陶瓷基体和 5%～30%（体积）的网状金属的复合材料。由 Lanxide 技术制备的材料有 Al_2O_3/Al、AlN/Al、ZrN/Zr 及 $ZrB_2/ZrC_x/Zr$ 复合材料。典型的例子是铝合金熔体的直接氧化。通过连续不断地将合金熔体沿着毛细管输送到氧化反应的前沿和持续地获得反应所需的气体（O_2）反应形成具有均匀的微观结构的复合材料。某些元素加入到铝合金熔体可以影响铝合金界面能和氧化过程，比如 Mg 和 Si 或将 MgO 和 SiO_2 置于铝合金表面。当外加掺杂元素为 Mg-Si、Mg-Ge、Mg-Sn 和 Mg-Pb 时，铝合金熔体氧化形成 Al_2O_3/Al 复合材料的温度为 1000～1400℃。据报道当以空气为氧化剂时，形成 Al_2O_3 的氧化反应速率为 2.5～3.8cm/24h。这种复合工艺可以用来渗透由颗粒或纤维构成的预制体形成增强和增韧的复合材料。合金熔体在陶瓷预制体中孔隙的高温反应形成了由氧化物陶瓷和未反应的金属组成的基体。用来作为预制体的材料有：Al_2O_3、SiC、Si_3N_4 等。有报道铝熔体直接氧化反应渗透 Nicalon 纤维预制体形成了 Nicalon 纤维/Al_2O_3/Al 复合材料，其抗弯强度达 400MPa，断裂韧性达 18MPa·$m^{1/2}$。

10.5.2 铝合金熔体直接氧化生长机理

Al-Mg-Si 合金熔体的直接氧化过程是非常复杂的。它的整个氧化过程分为两个阶段：开始的有限氧化的孕育期；和随后的本体 Al_2O_3/Al 复合材料的形成和生长。在空气中，刚开始 Al-Mg-Si 合金熔体表面形成一层 MgO，然后在合金熔体和 MgO 之间形成一层含有金属熔体微观通道的 $MgAl_2O_4$ 层，而且在孕育期该层 $MgAl_2O_4$ 膜不断增厚。本体氧化生长的开始是由 MgO 层的减薄，与此同时金属熔体的微观通道到达 $MgO/MgAl_2O_4$ 界面，不久 Al_2O_3/Al 的突起形成在表面。在本体氧化生长过程中，尖晶石层与金属熔体靠近，而且消耗了原始合金中大部分的镁，以至于合金熔体中的镁含量下降很多。Al_2O_3/Al 突起的表面是很薄的 $MgO/MgAl_2O_4$ 双层氧化膜。在铝合金中的 Si 会与 Mg 反应形成 Mg_2Si 原子团导致 Mg 在合金熔体中的活度下降，从而促进以下反应的进行。

$$3MgO+2(Al) \!=\!= Al_2O_3+3(Mg) \tag{10-19}$$
$$MgAl_2O_4 \!=\!= Mg^{2+}+2Al^{3+}+4(O)+8e^- \tag{10-20}$$

这样 α-Al_2O_3 形成于 $MgAl_2O_4$ 膜的下面，使得 $MgO/MgAl_2O_4$ 双层氧化膜变薄。合金熔体中的 Mg 通过蒸发和扩散抵达 MgO 膜表面，然后与空气中的 O_2 发生反应如下

$$2Mg+O_2 \!=\!= 2MgO \tag{10-21}$$

生成的 MgO 在原来的 MgO 膜表面，使得 MgO 膜增厚。熔体中的 Al 扩散到 $MgO/MgAl_2O_4$ 的界面，然后与 MgO 发生如下反应

$$4MgO+2(Al) \!=\!= MgAl_2O_4+3(Mg) \tag{10-22}$$

因此生成的 $MgAl_2O_4$ 处于 MgO 膜与 $MgAl_2O_4$ 膜之间，而使 $MgAl_2O_4$ 膜增厚。通过以上四个反应，铝合金熔体表面的氧化膜不断向前推进，而 α-Al_2O_3 不断地形成，这样 Al_2O_3/Al Lanxide 复合材料不断地生长直到合金熔体库用完。当 Al_2O_3/Al 本体生长时，Al_2O_3/Al 突起变大，生长在一起，然后继续向上生长。Si 的活性比 Al 差，是相对惰性的，因此能稳定的存在。铝熔体表面的 Mg 和 Al 的氧化导致反应前沿的 Mg 和 Al 的含量减少，而 Si 的含量相对增加。富 Si 合金熔体较难氧化。处于 Al_2O_3 晶粒之间的 Si 与在 Al_2O_3 下面的合金库相互扩散，形成了铝合金熔体的微观通道。在毛细管力的作用下，沿着 Al_2O_3 中的微观通道铝合金熔体被不断地输送到反应的前沿，因此 Al_2O_3/Al Lanxide 复合材料能不断地生长直至合金熔体库的熔体消耗完毕。总的直接氧化过程包括起始表面氧化，和随后

的有限氧化生长的孕育期，和然后的 Al_2O_3/Al 复合材料的本体生长。在孕育期，非连续的 $MgO/MgAl_2O_4$ 双层氧化膜形成并增厚。孕育期可持续几个小时至二十多个小时，它取决于母合金中掺杂元素 Mg 和 Si 的含量及工艺温度。工艺温度升高，孕育期下降。据报道，在母合金表面涂 SiO_2 可以消除很长的孕育期，导致 Al_2O_3/Al 复合材料生长很平滑，不出现 Al_2O_3/Al 突起。

当工艺温度从 1000℃ 上升到 1350℃ 时，Al_2O_3/Al 复合材料的本体生长速率变快。另外，本体氧化生长速率与母合金中掺杂元素（Mg、Si）的含量有关。本体氧化生长速率与工艺温度的关系符合 Arrhenius 公式（$\ln V = A + B/T$）。本体氧化的表观活化能与母合金中掺杂元素含量有关。当母合金中硅含量增加时，表观活化能下降。母合金中镁含量与表观活化能的关系很复杂。O_2 压与铝合金熔体本体氧化速率的关系也取决于母合金中的掺杂元素（Mg、Si）。

10.5.3 Al_2O_3/Al 复合材料的微观结构和性能

与烧结法制备的陶瓷复合材料相比，Al_2O_3/Al 复合材料的微观结构很特别。图 10-8 是 Al-Mg-Si 合金直接氧化制备的 Al_2O_3/Al 复合材料的光学显微结构。在该图中，白相是铝合金；而灰相是 Al_2O_3 基体。可以看出，铝合金和氧化铝基体均是三维连通的。Al_2O_3/Al 复合材料中孔洞形成的原因有两条：① Al_2O_3/Al 本体生长不平衡，Al_2O_3/Al 突起横向生长，孔洞就形成于 Al_2O_3/Al 突起之间；② 当复合材料中金属熔体冷却固化收缩时，孔洞就产生于合金相中。当 Al_2O_3/Al 复合材料的陶瓷含量增加，材料中的孔洞减少。Al_2O_3/Al 复合材料孔洞含量与材料制备的工艺温度和母合金中的掺杂元素（Mg、Si）含量有关。当工艺温度从 1050℃ 上升到 1350℃，复合材料中孔洞减少。当母合金中镁含量增加，材料中孔洞增多。当母合金中硅含量变化时，材料中孔洞含量变化不大。

Al_2O_3/Al 复合材料的室温抗弯强度达 400MPa，在 1000℃ 时，强度下降到 40MPa。它们的室温断裂韧性达 9.5MPa·$m^{1/2}$，当温度升高到 900℃，断裂韧性下降到 2MPa·$m^{1/2}$。在室温，它们的维氏硬度为 17.3GPa，而抗压强度为 985MPa。

10.5.4 增强 Al_2O_3/Al 复合材料的微观结构和性能

Lanxide 工艺能渗透由陶瓷颗粒或纤维构成的预制体而形成增强、增韧的复合材料。用 SiC、Al_2O_3 作预制体，铝合金直接氧化可以制备出 $SiC/Al_2O_3/Al$ 和 Al_2O_3/Al 复合材料。图 10-9 是 $SiC/Al_2O_3/Al$ 复合材料的光学显微结构。图中白色有棱角的颗粒是 SiC，它们被灰色的 Al_2O_3/Al 基体所包围。材料中的 α-Al_2O_3 是三维连通的，而未被氧化的铝合金也是

图 10-8　Al_2O_3/Al 复合材料的
光学显微结构，400×

图 10-9　$SiC/Al_2O_3/Al$ 复合材
料的光学显微结构，500×

连通的网状结构。当 Al_2O_3/Al 渗入预制体中，形成的像 $SiC/Al_2O_3/Al$ 一样的复合材料变得比 Al_2O_3/Al 复合材料更致密。当用 SiC 作预制体时，铝合金熔体的直接氧化速率显著加快。预制体中 SiC 颗粒越小，$SiC/Al_2O_3/Al$ 复合材料越致密。增强的 Al_2O_3/Al 复合材料的性能显著提高，尤其当增强体为纤维或晶须时。$SiC_p/Al_2O_3/Al$ 复合材料室温抗弯强度达 500MPa，而断裂韧性达 $5.08MPa \cdot m^{1/2}$；当温度升高，其抗弯强度下降。当增强体用 Nicalon SiC 纤维时，铝合金直接氧化形成的复合材料的力学性能大为改观，其抗弯强度达 997MPa，断裂韧性达 $29MPa \cdot m^{1/2}$。

10.5.5 Lanxide 复合材料和 Lanxide 工艺的特征

与烧结法制陶瓷复合材料相比，Lanxide 复合材料和 Lanxide 工艺的特征在于以下几点。

① 它是一个近尺寸过程。它可被用于制备复杂形状复合材料构件，大大减少陶瓷的加工。

② 工艺过程简单，仅需要空气气氛，工艺温度不高。

③ Lanxide 复合材料的性能可调，尤其是其组成可以由陶瓷基到金属基连续变化。

④ 这种工艺可用于渗透陶瓷纤维或晶须的预制体，制备出纤维或晶须增强、增韧的复合材料。

Lanxide 复合材料和 Lanxide 工艺也有一些缺点，即金属熔体的直接氧化过程很慢，而且有时 Lanxide 复合材料不致密。比如用该工艺制备 1cm 厚的 Al_2O_3/Al Lanxide 复合材料构件需二十多小时。

10.6 分子自组装技术

近年来，随着仿生学和超分子化学的发展，材料科学家已在探索"将原子、分子按照人的意志组装起来"，制备出各种符合各种功能、性能要求的材料。自组装合成技术即是由此设想发展起来的。分子自组装是分子与分子在一定条件下，依赖非共价键分子间作用力自发连接成结构稳定的分子聚集体的过程。通过分子自组装我们可以得到具有新奇的光、电、催化等功能和特性的自组装材料，特别是现在正在得到广泛关注的自组装膜材料在非线性光学器件、化学生物传感器、信息存储材料以及生物大分子合成方面都有广泛的应用前景。

10.6.1 分子自组装的原理及特点

分子自组装的原理是利用分子与分子或分子中某一片段与另一片段之间的分子识别，相互通过非共价作用形成具有特定排列顺序的分子聚合体。分子自发地通过无数非共价键的弱相互作用力的协同作用是发生自组装的关键。这里的"弱相互作用力"指的是氢键、范德瓦耳斯力、静电力、疏水作用力、π-π 堆积作用、阳离子 π 吸附作用等。非共价键的弱相互作用力维持自组装体系的结构稳定性和完整性。并不是所有分子都能够发生自组装过程，它的产生需要 2 个条件：自组装的动力以及导向作用。自组装的动力指分子间的弱相互作用力的协同作用，它为分子自组装提供能量。自组装的导向作用指的是分子在空间的互补性，也就是说要使分子自组装发生就必须在空间的尺寸和方向上达到分子重排要求。

自组装膜的制备及应用是目前自组装领域研究的主要方向。自组装膜按其成膜机理分为自组装单层膜和多层自组装膜。自组装膜的成膜机理是通过固液界面间的化学吸附，在基体上形成化学键连接的、取向排列的、紧密的二维有序单分子层，是纳米级的超薄膜。活性分子的头基与基体之间的化学反应使活性分子占据基体表面上每个可以键接的位置，并通过分子间力使吸附分子紧密排列。如果活性分子的尾基也具有某种反应活性，则又可继续与别的物质反应，形成多层膜，即化学吸附多层膜。

另外，根据膜层与层之间的作用方式不同，自组装多层膜又可分为两大类，除了前面所述基于化学吸附的自组装膜外，还包括交替沉积的自组装膜。通过化学吸附自组装膜技术制得的单层膜有序度高，化学稳定性也较好。而交替沉积自组装膜主要指的是带相反电荷基团的聚电解质之间层与层组装而构筑起来的膜，这种膜能把膜控制在分子级水平，是一种构筑复合有机超薄膜的有效方法。

10.6.2 分子自组装体系形成的影响因素

分子自组装是在热力学平衡条件下进行的分子重排过程，它的影响因素也多种多样，主要有以下几个影响因素。

(1) 分子识别对分子自组装的影响

分子识别可定义为某给定受体对作用物或者给体有选择地结合并产生某种特定功能的过程，包括分子间有几何尺寸、形状上的相互识别以及分子对氢键、π-π 相互作用等非共价相互作用力的识别。利用分子彼此间的识别、结合特征，从中挖掘高效、高选择性的功能。若将具有识别部位的多个分子组合，彼此便寻找最安定、最接近的位置，并形成超过单个分子功能的高次结构的聚集体。在有机分子自组装过程中控制组装顺序的指令信息就包含于自组装分子之中，信息依靠分子识别进行。

(2) 组分对分子自组装的影响

组分的结构和数目对自组装超分子聚集体的结构有很大的影响。有人利用扫描隧道电镜观测了 4-十六烷氧基苯甲酸（T1）和 3,4,5-三取代十六烷氧基苯甲酸（T3）分子在石磨上形成的自组装体系的结构，结果发现这两种分子的自组装排列结构有着很大的不同：T1 分子形成的是有序的明暗相间的条陇状结构，而 T3 分子形成的是密堆积结构。这说明组分结构的微小变化或组分的数目变化可能导致其参与形成的自组装体结构上的重大变化。

(3) 溶剂对分子自组装的影响

绝大多数对自组装体系的研究都是在溶液中进行的，因而溶剂对自组装体系的形成起着关键作用。溶剂的性质及结构上的不同都可能导致自组装体系结构发生重大改变。任何破坏非共价键的溶剂，都可能会影响到自组装过程的进行，包括溶剂的类型、密度、pH 值以及浓度等。

(4) 分子自组装体系的分类

分子自组装的分类方法也是多种多样的。按照分子自组装组分不同可将分子自组装分为表面活性剂自组装、纳米及微米颗粒自组装以及大分子自组装。

表面活性剂两亲分子在材料表面上、在胶体聚集体中或在膜中的排列的是高度有序的。通过设计和改变高分子的排列方式，可以得到各种高性能的材料。很多重要的生物化学反应和高技术含量的处理过程都是发生在通过自组装而产生的隔膜、囊泡、单层膜或胶束上。

自组装纳米和微米颗粒，特别是金属纳米颗粒和半导体纳米颗粒的自组装，近年来得到了人们的重视。目前，大量的工作正致力于将此类纳米材料应用于光学和电子领域中，并取得了一定的成果。在这些粒子作为单独的实体时就已经可以产生量子尺寸作用，而当适合自组装在一起时所产生的光学、磁学和电学交互作用更加明显，宏观上会使材料的物理化学性质得到很大的提高。

大分子自组装可以指高聚物或低聚物分子自发地构筑成具有特殊结构和形状的集合体的

过程。除了对蛋白质，DNA 和生物高分子膜的天然聚合物高分子进行自组装，还可对合成大分子进行自组装。目前高聚物大分子自组装领域研究主要针对液晶高分子、嵌段共聚物、能形成 π 键或氢键的聚合物及带相反电荷体系的组合，树枝状大分子的自组装领域也取得了很大的进展。

10.6.3　分子自组装的应用

分子自组装的应用可分为以下 3 个方面：纳米材料中的应用、膜材料方面的应用以及生物科学方面的应用。

（1）分子自组装在纳米材料中的应用

分子自组装技术在纳米技术中的应用主要集中在纳米介孔材料、纳米管、纳米微粒的制备。

a. 纳米介孔材料　纳米介孔材料的制备是纳米复合材料合成研究的热点，而分子自组装技术是一种合成纳米介孔材料的有效手段。它得到的介孔具有均匀、可调的特点。如 Kuang Min 等以氢键为驱动力将可交联的刚性聚氨酸酯（PAE）低聚物与土壤状的聚 4-乙烯基吡啶在它们的共溶液中分子间自组装，然后再使 PAE 光交联的方法制得纳米介孔材料。

b. 纳米管　管状纳米材料的研究现在非常活跃，而分子自组装技术在纳米管状材料的制备中可发挥重要作用。有人以 $(NH_4)_2S_2O_8$ 为氧化剂，璜酸为掺杂剂，不需要另外的模板的情况下通过自组装的方法制备出聚苯胺的微米/纳米管，并发现在这一过程中璜酸是作为模板参与反应的。

c. 纳米微粒　由于分子自组装形成的超分子可控制在纳米量级，因此通过分子自组装可制备各种不同的纳米颗粒。Seiichi Sato 等在平衡状态下的空气和悬浊液的界面上，用分子自组装的方法制备了亲水表面活性剂改性的金的超晶格。Jin Zhai 等利用树枝状大分子聚亚苯基乙烯的自组装膜为模板原位制得 CdS 纳米颗粒，这种颗粒在纳米器件，例如发光二极管和光电转换器等领域有较为广阔的应用。

（2）分子自组装在膜材料方面的应用

分子自组装膜，特别是自组装单分子膜，已经得到了广泛的应用。例如，自组装单分子膜在电子仪器制造、塑料成型、防蚀层研究等诸多领域都有实际应用。如 Sung ho Kim 等研究了 TiO_2 纳米粒子与聚苯酰胺自组装薄膜聚合物膜，这种膜可消除生物污垢。自组装单分子膜可通过含有自由运动的端基，例如硫醇、氨基等的有机分子（脂肪族或芳香族）对电极表面改性，赋予了电极表面新的功能。

（3）分子自组装在生物科学方面的应用

目前分子自组装在生物科学中主要应用在酶、蛋白质、DNA、缩氨酸、磷脂的生物分子自组装膜。这些生物分子自组装膜被广泛应用于生物传感器、分子器件、高效催化材料、医用生物材料领域。例如，缩氨酸表面活性剂的自组装行为对于研究不含油脂的生物表面活性剂的人工合成和分子自组装的动力学具有重要意义。如 Santoso 等人就利用类表面活性剂的缩氨酸分子自组装合成了纳米管、纳米囊泡，其平均直径在 30～50nm 之间。

第11章 复合材料的可靠性

11.1 复合材料的可靠性描述

材料的可靠性问题是当今人们很关心的问题。可靠性问题的提出，可以追溯到第二次世界大战，当时由于材料的问题，飞机、军舰、轮船常出事故。从 1950 年起就开始了提高材料可靠性技术的研究。随着航空、航天、原子能、海洋等技术的大规模发展，对系统的可靠性问题更为重视。可靠性问题不仅在军用装备领域重要，而且在民用品领域同样重要。从 20 世纪 60 年代开始，美、日在民用品上就很重视可靠性问题。在 21 世纪科学技术以更快速度发展，复合材料的作用显得更加突出，要使复合材料得到更广泛的应用，其低成本的可靠性是一个需要解决的重要问题。

所谓可靠性，是指系统或者部件在给定的使用期间，在给定的环境条件下，能够顺利地完成原设计性能的概率。用概率作为定量尺度表达可靠性时，这个概率就称为可靠度。对于材料破坏起主要作用的是材料的强度。因此材料的可靠性可主要由材料强度的可靠性来反映，也即材料强度的分散性。材料强度的分散性越高，材料的可靠性就越差。一般复合材料的可靠性比金属材料差。脆性材料的断裂不像延性材料断裂前要经过弹性变形和塑性变形两个阶段，而是经过极微小应变的弹性变形后立即断裂，材料的延伸率和断面收缩几乎为零。因此，在实际应用上对脆性材料的可靠性要求更高。材料的性能主要由其组成和显微结构所决定。

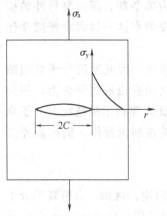

图 11-1 材料中裂纹尖端
处的应力集中

(1) 材料强度波动的分析

根据 Griffith 微裂纹理论，断裂起源于材料中存在的最危险的裂纹。该理论认为，材料内部存在原始裂纹，当材料受力时，在裂纹的尖角处产生应力集中，如果尖角处的应力超过材料的理论强度时，裂纹就迅速扩展，最后使材料断裂。裂纹尖端处应力集中情况如图 11-1 所示。据此，格里菲斯推导出有裂纹材料的断裂强度（临界应力）

$$\sigma_c = \sqrt{\frac{2E\gamma}{\pi C}} \tag{11-1}$$

（E 为弹性模量，γ 为表面能，C 为裂纹长度的一半。）

由上式可知，材料的临界应力 σ_c 只随材料中最大裂纹长度变化。材料的裂纹越长，其强度越小。

由于裂纹的长度在材料内的分布是随机的，有大有小，所以临界应力也有大有小，具有分散的统计性，因此在材料抽样试验时，有的试件强度大，有的小。

材料的强度还与试件的体积有关。试件中具有一定长度 $2C$ 的裂纹的几率与试件体积成正比。假设材料中，平均每 10cm^3 有一条长度为 C_c（最长裂纹）的裂纹，如果试件体积为 10cm^3，则出现长度为 C_c 的裂纹的几率为 100%，其平均强度为 σ_c。如果试件体积为 1cm^3，

10 个试件中只有 1 个上有一条 C_c 的裂纹，其余 9 个只含有更小的裂纹。结果，这 10 个试件的平均强度值必然大于大试件的 σ_c。这就是测得的材料强度 σ_c 具有尺寸效应的原因。另外，通常测得的材料强度还和裂纹的某种分布函数有关。裂纹的大小、疏密使得有的地方 σ_c 大、有的地方 σ_c 小，也就是说材料的强度分布也和断裂应力的分布有密切关系。另外，应力分布还与受力方式有关，例如，同一种材料，抗弯强度比抗拉强度高。这是因为前者的应力分布不均匀，提高了断裂强度。平面应变受力状态的断裂强度比平面应力状态下的断裂强度要高。

（2）材料强度的统计分析

将一体积为 V 的试件分为若干个体积为 ΔV 的单元。每个单元中都随机地存在裂纹。做破坏试验，测得断裂强度为 σ_{c0}，σ_{c1}，…，σ_{cn}，仍然后按断裂强度的大小排队分组，以每组的单元数为纵坐标作图，如图 11-2。

任取一单元，其强度为 σ_{ci}，则在 $\sigma_{c0}\sim\sigma_{ci}$ 区间的曲线下包围的面积占总面积的分数即为 σ_{ci} 的断裂几率。因为强度等于和小于 σ_{ci} 的诸单元如果经受 σ_{ci} 的应力将全部断裂，因而这一部分的分数即为试件在 σ_{ci} 作用下发生断裂的概率

$$P_{\Delta V} = \Delta V n(\sigma) \qquad (11\text{-}2)$$

式中，应力分布函数 $n(\sigma)$ 为 $(\sigma_{c0}\sim\sigma_{ci})$ 的总面积。

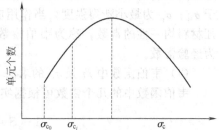

图 11-2　材料断裂强度分布

强度为 σ_{ci} 的单元在 σ_{ci} 应力下不断裂的概率为

$$1 - P_{\Delta V} = 1 - [\Delta V n(\sigma)] = Q_{\Delta V} \qquad (11\text{-}3)$$

整个试件中如有 r 个单元，即 $V = r\Delta V$，则整个试件在 σ_{ci} 应力下不断裂的概率为

$$Q_V = (Q_{\Delta V})^r = [1 - \{\Delta V n(\sigma)\}]^r = \left[1 - \frac{V n(\sigma)}{r}\right]^r \qquad (11\text{-}4)$$

此处不能用断裂概率来统计，因为只要有一个 ΔV_i 断裂，整个试件就断裂。因此，必须用不断裂概率来统计。

当 $r \to \infty$ 时

$$Q_V = \lim_{r \to \infty}\left[1 - \frac{V n(\sigma)}{r}\right]^r = e^{-V n(\sigma)} \qquad (11\text{-}5)$$

上式中的 V，应理解为归一化体积，即有效体积与单位体积的比值，无量纲。

推而广之，如有一批试件共 N 个，进行断裂试验得断裂强度 σ_1，σ_2，…，σ_n。按断裂强度的数值由小到大排列。设 S 为 $\sigma_1\sim\sigma_n$ 试件所占的百分数，也可以说，S 为应力小于 σ_n 的试件的断裂概率，则

$$S = \frac{n - 0.5}{N} \quad \left(\text{或 } S = \frac{n}{N+1}\right) \qquad (11\text{-}6)$$

例如，$N = 7$，$n = 4$，则 $S = 3.5/7 = 50\%$。对每一个试验值 σ_i 都可算出相应的断裂概率。

（3）求应力函数的方法及韦伯分布

如果选取的试件有代表性，则单个试件与整批试件的断裂几率相等。

$$P_V = S = 1 - Q_V = 1 - e^{-V n(\sigma)} \qquad (11\text{-}7)$$
$$1 - S = e^{-V n(\sigma)}$$

$$\frac{1}{1-S} = e^{-Vn(\sigma)}$$

$$\ln\left(\frac{1}{1-S}\right) = Vn(\sigma)$$

所以

$$n(\sigma) = \frac{1}{V}\ln\left(\frac{1}{1-S}\right) \tag{11-8}$$

如果应力函数不是均匀分布，则

$$Q_V = e^{\left[-\int_V n(\sigma)dV\right]} \tag{11-9}$$

求 $n(\sigma)$ 就比较复杂。韦伯提出了一个半经验公式

$$n(\sigma) = \left(\frac{\sigma - \sigma_\mu}{\sigma_0}\right)^m \tag{11-10}$$

这就是著名的韦伯（Weibull）函数。它是一种偏态分布函数。式中，σ 为作用应力，相当于 σ_{ci}；σ_μ 为最小断裂强度，当作用应力小于此值时，$Q_V=1$，$P_V=0$，相当于 σ_{c0}；m 是表征材料均一性的常数，称为韦伯模数。m 越大，材料越均匀，材料的强度分散性越小；σ_0 为经验常数。

（4）韦伯函数中 m 及 σ_0 的求法

韦伯函数中的几个常数可根据实测强度的数据求得，由式（11-6），得

$$1 - S = 1 - \frac{n}{N+1} = \frac{N+1-n}{N+1}$$

$$\lg\lg\left(\frac{1}{1-S}\right) = \lg\lg\left(\frac{N+1}{N+1-n}\right) \tag{11-11}$$

将式（11-10）代入式（11-8）得

$$\ln\left(\frac{1}{1-S}\right) = Vn(\sigma) = V \times \frac{(\sigma - \sigma_\mu)^m}{\sigma_0^m}$$

改用常用对数

$$\lg\left(\frac{1}{1-S}\right) = \lg e \times \ln\left(\frac{1}{1-S}\right) = \lg e \times \frac{V(\sigma-\sigma_\mu)^m}{\sigma_0^m} = 0.4343 \times \frac{V(\sigma-\sigma_\mu)^m}{\sigma_0^m}$$

$$\lg\lg\left(\frac{1}{1-S}\right) = \lg 0.4343 + \lg V + m\lg(\sigma - \sigma_\mu) - m\lg\sigma_0 \tag{11-12}$$

由式（11-11）和式（11-12）得

$$\lg\lg\left(\frac{N+1}{N+1-n}\right) = \lg 0.4343 + \lg V + m\lg(\sigma - \sigma_\mu) - m\lg\sigma_0 \tag{11-13}$$

分析上式，如果断裂强度的最小值 σ_μ 选定，则 $\lg\lg\left(\frac{N+1}{N+1-n}\right)$ 与 $\lg(\sigma - \sigma_\mu)$ 成直线关系。直线斜率为 m，与 y 轴的截距为 $\lg 0.4343 + \lg V - m\lg\sigma_0$。

根据实测的 σ_i 及 n_i 作 $\lg(\sigma - \sigma_\mu)$ 与 $\lg\lg\left(\frac{N+1}{N+1-n}\right)$ 关系图，得一直线，可求出 m 及 σ_0。该批试件的断裂概率可根据下式算出

$$S = 1 - e^{\frac{-V(\sigma-\sigma_\mu)^m}{\sigma_0^m}} \tag{11-14}$$

（5）有效体积的计算

上式中的试件体积 V 应指试件的有效体积，即试件中可能开裂的那部分体积。如果是

三点弯曲试件，真正可能出现开裂的体积仅指位于跨度中点，且占很小部分的受拉应力区域。另外，这个区域的大小还与材料的韦伯模数 m 有关。当然在实际计算 V 时，所选用的 m 值只是估计值，待整个问题解决之后，再用求得的 m 值加以修正。

对三点弯曲试件，有效体积 $V=\dfrac{V_{\mathrm{T}}}{2(m+1)^2}$，四点弯曲试件，有效体积 $V=\dfrac{V_{\mathrm{T}}(m+2)}{4(m+1)^2}$。式中 V_{T} 为试件的整个体积。例如当 $m=10$ 时，前者为 $0.004V_{\mathrm{T}}$，后者为 $0.025V_{\mathrm{T}}$。

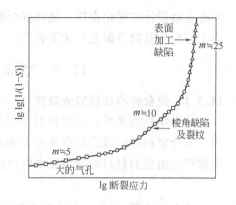

图 11-3　不同缺陷在韦伯
分布上的作用

(6) 两参数韦伯分布及其应用

为了简化计算，在韦伯断裂概率函数公式 (11-14) 中，设 σ_{μ} 为零，即假设最小断裂强度为零。则该式变为

$$S=1-\mathrm{e}^{-V\left(\frac{\sigma}{\sigma_0}\right)^m} \tag{11-15}$$

式中仅剩下 m 及 σ_0 两个参数，故称为两参数韦伯分布，而式 (11-14) 称为三参数韦伯分布。用式 (11-15)，可使运算简化。用此法求出的 m 偏大。有时 $\lg\lg\left(\dfrac{1}{1-S}\right)$ 和 $\lg\sigma$ 的关系不是一条直线而是三段直线，如图 11-3。从图中可分析不同缺陷所起的作用。

11.2　复合材料可靠性控制的复杂性

与其他材料相比，提高复合材料可靠性的难度和复杂性显而易见，这是复合材料自身特点所决定的。这一点可以从 3 个方面简单分析。

(1) 组分材料的多重性

复合材料是由增强体与基体构成，除了增强体与基体的相对含量和结合状态对复合材料的性能有影响外，增强体与基体本身的性能对复合材料更有直接影响。特别是树脂基复合材料，其基体由树脂、固化剂、增韧剂和其他添加剂组成，它们之间相对含量及自身的性能对复合材料也会产生直接的影响。而树脂又是合成得到的，合成树脂原料的性质及配比等对复合材料性能也会有影响。因此要提高复合材料的可靠性，必须从构成复合材料的组元材料的质量控制开始。

(2) 材料的结构工艺的同步性

复合材料尤其是树脂基复合材料，往往在材料成型的同时其结构也形成。工艺过程中的每一步，如配胶工艺、预浸工艺、铺贴工艺、封装工艺、固化工艺等，都会直接影响复合材料的产品性能。金属基复合材料也是如此，在制备过程中，增强体（纤维、晶须或颗粒）在金属基体中的分布状况和增强体与金属基体的浸润情况等都是影响复合材料性能的工艺性因素。因此，要提高复合材料的可靠性，控制好复合材料成型工艺质量是至关重要的。

(3) 材料结构的可设计性

复合材料的可设计性是复合材料的重要特点之一，也是复合材料结构优化的关键。对于连续纤维增强的复合材料来说，它的结构特征和力学特征都可能具有各向异性。因此根据复合材料构件所使用的状态与环境条件，可设计出最佳的结构形式和选择最佳的承载方式。要实现合理设计或优化设计，提高复合材料结构的可靠性，掌握合理的设计和分析方法，积累必不可少的基础数据是非常重要的。

11.3 提高复合材料可靠性的途径

11.3.1 复合材料性能的分散性

从力学性能来看，通常情况下，复合材料性能的分散性远大于金属材料。同时普遍认为，复合材料性能数据的概率分布形式是两参数韦伯分布。前面式（11-15）已给出用概率函数形式给出的材料的断裂概率两参数韦伯分布为

$$S = 1 - e^{-V\left(\frac{\sigma}{\sigma_0}\right)^m}$$

式中，参数 m 是一个非常重要的参数，它反映了复合材料数据分布的分散性。组分材料、复合工艺与试验环境等各种因素对复合材料性能分散性的影响也都是通过 m 值来体现。m 值越大，材料越均匀，材料的强度的分散性越小，也就是说材料的可靠性越高。

11.3.2 从控制工艺质量入手提高复合材料可靠性

复合材料突出的特点是绝大部分材料成型的同时构件也即成型。因此成型工艺将直接影响到复合材料构件的性能。所以，复合材料及其构件的可靠性与其制备工艺质量直接相关。复合材料的种类不同，制备工艺也不尽相同。这里主要以树脂基复合材料为例，讨论其成型工艺对复合材料性能的影响。

这里所指的工艺因素主要是指复合工艺因素。复合材料性能的不稳定性除了来自组分材料质量的波动外，很大程度上是由于复合工艺不当而导致的复合材料缺陷所造成的。

11.3.2.1 缺陷的形式

对预浸料热压成型的复合材料而言，其主要缺陷归纳为下面几种。

（1）气泡

是复合材料中常见的一种缺陷。它由 3 个原因造成：①树脂体系中含有可挥发的物质；②在铺层时带入气体；③有些树脂体系在固化反应中放出气体，如酚醛树脂体系等。研究结果表明，当孔隙率超过 2% 时，复合材料的强度下降可达 40%。由于这种气泡缺陷出现的数量和分布随机性很大，难以掌握其规律性，因此增大了复合材料性能的分散性。

（2）脱黏

是指树脂基体从增强纤维表面脱开的现象，是树脂基体与纤维粘接不牢所造成的。纤维对树脂的吸附性差，或树脂对纤维的浸润性差，纤维表面被污染或纤维表面处理效果差等，都是"脱黏"缺陷产生的原因。

（3）分层

是指复合材料铺层之间分离的现象。分层是复合材料中较为严重的缺陷，对复合材料的许多性能影响非常大。

（4）杂质

是被无意地掺杂在复合材料中的夹杂、粗尘埃等异物。当复合材料承载时，会在这种异物处产生应力集中或裂纹源，从而影响复合材料的力学性能。使复合材料力学性能的分散性增大。

（5）树脂的偏差

是由于固化工艺控制不当而出现富树脂和贫树脂的现象。如果树脂含量的偏差过大，对复合材料性能影响会非常明显。

（6）纤维的偏差

主要是指由于铺贴工艺和固化工艺所引起纤维未能按设计要求排列的现象。这种随机的"偏差"现象，直接造成复合材料性能的波动。

（7）疏松

是由于固化工艺不当而造成复合材料不密实的一种缺陷，对复合材料性能的影响也很大。

（8）其他缺陷

指针孔、固化不均匀、树脂和纤维界面不佳等缺陷。这些也是造成复合材料性能分散的重要因素。

11.3.2.2　形成缺陷的工艺因素及对其控制

上述缺陷的出现主要源于成型工艺和固化工艺不当。控制工艺过程中造成缺陷的工艺因素，保证工艺质量，是提高复合材料可靠性的关键。

① 胶液配制问题。如果各组分称量不准或配制次序不当，或组分间混合不均匀，或胶液超过适用期均会直接影响固化物性能。

② 预浸料制备过程中的纤维张力、胶液浓度、浸胶速度是影响预浸料质量的重要参数。应严格控制预浸料的单位面积的纤维含量、厚度、树脂含量、挥发物含量、使用期等。

③ 铺层问题，应该严格按设计的铺层角度、层数与铺层次序在洁净的场所进行铺层，否则容易出现纤维铺层错误和夹渣现象。

④ 温度的影响，主要表现在 3 个方面，即固化温度的高低；温度分布是否均匀；升温速率是否适当。

⑤ 压力的影响，主要表现在压力的大小和加压时机。

⑥ 时间的影响，主要表现在恒温恒压时间的长短。固化温度一定，固化时间若太短，则会导致欠固化。另外升温速率和加压时机都反映了时间的影响。

实际上，如果后加工工艺不妥也会引起复合材料不少缺陷。如在加工过程中，由工具或尖锐物体对复合材料造成表面划伤或凹陷等，也会导致复合材料性能下降。因此，上述工艺因素必须严格控制，保证其重复性，才能提高复合材料的可靠性。

主要参考文献

1　吴人洁.复合材料.天津：天津大学出版社，2000
2　王荣国，武卫莉，谷万里.复合材料概论.哈尔滨：哈尔滨工业大学出版社，1999
3　黄丽，陈晓红，宋怀河.聚合物复合材料.北京：中国轻工业出版社，2001
4　周祖福.复合材料学.武汉：武汉工业大学出版社，1995
5　张国定，赵昌正.金属基复合材料.上海：上海交通大学出版社，1996
6　李荣久.陶瓷-金属复合材料.北京：冶金工业出版社，1995
7　贾成厂.陶瓷基复合材料导论.北京：冶金工业出版社，2002
8　李顺林，王兴业.复合材料结构设计基础.武汉：武汉工业大学出版社，1993
9　刘华亚，谢怀勤.复合材料工艺及设备.武汉：武汉工业大学出版社，1994
10　陈华辉等.现代复合材料.北京：中国物资出版社，1998
11　孙康宁，尹衍升，李爱民.金属间化合物/陶瓷基复合材料.北京：机械工业出版社，2003
12　植村益次，牧广.高性能复合材料最新技术.北京：中国建筑工业出版社，1989
13　刘锡礼，王秉权.复合材料力学基础.北京：中国建筑工业出版社，1984
14　赵玉庭，姚希曾.复合材料聚合物基体.武汉：武汉工业大学出版社，1992
15　刘锡礼等.玻璃钢产品设计.哈尔滨：哈尔滨市科学技术协会，1985
16　沈威，黄文熙，因盘荣.水泥工艺学.武汉：武汉工业大学出版社，1991
17　陈雅福.新型建筑材料.北京：中国建材工业出版社，1994
18　王茂章，贺福.碳纤维的制造及其应用.北京：科学出版社，1984
19　郭全贵，宋进仁，刘朗，张碧江.碳素.哈尔滨：中国电工技术学会炭石墨材料研究所，1998
20　邹林华，黄启忠，邹志强.碳素.哈尔滨：中国电工技术学会炭石墨材料研究所，1998
21　庄元其，陈继荣，张衍，焦扬声.功能高分子学报.上海：华东理工大学，1998
22　G 皮亚蒂编.复合材料进展.北京：科学出版社，1984
23　尹衍升，张景德.氧化铝陶瓷及其复合材料.北京：化学工业出版社，2001
24　李世普主编.特种陶瓷工艺学.武汉：武汉工业大学出版社，1990
25　穆柏春等著.陶瓷材料的强韧化.北京：冶金工业出版社，2002
26　关振铎，张中太，焦金生编著.无机材料物理性能.北京：清华大学出版社，2002
27　王零森编著.特种陶瓷.长沙：中南工业大学出版社，2000
28　刘政，刘小梅.国外铝基复合材料的开发与应用.轻合金加工技术，1994，22（1）
29　田道全，周曦亚.熔体渗透制备陶瓷复合材料.武汉工业大学学报，1996，18（4）
30　钟厉，韩西，周上棋.纤维增强铝基复合材料研究进展.机械工程材料，2002，26（12）
31　邹勇，蔡华苏.碳纤维增强铝基复合材料的研究进展.山东工业大学学报，1997，21（1）
32　郑明毅，吴昆，赵敏，姚忠凯.不连续增强镁基复合材料的制备与应用.宇航材料工艺，1997，（6）
33　曹富荣，崔建，忠雷方.超轻镁合金的研究历史与发展现状.材料工程，1996，（9）
34　师瑞霞，尹衍升，谭训彦.镁合金的研究进展.山东冶金，2003，25（2）
35　刘小川，王辅忠.镁合金材料研究.锦州师范学院学报，2002，23（2）
36　朱峰，李宝成，张杰.Ti 的新家族——钛基复合材料的发展和前景.世界有色金属，2002，（6）
37　蔡杉，佘冬苓，董研.SiC_f/Ti 复合材料的研制.材料工程，2002，（6）
38　何贯玉，储双杰.纤维增强钛铝金属间化合物基复合材料.纤维复合材料，1994，（1）
39　R 柯索斯基.金属基复合材料述评.航空材料学报，1997，17（3）
40　曾立英，邓炬，白保良.连续纤维增强钛基复合材料研究概况.稀有金属材料与工程，2000，29（3）
41　罗国珍.钛基复合材料的研究与发展.稀有金属材料与工程，1997，26（2）
42　徐海江.碳化硅纤维增强的金属基和陶瓷基复合材料的.宇航材料工艺，1994，（6）
43　方峰，谈淑咏，江静华.金属基复合材料概述（1）.江苏机械制造与自动化，2000，（1）
44　刘宁，胡镇华，崔昆.颗粒型复合材料金属陶瓷的研究.稀有金属材料与工程，1994，23（4）
45　郭建亭，邢占平，安阁英.Ni-Al 系金属间化合物基复合材料的研究进展 II 界面及力学性能.材料工程，1994（2）
46　方文淋，左洪波，吕利泰.Al_2O_3 陶瓷刀具材料的研究和发展.机械工程材料，1995，19（2）
47　李海林，乌柱，王正东.铬粒弥散增韧氧化铝复合材料的研究.无机材料学报，1995，10（3）
48　邹红，邹从沛，易勇.TiN 颗粒增韧 Si_3N_4 复合材料磨损行为研究.核动力工程，2003，24（1）

49　汪长安，黄勇，郭海．定向排布的 SiC 晶须补强 Si_3N_4 复合材料的制备．硅酸盐学报，1997，25（1）

50　张玉峰，郭景坤，诸培南．纤维涂层对复合材料力学性能的影响．无机材料学报，1995，10（2）

51　张玉峰，郭景坤，诸培南．热处理对 SiC 纤维/LCAS 微晶玻璃复合材料界面结合及力学性能的影响．硅酸盐学报，1994，22（6）

52　张玉峰，郭景坤，诸培南．SiC 纤维补强微晶玻璃基复合材料的界面结合．无机材料学报，1994，9（4）

53　张玉峰，郭景坤，杨涵美．SiC 纤维/LCMAS 微晶玻璃基复合材料的界面结合和力学性能．无机材料学报，1996，11（1）

54　顾建成，叶枫，李其明．热压法制备 SiC_{pl} 增强 BAS 微晶玻璃的力学性能．矿冶工程，1999，19（4）

55　顾建成，吴建生，曹光宇．原位生长 β-Si_3N_4 增强 BAS 基体复合材料．上海交通大学学报，2001，35（3）

56　王念，周健．陶瓷材料的微波烧结特性及应用．武汉理工大学学报，2002，24（5）

57　蔡杰．陶瓷材料微波烧结研究．真空电子技术，1994，（4）

58　王建芳，郑文伟，肖加余．Si_3N_4-SiC 复相陶瓷及其碳纤维复合材料研究进展．宇航材料工艺，2000，（2）

59　邹世钦，张长瑞，周新贵．SiC_f/SiC 陶瓷复合材料的研究进展．高技术通讯，2003，（8）

60　张立同，成来飞，徐永东．新型碳化硅陶瓷基复合材料的研究进展．航空制造技术，2003，（1）

61　徐永东，成来飞，张立同．连续纤维增韧碳化硅陶瓷基复合材料研究．硅酸盐学报，2002，30（2）

62　邹世钦，张长瑞，周新贵．碳纤维增强 SiC 陶瓷复合材料的研究进展．高科技纤维与应用，2003，28（2）

63　韩杰才，赫晓东，杜善义．碳/碳复合材料研究的现状和进展（一）．宇航材料工艺，1994，（4）

64　韩杰才，赫晓东，杜善义．碳/碳复合材料研究的现状和进展（二）．宇航材料工艺，1994，（5）

65　程永宏，罗瑞盈，王天民．化学气相沉积（CVD）碳/碳复合材料（C/C）研究现状．炭素技术，2002，（5）

66　江东亮．碳化硅基复合材料．无机材料学报，1995，10（2）

67　尹衍升，张金升，李嘉．新型半陶瓷材料——金属间化合物及其应用．中国陶瓷，2002，38（1）

68　黄银松，诸培南．金属陶瓷复合材料的主要制备方法．粉末冶金技术，1996，14（4）

69　徐强，张幸红，曲伟．金属陶瓷的研究进展．硬质合金，2002，19（4）

70　黄国权．金属陶瓷材料及其在切削刀具上的应用．组合机床与自动化加工技术，2003，（5）

71　陈名海，刘宁，许育东．金属/陶瓷润湿性的研究现状．硬质合金，2002，19（4）

72　周曦亚，邓再德，英廷照．陶瓷复合材料及其制备技术．中国陶瓷，1997，33（1）

73　张宇民，赫晓东，韩杰才．梯度功能材料．宇航材料工艺，1998，（5）

74　郭成，朱维斗，金志浩．梯度功能材料的研究现状与展望．稀有金属材料与工程，1995，24（3）

75　曾昭焕，郭正，巫生杰．梯度功能材料及其研究现状与发展趋势．导弹与航天运载技术，1996，（2）

76　丁保华，李文超．梯度功能材料的研究现状与展望．耐火材料，1998，32（5）

77　李耀天．梯度功能材料研究与应用．金属功能材料，2000，7（4）

78　张幸红，韩杰才，董世运．梯度功能材料制备技术及其发展趋势．宇航材料工艺，1999，（2）

79　夏军．梯度功能材料的制备技术与应用前景．化工新型材料，2001，29（6）

80　李注霞，鲁燕萍，果世驹．等离子烧结与等离子活化．真空电子技术，1998，（1）

81　高濂，宫本大树．放电等离子烧结技术．无机材料学报，1997，12（2）

82　张东明，傅正义．放电等离子加压烧结（SPS）技术特点及应用．武汉工业大学学报，1999，21（6）

83　严断炎，孙国雄．材料合成新技术——自蔓延高温合成．材料科学与工程，1994，12（4）

84　王克智，张曙光，张国强．自蔓延高温合成（SHS）法的发展及应用．功能材料，1994，25（6）

85　李强，于景媛，穆柏椿．自蔓延高温合成（SHS）技术简介．辽宁工学院学报，2001，21（5）

86　何燕霖，李建平．不连续增强金属基复合材料及其制造技术研究进展．西安工业学院学报，1999，19（4）

87　邬震泰．金属基原位复合材料的特性与进展．材料科学与工程，2001，19（2）

88　邱立勤，耿安利，贾培世．化学领域的前沿——超分子化学．化学世界，1997，（4）

89　徐家业．超分子化学发展简介．有机化学，1995，（2）

90　徐伟平，李光宪．分子自组装研究进展．化学通报，1999，（2）

91　顾宁．分子自组装及其应用．材料导报，1997，11（3）

92　刘海林，马晓燕，袁莉．分子自组装研究进展．材料科学与工程学报，2004，22（2）

93　吴庆生，郑能武．分子自组装与纳米材料的制备．化学世界，1999，（5）

94　张学群，韦钰．新的分子组装技术-自组装成膜及其应用．东南大学学报，1994，24（5）

95　吴中伟，廉慧珍．高性能混凝土．北京：中国铁道出版社，1999

96　杨静．建筑材料与人居环境．北京：清华大学出版社，2001

97　覃维祖．结构工程材料．北京：清华大学出版社，2001

98　刘祥顺．土木工程材料．北京：中国建材工业出版社，2001

99　张雄．建筑功能材料．北京：中国建筑工业出版社，2000

100　樊粤明，文梓芸，李智诚等．GYH复合技术配制高抗渗抗蚀混凝土的研究

101　赵方冉．土木建筑工程材料．中国建材工业出版社，1999，(8)

102　司志明．MDF水泥复合材料的研究和发展．山东建材学院学报，1994，8 (4)

103　沈荣熹．新型纤维增强水泥复合材料研究的进展．硅酸盐学报，1993，21 (4)：356

104　陈美祝，何真，陈胜宏．水泥基材料（工艺）高性能化原理及存在的问题．中国水泥，2004，(1)

105　潘国耀等．用超细粉煤灰配制DSP材料的研制．武汉工业大学学报，1995，17 (4)

106　Fledmari R F，Huang Chengyi. Properties of Portland Cement Silica Dume Paste. I. Porosity and Surface Properties. Cem. Coner. Res. ，1985，15 (3)：76

107　陈兵，李悦．活化粉末混凝土的发展与应用．混凝土，2000，8 (130)

108　王震宇等．活性粉末混凝土的研究与应用进展．混凝土，2003，11 (168)

109　沈荣熹．对四种高性能纤维增强水泥复合材料的评价与展望．河南科学，2002，20 (6)

110　鞠丽艳．混凝土裂缝抑制措施的研究进展．混凝土，2002，5 (151)：11

111　理查德，J布鲁克主编，清华大学新型陶瓷与精细工艺国家重点实验室译．陶瓷工艺（第Ⅱ部分）．北京：科学出版社，1999

112　张弗天等．材料研究中的新动向——复合材料的仿生探索．中国科学基金，1994，(4)：262

113　张青等．仿生材料设计与制备的研究进展．江苏大学学报（自然科学版），2003，24 (6)：55

114　邵红红等．仿生层状复合材料研究概况．材料导报，2002，16 (4)：57

115　韩启成等．仿生叠层复合材料的研究现状与发展．江苏理工大学学报（自然科学版），2001，22 (5)：8

116　郑丽娟等．仿生叠层复合材料的制备及层间性能研究．机械工程材料，2003，27 (7)：35～37，54

117　王一平等．仿生合成技术及其应用研究．化学工业与工程，2001，18 (5)：272

118　胡巧玲等．仿生结构材料的研究进展．材料研究学报，2003，17 (4)：337

119　周本濂等．复合材料的仿生探索．自然科学进展——国家重点实验室通讯，1994，4 (6)：713

120　吴人洁．复合材料的未来发展．机械工程材料，1994，18 (1)：16～20

121　刘旺玉等．复合材料多尺度仿生方法的研究．材料导报，2002，16 (12)：47～51

122　张双寅．复合材料设计的原理与实践．应用基础与工程科学学报，1998，6 (3)：278～286

123　黄勇等．高韧性复相陶瓷材料的仿生结构设计、制备与力学性能．成都大学学报（自然科学版），2002，21 (3)：1～7

124　卢灿辉等．利用木材孔结构制备新型复合材料研究进展．高分子材料科学与工程，2003，19 (6)：32～36

125　王迎军等．纳米仿生骨组织材料的生理响应及生物矿化．华南理工大学学报，2002，30 (11)：149～154

126　冯庆玲等．纳米羟基磷灰石/胶原骨修复材料．中国医学科学院学报，2002，24 (2)：124～128

127　张刚生．生物矿物材料及仿生材料工程．矿产与地质，2002，16 (89)：98～102

128　陈斌等．生物自然复合材料的结构特征及仿生复合材料的研究．复合材料学报，2000，17 (3)：59～62

129　黄勇等．陶瓷强韧化新纪元——仿生结构设计．材料导报，2000，14 (8)：8～11

130　白朔等．哑铃形碳化硅晶须增强聚氯乙烯（PVC）复合材料的制备和性能．材料研究学报，2002，16 (2)：121～125

131　林进益．自行修补的复合材料．高科技纤维与应用，2001，26 (3)：15～20

132　Aksay I，Baer E，Sarikaya M，Tirrell D A. (Eds.) Hierarchically Structured Materials：Mater. Res. Soc. Symp. Pittsburgh, PA：MRS, 1992, 255

133　Clegg W J，Alford K K，McN N，Button T W，Birchall J D. Nature, 1990, 347：455～457

134　Clegg W J. Acta Metall. Mater, 1992, 40：3085～3093

135　Fitzgerald J J，Landry C J T，Pochan J M. Macromolecules, 1992, 25：3715～3722

136　David I A，Scherer G W. Polym. PrePr, 1991, 32：530～531

137　Folsom C A，Zok F W，Lange F F，Marshall D B. J. Am. Ceram. Soc, 1992, 75, 2969～2975

138　Okada A，Kawasumi M，Usuki A，Kojima Y，Kurauchi T，Kamigaito O. Plym. Prepr, 1987, 28：447～448

139　Pope E J A，Asami M，Mackenzie J D. J. Mater. Res, 1989, 4：1018～1026

140　Rieke P. in：Atomic and Molecular Processing of Electronic and Ceramic Materials：Aksay I A，Mcvay G L，Stoebe T G，Wager J F (Eds.) Pittsburgh：Materials Research Society, 1987. 109～114

141　Yamamura T，Ishikawa T，Shibuya M，Tamura M，Nagasawa T，Okamura K. Ceram. Eng. Sci. Proc, 1989, 10：736～747

142 Yano K, Usuki A, Okada A, Kurauchi T, Kamigaito O. Polym. Prepr, 1991, 32: 65~66

143 Rieke P C, Tarasevich B J, Bentjen S B, Fryxell G E, Campbell A A. in: Supramolecular Architecture, ACS Symp. 499: Bein, T. (Ed.). Washington, DC: American Chemical Society, 1992.61~75

144 Zhang K, Wang Y Q, Zhou B L. Biomimetic study on helical fiber composite. J Mat Sci Tech, 1998, 14: 29

145 沈以赴, 郭晓楠, 周本濂等. 单电流脉冲作用下的碳纤维石墨化. 航空学报, 1998, 19 (5): 628

146 Mindy N R, Thomas A. The nanostructured materials industry. Am Ceram Soc Bull, 1997, 76 (6): 51

147 严东生. 纳米材料的合成与制备. 无机材料学报, 1995, 10 (1): 1~6

148 赵晓兵, 陈志刚. 纳米复合材料及其制备技术综述. 江苏大学学报, 2002, 23 (4): 52~56

149 Eckert J, Holser J C, Krill C E, Johnson W L. Mechanically driven alloying and grain size changes in nanocrystalline Fe-Cu powders. J. Appl Phys, 1993, 73 (6)

150 Morris D G, Morriss M A. The mechanical behavior of some titanium trialuminide intermetallics prepared using mechanical milling techniques. Mater. Sci. and Eng., 1991: 1418

151 Ziembik Z, Zabkowska-Waclawek M, Waclawek W. Investigation of electrical conductivity of carbon black-copper phthalocyanine matrix composites. Journal of Materials Science, 1999, 34 (14): 3495~3450

152 Kumpmann G B. Ultrafine oxide powders prepared by inert gas evaporation. Nanostructured Materials, 1992, 1 (1): 27~30

153 Laihing K, Cheng P Y, Ducan M. Ultraviolet photolysis in a laser vaporization cluster source: Synthesis of novel mixed-metal clusters. J Phys Chem, 1987, 91 (26): 6521~6525

154 Morse M D. Clusters of transition-metal atoms. Chem Rev, 1986, 86: 1049

155 Xu Y P, Cuo J K, Xiao-xian, et al. Preparation of weakly agglomerate nanometer ZrO_2 (3mol% Y_2O_3). J Euro Ceram Soc, 1993, 11: 157~160

156 Beck C, Harll W. Hempelmanr R. Size-controlled synthesis of nanocrystalline $BaTiO_3$ by a sol-gel type hydrolysis in microemulsion-provide nanoreactors. J Mater Res, 1998, 13 (11): 3174

157 Rao N, Mecheeel B, Hansen D, et al. Synthesis of nanophase silicon, carbon, and silicon carbide powders using a plasma expansion process. J Mater Res, 1995, 10 (8): 2073

158 Metha P, Singh A K, Kinggon A I. Nonthermal microwave plasma synthesis of crystalline titanium oxide & titanium nitride nanoparticles. Mater Res Soc Symp Proc, 1992, 249: 153~158

159 徐华蕊, 古宏晨, 袁渭康等. 一种研究喷雾分解过程中组分偏析的新方法——溶剂萃取法. 材料导报, 2000, 14 (1): 62~64

160 张莉莉, 陆路德. 无机层状化合物及其应用述评. 化工新型材料, 2004, 32 (3): 1~4

161 Gallas M R, Rasa A R, Costa T H, et al. High pressure compaction of nanosiaze ceramic powders. J Mater Res., 1977, 12 (3): 764

162 Siegel R W, Ramasamy S, Hahn H, et al. Synthesis, characterization, and properties of nanophase TiO_2. J Mater Res, 1988, 3 (6): 1367

163 Chaim R, Hefetz M. Fabrication of dense nanocrystalline ZrO_3-3 mol % Y_2O_3 by hot-isostatic pressing. J Mater Res, 1998, 12 (7): 1875

164 MC Michael R D, Shull R D, Swartzendruber L J, et al. Magnetocaloric effect in superparamagnets. J. Magnetism and Magnetic Mater., 1992, (111): 29~33

165 孔晓丽, 刘勇兵, 杨波. 纳米复合材料的研究进展. 材料科学与工艺, 2002, 10 (4): 436~441

166 Matsuura T, Yamakawa A. Nanocrystalline silicon nitride composite with nano-size particles of titanium nitride. 6th Int Ceramic Materials and Components for Engine, 1997: 882

167 Bhaduri S, Bhadur S B, Zhou E. Auto ignition synthesis and consolidation of Al_2O_3-ZrO_2 nano/nano composite powders. J Mater Res, 1998, 13 (1): 156

168 Lange F F. Transformation toughening, part 4: Fabrication toughness and strength of Al_2O_3-ZrO_2 composites. J Mater Sci, 1982, 17: 247

169 Niihara K. New design concept of structural ceramics-ceramic nanocomposites. J Ceram Soc, Japan, 1991, 99 (10): 974

170 马希骋, 蔡元华, 伦宁, 温树林, 豆帆. Au(Ru)SiO₂ 纳米-微米复合粒子的制备及精细结构研究. 材料科学与工程学报, 2003, 21 (6): 794~797

171 晏建武, 张晨曙, 王伟兰, 李卫超, 艾云龙, 王家宣. Si_3N_4/SiC (N) 纳米复相陶瓷的制备与性能研究, 2003, 37 (4): 3~6

172 Zhao J H, Steams L C, Haemer M P, et al. Mechanical behavior of alunmina-silicon carbide 'anocomposites'. J Am Ceram Soc, 1993, 76 (2): 503

173 Ohji T, Jeong Y K, Choa Y H, et al. Strengthening and toughening mechanisms of ceramic nanocomposites. J Am Ceram Soc, 1998, 81 (6): 1453

174 Stearn L C, Zhao J H, Harmer M P. Processing and microstructure development in Al_2O_3-SiC nanocomposites. J Euro Ceram Soc, 1992, 10 (6): 473

175 Ohji T, Hirano T, Nakahira A, et al. Partical/Matrix interface and its role in creep inhibition in alumina/silicon carbide nanocomposites. J Am Ceram Soc, 1996, 79 (1): 35

176 胡福增，郑安呐，张群安. 聚合物及其复合材料的表界面. 北京：中国轻工业出版社，2001

内 容 提 要

本书全面系统地介绍了复合材料的基础理论和发展概况；讲述了复合材料的界面结构和界面优化设计，复合材料的增强、增韧机理，复合材料的种类，基本性能，制备工艺，成型，加工方法和应用；介绍了复合材料的结构设计基础和复合材料的可靠性评价；还介绍了复合材料制备的最新技术和复合材料的最新发展动态。本书内容丰富，深入浅出，既有较深入的理论，又引入了国内外复合材料的最新研究成果，如纳米材料、仿生材料、材料复合新技术及材料复合的新理论等。本书可作为材料科学与工程专业的大学本科生或研究生的教材，也可作为复合材料方面的研究与工程技术人员的参考书。

内 容 提 要